智慧的疆界

从图灵机到人工智能

第2版

周志明 ◎ 著

机械工业出版社
CHINA MACHINE PRESS

图书在版编目（CIP）数据

智慧的疆界：从图灵机到人工智能 / 周志明著. -- 2版. -- 北京：机械工业出版社，2025.4. -- ISBN 978-7-111-77800-4

Ⅰ. TP18

中国国家版本馆 CIP 数据核字第 202548RW99 号

机械工业出版社（北京市百万庄大街22号 邮政编码100037）
策划编辑：杨福川　　　　　　　　　责任编辑：杨福川　李　艺
责任校对：赵玉鑫　杨　霞　景　飞　责任印制：刘　媛
涿州市京南印刷厂印刷
2025年5月第2版第1次印刷
170mm×230mm・28.25 印张・444 千字
标准书号：ISBN 978-7-111-77800-4
定价：99.00 元

电话服务　　　　　　　　　　　网络服务
客服电话：010-88361066　　　　机 工 官 网：www.cmpbook.com
　　　　　010-88379833　　　　机 工 官 博：weibo.com/cmp1952
　　　　　010-68326294　　　　金 书 网：www.golden-book.com
封底无防伪标均为盗版　　　　　机工教育服务网：www.cmpedu.com

前言

  你也许已经感受到了，人工智能这个概念被越来越频繁地提及，各种五花八门的关于人工智能的音频、视频、文字是当前最容易抓人眼球的热点，人工智能从一个阳春白雪、深藏于专业实验室的学术名词，迅速转变为产品经理和市场营销人员的口头禅，还成为普通大众茶余饭后的谈资。现在，大家的眼里，有了"人工智能"，掌握了"机器学习"或者"神经网络"的电子系统，仿佛就有了自己学习进化、独立思考解决问题的可能性，甚至有了可以超越人类的无限智慧与魔力。而大家提起拥有智能的机器，往往还怀有一种科幻小说式的神秘感与敬畏感，一边忍不住对未知的憧憬，想要从钥匙孔中窥探一眼潘多拉盒子里面藏着怎样的秘密，一边又担心打开了这个盒子，会放出我们人类无法掌控的可怕力量。

  你也许还没有注意到，人工智能带来的变化已在我们的身边悄然出现。当你打开新闻时，上面展示哪些文章，是由人工智能为你定制的，甚至就连文章的内容也可能是由机器根据当前的搜索引擎、自媒体、网站的热点自动编写而成的。当你上网购物时，打开首页看到的是你最有可能感兴趣、最可能购买的商品，这是机器根据你最近上网的行为自动推荐的。当你打开邮箱时，系统已经为你过滤掉你并不关心的广告和垃圾邮件，这些也是人工智能在背后工作的结果。今天这些智能化的成果已经深深融入人们的工作和生活之中，这些细节变化背后的技术进步，一点都不比机器在棋盘上战胜人类冠军来得小。

  无论你是否注意到了人工智能对我们的生活潜移默化的改变，无论你对人工智能持有何种看法，是保守谨慎还是激进乐观，在说出你对人工智能的看法前，都不妨先花几小时全面客观地观察一下这门学科，弄懂"人工智能是什么？""人工智能有什么？""人工智能现在发展到什么程度了？"这类最基础的问题，再去讨论和评价它的应用、预测它的未来发展走向。而向广大读者——尤其是没有相关专业基础的读者解释清楚这些问题，便是本书的写作目的和意义所在。人工智能这门学科具体涉及的内容，它的背景渊源、来龙去脉，在它60多年的发展历程中出现过的著名人物、重要历史事件，它的理论学说、走过的弯路、所取得的成果等，都是本书要讨论的话题。

读者可以从讨论的过程中体会到人工智能的缔造者和开拓者是如何追寻"智能"的，以及相关理论、方法是如何运作的。希望无论是与人工智能产业相关的业内人员，还是这个领域的专业研究者，抑或信息科学和计算机科学的爱好者，都能从本书中得到一些启发。

智慧的疆界

之所以将本书定名为"智慧的疆界"，是因为这是全书的主旨。"智慧的疆界"是指何物？在笔者看来，应是以下三点：

1）智慧的疆界应是指人类探寻智能奥秘过程中，"已知"与"未知"之间的界限。以代表计算能力的图灵机为起点，以掌握了意识和思维奥秘的终极智能为终点，在这条路上人类摸索前行，现在还不知道距离终点有多远，只是走得越久，知道得越多，看见的未知风景越多。这段探索奥秘的历程，当然值得我们去记录、学习。

2）智慧的疆界应是指人工智能诞生与发展过程中，贡献毕生精力和智慧的开拓者。从图灵、香农、冯·诺依曼、维纳，到纽厄尔、司马贺、麦卡锡、明斯基、皮茨、麦卡洛克，再到辛顿、杨立昆、本吉奥、乔丹、尼尔森等，一位位天才学者不懈奋斗，为人类掌握"智能"这个科学的最终领域拓土开疆。这些学者的传奇故事，当然值得我们去记录、学习。

3）智慧的疆界应是指"人类智能"与"人工智能"之间，那条迄今看来仍无法逾越的鸿沟。模仿、学习并最终掌握人类得以拥有智能的智能，跨越这条鸿沟，得以用智慧制造出智慧是人工智能的最终目标，经过60多年，甚至可以说是两三百年的探索，终于找到了一些可能可行的路径，总结了一些也许正确的方法，做出了一点阶段性但足以改变世界的成果，也遇到过不少令人望而生畏的巨大困难和挫折。这些跨越鸿沟、实现人工智能终极目标的方法、理论、成功与失败，当然值得我们去记录、学习。

本书面向的读者

笔者希望最后写成的是一本人工智能领域的"入门"书。"入门"，不等同于简单，更不等同于粗陋。对于人工智能这种涉及数学、信息、生物、心理和大量其他专业知识的交叉学科，要做到技艺精深必然是非常难的，仅入门这一步，就面临着非常高的门槛，阻隔了许多慕名而来的兴趣爱好者，这就很是遗憾。对于笔者而言，如何把这样一个专业领域写得可供没有专业背景的读者作为入门读物，在下笔之前，确实深思良久，感到压力巨大。

除了能够让读者易于"入门"，笔者还希望能写出一本有温度的人工智能专业书。所谓"温度"，是相对于专业技术领域中一贯精密和严谨的形象而言的。任何一门技术的出现，都有它的背景，有它要解决的问题、未来要探索的未知方向和目标。我们学习专业技术时不应过于"势利"，不能只去学习技术和方法，而忽视了这些技术、方法是如何被发现的，在发现过程中前人有过怎样的思考和争议，犯过哪些错，走过哪些弯路，这种学习方式所收获的理解是不完整的。研究人工智能，就应该站在巨人的肩膀上看世界，如果连"智能"这样基础的概念都没有了解，不清楚前人是如何思考、定义和判别的，一开始就从"深度学习"等当前最热门的几个人工智能分支入手的话，会很容易陷入管中窥豹的境地。

人工智能已是一个热点话题，这个领域的书籍也已汗牛充栋。市场上发行的人工智能书籍基本上可以归为两类：一类是回顾人工智能的历史、对人工智能的应用和发展做出商业、社会、经济等方面的分析与预测；另一类是对人工智能中某一个子领域的算法、工具，尤其是机器学习方面的算法和工具进行解析。本书没有落在这两类之中，前面说过，本书仅仅是想讲清楚"人工智能这个学科具体有些什么"这个很"入门"但又非常有必要去认真探讨的话题。笔者希望本书能够作为人工智能学习的一个"大纲"，让读者了解这个学科的概貌，形成一个全面完整的印象，在学习和工作中遇到人工智能某个分支的问题时，知道这是什么，然后再去找更进一步的参考资料。只要能够实现"让普通人只通读一本书便能全面客观地理解人工智能"这个目标，便是笔者最大的成功。

对于写书，笔者落笔总是抱有敬畏之心，不希望读者在付出金钱的同时，还浪费几小时乃至更多的阅读时间才发现书中的内容并不适合自己。所以这里笔者首先简述本书不适合的阅读人群，稍后介绍主要的读者对象，以供读者购买时参考。

本书可能不适合的读者

本书可能不适合以下两类读者阅读：

1）阅读目的是学习人工智能某一个具体分支的技术细节、工具使用、代码解析等的读者，如学习 Caffe、TensorFlow、Torch 等框架和工具的应用。本书会全面介绍人工智能的理论、技术和应用，力求说清楚它们"是什么""解决哪些问题""为什么要这样解决"，但是涉及"具体如何解决"的内容并不多，不足以令没有这方面基础的读者阅读之后直接应用于生产实践。这类读者可以根据自己感兴趣的技术和产品，从教科书或工具书入手学习和实践。

2）阅读目的是探讨人工智能领域前沿模型、算法、技术的读者。如果你已是一位在本领域中有丰富经验的学者或从业人员，想要了解人工智能最新成果的话，笔者认为阅读本书乃至"读书"都不是最合适的方式，作为一位前沿的研究人员，读论文以及直接与人交流是更有效率的选择，囿于书籍出版的时滞性，读书更适合作为系统学习的途径而不是了解前沿成果的途径。

本书的主要读者对象

1. 人工智能领域的产品经理、管理人员

本书可以作为整个人工智能领域的"大纲"，供产品经理或技术管理人员了解人工智能可以解决什么问题，解决这些问题需要用到什么技术，哪些问题现在解决是靠谱的，哪些是还不靠谱的，以前在这些问题上碰过哪些钉子，等等。

2. 需要使用智能软硬件的研发人员

本书的写作初衷是面向研发人员——大量有工程实践经验却缺乏足够的数学知识去深入理解人工智能的人员，提供一种通过历史和前人的探索思路，而不是完全依赖专业知识去了解人工智能的途径。通过本书，研发人员可以用较为轻松的方式，达到对自己使用的人工智能工具、算法和技术知其然亦知其所以然的目的。

3. 信息科学和计算机科学爱好者

本书是一部讲述近代科技的历史书，也是一部科普书，还是一部讲述人工智能思想和技术的教科书。通过本书，可以了解前人在探索人工智能道路上所做出的努力和思考，理解他们的不同观点和思路，以开拓自己的思维和视野。

4. 人工智能相关专业的研究人员

人工智能经过 60 多年的发展，已细分出很多个研究方向，研究人员在关注自己领域的同时，可以通过本书对整个人工智能科学的发展历程、解决的问题和前人的思考有一个全面的了解，这对于在自己的研究分支上深入探索很有好处。

如何阅读本书

本书共分为四部分：以智慧创造智慧、学派争鸣、第三波高潮、人机共生。各部分之间有时间上的先后顺序，前面的章节是后续章节的基础，建议读者首次翻看本书时按照章节顺序阅读。各部分的概要如下：

第一部分（第 1 和 2 章） 以智慧创造智慧

第一部分阐述了在人工智能这门学科正式创立之前的萌芽时期，图灵、香农等先驱对智能是什么、机器能否拥有智能这些问题的探索和思考，并介绍了作为人工智能起源标志的达特茅斯会议的过程、成果以及日后被称为一代传奇学者的与会者。

第 1 章 以"人工智能之父"图灵的生平事迹为主线，介绍了计算的基础——图灵机，图灵测试，图灵对智能的思考、理解和定义。

第 2 章 以达特茅斯会议为主线，通过对该会议的召集、过程、成果、参与人物以及后续影响的介绍，阐述了人工智能这门学科诞生的历史背景，并讨论了该学科研究的目标和要解决的问题。

第二部分（第 3～5 章） 学派争鸣

目前，学术界研究人工智能的方法主要有三个学派，分别是符号主义、连接主义和行为主义，这三个学派分别从逻辑、仿生和行为三个角度来研究智能，既有自顶向下从智能的本质出发，从一般到特殊通过逻辑运算推导智能的行为，也有从行为出发，自底向上把智能看作黑箱，从行为推导智能的本质。这些学派在不同时期都曾是人工智能的主流，并各自取得了许多成果。

第 3 章 以纽厄尔、司马贺的研究工作为主线，介绍了符号主义的逻辑理论基础，解析了符号主义学说的核心观点——物理符号系统和启发式搜索假说，并介绍了这个学派在知识表示、知识工程和知识系统上所取得的成就。

第 4 章 以"神经网络缔造者"皮茨和"感知机之父"罗森布拉特两位学者悲剧式的人生经历为主线，介绍了连接主义学派的核心思想，并介绍了神经网络的初期形式，为后续讲解深度学习和深度神经网络奠定基础。

第 5 章 以"控制论之父"维纳的工作经历为主线，介绍了控制论创建的过程，行为主义研究的基本方法和观点，以及机械因果观等思想。

第三部分（第 6～8 章） 第三波高潮

人工智能迄今为止经历了三次高潮和两个大的低谷，目前处于第三次高潮的顶峰，这次高潮是由机器学习，尤其是深度学习、深度神经网络引领的。

第 6 章 本章是机器学习的导论，介绍了机器学习处理问题的一般方法。本章尽可能用最少的篇幅去说清楚"机器学习是什么""它解决哪些问题""它通过哪些步骤来解决""如何评估验证它的解决效果"这四个问题。

第 7 章 以"深度学习教父"辛顿的人生经历为主线，介绍了神经网络从低谷到复兴的过程，以及深度学习的提出和技术突破，并介绍了几种典型的深度神经网络，以及这些新技术给学术界、工业界带来的变化。

第 8 章 以古德费洛、苏茨克维等新一代学者以及 OpenAI 这家企业的发展故事为主线，介绍了继深度学习之后由生成式人工智能所引领的人工智能的高潮盛况与隐忧。

第四部分（第 9 章） 人机共生

几十年来，人工智能无时无刻不伴随着争论和分歧，人工智能这个人类最复杂精密的创造物与人类本身的关系确实必须仔细思考、慎重对待，这一部分将探讨人类和机器在追寻智能过程中取得的一些成果和产生的一些争论。

第 9 章 用十几个人工智能的实际案例来尝试回答几个问题：经过 60 多年的发展，当下的人工智能到底发展到什么程度了？现在距离我们设想的目标还有多遥远？人工智能会对我们产生什么影响？现在以及未来应该如何与人工智能相处？

联系作者

在本书交稿后，笔者并没有想象中那样兴奋或放松，写作之时那种"战战兢兢、如履薄冰"的感觉依然萦绕在心头。在每一章、每一节落笔之时，笔者都在考虑如何才能把各个知识点更有条理地讲述出来，都在担心会不会由于自己的理解有偏差而误导了大家。囿于笔者的写作水平和写作时间，书中难免存在不妥之处，所以特地开辟了一个读者邮箱（icyfenix@gmail.com），大家有任何意见或建议都欢迎与笔者联系。相信写书与做学问、写程序一样，每个作品一定都是不完美的，正因为不完美，我们才有不断追求完美的动力。

目录

前言

第一部分 以智慧创造智慧

第 1 章 洪荒年代 / 2

1.1 概述 / 2

1.2 引言：信息革命 / 3

1.3 图灵机：计算的基石 / 5

1.4 人工智能的萌芽 / 11

1.5 图灵测试：何谓智能 / 13

1.6 智能与人类的界限 / 16

1.7 机器能思考吗 / 18

1.8 机器拟人心 / 22

1.9 机器拟人脑 / 24

1.10 机器拟人身 / 28

1.11 本章小结 / 29

第 2 章 迈向人工智能 / 30

2.1 概述 / 30

2.2 引言：不经意间改变世界 / 31

2.3　达特茅斯会议　/ 34
2.4　有学术就有江湖　/ 41
2.5　有江湖就有传奇　/ 47
2.6　人工智能早期成果　/ 53
　　2.6.1　完全信息的对抗　/ 54
　　2.6.2　模式识别　/ 57
　　2.6.3　自然语言处理　/ 59
2.7　本章小结　/ 62

第二部分　学派争鸣

第 3 章　符号主义学派　/ 66

3.1　概述　/ 66
3.2　引言：五分钟逻辑学　/ 67
3.3　描述已知，推理未知　/ 72
　　3.3.1　常识编程　/ 77
　　3.3.2　物理符号系统　/ 82
3.4　知识！知识！知识！　/ 86
　　3.4.1　知识表示　/ 87
　　3.4.2　知识工程　/ 91
　　3.4.3　知识系统　/ 93
3.5　从演绎到归纳　/ 96
3.6　符号主义的现状和未来　/ 101
3.7　本章小结　/ 103

第 4 章　连接主义学派　/ 104

4.1　概述　/ 104
4.2　引言：命运　/ 105
4.3　大脑模型　/ 107
4.4　崛起的明星　/ 113
4.5　陨落的流星　/ 116

4.6 感知机 /120
4.7 凛冬将至 /127
4.8 人工智能的繁荣与寒冬 /135
4.9 本章小结 /139

第 5 章 行为主义学派 /140

5.1 概述 /140
5.2 引言：昔日神童 /141
5.3 自动机对抗自动机 /143
5.4 从控制论说起 /147
5.5 机械因果观和行为主义 /150
5.6 自复制机和进化主义 /154
5.7 机器人学 /158
5.8 本章小结 /167

第三部分 第三波高潮

第 6 章 机器学习概览 /170

6.1 概述 /170
6.2 什么是机器学习 /172
6.3 机器学习的意义 /175
6.4 机器学习的分类 /177
6.5 机器学习解决的问题 /179
6.6 进行机器学习：实战模型训练 /183
　　6.6.1 机器学习的一般过程 /184
　　6.6.2 样本和样本空间 /186
　　6.6.3 任务类型 /188
　　6.6.4 数据预处理 /190
　　6.6.5 损失函数 /195
　　6.6.6 模型选择 /201
　　6.6.7 泛化、误差及拟合 /205

　　　　　6.6.8　正则化　/ 210
　　　　　6.6.9　优化算法　/ 219
　　　　　6.6.10　终极算法　/ 226
　　6.7　评估验证　/ 228
　　　　　6.7.1　性能度量　/ 228
　　　　　6.7.2　交叉验证　/ 233
　　6.8　本章小结　/ 236

第 7 章　深度学习时代　/ 238

　　7.1　概述　/ 238
　　7.2　引言：教父　/ 239
　　7.3　逆反之心　/ 241
　　7.4　复兴之路　/ 243
　　　　　7.4.1　生存危机　/ 243
　　　　　7.4.2　从感知机到神经网络　/ 246
　　　　　7.4.3　误差反向传播算法　/ 250
　　7.5　深度学习　/ 256
　　　　　7.5.1　这是什么　/ 258
　　　　　7.5.2　从浅层学习到深度学习　/ 262
　　　　　7.5.3　序幕开启　/ 264
　　　　　7.5.4　锋芒毕露　/ 273
　　　　　7.5.5　越深度越强大吗　/ 275
　　　　　7.5.6　越深度越困难吗　/ 277
　　7.6　深度神经网络　/ 283
　　　　　7.6.1　卷积神经网络　/ 292
　　　　　7.6.2　循环神经网络　/ 294
　　7.7　从实验室到企业　/ 297
　　7.8　挑战与反思　/ 305
　　7.9　本章小结　/ 310

第 8 章　从学习到创造　/ 312

  8.1　概述　/ 312

  8.2　引言："技术宅"改变世界　/ 313

  8.3　生成式对抗网络　/ 315

  8.4　学者与荣耀　/ 320

  8.5　语言奇点　/ 324

    8.5.1　序列到序列模型　/ 324

    8.5.2　注意力机制与Transformer架构　/ 329

  8.6　OpenAI与GPT模型　/ 332

  8.7　现实与理想　/ 342

  8.8　本章小结　/ 349

第四部分　人机共生

第 9 章　与机器共生　/ 352

  9.1　概述　/ 352

  9.2　引言："白痴"与"天才"　/ 354

  9.3　与机器竞技　/ 356

    9.3.1　信息识别　/ 356

    9.3.2　信息理解　/ 361

    9.3.3　信息决策　/ 366

    9.3.4　艺术创作　/ 370

    9.3.5　自动驾驶　/ 375

    9.3.6　游戏竞技　/ 380

  9.4　与机器共舞　/ 385

    9.4.1　人工智能的威胁　/ 385

    9.4.2　人工智能的机遇　/ 390

  9.5　本章小结　/ 393

附录　人工智能历史大事记　/ 394

· *Part 1* ·

第一部分

以智慧创造智慧

第 1 章

洪荒年代

We can only see a short distance ahead, but we can see plenty there that needs to be done.

目光所及之处，只是不远的前方，即使如此，依然可以看到那里有许多值得去完成的工作在等待我们。

——阿兰·图灵（Alan Turing），《计算机器和智能》，1950 年

1.1 概述

"人工智能"作为一个专业名词，是在 1956 年首次出现的，但是人类对人造机械智能的想象与思考却源远流长。在古代神话中，技艺高超的工匠可以制作人造人，并为其赋予智能或意识，如希腊神话中出现了赫淮斯托斯的黄金机器人和皮格马利翁的伽拉忒亚这样的机械人和人造人；列子辑注的《列子·汤问》记载，中国西周时期也已经出现了偃师造人的故事。

人类对人工智能的凭空幻想阶段一直持续到了 20 世纪 40 年代。由于第二次世界大战（以下简称二战）交战各国对计算能力、通信能力的迫切需求，这些领域的研究成为人类科学的主要发展方向。信息科学的出现和电子计算机的发明，让一批学者得以真正开始严肃地探讨构造人造机械智能的可能性。

1.2　引言：信息革命

从 1939 年到 1945 年，美国的国内生产总值（GDP）就增长了 1.5 倍，这是人类经济历史上有 GDP 记录以来的最高增速，并且这种惊人的速度发生在一个基础规模已经极为庞大的经济体上，是连最疯狂的经济学家都不敢设想的奇迹。

美国作为二战中唯一本土不被战火直接波及的世界性大国，通过军事援助与战争贷款将各国的经济命脉与自身相连，从而迅速取代欧洲和亚洲，成为世界"经济的心脏"。稳定的社会环境、经济飞跃式的发展为军事和科技的发展注入了强大的驱动力，战争中大量受到纳粹迫害的各种领域的顶尖人才多以美国为避风港，天然地促使美国汇聚了全球顶尖的人才与技术，令美国成为"世界的大脑"。在这种单一国家内几乎集中了全球经济资源和智慧力量的时代背景下，在二战这场几乎波及全人类的庞大战争的压力推动下，以美、英两国学术界为首的人类精英学者们展现出了无与伦比的智慧和创造力。新军事技术对计算与通信的需求，更具体的表现是当时新出现的导弹和精确火炮等远程武器对计算速度、精确性、系统控制能力的要求，以及雷达和电话电报网络等侦查、通信系统对信息传输安全和效率的要求，直接催生了信息科学和信息技术产业。

二战结束之后仅一年时间（1946 年），世界上第一台通用计算机——电子数值积分计算机（Electronic Numerical Integrator And Computer，ENIAC）"埃尼阿克"在美国宾夕法尼亚大学诞生，并实际应用于陆军火炮弹道和火力计算工作，这标志着通用可编程的计算机技术不仅有了成熟的理论，而且有了初步的工业化成果。

在两年之后（1948 年），诺伯特·维纳（Norbert Wiener，1896—1964）和克劳德·香农（Claude Shannon，1916—2001）分别发表了极具开创性的著作，创立了"控制论㊀"和"信息论㊁"，再结合之前路德维希·冯·贝塔朗菲

㊀ 著作名称为 *Cybernetics*，发表于 1948 年。
㊁ 著作名称为 *A Mathematical Theory of Communication*，发表于 1948 年。

（Ludwig Von Bertalanffy，1901—1972）在 1945 年发表的对"系统论[一]"的总结性著作，整个信息科学仿佛被上帝的手推动着，后人称为"信息学三论"的三门支柱性理论几乎于同一时刻问世，短短几年时间就完成了过去需要几十年才可能完成的发展突破。信息科学的研究，不论是理论上还是工程上，都从之前各个学者、机构零散研究、摸索的状态变成系统、有序的状态。

  信息科学这门学科自 20 世纪 40 年代诞生后，很快就取得了一系列令人瞩目的成就，这让从政府官员、科学家等精英到社会普通群众都受到鼓舞，大家似乎预见到了蒸汽机械代替人类体力劳作的工业革命后，下一场由智能机械代替人类脑力劳作的信息革命的到来。从大半个世纪后的今天回望，我们确实在蒸汽动力革命、电力革命之后，见证了信息革命的来临，不过，即使有互联网这样超出了所有前人想象的技术出现，但在当时大家"看见"的目标蓝图里，信息革命的最重要成果并不仅仅是大家现在能接触的电脑和网络。今天计算机可以根据人类预设的指令和程序，快速地传递、计算和处理人类无法想象的海量数据，而当时人们所期望的信息时代的新型机械，不仅能够完成计算和信息传输，甚至还将是一种能够和人类一样可看、可听、可写、可说、可动、可思考、可以复制自身甚至可以有意识的机械。笔者所描绘的这个场景，不是来自凭空想象的科幻小说，而是引述了当年刊登在《纽约时报》[二]上，美国海军对"感知机 Mark-1"（这台机器可以说是连接主义在工程实践上的开端，在后面章节中还要提到它）的期望和评价：

> "The embryo of an electronic computer that (the Navy) expects will be able to walk, talk, see, write, reproduce itself and be conscious of its existence."

  这段 60 多年前的报道，现在听起来是不是还有一点莫名的熟悉感和科幻感？在互联网上大家对人工智能的期盼、想象，甚至恐惧的观点与此类似；我们今天在电影和小说中见到的各种机器人，与那时候人们对信息革命所设想的目标，也没有太大差别。

[一] 著作名称为 *General System Theory*，发表于 1945 年。
[二] 原文为"Electronic 'Brain' Teaches Itself"，发表于 1958 年。

信息科学在 20 世纪 40 年代的开场可以说是一个完美的开局，在接下来的数十年内，信息科学和信息技术产业的发展也是一帆风顺的，在计算机、通信、互联网等方面取得了丰硕的成果。但在人工智能这个领域，信息科学的发展却几经波折，三起两落。虽然现在有了 ChatGPT、Stable Diffusion 等语言和图像生成式模型，有了 Siri、Cortana 等人工智能助理，也有像 DeepBlue、AlphaGo 人机大战等人工智能的新闻和事件，但相比人类对人工智能的最初期望，甚至相比计算机、互联网这类直接地、革命性地改变人们工作和生活方式的科技成果，信息科学在人工智能领域所取得的成绩只能说是差强人意，没有完全达到最初的设想。为何信息科学在人工智能领域的进展不如预期，甚至在几段特定的时间里完全陷入了"泥潭"？让机器拥有智能这个事情到底有多难？人类精英们做了怎样的努力和探索尝试？目前人工智能领域到底发展到了什么阶段？这些都是笔者希望在本书中与大家一同探讨的问题。

1.3 图灵机：计算的基石

英国数学家、密码学家阿兰·图灵（Alan Turing，1912—1954，人工智能之父），这位被一些英国的学者和媒体评价为"未开一枪，却胜百万雄兵""在二战期间间接拯救了上千万人生命"的传奇学者，做出的重要贡献之一是在二战期间与布莱切利园（Bletchley Park）的同事们共同研制了名为"炸弹（Bombe）[一]"的密码破译机器，如图 1-1 所示，成功破解了从 1920 年起开始商用，德国人直到战败都认为绝不可能被破解的加解密方法"迷"（Enigma），使德军的军事部署在盟军面前再无秘密可言。图灵的成果直接加快了盟军获得战争胜利的速度[二]，因军事指挥通信被 Bombe 破译，引发了当时位列世界第一的

[一] Bombe：取这个名字是因为它是图灵及其团队基于原波兰密码破解机"Bomba"改进而来的，Bomba 可以破解简化情况（当时德军已经不再使用）下 Enigma 加密信息。另外，笔者特别说明一下，对 Enigma 的破译是一个团队而不仅仅是图灵一个人的工作成果，这段描述中使用图灵作为主语仅是行文需要。

[二] Jack Copeland（坎特伯雷大学教授，AlanTuring.net 的创建者）评估图灵的工作令盟军提早两到三年获胜，相当于拯救了 1400 万到 2100 万人的生命。原文为"If U-boat Enigma had not been broken, and the war had continued for another two to three years, a further 14 to 21 million people might have been killed."。

德国俾斯麦号战列舰在丹麦海峡被英军伏击并围歼击沉。密码学的发展还导致了后来山本五十六的座机航线被盟军获知，进而遭拦截并击落等直接影响战争进程的事件㊀。在二战期间，图灵的工作成果虽然没有对公众公开，但在盟军的密码学圈子内部声名远扬，俨然是一颗耀眼的明星。

图 1-1　破解德军 Enigma 密码的 Bombe

1942 年底，图灵被英国政府秘密派到美国，和美国海军交流破译德国的北大西洋潜艇舰队密码的研究成果。结束在华盛顿的交流后，图灵又来到了贝尔实验室，参与这里的安全语音通信设备的研发工作。这样，在贝尔实验室数学组任职的香农就获得了一个和图灵合作的机会。图灵当时是破译了包括希特勒通话在内的多个德军秘密通信的密码学破译专家，而香农当时的工作是通过数学方法证明"X 系统"——这是美国总统罗斯福和英国首相丘吉尔之间的加密通信系统，是不可能被他人破译的，他们两位经过在密码学上"矛和盾"的攻防探讨，很快成为惺惺相惜的好友。

虽说图灵是去美国做交流的，但是军事上的事情，尤其是密码的加密和破

㊀　官方资料称山本五十六的座机航线密电是被美国海军太平洋舰队破译中心破译的，并未提及图灵。图灵在 1942 年到美国交流与 1943 年 4 月山本五十六的座机被击落是否存在关联仅是民间的猜测。

解这种事情，只要不在军方明确允许的范围内，平常时间是不允许交流各自进展情况的，所以关于密码学上的话题，他们在工作之余是无法随意讨论的。所幸香农和图灵在计算机科学、信息科学上的兴趣和研究范围都极为广泛，经常吃饭时闲聊就聊到其他各种前沿领域。一次，他们在自助餐厅见面时，图灵给香农看了他还在剑桥大学读硕士学位时（1936 年）写的一篇论文㊀——《论可计算数及其在判定性㊁问题上的应用》（"On Computable Numbers, with an Application to the Entscheidungs Problem"），这篇论文是可计算领域的里程碑式作品。

可计算理论可以追溯到 1900 年，当时著名的大数学家大卫·希尔伯特（David Hilbert，1862—1943）在世纪之交的数学家大会上向国际数学界提出了著名的"23 个数学问题"。其中第 10 个问题是这样的：

> "存不存在一种有限的、机械的步骤能够判断'丢番图方程'（Diophantine Equation）是否存在解？"

这里提出了有限的、机械的证明步骤的问题，用今天的话说就是"算法"。但在当时，通用计算机还要半个世纪之后才会出现，人们还不知道"算法"是什么。不过，当时数学领域已经有很多问题都与"算法"密切相关了，对"算法"，即"如何计算求解问题的步骤"的定义和是否可被算法计算的判定呼之欲出。

图灵这篇论文中提出的解决可计算性如何定义和度量的问题，其中的关键是引出了今天被称为"图灵机㊂"（Turing Machine）的概念模型。"图灵机"与

㊀ 提到硕士论文，香农自己的硕士论文"A Symbolic Analysis of Relay and Switching Circuits"也是绝对的神作，这篇论文是布尔理论在电路中应用的开辟性著作，香农把一个世纪之前出现的布尔代数和电路中的继电器这两个风马牛不相及的事物结合在一起，提出在电路中，一个继电器向另一个继电器所传递的不是电，而是一种信息，自此开辟了逻辑电路和二进制计算的天地。他与图灵的这两篇论文，可谓整个 20 世纪最重要的硕士论文。

㊁ 可判定性是指一个询问"真"或者"假"的问题是否可被回答。若不论一个问题答案为真或为假时均能得出该答案，则称这个问题或解决该问题时所用的算法是可判定的；若只能在答案为真时得出但在答案为假时不能做出判断，则称为半可判定的；若根本不能得出为真或为假的结论，则称为不可判定的。

㊂ 图灵的论文的地址为 http://onlinelibrary.wiley.com/doi/10.1112/plms/s2-42.1.230/abstract。

"冯·诺依曼架构"并称现代通用计算机的"灵魂"与"躯体",它对可计算性理论、计算机科学、人工智能都影响深远,可以说是一项改变了人类近代科学史的伟大发明。

"图灵机"这种虚拟的计算机器实际上是一种理想的计算模型,它的基本思想是用机械操作来模拟人们用纸笔进行数学运算的过程。通俗地讲⊖,图灵把"计算"这件日常的行为抽象概括出来,看作下列两种简单动作的不断重复:

1)在纸带上写上或擦除某个符号。
2)把注意力从纸带的一个位置移动到另一个位置。

在每个动作完成后,人要决定下一步的动作是什么,这个决定依赖于人当前所关注的纸上某个位置的符号和人当前的思维状态。为了模拟人的这种运算过程,图灵构造出一台假想的机器,该机器由以下几个部分组成:

- 一条无限长的纸带 TAPE。纸带被划分为一个接一个的小格子,每个格子上包含一个来自有限字母表的符号,字母表中有一个特殊的符号"_"表示空白。纸带上的格子从左到右依次被编号为 0,1,2,…,纸带的右端可以无限伸展。
- 一个读写头 HEAD。该读写头可以在纸带上左右移动,它能读出当前所指的格子上的符号,并能改变当前格子上的符号。
- 一套控制规则 TABLE。它根据当前机器所处的状态以及当前读写头所指的格子上的符号来确定读写头下一步的动作,并改变状态寄存器的值,令机器进入一个新的状态。
- 一个状态寄存器。它用来保存图灵机当前所处的状态。因为寄存器的数量是有限的,所以图灵机的所有可能状态的数目是有限的,并且规定有一个特殊的状态,称为停机状态,代表计算完成。

这种机器的每一部分都是有限的,但它有一个潜在的无限长的纸带,因此这种机器只是一个理想的设备,不会被真正地制造出来。图灵的论文证明了这台机器能模拟人类所能进行的任何计算过程。图灵机的图形表示如图 1-2 所示。

⊖ 此处关于图灵机计算思想的通俗描述,来自维基百科(https://zh.wikipedia.org/wiki/图灵机)。

图 1-2 图灵机的图形表示[1]

---

[1] 图片来源：http://finance.jrj.com.cn/2015/06/02105919297096.shtml。

图灵机思想的价值在于它虽然结构简单，但可以描述任何人类能够完成的逻辑推理和计算过程，换句话说，图灵机的计算能力是人类能够完成的所有计算的全集，只要一个问题是可判定的，且它的计算过程可以被符号和算法所表达出来，它就可以使用图灵机来完成计算。当时很多学者都无法想象这样一台听起来跟打字机差不多的东西，会是一个能够承载人类所有可以完成的逻辑和运算的计算模型。此前，"计算"能力是被视为与"思考"相类似的人类抽象能力，大家一时间很难接受"计算"可以被如此简单的模型所概括。

了解过"可计算性理论"（Computability Theory）这个学术分支历史的读者会知道，在图灵机被提出之前其实就已经有了能模拟人类所能进行的全部计算过程的模型。例如图灵硕博阶段的导师——普林斯顿大学的阿隆佐·邱奇（Alonzo Church，1903—1995）教授于 1928 年提出的"Lambda 演算"就是其中之一。但相比其他计算模型，图灵机的优势在于它极为直观、易于理解，而且很容易通过机械或者电子技术来实现。因此，图灵机在其价值被人们发现后，迅速成为计算机解决"如何计算"问题的基础，在计算理论上也成为可计算性的对标物。当一个新的计算模型出现时，人们会判定它能否解决所有在算法上可计算的问题，如果能，它就被称为是图灵等价或者图灵完备的。今天，我们称某种程序设计语言是图灵完备的，意思也是所有可计算的算法都能够用这种语言来实现（如今天常见的 C、C++、Java、JavaScript 等都是图灵完备的，而 HTML、CSS 这些语言则不是图灵完备的[⊖]）。由于笔者是程序员，因此这里再多写一句题外话：由于图灵机的结构简单，不考虑编码效率和可读性的话，只需寥寥几个操作指令就能照着图灵机的定义实现一门图灵完备的语言，制造出脑洞大开的效果，大家有兴趣的话可以搜索一下"BrainFuck"和"Whitespace"这两门语言看看。

[⊖] 笔者在 StackOverflow 上找到一篇通过 CSS3 的伪类定义来实现 Rule 110（一种元细胞自动机，被证明是图灵等价的）方法的文章，它的作者简直要把 HTML、CSS 给玩坏了。这里大家通过两门语言的差异对比有个直观感受就好，其他就不用纠结了。文章地址为 https://stackoverflow.com/questions/2497146/is-css-turing-complete。

1.4 人工智能的萌芽

在与图灵的交流中，香农很快就理解并接受了图灵机的概念，并对此非常感兴趣。因为他与图灵都看到了一个令人激动的前景，既然图灵机这样一个并不复杂的计算模型就可以抽象人类的逻辑和计算能力，而逻辑和计算又是人类最具代表性的智能表现之一，那"思考"能力也就是"智能"是否也可以被一个模型承载抽象，并且被机器实现呢？图灵机是否可以扩展为概括所有智能活动的模型？如果图灵机不足以成为这种模型的话，是否有其他的抽象模型可以代替，成为人造智能的基石呢？

有必要再强调一下，当时是 1943 年，处于信息科学的萌芽期，连正经的通用电子计算机都还不曾出现的时代，并没有实际的图灵机和编程，图灵和香农（见图 1-3）所讨论的一切对智能的构想都停留在数学和哲学层面，而两位人工智能的先驱所讨论的这几个基础理论问题，在今天仍然是人工智能学界未能解决的问题，他们当时讨论的内容对计算机和人工智能的研究仍有很大的启发意义。

图 1-3 图灵（左）和香农（右）

当时他们的讨论主要是围绕图灵机能否作为智能的基础模型、如何令机械拥有智能展开的，要解决这些问题，首先要解决的就是定义什么是"智能"。香农提出考虑机器智能问题时，应当把艺术、情感、音乐等方面的能力一并考虑进去，这很接近今天多元智能理论中对智能的理解。而图灵则不认可，他认为智能既然是由物质（指人类大脑）所承载的，就应该可以由物理公式去推导，可以用数学的方式去描述，而不应该把这些文化方面的内容包含进去。据 *Alan Turing: The Enigma* 记载[一]，一次他们两个在讨论智能的定义时发生了争论，图灵反驳香农时是这么说的："不！我对如何建造一颗无所不能的大脑完全不感兴趣，我只要一颗并不太聪明的大脑，和美国电报电话公司董事长的脑袋那样就差不多行了！"如果这位"躺枪"的董事长先生（贝尔实验室是 AT&T 下辖的研究机构，董事长即他们两个的老板）在场的话，大概不会同意图灵给智能所下的定义。

对于机器如何实现智能这个问题，图灵提出了两条可能的发展路线[二]。一条是基于建设"基础能力"的方法，通过编写越来越庞大、完善的程序，使机器具备越来越多的能力，譬如可以与人下棋、可以分析股票、可以识别图形等这样的能力，图灵认为这是完全可以做到的。但他更有兴趣的是另一条，即基于"思维状态"来建造大脑。这条路线的指导信条是，人类大脑一定存在着某种内在机制来产生智能，因为并没有什么更高级的神秘力量在为人脑编程，所以一定存在某种方法，可以使机器自动地学习，就像人类大脑一样。图灵进一步解释道：新生儿的大脑是不具备智能的，因此，找到人类大脑获得智能的途径，然后应用于机器上，使机器可以自己学习成长，成为机器掌握任何领域技能的一揽子解决方案。

在美国交流期间，图灵和香农未能解决"如何定义智能""图灵机能否作为智能的承载模型"等问题，但是他们在贝尔实验室的一系列关于智能的讨论，代表这个时期学者对"机器和智能"思考的萌芽，是人工智能从"科幻"走向"科学"的第一步。图灵回到英国之后，与香农仍然保持着联系，香农还到英国回访过图灵，他们仍然为解决这几个问题而不懈努力。在本章中，笔者将继续以图灵的工作为主线进行讲解，而香农的研究工作也间接地导致了人工智能史上另一个重要里程碑事件的发生，这就是下一章的内容了。

[一] 该记载来自 Andrew Hodges 编写的 *Alan Turing: The Enigma*，该书于 1992 年出版，2012 年引入中国，中文书名叫《艾伦·图灵传：如谜的解谜者》，该书还被改编成一部电影，名为《模仿游戏》。

[二] 这段记载同样来自 *Alan Turing: The Enigma*，没有历史资料记载图灵直接说过这样的话，这是 *Alan Turing: The Enigma* 的作者根据图灵的工作和论文的观点总结的。

1.5 图灵测试：何谓智能

在 1945 年到 1947 年期间，图灵从美国回到英国之后居住在伦敦的汉普顿区。这段时间他为英国国家物理实验室（National Physical Laboratory，NPL）工作，工作的具体内容是设计一款名为"自动计算引擎"（Automatic Computing Engine，ACE）的通用电子计算机，如图 1-4 所示。1946 年 2 月，图灵发表了世界上详细论述带程序存储功能（Stored-Program）的计算机体系结构的最早论文之一[一]。但是由于政府决策者的短视，ACE 完成理论设计后，反而陷入了一连串研发电子计算机的工作是否值得现在就去投入的争论之中，并未能立刻进入建造阶段。图灵因此感到心灰意冷，离开 NPL 回到大学校园（剑桥大学和曼彻斯顿大学），专心研究机械与智能去了。

图 1-4 ACE 电子计算机[二]

关于 ACE 的历史，其实很值得详细书写一番，如果 ACE 当时立即启动建造，将很有可能和冯·诺依曼（Von Neumann，1903—1957）的"离

[一] 世界上最早的关于带程序存储架构的论文是冯·诺依曼发表的关于 EDVAC 的著名论文"First Draft of a Report on the EDVAC"，其实也就比图灵的论文早半年，但是详细程度不如图灵的论文。

[二] 图片来源：https://www.express.co.uk/news/uk/450892/Gay-rights-campaigner-calls-for-investigation-into-Alan-Turing-s-death。

散变量自动电子计算机"（Electronic Discrete Variable Automatic Computer，EDVAC）[一]竞争"现代计算机的鼻祖"的头衔（ACE 建造工作重新启动之后，在 1950 年竣工，EDVAC 则在 1949 年完成，两者完成时间仅相差不到 1 年），也许今天学校的计算机课本讲到体系结构时就不再是冯·诺依曼架构了[二]。图灵和冯·诺依曼都是数学和计算机科学领域的天才，图灵在普林斯顿大学跟随阿隆佐·邱奇攻读博士学位时，与冯·诺依曼的办公室相邻，双方在计算机方面有过深入交流。后来虽然两人分处英、美两国独立研究，但对计算机体系结构的观点依然高度一致[三]，只是运气上冯·诺依曼要比图灵好得多。图灵关于 ACE 的工作和人工智能关系有限，我们就不再花费笔墨在这上面了。

由于英国政府的保密要求，回到剑桥后，图灵所做的关于机械智能的研究在当时并未公开发表（图灵的论文《智能机器》（"Intelligent Machinery"）写于 1948 年，直至 1992 年才在《阿兰·图灵选集》中发表）。直到 1950 年，图灵在《心灵》（*Mind*）杂志上发表了另一篇划时代的论文：《计算机器和智能》（"Computing Machinery and Intelligence"）[四]，如图 1-5 所示。笔者相信大部分读者都没有听说过这篇论文，但肯定有很多人听说过"图灵测试"（Turing Test）[五]，正是这篇论文提出了著名的"图灵测试"。可以说，正是因为这篇论文对图灵研究工作的总结，使得后来图灵被世人冠以人工智能之父的荣耀。

[一] EDVAC：离散变量自动电子计算机，是第一台冯·诺依曼架构的计算机。

[二] 对于第一台计算机，很多人可能有所误解，1946 年建成的 ENIAC 是第一台"通用电子计算机"，但是它并不是冯·诺依曼架构的（无法存储程序，必须通过连接线缆来重新编程），我们现在广泛使用的计算机，从"血缘"关系上讲更贴近于 EDVAC 的后代。

[三] EDVAC 报告中最核心的概念是"存储程序"（Stored-Program），冯·诺依曼把这个概念的原创权公正无私地给予了图灵。正像图灵专家、新西兰哲学家杰克·寇普兰（Jack Copeland）考证的，冯·诺依曼生前向他的同事多次强调：计算机中那些没有被巴贝奇预见到的概念都应该功于图灵。所谓存储程序就是通用图灵机。

[四] 《计算机器和智能》论文地址为 www.loebner.net/Prizef/TuringArticle.html。

[五] https://zh.wikipedia.org/wiki/图灵测试。

图 1-5 1950 年图灵在《心灵》杂志上发表《计算机器和智能》(此图为《心灵》杂志的目录)

我们先来介绍图灵测试，与当年和香农争论"智能该如何定义"这个问题时的思路不同，经过几年时间的探索，图灵意识到在当时的学术积累下强行定义智能将是适得其反的。因此，图灵在《计算机器和智能》的开篇就直接说明了他不会正面地明确定义何谓"智能"，而是先假定智能可以被机器所模拟，然后对机器是否拥有智能给出了一个侧面的判定途径：

> "如果人类由于无法分辨一台机器是否具备与人类相似的智能，导致无法分辨与之对话的到底是人类还是机器，那即可认定机器存在智能。"

这个简单的机器对人类的"模仿游戏[1]"便是现今举世闻名的图灵测试。图灵在提出图灵测试的时候，并未想到会对后世产生如此深远的影响。大概从 1998 年互联网兴起开始，每隔一段时间就有企业或机构出来声称自己研制的机器人通过了图灵测试，这几乎都是商业操作和宣传的噱头，无一例外都是特定条件下，如"在 5 分钟或者 20 句的对话中，成功令若干个受测者认为与他对话的机器是个 13 岁的孩子"这一类型的"通过测试"。而图灵所定义的图灵测试，更接近于一个思想实验，并未规定参加测试的机器要和人对话多长时间，要骗过受测者中的多少人，参加测试的人的智力、年龄等应该在什么样的水平，机器应该模仿一个年龄多大的人等[2]（论文中倒是列举了很多可能提的问题和计算机回答的场景来进行论述，但并未对测试加以任何条件限制）。图灵测试中所指的人，更多是一个泛称，而非特定的某类人或某个个体。

迄今为止，包括 ChatGPT 在内[3]，还没有任何智能机器能够通过真正意义上的图灵测试。有趣的是，因为机器在图灵测试上一次又一次的失败，人类基于机器通过这种测试的困难度，反而创造出图灵测试最广泛的应用场景，这种应用在网络上随处可见——图形验证码。验证码的英文单词"Captcha"其实就是"通过图灵测试来完全自动地分辨出计算机和人类"（Completely Automated Public Turing test to tell Computers and Humans Apart）这句话的英文首字母缩写。

1.6 智能与人类的界限

今天主流的人工智能研究中，直接以创造出能通过图灵测试的人造智能机械为目标的研究项目其实极为罕见。这一方面是因为图灵测试的难度实在太

---

[1] 图灵的论文中对该测试的命名就是"模仿游戏"，"图灵测试"是后人为纪念图灵而定的名字。
[2] 图灵只是在论文中做了一个预测："大概 50 年以后（即 2000 年），一台拥有 1GB 内存（预测挺准确的）的计算机，可以在 5 分钟左右的询问后，让 70% 的人无法判断它是不是一台机器。"
[3] 在加州大学圣迭戈分校发表的论文"Does GPT-4 pass the Turing test"中，GPT-4 取得了迄今为止所有智能模型中最高的置信度（41%），但距离通过图灵测试依然遥远。

高，难以出成果；另一方面是因为图灵测试所提出的目标其实已经超过了人类自身的需要，就好比人类不断地制造更好的飞机肯定是为了更快、更舒适地旅行，而不是为了它飞得更像鸽子以至于能欺骗其他鸟类。

通过一个简单的集合关系，我们可以以更严谨的方式来理解"人类所需的智能"和"能够模仿人类通过图灵测试的智能"这两个问题的差别。如图1-6所示，我们定义了两个集合："全部智能行为"和"全部人类行为"，以及两者的交集——属于人类范畴的"智能行为"。

- **属于全部智能行为可以回答的问题**："围棋规则中执黑需要贴目多少才能确保公平？"
- **属于全部人类行为可以回答的问题**："周志明和周杰伦谁唱歌比较好听？"
- **属于人类范畴的智能行为可以回答的问题**："菠菜3元一斤，买3斤需要多少钱？"

图 1-6 人类行为与智能行为的范围

显而易见，图灵测试所判定的"智能"是能够模拟全部人类行为的智能，但是全部人类行为的范围内并非都是属于人类范畴的智能行为，也并非全部人类行为都有让计算机代替人类去完成的必要，如你没必要让计算机替你分辨出"榴梿到底是不是一种好吃的水果"，觉得榴梿是否好吃这种问题也不会用来衡量回答者有没有智能或者作为判断智商的高低的依据，对吧？

今天学术界对人工智能研究的主流是机器从事人类范畴的智能行为（当然，机器天生就可以完成一部分人类之外的智能行为，譬如速算，所以要研究的问题是机器还完成不了的人类范畴的智能行为）这部分内容，而笔者相信现在绝大部分人都很容易接受人工智能的研究定位在人类范畴的智能行为是合理的。

但是当时的主流学者并不都这么认为，在 1950 年以及之后的一二十年里，人们对机械实现智能的难度估计普遍都表现出极为乐观的态度，很多的投入是花费在"意识"（Consciousness）、"心智"（Mind）、"自我"（Self）这类今天划归于强人工智能范畴的研究之中，以至于在 20 世纪 80 年代大家终于接受快速实现人工智能的愿望不切实际这个现实后，出现了一系列关于人工智能前途的大讨论，如"技术奇异点"[一]的讨论、"中文房间"实验[二]、强弱人工智能之分等都是这个时期提出的。

1.7 机器能思考吗

图灵测试仅是论文的一部分，定义完图灵测试之后，图灵开始论证该文中提出的最重要的观点，即论文开篇第一句就提出的问题："机器能思考吗？（Can machines think?）"

这里首先要消除"思考"（Think）一词的歧义，哲学观点认为思考是一种人类独有的活动，即使机器能充满智能地行动，将思维属性赋予机器其实也是没有意义的。结合前文介绍过的图灵与香农对智能定义的争论以及论文本身所论证的内容，可以明确此处图灵所指的"思考"，是一种可在外部观察到的行为，是指机器通过学习而获得某项技能，并能够将这项技能表现出来的能力。所以在论文中，图灵重点论证的是建造"学习机器"（Learning Machines）[三]的可行性，更具体地说，是论证机器依靠学习进化而最终通过图灵测试的可能性。

图灵首先反驳了"机器可以具有智能"的一系列对立观点，这些观点在今天仍然是很多人认为人工智能不可能实现的主要论据。图灵给出的解释虽然并没有说服持反对观点的一方，甚至在后来有人还出版了《计算机不能做什么：

[一] 1982 年，弗诺·文奇在卡内基梅隆大学召开的美国人工智能协会年会上首次提出"技术奇异点"这一概念。

[二] 该实验出自约翰·希尔勒的论文《心灵、大脑和程序》（"Minds, Brains, and Programs"）中，发表于 1980 年的《行为与脑科学》。

[三] 这是该论文最后一章的标题，和现在的"机器学习"（Machine Learning）并不是一回事，读者请勿混淆。

人工智能的局限》[1]这样专门批判人工智能可能性的书籍，但起码说明了对于许多现代还在提及的反对人工智能的观点，图灵都是系统性地认真考虑过的。图灵反驳的大部分观点与"科学"的距离较远，笔者不一一细说，仅列举如下。

- **神学的反对意见**："思考来自人类灵魂，而灵魂是上帝赋予的。"
- **"鸵鸟"式的反对意见**："机器有思维的后果太令人恐惧了。"
- **能力受限论的反对意见**："机器可以完成任何你刚才提到的事情，但机器永远不可能有某行为。"
- **差错论的反对意见**："机器永远不可能出错，而思维的关键则来自出错的不确定性。"
- **规则论的反对意见**："机器永远按照预设的规则来工作，而人类总能碰到未知的情况。"

上面这些都是涉及哲学甚至神学的问题，而另外一类——主要是两个观点，对于不研究哲学的人也有比较宽松的探讨空间，笔者想介绍一下图灵对这两个问题的看法。

一个是来自数学的观点，机器拥有智能在数学上的反对意见主要来自哥德尔不完备定理，该定理证明了一个反科学直觉的结论：

> "如果一个形式系统是不含矛盾的，那就不可能在该系统内部证明系统的不矛盾性。"

哥德尔不完备定理对机械智能的限制是：它决定了无论人类造出多么精致、复杂的机器，只要它还是机器，就将对应一个形式系统[2]，就能找到一个在该系统内不可证的公式而使之受到哥德尔不完备定理的"打击"，机器不能把这个公式作为定理推导出来，但是人却能看出公式是真的。因此这台机器不可能是

---

[1] 这本书出版于1972年，作者是加利福尼亚大学伯克利分校的哲学教授休伯特·德雷福斯。这本书还在论文阶段时的名字是《炼金术与人工智能》（这名字够埋汰人的吧？），正式出版时变成了文中这个名字，在1986年翻译引进中国。在最近第三次再版时名字听起来更温和了一些，改成了《计算机仍然不能做什么：人工智能理性批判》。

[2] 形式系统（Formal System）是数理逻辑中的概念，是指包含字母、字的集合及由关系组成的有限集合。典型的如编程语言就是一种形式系统。

承载思维的一个恰当模型[一]。或者通俗一点说，如果可以通过图灵测试的智能是基于某种能够承载该形式系统的运算器（譬如基于图灵机）来实现的话，那在进行图灵测试时，就一定能找到一个问题是这个机器必定回答不了的，这就成悖论了。

图灵对这个问题的看法是：尽管哥德尔不完备定理可以证明任何一台特定的机器的能力都是有极限的，但是并没有证据说明人类智能就没有这种局限性。这句话的隐含意思是，没有证据证明人类智能不是某个特定形式系统（如图灵机或者其他系统模型）所能抽象概括的，就这样，图灵把"不能解决所有问题"的锅从机器甩回给了人类。

提出哥德尔不完备性定理的库尔特·哥德尔（Kurt Godel，1906—1978），曾经于1951年在布朗大学的演讲中谈及了这个问题[二]，他认为以下结论是不可避免的：

> "要么无论机器多么复杂，人类的思维都将在理论上无限地超越任何机器；要么对人类而言，一定存在着一个人类绝对无法解决的问题。"

但与图灵不同的是，他倾向于接受这个结论前半句的可能性，而否定后半句。关于哥德尔不完备定理对机械智能的限制，其实最终回到了问题的原点，即图灵与香农最初探讨的问题：人类智能能否被某种模型所抽象？如果能，那必将存在着人类智能绝对无法解决的问题；如果不能，那人类就很难制造出能够拥有人类思维的机械智能。这个问题在科学界、哲学界的讨论经久不衰，至今仍没有找到答案。

另一个反对观点是思维来自情感和意识。至今，人们普遍认为机器在情感和意识上明显是无能为力的。图灵论文中摘录了一段斐逊教授在1949年的演讲内容，如下：

[一] 此观点来自美国哲学家卢卡斯于1961年发表的文章《心、机器、哥德尔》，此时图灵已经逝世，但他在1950年的论文中就已经预见性地反驳了这个观点。

[二] 以下论文记录了哥德尔演讲的部分内容：https://math.stanford.edu/~feferman/papers/dichotomy.pdf。

> "若要我们承认机器与大脑一样，除非机器能够因为感受到了思想和感情，而不是用符号推理去写出十四行诗①或者协奏曲来。也就是说它不仅仅写了，而且必须意识到自己确实这样做了。任何机器都感受不到成功与喜悦，也不会因困难而沮丧，因奉承而沾沾自喜……"

图灵对这个问题干脆利落地回应道：这是典型的"唯心主义"思维（原文是 Representational Theory of Mind）。他认为如果要去肯定一台机器拥有思维，必须要能感受到那台机器的思维活动的话，那人类同样也属于"没有思维"的范畴。因为你要了解一个人的思维状况，不可能把你自己变为那个人来感受②，必然是根据那个人的外在表现，譬如他的表情、动作、所说出的话语来得知。如果是这样，问题就绕回图灵测试上来了，一个通过图灵测试的机器，将意味着可以在所有的外在表现上跟人类行为一致。

对意识理解的局限性，是今天很多人理解人工智能的一个思想误区，总觉得机器必须实现和人类一样的自我意识的思考才是真正的人工智能。2015 年 3 月，语言和认知学家诺姆·乔姆斯基（Avram Chomsky，1928—）和物理学家克劳斯有过一场对话，乔姆斯基再次被问到了"机器能思考吗？"这个问题，他反问道："潜艇能游泳吗？③如果机器实现了意识的外现的结果，但是意识的内涵（原文使用的是潜意识'Preconsciousness'这个词）和人类的不一样，那机器可以被认为是有意识的吗？"如果非要让机器具备人类思维所定义的意识，乔姆斯基直接引用了图灵对这个问题所说的话来反驳："这没有讨论的意义。"关于机器与意识之间的关系，从图灵的论文开始，到 1980 年约翰·希尔勒的中文房间思想实验引发的大讨论之后，学界才算有了比较统一的主流结论。

---

① 十四行诗是一种文体，和中国古诗的五言绝句、七言律诗性质一样。
② 这在哲学知识论中称为"他心猜想"（Problem of Other Minds），是一个讨论了上千年的老梗了，中国战国时期也有类似的"濠梁之辩"，就是那个"子非鱼，安知鱼之乐"的故事。
③ "潜艇能游泳吗"这句话是乔姆斯基对荷兰计算机科学家艾兹赫尔·迪杰斯特拉（Edsger Dijkstra）的著名引述，迪杰斯特拉的原话是："关于一台机器能否思考的问题，与关于一艘潜艇能否游泳的问题几乎同样有趣。"

1.8 机器拟人心

反驳了诸多与机器可以具有思维相对立的观点的同时，图灵也正面地给出了机器获得思维的一种可能途径。在 20 世纪，人们已经对脑科学有了初步的了解，知道了人类大脑的思维是由脑皮层中的大量神经元相互连接实现的。虽然神经元具体产生智能和思维的过程尚不明确，但如果把思维和脑科学的研究比喻成剥洋葱皮的话，当人们发现一些脑部的机制可以通过物理方式解释时，就把它像洋葱皮一样剥除掉，这时候又会发现一层新的秘密在里面需要剥除，一直这样下去，我们会否看见一个人类科学无法解释的"灵魂"存在？还是会发现洋葱皮最后一层里面什么都没有了，所有大脑创造智能的过程都能够用物理和化学现象来解释？世界上大至宇宙、星系，小至分子、原子都遵从物理定律，这是现代科学界普遍接受的思想，很难让人唯心地相信在人类大脑里会有无法使用物理定律解释的神秘现象出现[⊖]，认同这一点的人，也应该能认同思维的存在必将是被物理定律所约束的。如果确实有一个或多个能够解释思维的定律或理论存在的话，就非常有可能找到能承载智慧的抽象模型，然后通过机械来实现它。

必须承认，直接设计一个拥有等同于成年人思维的机械智能无疑是困难而复杂的，因为一个成年人的大脑，除了出生时初始的生物状态之外，他所接受的教育及那些经历的不能称为教育的事情，都会导致他大脑中的各种细节发生变化。那能否将问题简化，先尝试设计一个等同于初生婴儿大脑的机械智能呢？这个机械智能可以没有任何预置的知识，对世界的认知可以如同白纸一般，它只需要具有学习进化的能力即可。如果将这个智能定义为"学习机器"（Learning Machines），那创造人工智能的过程就可以分解为建造一部学习机器与对这部机器的教育过程两个部分。

1950 年人工智能尚未形成一门真正的科学，碍于当时的历史局限性，图灵不可能给出一部拥有自主进化能力的学习机器的详细设计，因为其中涉及细节问题，几乎每一项都成为日后人工智能中的一门学术分支，解决这些问题所要

⊖ 现代科学中，有一种理论认为这里应该引入量子力学的不确定性原理，以提供随机和概率方面的考量。

付出的努力是当时根本无法想象的，其中部分能力列举如下：

- **接受外界信息的能力**：如机器视觉、语音识别、语义理解等。
- **存储和使用知识的能力**：如知识表示、知识工程、自动推理等。
- **改进自身的能力**：如基于统计、概率、符号、连接的各类机器学习模型等。
- **反馈外界的能力**：如自然语言处理、语音合成技术、运动平衡技术等。

……

退一步说，即使有人声称已经做出来了一台学习机器，如何保证对机器的正确教育和评估也是一个很大的问题。这台机器肯定不可能像人类那样靠生活、上学这样的经历来成长进化，人们也无法在短时间内就评估出不同学习机器的效果优劣。

对于如何教育学习机器的问题，我们可以尝试通过计算机模拟，使用遗传算法[一]（Genetic Algorithm）来解决，把学习机器的进化和生物进化论中物竞天择的思想联系起来。将学习机器假设为一种生物，在机器有符合人类行为的正确响应时给予奖励，在发生不恰当行为时给予惩罚。获得更多奖励的机器，将会有更好的生存环境，能存活更久，更容易产生后代。每一代都在遗传上一代特征基因的基础上随机进化，在若干代进化之后所得到的族群，肯定是更符合我们所设定目标的学习机器。可以通过一个简单的实验来模拟这种思想：假设有一种"生物"由250个不同颜色、不同透明度的三角形组成，这种生物以"是否长得像蒙娜丽莎"为优胜劣汰的判定标准（逐个像素比较相似度），如果更像蒙娜丽莎的话就可以存活更久，产生更多后代，后代也会继承前一代的基因基础。从实验结果可以看到，如图1-7所示，第100万代时这种生物的样子已经进化到和蒙娜丽莎的样子几乎没有什么区别，这甚至有可能是只能用250个透明三角形来模拟蒙娜丽莎的最优解了[二]。

[一] https://zh.wikipedia.org/zh-hans/ 遗传算法。

[二] 有兴趣的读者，可以自己在这个遗传算法的介绍网站上在线完成该例子：http://alteredqualia.com/visualization/evolve/。

| 原图 | 第 1 代 | 第 100 代 | 第 500 代 |
| 第 1000 代 | 第 1 万代 | 第 5 万代 | 第 100 万代 |

图 1-7　机器使用遗传算法绘制的蒙娜丽莎

　　图灵关于学习机器的描述是最早出现的关于计算机遗传算法思想的文献记录，使用计算机来模拟学习机器的进化在 1950 年肯定只能是个假想，完全不具备实践可能性。但谁也没有预料到几十年后会有互联网这样的黑科技出现，从此在数十亿网民的共同积累下，制造出了一个无比庞大的几乎包含了所有人类行为的知识库。学习机器完全有可能通过这个知识库去判断哪些行为是人类行为中概率更高的行为。有了判定标准，学习机器也就有了学习进化的方向，这种方案的实践可能性也就慢慢变大。关于机器通过互联网学习知识从而进化出智能和意识的故事情节，近年来多次出现在科幻小说和电影之中[一]，许多精英学者，如天体物理学家史蒂芬·霍金（Stephen Hawking，1942—2018）、人工智能学家斯图尔特·拉塞尔（Stuart Russell，1962—）也都向公众预警过存在这种可能性，虽然他们同样无法给出严谨的证据来证明或者证伪。机器进化获得智能是否会变成现实，答案恐怕只能留待时间来回答，留待未来去见证了。

1.9　机器拟人脑

　　自图灵提出学习机器（Learning Machine）的概念后，学习机器很快成为人

　　㊀　如电影《超能查派》（2015 年）中的 Chappie。

工智能学者研究的热门领域。1955 年，在美国洛杉矶举行了一个"学习机器讨论会"（Session on Learning Machine），神经元模型的发明者、数理逻辑学家沃尔特·皮茨（Walter Pitts，1923—1969）在做会议总结时说道：

> "在我们面前有两条通向智能的路，一条是模拟人脑的结构，一条是模拟人类心智，但我相信这两条路最终是殊途同归的。"

从历史发展看，皮茨的总结非常有预见性，70 年来，人工智能的探索历程就是"结构派"和"心智派"㊀交替提出新理论和新发现，交替占据主流地位。

以皮茨的划分方式，图灵本人应该算是"心智派"的代表人物，他寻找能实现智能的抽象模型这项工作，直至去世都没有成功，其他科学家也尝试着另外的途径去寻找人工智能。从实践角度来看，"结构派"的思路似乎更为可行，至少可以模仿生物结构，道路更为"有迹可循"一些。与许多来自仿生学灵感启发的发明一样，人们直接想到了从模拟人类大脑功能结构出发来寻找智能。笔者在这里简要地列举这个过程中的一些里程碑事件，涉及的具体理论和知识，会在后面关于神经网络和机器学习的章节里详细介绍：

- 1904 年，西班牙病理学家拉蒙·卡哈尔（Ramon Cajal，1852—1934）提出了人类大脑包含大量彼此独立而又互相联系的神经细胞的神经元学说。
- 1943 年，心理学家沃伦·麦卡洛克（Warren McCulloch，1898—1969）和皮茨在《数学生物物理学通报》上发表论文《神经活动中内在思想的逻辑演算》（"A Logical Calculus of The Ideas Immanent in Nervous Activity"），文中讨论了理想化、极简化的人工神经元网络，以及它们如何形成简单的逻辑功能，首次提出了人工神经元网络的概念及数学模型，从而开创了通过人工神经网络模拟人类大脑的研究时代。后来人们将这种最基础的神经元模型命名为"M-P 神经元模型"。

㊀ "结构派"和"心智派"便是后来人工智能三大经典学派中的"符号主义学派"和"连接主义学派"。

- 1949 年，心理学家唐纳德·赫布（Donald Hebb，1904—1985）在《行为组织学》（The Organization of Behavior）这部著作中提出了基于神经元构建学习模型的法则。他认为神经网络的学习过程最终发生在神经元之间的突触部位，突触的联结强度随着突触前后神经元的活动而变化，变化的量与两个神经元的活性之和成正比。该方法被称为"Hebb 法则"（Hebb's Law）。

- 1952 年，IBM 的程序员阿瑟·塞缪尔（Arthur Samuel，1901—1990）在 IBM 700 系列计算机上开发了一款西洋跳棋的程序。该程序并不是由开发人员将下棋的方法通过算法编程的方式直接赋予计算机，而是通过算法赋予计算机一定的学习能力，使之能够观察位置并学习一个隐式模型以在后一步棋中获得更好的策略。塞缪尔用该程序下了许多盘棋，发现经过训练的程序最后能比人下得更好。这款西洋跳棋程序有力地反驳了当时认为机器不能超越所写的代码并学习人类的策略模式这一观点。到 1959 年，这款程序打败了塞缪尔本人，在 3 年之后，甚至打败了州跳棋冠军，这是塞缪尔本人所无法做到的。塞缪尔还创造了"机器学习"这一概念，并将其定义为："在没有明确指令的情况下赋予计算机能力的一个研究领域。"

- 1957 年，心理学家弗兰克·罗森布拉特（Frank Rosenblatt，1928—1971）首先将 Hebb 法则用于模拟人类感知能力，并提出了"感知机"（Perceptron）的概念模型，希望这个模型能够作为承载智能的基础模型。罗森布拉特在康奈尔大学航空实验室的 IBM 704 计算机上完成了感知机的仿真后，成功申请到了美国海军的资助，并于两年后成功制造出一台能够识别英文字母的基于感知机的神经计算机——Mark-1。Mark-1 在 1960 年 6 月 23 日向美国公众展示，本章开头引言部分所引用的《纽约时报》那段海军高度评价的主角就是 Mark-1，如图 1-8 所示。

感知机之后，结构派还有很多值得记录的里程碑事件，大多和机器学习有关，笔者不打算在第 1 章里继续列举了。从今天我们还没有真正走进智能化时代这个现实结果可以得知，结构派的尝试同样没有成功，但与心智派所处的困境不同，结构派所面临的许多困难是由于训练数据不足、计算能力不足所导致的，更多是工程可行性上的困难。如果不考虑工程可行性，单纯从理论可行性来说，很多实验和机器都是可以实际建造和验证的（这里的"建造"，既包括真实的感知机和芯片，也包括在今天的计算机上通过算法逻辑搭建）。所以说结构派没有成功却也没有失败，只是受限于当时的计算能力，无法得出可实用化的结果罢了。随着今天计算能力（尤其是 GPU 这种多核强并行计算的硬件的出现，正适合模拟神经元的激发过程）的发展，基于机器学习的方法确实完成了很多以前代表人类智能的工作，如下棋、对话、视觉识别、辅助决策等。

图 1-8 感知机 Mark-1 识别字母

不过，鉴于人类大脑是地球上最复杂的系统工程，我们对大脑进行的反向工程目前还暂处于"盲人摸象"的状态。欧盟脑计划和美国脑计划这类项目建立了开放式的合作机制来收集海量、全面的大脑数据，但缺乏对等的合作机制来探究统一、基本的大脑理论。今天计算机硬件也已经出现了一些模仿人类大脑的神经形态芯片项目，譬如 IBM 的 TrueNorth，还有高通的 Zeroth，虽然它们都声称已经成功开发出了非冯·诺依曼的新型计算机架构，然而就背后对应的非图灵机的新型计算模型而言，仍是毫无头绪。

图灵已经找到了计算能力的基石，但寻找智慧的基石这项工作，仍然没有见到成功的曙光，世界在等待着下一个"图灵"的出现。

1.10 机器拟人身

关于寻找智能的途径，除了"心智派"和"结构派"之外，还有一种主流的观点，认为智能应该是由具体行为表现出来的，智能和认知都与具体的身体、环境密切相关，它们之间存在内在的和本质的关联，必须以一个处于特定环境中的具体的身体结构和身体活动为基础。智能是基于身体和涉及身体的，始终是具体身体的智能，而不能仅仅存在于脑海之中。

图灵也考虑过这种智能的形式，他在 1948 年的论文《智能机器》（"Intelligent Machinery"）中，把研究智能的方向划分成了"具身智能"（Embodied Intelligence）和"非具身智能"（Disembodied Intelligence）两大类。图灵和香农的研究主要走的是非具身智能这条路，而具身智能则以提出控制论的维纳为代表，著有《自复制自动机理论》（"Theory of Self-Reproducing Automata"）的冯·诺依曼也是探索这方面的先驱者之一。

对于非具身智能的研究，无论是"心智派"还是"结构派"，都是从人类大脑和心智开始的，而对于具身智能的研究，则没有把目光聚焦在具有高级智能的人类身上，而是首先关注比人类低级得多的生物，譬如昆虫。即使是简单的昆虫也能够展现出机器无法企及的智能行为，灵活摆动身体、快速而稳定地行走、聪明地避开障碍物、躲避捕食者的攻击这些行为，尽管对于人类或者绝大部分动物来说都是刻在骨子里头的本能反应，但是对于机器而言，要表现出类似的行为，则存在着极大的困难，这里涉及的控制技巧和能力非常复杂，将这些在人类看来再普通不过的行为视作机械智能行为的一种也毫不为过。对于这条探索智能的道路，我们不妨称为"行动派"。

如果说心智派在研究模拟智能的软件，结构派在研究模拟智能的硬件，那行动派就是在研究模拟智能生物的身体了。与心智派、结构派互相竞争不同，行动派的学者和经典人工智能学术圈总是保持着若即若离的关系，后续发展出来的成果也大多体现在控制科学、机器人学这些来自人工生命的领域之中，反而不喜欢被烙上"人工智能"的标签。

在人工智能真正成为一门学科之后，我们所说的心智派、结构派和行动派也有了自己严谨的理论和学说，分别发展成人工智能中的三大经典学派：符号主义学派、连接主义学派和行为主义学派。在本书的第二部分，笔者将会用三章的篇幅，深入地讲解这三个学派的学说理论和发展成果。

1.11 本章小结

本章以 1956 年为界，介绍了达特茅斯会议之前人工智能还处于洪荒混沌时期的关键事件和理论学说。关于历史的介绍会贯穿全书，笔者希望除了纪念图灵等人工智能先驱所做的探索和努力外，还能普及一些基础概念、理论、模型和算法产生的背景、用途，以及历史上对这些新事物有过怎样的思考和争论。我们研究人工智能，必须站在巨人的肩膀上看世界，如果不了解"智能"这样基础的概念，不了解前人是如何思考、定义和判别的，一开始就从"深度学习"等当前热门的几个细分人工智能分支入手的话，会很容易陷入管中窥豹的困境。

本章时间线到 20 世纪 50 年代初期为止的另一个关键原因是"主角"图灵因同性恋问题在 1952 年受到惨无人道的迫害。出于军事保密等原因，图灵的贡献和成就并没有为他提供应有的庇护，他被判处执行长达一年多的化学阉割。1954 年，图灵不堪折磨，选择吞食涂有氰化物的苹果结束了他传奇的一生[一]。直至二战结束 30 多年后，图灵的贡献才逐渐向公众公开。在无数人的抗议和争取下，英国政府受到了极大的压力，2013 年 12 月 24 日英国女王伊丽莎白二世破例（首次对逝者赦免）宣布赦免已去世将近 50 年的图灵，2017 年 1 月 31 日，《图灵法案》生效，历史上与图灵有类似经历的约 49000 位因同性恋定罪者都被赦免。

1966 年，美国计算机协会（Association for Computing Machinery，ACM）以图灵的名字设立了"图灵奖"（A. M. Turing Award），用于纪念图灵对计算机科学所做的卓越贡献。图灵奖现在已成为像自然和人文科学界的诺贝尔奖、数学界的菲尔兹和沃尔夫奖一样的计算机科学、信息科学和人工智能科学界的最高荣誉和奖项。

[一] 有传闻说图灵是乔布斯一生的偶像，苹果公司选择被咬了一口的苹果作为 LOGO 是为了纪念图灵，但是苹果公司并没有承认这一点。

· Chapter ·
第 2 章

迈向人工智能

Our purpose is not to guess about what the future may bring; It is only to try to describe and explain what seem now to be our first steps toward the construction of Artificial Intelligence.

我们的目的并不是去猜测未来会出现什么，而仅仅是尝试去描述并解释清楚我们应该如何迈出通向人工智能的第一步。

——马文·明斯基（Marvin Minsky），《迈向人工智能》，1961 年

2.1 概述

现在一说起人工智能的起源，公认是 1956 年的达特茅斯会议，原本学术圈之外听说过这个会议的人并不多，但随着人工智能在近几年来再次成为科技界乃至全社会的焦点，达特茅斯会议也逐渐为公众所了解。由于人工智能一词天生的神秘色彩，这个会议似乎也附带上了一道朦胧而神秘的光环。通过学习本章，我们将了解这个会议的诸多细节，了解人工智能这门学科诞生的历史背景，以及人工智能这门学科建立后与之相关的一系列学者、学说的竞争。

新学科的诞生通常意味着打破一些旧的观念和枷锁，所以新学科的出现需

要有旧学科无法解决的问题被提出，需要有开创者去思考和动手解决问题，需要有与旧理论、旧观念斗争的勇气和力量，也许还需要有一点机缘巧合的运气，这个过程中必将出现很多传奇的人物和故事，也必将产生很多令人惊叹的成果。

2.2 引言：不经意间改变世界

1953年夏天，普林斯顿大学数学系的一位博士研究生决定把他博士生涯的最后一个暑假用在和他的师兄一起去贝尔实验室勤工俭学上。尽管以学生标准而言，这两位年轻人都已算是出类拔萃的优等生了，但按计算机学者的标准来说，他们还只是两个初出茅庐、籍籍无名的学术界新人。在他们进入贝尔实验室的时候，连他们自己都不可能想到人工智能这门新兴学科甚至整个信息科学和计算机科学，会由于他们不经意间的一次勤工俭学而发生改变。这位即将毕业的博士生的名字叫马文·明斯基（Marvin Minsky，1927—2016），和他一起去贝尔实验室当"临时工"的师兄⊖叫约翰·麦卡锡（John McCarthy，1927—2011），如图2-1所示。

图2-1 年轻时的明斯基（左，1952年摄）和麦卡锡（右，1948年摄）

⊖ 麦卡锡和明斯基同岁，因为在加州理工学院读本科时跳了两级，所以他的博士学位比明斯基早两年多获得。

第 1 章里，笔者讲述了 1943 年香农和图灵在贝尔实验室的自助餐厅中围绕"机器与智能"的一系列讨论，当时埋了一个伏笔：图灵和香农分开后，各自的研究工作都引发了一系列人工智能史上极为重要的事件的发生。图灵的研究工作我们已经介绍过了，本章我们就从香农的研究工作说起。

距离和图灵讨论"机器与智能"问题过去了 10 年时间，香农仍然没有解答出当时讨论的焦点问题——图灵机能否作为智能的抽象模型，但他也没有放弃对这个问题的思考。当香农看到那两个新进贝尔实验室的年轻人简历上的研究方向⊖时，他立即决定把他们安排到自己身边工作。此时的香农在贝尔实验室已经不是当年那位数学组的小研究员了，在 1948 年《信息论》公开发表后，人们逐渐意识到香农这部著作的巨大价值，谈论信息论甚至成为当时科学界（是整个科学界，而不仅仅是信息科学）的一种潮流。香农的学术地位越来越高，他被誉为信息学的奠基人之一，在星光璀璨的贝尔实验室也是一位绝对的领头人物，找两位年轻实习生参与自己的研究是轻而易举的事情。

对于香农研究的问题，麦卡锡给出一个非学术的建议："这个问题恐怕仅靠咱们几个搞不定，三个臭皮匠赛过一个诸葛亮，不如我们来汇编一部关于机器模拟智能的文集，让全世界做智能研究的学者都来投稿，贡献一下智慧吧。"香农稍加考虑之后同意了麦卡锡的这个提议⊖，但是他一贯低调，不喜欢使用"机器模拟智能"这类过于吸引眼球的名字，因此决定将这部文集定名为《自动机研究》(Automata Studies)。

这部文集的汇编工作很快开始，但进展并不顺利，以至于不足 300 页的文集耗费了三年时间才公开出版发行。不顺利的原因倒不是没有学者愿意投稿，以当时香农在学术界的吸引力不太需要担心这一点，实际上投来的稿件的确不少，而且入选的几乎都是大师的文章，除了香农自己提供的两篇关于通用图灵机研究的文章外，还有如马丁·戴维斯（Martin Davis, 1928—，与图灵一样

⊖ 关于研究方向，明斯基的博士论文题目是《神经网络和脑模型问题》("Neural Nets and The Brain Model Problem")，是较早的神经网络研究之一，麦卡锡的博士论文也是关于机器模拟智能的。

⊖ 有说法是汇编这部文集的想法是由普林斯顿大学的另一位研究生杰里·雷纳（Jerry Rayna）提议的，麦卡锡只是向香农转达了这个想法。文中麦卡锡说的话肯定是笔者杜撰的，原话怎么说的不重要，大家意会即可。

是邱奇的学生，《可计算性与不可解性》《逻辑的引擎》的作者）、斯蒂芬·克莱尼（Stephen Kleene，1909—1994，也是邱奇的学生，《元数学导论》的作者）、冯·诺依曼、威廉·艾什比（William Ashby，1903—1972，《设计大脑》的作者，控制论学派的代表人物之一）等人的文章被收录进去，当然明斯基和麦卡锡也有文章被收录进去了。这部文集的出版之所以不顺利，主要是因为它拟定的主题如同它的名字"自动机研究"一样，太过于笼统，以至于投稿来的大量文章与图灵机和机械智能都没有什么关系，这就偏离了发起人当时决定汇编这部文集的初衷⊖。图 2-2 是《自动机研究》原稿展示。

图 2-2 《自动机研究》原稿

1955 年夏天，麦卡锡又到 IBM 公司去干临时工，虽然在一年前（1954 年）他就已经受聘为达特茅斯学院（Dartmouth College）数学系的助理教授了，但是美国的教授和中国的不一样，暑假是不发工资的，因此即便已经不是学生了，麦卡锡还是逃不掉"勤工俭学"的日子。

这次麦卡锡"勤工俭学"的老板是纳撒尼尔·罗切斯特（Nathaniel Rochester，1919—2001），他是 IBM 公司信息中心主任，也是第一代通用商用

⊖ 根据麦卡锡的自述："香农不喜欢华而不实的术语堆砌。他整理的卷宗为《自动机研究》。但其中收集到的文章让我很失望，有关智能的内容并不多。所以在 1955 年开始筹备达特茅斯计划时，我希望开门见山，使用了'人工智能'这一术语，目的是让参与者弄清楚我们是在干什么。"

计算机"IBM 701"的主设计师。在 IBM 做 700 系列商用计算机的研发人员中很多都对机械智能感兴趣,譬如其中就有前文提到的写过有自学习能力的西洋跳棋的那位 IBM 第一代程序员塞缪尔。罗切斯特自己也对机械智能研究极感兴趣。当麦卡锡和他谈到这个话题时,两人一拍即合,决定共同发起一场与机器和智能领域有关的活动,并且给这个活动设定了七个明确的讨论范围和希望解决的问题:

1)自动计算机:所谓"自动"是指可编程的计算。

2)编程语言:这里并不同于今天的 Java、C、C++ 等编程语言,而是"如何为计算机编程使其能够使用人类语言"的意思。

3)神经网络。

4)计算规模理论(Theory of Size of a Calculation):这个议题说的是如何衡量计算设备和计算方法的复杂性。

5)自我改进:这个议题就是说机器学习。

6)抽象概念:这里是说令计算机可以理解和存储那些人类可以轻易判别但是难以精确定义的概念。

7)随机性和创造性。

当时麦卡锡和罗切斯特的计划是通过这个会议,召集一群计算机、通信、心理学、数学等领域的学者,用两个月左右的时间交流讨论,至少解决这些问题中的一个甚至几个,进而逐步解决如何令机器拥有智能这个大问题。

从这个目标我们就可以看出当时计算机科学家的想法,他们更多的是把人工智能或者说如何令机器拥有智能当作一个新兴的学术问题去研究,而不是作为一门新兴学科来看待。只是在研究的过程中,大家很快就发现这个问题是"无底天坑",牵扯到的新旧知识和理论越来越多,不同理论学说之间还常常有争论和摩擦,进而形成新的理论,就这样,人工智能逐渐由一个学术问题发展为一门学科。

2.3 达特茅斯会议

吸取了策划《自动机研究》的教训,麦卡锡在深思熟虑之后,给这个活动起了个别出心裁的名字："人工智能夏季研讨会"（Summer Research Project on Artificial Intelligence）。然后他拉上当时已经毕业，在哈佛大学做助理研究员的明斯基一起，给洛克菲勒基金会写了一份项目计划书[一]。麦卡锡的项目计划书考虑得十分周全：为了方便吸引与他们有类似情况的大学教师和研究员参加，活动时间定在了第二年（1956年）的夏天；麦卡锡向洛克菲勒基金会申请了13500美元的资助（后来实际批了7500美元），以便支付参会者两个月的薪水，也相当于为自己解决了明年暑假的"勤工俭学"；为了组织方便和节省经费，地点就定在麦卡锡执教的达特茅斯学院，如图2-3所示；为了活动的号召力和权威性，他又说服香农成为会议的组织发起者之一，实际上香农并没有参与这个会议的任何具体工作，最多就是做了一些"点赞和转发"（是指让麦卡锡以他的名义寄送一些会议邀请）之类的事情，但项目计划书中所列的"第一发起者"（Originators of This Proposal）就是香农。

图 2-3　会议地点：达特茅斯学院

麦卡锡在做活动策划这类动笔动脑的工作方面表现很出色，但笔者整理这

[一]　计划书原文：http://www-formal.stanford.edu/jmc/history/dartmouth/dartmouth.html。

个会议的历史资料后，实在忍不住要抱怨一句，到了活动组织这类动手的行政工作时，他搞得一塌糊涂。达特茅斯会议这个"人工智能"一词首次正式出现的历史性会议，这个标志着人工智能开始成为一门学科的开创性会议，这个以"解决机器与智能之间一个或多个关键问题"为目标的严肃的学术会议，在会议组织工作上竟然出现了不止一次不靠谱到令人瞠目结舌的意外状况。

首先是麦卡锡在会后遗失了参会人员签到表，导致今天已经无法考证确切有多少人参加会议了——计划书上列举了计划邀请的 47 人，邀请函发出后其中的 11 人回信应邀，但对于实际参会人数，麦卡锡、所罗门诺夫等参会者给出的数字却不尽相同，从 10 人至 20 多人的版本都有。其中有原本应邀的人爽约没到，也有后来临时加入进来的，甚至还有不在邀请名单中，只是跟着朋友一起来听一听的。各参会人的参会时间和退场时间也不尽相同，譬如参会时间最短的纽厄尔、司马贺这两位，就只待了一周左右，除了麦卡锡和明斯基外，其他两位会议发起人香农和罗切斯特在会议进行到一半就提前退出了。说到这里必须强调一下，这个看起来"来去自由"的会议，在原本的计划书上是被定义为持续两月的"闭门"会议的。

接着就是完整的日程表和会议记录不见了，所以笔者只能从摩尔、所罗门诺夫等人数十年后提供的笔记草稿[一]和邀请函来窥探当时会议的日程、主题和讨论的情况，一个 60 多年前的学术会议今天居然弄得跟历史考古似的，也是不得不令人服气。

也许是会议中还采用了分组讨论之类的形式，各个参会者给出的讨论内容并不完全一致，甚至不同资料上实际的开始时间、结束时间也有冲突，有资料上的日期写的是六周时间[二]，但根据最先到场并全程参与的所罗门诺夫的记录，会议应该持续了八周左右，如图 2-4 所示。

最后是会议的结论，这个倒是有定论，笔者作为一个后辈，实在不好直接评价，就引用麦卡锡自己的话来说明一下吧：

[一] 所罗门诺夫的参会资料扫描成电子版放在他的网站上：http://raysolomonoff.com/dartmouth/。

[二] 达特茅斯 Workshop 和剑桥出版的《The Quest for Artificial Intelligence》记录的会议时间为六周。

> "我为这次会议设定的目标完全不切实际,本以为经过一个夏天的讨论就能搞定整个项目。我之前从未参与过这种模式的会议,只是略有耳闻。实际上,它和那种以研究国防为名义办的军事夏令营没什么区别。"⊖

图 2-4 所罗门诺夫所保存的会议邀请函中记录的会议时间是 6 月 18 日至 8 月 17 日

⊖ 摘录于《Out of their Minds: The Lives and Discoveries of 15 Great Computer Scientists》(2012),中文译本为《奇思妙想:15 位计算机天才及其重大发现》。

显然，达特茅斯会议的重要性，并不在于它获得了什么了不起的成果——也许最大的成果就是提出了"人工智能"这个名词，而是这个会议汇聚了一群日后将对人工智能做出重要贡献的学者。由于这些参会者的努力，人工智能获得了科学界的承认，成为一个独立的、充满活力的、最终影响人类发展进程的新兴科学领域。也正是这群参会者，才令达特茅斯会议被誉为人工智能的开端，而不是该会议本身有多少值得纪念的开创性。以下是笔者整理的有明确记录的参会人员以及他们在会议上分享的内容，其中大部分人都成为人工智能学科中某一个分支的开创者，后文中还会反复提起他们。

- **克劳德·香农**（Claude Shannon，1916—2001）：会议发起者之一，当时的参会人大多都比较年轻，香农是其中最有学术声望的人物，不过在会议中未记录香农有任何特别的分享和贡献。
- **纳撒尼尔·罗切斯特**（Nathaniel Rochester，1919—2001）：会议的发起者之一，IBM公司信息中心主任，在会议上打了个酱油，扮演了吃瓜群众的角色（调侃无贬义）。
- **马文·明斯基**（Marvin Minsky，1927—2016）：会议发起者之一，在会上分享了他读本科时建造的 SNARC（Stochastic Neural Analog Reinforcement Calculator），如果不嫌简陋的话，这可以算是世界上第一台神经网络计算机，使用了3000个真空管和B-24轰炸机上一个多余的自动指示装置来模拟40个神经元组成的网络。
- **约翰·麦卡锡**（John McCarthy，1927—2011）：会议发起者之一，在会上分享了"α-β 剪枝"搜索算法，这个算法在后来的计算机下棋软件中应用得十分普遍。在40多年后（1997年），超级计算机 IBM 深蓝就是使用"α-β 剪枝"搜索打败了世界冠军卡斯帕罗夫。
- **司马贺**（Herbert Simon，1916—2001）：司马贺不是音译，而是他本人给自己取的中文名字。如果读者在其他人工智能的文档上看到"赫伯特·西蒙"，那说的是同一个人。当时他是卡内基理工学院（卡内基梅隆大学的前身）工业管理系的年轻系主任，他和纽厄尔有师生之名（纽厄尔就是在司马贺手上获得的卡内基梅隆大学的博士学位），但其实是平等的合作伙伴，并且他们的合作关系持续了一生，这在如同江湖一般的学术界颇为罕见。即使被放到这群天才中间，司马贺也可以算是一位顶尖的聪明人物，在多个领域都有很高的成就，颇有点像金庸小说中"东邪黄药师"的感觉，是一位真正的通才和学术大家。

- 艾伦·纽厄尔（Allen Newell，1927—1992）：和司马贺是长期的合作伙伴，前面一并介绍过他。他和司马贺在会议上拿出的"逻辑理论家"（Logic Theorist）这个可以自动证明罗素的《数学原理》第2章52条定理中的38条的人工智能程序，可以说是会议上最有料的干货。

- 奥利弗·塞弗里奇（Oliver Selfridge，1926—2008）：麻省理工学院的硕士（博士肄业），他是维纳的得意门生，是《控制论》最早的读者。当时的他在学术圈还没有太大名气，但其实已经是最早从事模式识别方面研究的学者之一，后来成为模式识别的奠基人。根据纽厄尔自己的回忆，"逻辑理论家"是受到了塞弗里奇的启发而设计的（达特茅斯会议之前，他们就在兰德公司中认识了）。在会议上他分享了使用计算机识别文字的方法。

- 阿瑟·塞缪尔（Arthur Samuel，1901—1990）：世界上第一批码农，当时是IBM 700系列计算机的程序员，1952年就编写了一个西洋跳棋程序，受达特茅斯会议上讨论的启发，1956年后他将他的跳棋程序加入自我学习的能力，在学习了大约17.5万个不同的棋局后，这个程序已经可以打败塞缪尔本人，后来还打败了美国一个州的跳棋大师。本次会议他和IBM的同事亚历山大·伯恩斯坦（Alex Bernstein，另一个写象棋程序的程序员）一起参加。另外，他是真心爱上了编程，从IBM退休后去了斯坦福大学执教，花费大量时间和高德纳（1974年图灵奖得主，《计算机程序设计艺术》的作者）一起研发了著名的排版系统"TeX"，据说他88岁生日那天还在写代码。

- 雷·所罗门诺夫（Ray Solomonoff，1926—2009）：芝加哥大学的物理硕士，后来跟随大物理学家恩里科·费米（Enrico Fermi，1901—1954）到了麻省理工学院。他在会议上分享了"归纳推理机"（An Inductive Inference Machine）。所罗门诺夫所做的关于归纳推理的研究，不仅仅和人工智能有关系，后来（1965年）苏联数学家安德雷·柯尔莫哥洛夫还在他的基础上提出了柯氏复杂性,并发展出了"算法信息论"[一]这门分支,这是衡量数据携带信息量的一个全新视角,通过生成信息的图灵机代码长度来衡量数据所携带信息的多少。所罗门诺夫在达特茅斯会议上的学术态度是最端正的,他待了整整一个暑假,参加了多场讨论,并且认真地做了很多笔记,几十年后还把这些笔记放到了他的互联网个人站点上,笔者能整理出现在的这些内容,大部分都是他那些笔记的功劳。

- **特伦查德·摩尔**(Trenchard More):达特茅斯电子工程系教授,后来并没有在人工智能界发展,而是到了工业界,少为外人所知。

图 2-5 是在"美国成就学院"(American Academy of Achievement,AAOA,美国一个社会服务组织,明斯基是这个组织的成员)网站上找到的唯一一张达特茅斯会议参会人员的合照[二],从左到右依次为塞弗里奇、摩尔、所罗门诺夫、明斯基、罗切斯特、麦卡锡、香农。拍摄地点是达特茅斯大楼前的草坪上。

图 2-5　达特茅斯会议部分参会人合影(1956 年摄)

[一] 算法信息论的基本原理是:一个信息的随机程度越高,那输出它的图灵机程序就必定越长,相反,即使携带信息的数据看起来很长,但是很有规律,也可以使用一段很短的图灵机程序来打印它。从这个角度看,图灵机程序的长短可以用来衡量数据携带的信息的多少。有一个通俗解释,称算法信息论就是把香农的信息论和图灵的可计算理论放在调酒杯里使劲摇晃的结果。

[二] 图片来源:http://www.achievement.org/achiever/marvin-minsky-ph-d/#gallery。

上面列举的有明确参会记录的十人中就出了四位图灵奖得主：明斯基和麦卡锡分别在 1969 年和 1971 年因为人工智能方面的贡献获奖；到 1975 年，大家还在猜测司马贺和纽厄尔这对好友哪位会先获奖时，ACM 出人意料地宣布他们两位共享了该年的图灵奖，这是图灵奖第一次同时授予两位科学家。后来，司马贺的学生爱德华·费根鲍姆（Edward Feigenbaum，1936—）又因知识工程和专家系统方面的贡献获得了 1994 年的图灵奖。

至于香农所做的贡献——虽然出于本书主题的原因，笔者没有花费笔墨在"信息论"上，但香农建立信息论的开创性贡献（现在信息科学界对香农学术贡献的评价是"信息论的建立对信息科学的意义，就如同发明文字对文学的意义一样"）应该是与图灵在同一个层次的，且以他与图灵的合作伙伴关系，也并不需要再用图灵奖来修饰自己的成就了。

2.4 有学术就有江湖

达特茅斯会议之后，人工智能开始成为一门学科被计算机科学界严肃对待，但人们惊讶地发现，在这门刚诞生的新兴学科里，竟然没有一位"权威人物"存在。一般说来，新学科的诞生终归是有几位创建者的，但是此时麦卡锡、明斯基等人还没有多少名气，图灵已经受迫害去世，声望最高的香农则令人不解地忽然间消失了——在达特茅斯会议结束后就辞掉了贝尔实验室的终身研究员职位，从此几乎不再参加任何学术讨论和会议，也没再发表过论文，仿佛对信息论、人工智能等问题一瞬间失去了兴趣。只有香农最亲近的几位朋友才知道他是重新回到母校麻省理工学院，以一个普通通信学教授的身份过着半隐居的生活。

金庸有一个传诵甚广的名句："有人的地方就有江湖。"学术圈本身就是一个江湖，人工智能这门学科也是一个江湖，要是这个江湖里没有了"武林盟主"，那将会是一个怎样跌宕起伏的故事？不说是剑拔弩张、刀光剑影，至少也会是群雄并立、争斗不息吧？人工智能这门学科从其历程来看，的确称得上是一部"硝烟四起"的成长史，这个圈子里天才辈出、派系林立，却又偏偏一直没有一个公认是正确的、确保可以找到智能的理论。所以，人工智能的每一次发展都是试错，每一步突破都伴随着争论和争议。无论是计算机科学界内的论战，还是跨界到数学、逻辑学、哲学、物理学、仿生学这些自然科学甚至到政治、文化这些人文科学领域，都出过或大或小的与人工智能相关的争论。其中，有的争论酿造出了带着血腥味的悲剧故事，有的争论还导致了整个产业长达十年的低谷。这些都是书写人工智能发展史时无法回避的事件，后文会一一提到。在这里笔者按照时间顺序，先介绍达特茅斯会议前后四位未来图灵奖得主之间的学科主导权之争，这是人工智能诞生以来的第一次争论。

达特茅斯会议参会者里，四位图灵奖得主很明显是分为两对的，司马贺和纽厄尔是一对，明斯基和麦卡锡是另一对。司马贺和纽厄尔（见图 2-6）一生都是好友，自从 36 岁的司马贺在兰德公司（RAND Corporation，美国著名智库）做学术交流时遇到了当时年仅 25 岁的纽厄尔，两人便一见如故，成为知己，并在心理学、人工智能等多个领域一直是合作伙伴。后来司马贺将纽厄尔引荐到卡内基梅隆大学攻读博士学位，两人虽有师生之名，但关系是完全平等的，发表文章时一律以字母顺序将纽厄尔放在前面，连受邀去演讲都是两人轮流做。明斯基和麦卡锡两人也是好友，他们在普林斯顿大学读书时就认识，在麦卡锡去斯坦福大学之前两人是长期合作伙伴关系，达特茅斯会议期间更算是"蜜月期"，这个会议的会议计划书是麦卡锡写的，会议总结则是由明斯基完成的⊖。

图 2-6　司马贺（左）和纽厄尔（右）

⊖ 这部分有若干处细节引用了澎湃新闻的稿件——《人工智能的起源：六十年前，一场会议决定了今天的人机大战》，作者为尼克，在此统一注明。

不过，这两对人之间的相处就不能算是和睦了，他们从"人工智能"这个名字正式提出之前就开始了竞争。纽厄尔和司马贺一直主张用"复杂信息处理"（Complex Information Processing）这个词作为学科研究方向的专业名词，以至于他们发明的语言就叫 IPL（Information Processing Language）。他们反对"人工智能"的理由是"人工"（Artificial）一词并不能体现对机器实现智能的研究初衷，这门学科明明是琢磨计算机如何才能自动处理信息的，加上"人工"就变味了。这个理由听起来似乎过于咬文嚼字，但是从传播和心理的角度看却是相当有道理的，直至今天人工智能一词已被大众普遍接受了，还经常有人调侃目前人工智能产业的状况是有多少"人工"才有多少"智能"。

他们俩一开始颇不接受"人工智能"几个字，但提出的"复杂信息处理"的概念也没有被学界广泛认可。1958 年，在英国国家物理实验室（National Physical Laboratory，NPL）召开了"思维过程机器化"（Mechanization of Thought Process）讨论会议，相比达特茅斯会议，这是一个更严谨而且有具体成果的会议。达特茅斯会议的参会人中有麦卡锡、明斯基、塞弗里奇三位参加了该会，此外参会的还有致力于神经网络研究的麦卡洛克，以及英国的控制论代表人物艾什比等。在这次会议上有人再次提出"人工思维"（Artificial Thinking）的叫法。直到 1961 年，明斯基在无线电工程师协会（Institute of Radio Engineer，IRE，后来和美国电气工程师协会合并成了今天著名的电气与电子工程师协会 IEEE）学刊上发表了著名的《迈向人工智能》（"Steps Toward Artificial Intelligence"）[一]一文，正式地给"人工智能"这个词语划定了明确的目标和研究范围后，人工智能的提法总算是开始得到普遍的认可。随着学界对人工智能提法的认可，司马贺、纽厄尔等人也不得不逐渐接受了这个叫法。司马贺晚年还写了本书，名叫《人工的科学》（*The Science of Artificial*），倒是把"Artificial"这个词的范围更加放大了。

前面提过，在达特茅斯会议众人的分享中，公认的最有价值的成果是纽厄尔和司马贺的报告，他们在报告中公布了一款名为"逻辑理论家"的人工智能

[一] 论文下载地址：http://worrydream.com/refs/Minsky%20-%20Steps%20Toward%20Artificial%20Intelligence.pdf。

程序，它能自动证明罗素的《数学原理》第 2 章 52 条定理中的 38 条[一]，其中一部分机器给出的证明（如定理 2.85）要比罗素在书中给出的还要优雅、简洁。这份报告现在是人工智能诞生初期最有学术价值的文章之一，但在当年也是有一段悲惨遭遇的，纽厄尔和司马贺最早把文章投给了逻辑学领域最权威的刊物《符号逻辑杂志》，但惨遭主编克里尼退稿，理由是："把一本过时的逻辑书里的定理用机器重新证明一遍没啥意思。"后来纽厄尔和司马贺给罗素写信报告"逻辑理论家"的证明成果，罗素又不咸不淡地回复说"我相信演绎逻辑里的所有事机器都能干"，然后就没有下文了，把纽厄尔和司马贺弄得很郁闷。直到他们在达特茅斯会议上公开了"逻辑理论家"程序和论文后，这项成果才终于引起了学界的广泛关注，且在这个程序火了之后，学界又对"逻辑理论家"是否算"首个人工智能程序"[二]及它是否算开创了"计算机定理证明"这个人工智能的分支学科[三]大吵了几轮。

再说回他们四人间的竞争，达特茅斯会议上纽厄尔、司马贺和麦卡锡、明斯基的竞争就已经发展到了几乎毫不掩饰的程度。纽厄尔和司马贺在达特茅斯只待了一周时间就离开了，一是由于他们应邀参会时就已经说了大约只会去两周，另外一个关键因素是他们觉得这个会上只有他们拿了干货出来，其他人要么是在"打酱油"，要么是在拿着过时的东西来糊弄一下，这里含沙射影的就是明斯基那个自动走迷宫的 SNARC。根据纽厄尔后来在回忆录中的描述，他自己直言不讳地说达特茅斯会议对他和司马贺并没什么启发和帮助。不过明斯基在后来对纽厄尔和司马贺的"逻辑理论家"的评价倒是挺高，支持说那是"第一个可工作的人工智能程序"。但事实上，他当时为大会写的总结里对"逻

[一] 1959 年，洛克菲勒大学教授王浩（华人，1983 年定理证明里程碑大奖得主）使用"王算法"在 IBM 704 计算机上仅用 9 分钟就证明了《数学原理》全书中属于一阶逻辑的全部 350 条定理。1963 年，改进后的"逻辑理论家"也可以证明《数学原理》第 2 章的全部 52 条定理了。

[二] 玛格丽特·博登的 *Mind as Machine: A History of Cognitive Science*（第 2 卷）中专门谈到了这个事情，她倾向于不认同"逻辑理论家"是第一个人工智能程序的提法，因为虽然人工智能这个词以前还没出现，但要因此而否定之前那么多程序（如本书中提到的塞缪尔的跳棋程序）属于人工智能的范畴并不合适。

[三] 王浩对"逻辑理论家"一直持不认同的态度，他认为这是一个不专业的东西。后来司马贺在回忆录中对王浩表示了不满，认为王浩没有理解"逻辑理论家"的设计初衷，其目的并不是证明定理，而是研究人的行为。

辑理论家"的记录只是"轻描淡写、一笔带过",刻意淡化的意图非常明显。

对于麦卡锡和明斯基来说,达特茅斯会议是他们发起的,旨在创立一门新学科。但纽厄尔和司马贺却抢了他们的风头。美国20世纪50年代的学术氛围也不免浮躁,这四人里,纽厄尔、明斯基和麦卡锡是同龄人,当时(1927年)都29岁,司马贺比他们三个大11岁,也就刚40岁,都能算青年,所以他们年轻气盛、野心十足,有争论有摩擦,这些都可以理解。

达特茅斯会议结束后一个月(1956年9月),美国无线电工程师协会(IRE)在麻省理工学院召开信息论年会,会上麦卡锡被邀请对刚结束的达特茅斯会议做总结,这引起了纽厄尔和司马贺的极度不满,他们认为麦卡锡只是会议发起者,充其量只是做了一些协调工作,并没有学术上的贡献,何德何能对会议的学术讨论结果做总结。打了一圈嘴皮子架,最后纽厄尔和司马贺做了妥协:麦卡锡先做总结报告,接下来还是由纽厄尔和司马贺讲他们的"逻辑理论家"并发表了一篇题为《逻辑理论机器》("Logic Theory Machine")的会议论文[⊖]。

顺带说一下,比起达特茅斯会议,1956年的IRE信息论年会才是一个真正的成果丰硕、值得纪念的会议,除了纽厄尔和司马贺的《逻辑理论机器》外,乔治·米勒(George Miller)发表了《人类记忆和对信息的储存》("Human Memory and the Storage of Information",即著名的《魔力数字七》),诺姆·乔姆斯基(Avram Chomsky)则发表了《语言描述的三种模型》("Three Models for the Description of Language",这是自然语言处理的名著《句法结构》的雏形文稿),这些都是后来对学界发展很有影响力的论文。

虽然这几位学者的学术争斗已经摆到明面上了,但比起接下来那场明斯基与罗森布拉特把整个初生的人工智能学科闹得鸡飞狗跳、令连接主义学派几乎一蹶不振甚至最终严重到闹出人命的学术争斗来说,本次在达特茅斯会议前后麦卡锡、明斯基和纽厄尔、司马贺四人间关于学科主导权的争夺算是很文明的君子之争了。几十年后回想起来,其实还颇有点四大高手于华山之巅论剑夺天下第一的浪漫。

⊖ 论文下载地址:http://shelf1.library.cmu.edu/IMLS/BACKUP/MindModels.pre_Oct1/logictheorymachine.pdf。

1958 年，即达特茅斯会议结束之后两年，麦卡锡离开了达特茅斯学院，和明斯基一起去了麻省理工学院，创立了麻省理工学院的"MAC 项目"。"MAC"是三组单词的缩写，分别是计算机辅助认知（Machine Aided Cognition）、多路访问计算机（Multiple Access Computer）、人与计算机（Man And Computer），本书后面有专门讲著名人工智能项目的章节，到时候再细说这个项目。1962 年，麦卡锡又因与 MAC 的领导者不睦而去了斯坦福大学。纽厄尔与司马贺两人则一生都在卡内基梅隆大学工作。四位大师在这三所大学桃李芬芳，今天人工智能学界的各路大咖基本上都能和他们扯上或远或近的徒子徒孙同门关系。从此时起，美国人工智能学术圈就形成了斯坦福大学、麻省理工学院和卡内基梅隆大学三足鼎立的格局。但由于这次学科主导权的争端，"人工智能"概念提出后的两对第一代人工智能科学家终其一生交流合作都很少（麦卡锡和纽厄尔、司马贺都是符号主义学派的领军人物，麦卡锡的 LISP 也直接受 IPL 的启发而设计，按理说他们应该有不少合作机会才对），麦卡锡晚年回忆说那时三个群体之间的沟通主要是通过研究生来实现，研究生就像他们的使者，来回传递信息。后来从斯坦福大学、麻省理工学院和卡内基梅隆大学出来的学生确实经常互为教授，门户之见随着时间的推移逐渐被抹平。

2006 年，达特茅斯会议召开 50 年后，在达特茅斯学院再次举行了一个以"AI@50"为名的人工智能讨论会[一]，全名是"达特茅斯人工智能讨论会：未来 50 年"（Dartmouth Artificial Intelligence Conference: The Next Fifty Years）。这时候，10 位当年的参会者已有 5 位仙逝，剩下的 5 位在达特茅斯学院重聚，拍下了如图 2-7 所示的这张 2006 年后几乎所有介绍人工智能历史的文章、书籍或 PPT 中都肯定会引用的"老"照片，照片中从左到右分别是老年的摩尔、麦卡锡、明斯基、塞弗里奇和所罗门诺夫。

在 AI@50 大会上，麦卡锡分享了《人工智能的未来、过去和今天》（"What Was Expected, What We Did, and AI Today"），明斯基后期的研究方向越来越偏向认知心理学，在会上他分享了《机器情感》（"The Emotion Machine"，他写过一本与此分享同名的书），而塞弗里奇和所罗门诺夫则做了两个关于机器学

[一] AI@50 大会是由 DARPA、AAAI 和 ACM 共同赞助的，会议主页：https://www.dartmouth.edu/~ai50/homepage.html。

习主题的分享。

图 2-7　50 年后（2006 年）还在世的参会者再聚达特茅斯学院

AI@50 的参会者之一、微软研究院雷德蒙德实验室（Microsoft Research Lab - Redmond）的主管埃里克·霍维茨（Eric Horvitz）在会后联合斯坦福大学的计算机与生物工程学教授拉斯·奥尔特曼（Russ Altman）发起了一项"人工智能百年研究计划"（The One Hundred Year Study on Artificial Intelligence），简称"AI100"，组织人工智能研究者、机器人专家及其他领域的科学家研究和预测人工智能技术对人类下一世纪的生活、工作和交流的影响，以便确立整个人工智能学界的研究方向。AI100 每隔五年会发布一次研究报告，最新的报告已于 2021 年 9 月在斯坦福大学的项目网站上公开[一]。

2.5　有江湖就有传奇

人工智能是一门涉及多个领域的交叉学科，与数学、哲学、信息科学、计算机科学、物理学、心理学、神经生理学、认知科学和控制科学都有很密切的联系，所以研究人工智能的学者，尤其是最初开创人工智能学科的那一批学者

[一]　AI100 项目的主页：https://ai100.stanford.edu/。

具有多个不同的学科背景是再平常不过的事情。典型的如冯·诺依曼、维纳、麦卡洛克、皮茨那一批"控制论圈子"的学者，几乎都能够用"不会数学、仿生学和控制论的心理学家不是一个好人工智能科学研究者"来形容。不过，即使在这一群对学科跨界习以为常、见怪不怪的学者里面，也有一两位特别突出，甚至仅从学术通才的角度来评价，在众多跨界学者中也依然称得上是"鹤立鸡群"的人物，他们的人生故事，注定会成为学术江湖中的传奇。笔者准备介绍两位这样的传奇人物的传奇故事，因为他们正好是本章的两位主要人物，也因为他们是世界上以"不务正业"为衡量标准来排名最无争议的前两名科学家。

第一位要说的是司马贺，他那些精通琴棋书画，拥有十八般武艺[一]，出国交流不用翻译，能流畅使用包括中文在内的七国语言这些也能在一般天才身上见到的素质就不拿出来说了，这里仅列举一下他的学术生涯里那些可以量化的、足够体现他不凡的博学的成就。

司马贺在 23 岁就完成了他人生中的第一篇博士学位论文，比起一般人自然是极快的，但比起 18 岁获得哈佛大学博士学位的"神童"维纳来说，这个速度也只算是一般[二]。不过要说到博学，司马贺获得学位的数量就相当惊人了，他一生共获得九所世界著名大学授予的博士学位，而且他最初攻读博士学位的专业与人工智能涉及的任何一个关联学科都没有关系——竟然是政治学。

1942 年，在 26 岁的时候，司马贺到了伊利诺伊理工学院政治科学系教书，执教地缘政治学的同时，还负责教授宪法学、合同法、统计学、运筹学、城市规划学、劳动经济学、美国历史等与政治专业无关的科目。

1947 年，他以自己八年前的博士论文为基础，写出了著名的《管理行为》一书，此书出版后一下子就轰动了全世界，无论商业界、企业界还是学术界都将其奉为经典，令他成为管理决策理论创始人，跻身于 20 世纪最有名望的管理学大师之列。

[一] 司马贺的父亲是发明家，母亲是钢琴家且家境优越。根据相关资料，他在绘画、音乐、拳击运动等方面都有极为专业的水平。

[二] 作为类比，著名的"数学神童"陶哲轩 21 岁获得博士学位，但陶哲轩是跳过了大部分的初等教育，7 岁直接入学高中，9 岁进大学。维纳是 9 岁上高中，12 岁上大学，14 岁本科毕业。而司马贺是正常 6 岁上小学。

1949 年，由于管理学上的出色成就，33 岁的他应邀来到卡内基梅隆大学（当时还是卡内基理工学院）工业管理系研究生院任教，在这里他又以一个管理学教授的身份，参与了政治学、经济学、管理学、金融学、心理学、公共行政学和计算机学的课程教授或项目研究工作。当时的卡内基梅隆大学并没有今日的学术名声，只是一所全美排名在 100 名开外的"二本院校"。但司马贺在 30 年时间里硬生生地将他执教的政治、经济、管理、行政、心理和计算机的几个专业都拉到了全美顶尖的水准，卡内基梅隆大学也从此位列世界顶尖名校。学校为表彰他的贡献，奖励给他匹兹堡郊外松鼠山上的一栋别墅和终身校董荣誉[一]。

1956 年，达特茅斯会议之后，他在人工智能方面的一系列非凡成就，尤其是在创立符号主义学派上所做的工作，成为学习人工智能必须了解的重点理论学说之一，从而引领了人工智能的第一波高潮，这部分内容笔者会在后文花一整章的篇幅来介绍，这里暂且一笔带过。

1969 年，司马贺因为研究人类"解决问题心理学"，提出了"手段－目的分析"（Means-Ends Analysis）理论，对认知心理学的开创做出重要贡献，因此获得了美国心理学会的杰出科学贡献奖，后来还获得了美国心理学会终身贡献奖和美国心理学基金会心理科学终身成就奖。

1975 年，因为人工智能方面的贡献，他与纽厄尔共同获得当年的图灵奖，后面还获得了多个关于人工智能的奖项和荣誉。

1978 年，为了表彰他对经济组织内的决策程序所做的贡献，主要是他建立了决策理论，诺贝尔奖评选委员会授予他诺贝尔经济学奖。图 2-8 是司马贺受颁诺贝尔奖的画面。

1983 年，为了表彰他在管理学、社会行为学方面的贡献，美国管理科学院授予他学术贡献奖，后来在管理领域还获得了美国总统科学奖、美国运筹学学会和管理科学研究院的冯·诺伊曼奖、美国公共管理学会沃尔多奖等多个管理学奖项。

司马贺是政治专业出身，在政治学方面的探索也一直不曾落下，从 1968

[一] 来源于亨特·海克撰写的司马贺传记：《穿越歧路花园》。

年起就担任美国总统顾问的角色，还同时担任了多个企业、行政机构的特别顾问。1984 年，司马贺获得美国政治科学学会麦迪逊奖。

图 2-8　司马贺受颁诺贝尔奖（1978 年）[一]

1972 年美国总统尼克松访华时，司马贺就是代表团成员之一，当时是作为计算机科学家代表来访问的，此后他致力于促进中美科学和文化方面的交流，又九次访华，而且每次作为不同的学科代表与中国科学家交流，其中对中国学术界产生最大促进作用的是心理学方面的工作，中国科学院、北京大学、天津大学和西南大学（当时名为西南师范大学）分别聘请他为名誉教授和名誉研究员，这里所指的"名誉"与许多"挂名"的著名学者不一样，司马贺真的在中国的几所大学中教过课，例如在北京大学，他就曾执教过一个学期的心理学课程。1995 年，他成为中国科学院第一届 6 名外籍院士之一，中国是司马贺在美国之外逗留时间最长的国家。

除了人工智能领域，司马贺还在经济、政治、管理学、心理学等领域获得了最高奖项和荣誉，他在自传《我生活的种种模式》(*Models of My life*) 里对自己的评价是这样的：

[一]　图片来源：https://www.cs.cmu.edu/simon/memorial.html。

> "我诚然是一个科学家,但是是许多学科的科学家。我曾经在许多科学迷宫中探索,这些迷宫并未连成一体。我的抱负未能扩大到使我的一生有连贯性。我扮演了许多不同角色,角色之间有时难免互相借用。但我对我所扮演的每一种角色都是尽了力的,从而是有信誉的,这就足够了。"

司马贺可算是一位"不务正业"的科学家,因为没有将任何一门学科作为主业,他几乎把社会科学中的所有领域都涉足了一遍,而且还在每个领域中都做出了顶尖的成就。他传奇的一生令人震惊,用一句网络语言来形容就是一种"开了外挂的人生"。但是另一位"不务正业"的科学家,他的人生故事也充满着传奇色彩,甚至更有戏剧性,但并非所有人都能理解,他就是神秘消失了的香农。

前文提到,1956 年香农忽然辞掉贝尔实验室的职务,神秘地消失在公众的视野里,隐居在麻省理工学院的校园中。一些贝尔实验室的前同事认为香农在去麻省理工学院的时候已经江郎才尽,并且对自己开创的信息科学这个领域感到厌倦。可事实上,香农是去做自己真正喜欢的事情去了,什么密码学、信息论、人工智能都只是他的业余爱好,他真正付出了毕生的心血、一直在为之努力的事业只有——杂耍!读者不要联想太多,"杂耍"这个词并没有别的含义,也不是暗喻,就是指马戏团里那种杂耍。

香农一手创建了信息论,是信息科学的奠基人之一。他一生获奖无数,但在家中所有的奖状和证书都锁在抽屉里,家里最显眼的地方,只放着一张证书——"杂耍学博士"(Doctor of Juggling)[一]。读者可能需要一些现代的类比来帮助消化香农这种写成段子都没人会信的人生:假如你有幸认识一位中国科学院院士,或者某位得过诺贝尔奖的大拿,你去他家里拜访,他热情地招待你,但给你展示的不是什么科学理论或者荣誉证书,而是他获得的《星际争霸》游

[一] 笔者猜测这个杂耍学博士证书是香农自己弄的"假证"(用于与访客开玩笑),但香农家里确实有这张证书,而且香农确实弄过一个"统一杂耍场理论"并发表了论文《关于手抛球滞空时间的证明》,在 IEEE 网站上也专门提到了这个杂耍学博士,但是没有查询到颁授记录,恶作剧的意味更高一些。而且,虽然美国大学有很高的自由度,但也不可能真的有大学开设"杂耍学"这种专业。

戏（暴雪娱乐出品的一款电子竞技游戏）的世界冠军奖杯。无论你知道这个游戏需要多高的智慧和技巧，肯定都无法抵消你面对这件事情的违和感，对吧？图 2-9 是香农和他的游戏房间。

图 2-9　香农和他的游戏房间

对于"杂耍学"，香农是当作人生目标去追求的，他并非没有意识到这是大众眼中"浪费时间"的事情。在一次采访中，香农自己说道：

> "我常常随着自己的兴趣做事，不太看重它们最后产生的价值，更不在乎这件事对于世界的价值。我花了很多时间在纯粹没什么用的东西上。"

游戏人生这四个字说来简单，但真的在荣誉等身的那一刻毅然放弃一切，不去管世界怎么想怎么看，确实并非常人所能做到的，甚至并非常人所能理解的。

1985 年，离开学术界近 30 年的香农突然在英格兰布莱顿举行的国际信息理论研讨会上出现。原本圆满平静的大会如同水面被投入石头般激起了涟漪，大家发现原来那个满头白发，腼腆地微笑着，在各个会议上随意进出的老人就是克劳德·香农本人。而此时，甚至有些与会者还不知道香农仍然在世。

在晚宴上，香农应邀向大家致辞。他说了几分钟，看着黑压压的人群，害怕听众会感到无聊，居然从口袋里掏出三个手抛球开始表演起杂耍……观众欢呼了起来，排着队要求签名。研讨会的主席、加州理工学院电气工程学教授罗伯特·麦克利斯（Robert McEliece）回忆那个画面："那情形……简直就像是牛顿他老人家忽然出现在现代的物理学会议上。"[注]

在 20 世纪 80 年代后期，香农的记忆力衰退得很厉害，后来诊断出他患上了阿尔茨海默病（即俗称的老年痴呆症），他在一个私立医院里度过了晚年，于 2001 年 2 月 24 日去世。著名信息论和编码学家理查德·布鲁特（Richard Blahut）在一座香农塑像的落成典礼上这样评价他：

> "在我看来，两三百年之后，当人们回过头来看我们的时候，他们可能不会记得谁曾是美国总统，可能也不会记得谁曾是影星或摇滚歌星，但是人们仍然会知晓香农的名字，大学里仍然会教授信息论。"

这是一句颇具情怀的赞美。IEEE 为了纪念香农的贡献，自 1972 年起设立了"香农奖"（Claude E. Shannon Award），从此，如图灵奖是计算机科学领域的最高奖项一样，香农奖成为信息科学、通信科学领域的最高荣誉，而香农本人是 1972 年首届香农奖得主。

2.6 人工智能早期成果

达特茅斯会议以后，人工智能迎来了第一次井喷式的发展期，好消息接踵而至，有几个原被认为是典型人类智力活动的领域相继出现了被机器所完成的案例，这些领域主要包括：

- 完全信息的对抗
- 机器定理证明和问题求解
- 模式识别
- 基于自然语言的人机对话
- ……

[注] 资料来自 IEEE 对香农去世的悼念文章：http://spectrum.ieee.org/computing/software/claude-shannon-tinkerer-prankster-and-father-of-information-theory。

20 世纪 50 年代计算机还是极为专业的科学设备，对于这些人类智力领域里出现的机器身影，公众只能通过报纸、新闻得知一鳞半爪，而由于新闻媒体专业知识的匮乏以及夺取公众眼球的需要，媒体往往会把一点点还很基础的成果渲染为机器已经获得斐然的成就，用不了多久就会彻底征服这个领域。本节笔者将会介绍这些人工智能的早期成果，看看初生期的人工智能"解决"了哪些智能问题。

2.6.1 完全信息的对抗

先来说完全信息对抗游戏，"完全信息"（Perfect Information）是指双方完全掌握所有推导策略所需的信息，这是博弈论中的一个概念。博弈论的策梅洛定理（Zermelo's Theorem）证明了在不存在随机因素的对抗中，一方可以通过递归推导获得必不败的策略，那就是掌握完全信息的。这些内容听起来挺专业，其实最典型的完全信息对抗游戏就是下棋。棋类运动一直就是人类的智力游戏，而且有明确的胜败输赢，特别容易体现对比结果。因此人工智能大师（这个阶段主要就是指图灵、冯·诺依曼、香农、纽厄尔、司马贺、麦卡锡等人，他们都在这方面有过研究和成果）天生对使用棋类游戏来展示机器智能有着特殊的偏执。大家别看今天深蓝、AlphaGo 这些智能程序在各种棋类运动中耀武扬威、不可一世的样子，计算机下棋当时可真的是度过了几十年饱受人类欺凌的悲催岁月才得以翻身的。

早在二战期间通用可编程计算机还没发明出来时，图灵就在纸上构思过一个国际象棋的程序，到 1947 年他终于有机会把这个程序编了出来，但是先不说程序下棋的水平如何，仅是半小时才能走一步棋这点就让人受不了（准确地说是人受得了机器受不了，图灵有足够的耐性，但是没有足够的计算机时间），当时计算机都是需要申请和排队才能使用的，这种宝贵资源可不是能随意挥霍的。直到 1951 年，图灵的同事唐纳德·米歇（Donald Michie）终于在"曼彻斯特 Mark-1"型计算机上完成了一个残局（离将死还有两步的情况下）国际象棋程序。图灵自己虽然没有做出真正实用的下棋程序，但他在著名的《计算机器和智能》一文中号召大家不妨优先从下棋这件事情上寻找机械智能的痕迹，吸引了后面一大波继承者前赴后继地挑战棋类运动。

与图灵同时代的另外两位天才则把计算机下棋这件事情理论化了，冯·诺依曼在 1944 年与经济学家奥斯卡·摩根斯顿（Oskar Morgenstern）合著的《博弈论》中首次提出两方对弈的"Minimax 算法"，这是一种零和算法，主要思路是一方要在可选的分支中选择将其优势最大化的路径，另一方则选择令对手优势最小化的路径，两者的对弈过程就构成一棵博弈树。今天很多计算机系的大学生都会用这个算法来编写"井字过三关"之类的游戏程序，但是这个算法相对于博弈树的深度而言是指数级时间复杂度解决方案，所以没有办法直接处理较深的搜索规模，如果不加优化的话就只能用来做井字棋这样的小玩意了。达特茅斯会议上麦卡锡分享的"α-β 剪枝"搜索就是对 Minimax 算法树的深度进行控制的一种有效的优化手段，多数情况下在走到叶子节点前就可以判断出是否有必要把该分支搜索完，直至今天它还在各种棋类程序上被广泛使用。也就是最近几年，计算机终于敢挑战下围棋这种即使摩尔定律再稳定运行个几千年都无法靠硬计算和剪枝完成搜索的终极棋类游戏了，基于概率搜索剪枝的蒙特卡洛树搜索⊖才成为计算机棋界的新宠。

香农在 1950 年发表了论文《程序实现计算机下棋》（"Programming a Computer for Playing Chess"），开启了计算机下棋的理论研究。他把棋盘定义为二维数组，然后从数学角度给出了一个棋类游戏复杂度的评估方法。以前我们只是知道围棋要比国际象棋难，国际象棋要比跳棋难，这是一个定性的结论，根据香农的这篇论文，我们终于可以定量地回答到底计算机攻克国际象棋要比攻克跳棋难多少，而攻克围棋又要比攻克国际象棋难多少这样的问题了。

从此之后，大多数棋类程序，从塞缪尔的西洋跳棋程序（见图 2-10）、纽厄尔和司马贺的国际象棋程序，到战胜人类国际象棋冠军的 IBM 深蓝，都是在香农、冯·诺依曼和麦卡锡他们总结的理论和算法之上运作的，多年来的改进主要集中在硬件的进步和小范围的技巧优化上，直至基于深度学习和概率的

⊖ 概率在人工智能上的应用很早就出现了，在麦卡锡的达特茅斯会议计划书中就出现了"蒙特卡洛方法"来简化大脑思维模型的建议。这里写的"最近几年"是指在人工智能研究的后期这种方法的价值才被真正发现。

评估函数等新方法得到应用实践的证明，计算机下棋在理论层面才算有了较大的进步。

图 2-10　塞缪尔与他的跳棋程序

在这个时期值得一提的事件还有麦卡锡对象棋的贡献，麦卡锡在 1959 年到麻省理工学院创建 MAC 项目时，就找了几位本科生在他的指导下开始研究计算机下棋，其中一位名为阿兰·科托克（Alan Kotok）的学生所写的国际象棋程序在 IBM 最新的 7090 大型机的支持下终于击败了一些国际象棋的初学者，后来麦卡锡跳槽到斯坦福大学，还对这个程序不断改进，然后将其命名为"Kotok-McCarthy"。这个国际象棋程序在历史上非常有名，出名的原因是 1966 年美苏冷战从军事竞争转到了其他相对温和的竞争方式，两国决定举行世界上第一场棋类的"网络对战"（那时候自然没有互联网，是通过电报完成的），美方出战的"选手"就是这位计算机"棋手"Kotok-McCarthy，经过历时近五个月的鏖战，美国还是以 1∶3 不敌苏联。击败美国 Kotok-McCarthy 的苏联程序是"KAISSA"（象棋女神）的前身，KAISSA 的来头更大，它是 1971 年世界上第一次和人类职业棋手战平的那个国际象棋程序[一]，这样看麦卡锡即便输了也算得上是虽败犹荣。

　　㊀　KAISSA 和传奇大师鲍里斯·斯帕斯基（Boris Spassky）赛了两局，结果一负一和，虽然没有胜利，但逼平世界冠军一盘这个战绩震动了棋界。

2.6.2 模式识别

第二项关于机器定理证明和问题求解方面的内容，由于前文介绍"逻辑理论家"时已经简单地提到了一些，并且下一章讲解符号主义学派的理论时仍然会有相关内容，这里就暂且跳过，直接来看第三项成果：模式识别（Pattern Recognition）。

"模式识别"这个词听起来很专业，如果要严格纠结它的精确定义[一]，确实也麻烦。笔者以通俗的方式来解释一下：譬如你现在看到这句由一连串汉字所组成的话，无论你目前看的是印刷书籍、电子书、扫描出来的图片 PDF 还是手抄的读书笔记，它们可能材质、大小、颜色、亮度、线条都有差异，却完全不影响你理解每一个字的意思，因为你的大脑在不自觉间就将这些不同的线条图像（数据样本）根据你上学时老师教的汉语知识和汉字形状（特征）映射到了一个个具体的汉字（分类）上，你的大脑自动完成的这个过程就叫作模式识别。

人类的模式识别能力天生就是极为强大的，我女儿 4 岁时仅在幼儿园绘本和电视早教节目上看过大象的卡通形象，当我第一次带她去动物园见到真正的大象时，她就可以毫不费力地建立"这个动物就是大象"的认知，哪怕这个动物真正的样子和它的卡通形象差异极其巨大。而计算机要完成模式识别却是极为困难的，不信的话，读者思考几分钟看看如何给"大象"下一个特征定义，让计算机程序可用这个定义分辨出一个物体是不是大象。

1958 年，塞弗里奇在《魔宫：一种学习范式》（*Pandemonium: A Paradigm for Learning*）一书中提出第一个模式识别的特征匹配模型，他将其称为"魔鬼城堡"模型。按照塞弗里奇的说法，这个模型有四个层次（或者叫阶层等级系统），每个层次上有"魔鬼"（Demon）执行着某个特定的任务，并依次工作，直到最终实现模式识别。这四个层次由低到高依次命名为"印象鬼"（Image Demon）、"特征鬼"（Feature Demon）、"认知鬼"（Cognitive Demon）和"决策鬼"（Decision Demon）。塞弗里奇虽然是以一种奇幻的风格，用四层的魔鬼城堡来描述这个模型，但如果我们以神经网络的观点来看，这个模型其实相当于一

[一] 模式识别在维基百科上的定义是"通过计算机用数学技术方法来研究模式的自动处理和判读"。此处举的是文字识别的例子，实际并不限于文字，语音波形、地震波、心电图、脑电图、图片、照片、文字、符号、生物传感器等任何数据源都可以进行有意义的模式识别。

个四层神经网络，逐层特征提取的思想就是现在卷积神经网络的精髓（我们将在第 7 章讲这部分内容）。1957 年罗森布拉特完成的能识别英文字母的感知机 Mark-1 本质上就是基于神经网络来完成的，不过罗森布拉特的感知机是一个单层网络，与塞弗里奇的"魔鬼城堡"模型并无直接关系。

1959 年，塞弗里奇完成了一个实用化的能识别"手工印刷体"（Hand-Printed）英文字符的模式识别程序，操作者扫描印刷的内容后，程序就会自动处理掉页边留白、字体粗细这类印刷干扰，然后完成噪点消除、边缘增强等处理，并将处理后的结果存储在一个 32×32 的数组中，每个数组元素用 0 和 1 分别表示黑色和白色，最后对这个二维数组进行识别并输出结果[一]。同年，IBM 公司也发布了一个光学字符识别程序，提出了"光学字符识别"（Optical Character Recognition，OCR）的概念，计算机模式识别从最简单的印刷体字符识别开始了商业应用的初步尝试。

1962 年，IBM 在西雅图世界博览会上还发布了一款名为"Shoebox"的语音识别机器，如图 2-11 所示。这部机器可理解 16 个英文单词，分别是 0 到 9 这十个数字的英文，以及六个操作指令（Minus、Plus、Subtotal、Total、False、Off），操作者使用语音说出想要计算的内容，机器便会打印出计算结果，Shoebox 可能是最早具有实用价值的模式识别成果。

图 2-11　第一个商业化的语音识别机器 IBM Shoebox

[一]　资料来源是尼尔斯·佩雷利（Nils Nilsson）的 *The Quest for Artificial Intelligence*（2009）。

2.6.3 自然语言处理

在人工智能的第一个快速发展期中,还有一项较大的成果诞生在自然语言处理领域,实现了人机对话、机器翻译从无到有的突破。人与机器使用自然语言而不是纸带、指示灯、屏幕、键盘进行交互,一直是人们想象中智能机器必须具备的基本能力,在此基础上,机器完成自动翻译、秘书助理等应用就是顺理成章的事情。

在人工智能有了突破的同一时间,语言学界也出现了革命性的变化。20世纪前半段,美国语言学界的主流语法理论是伦纳德·布鲁姆菲尔德(Leonard Bloomfield,1887—1949)建立的"结构主义语法"(Structural Grammar),这种理论认为一种语言中的有意义的形式排列就构成这种语言的语法,反对根据语义来分类。而乔姆斯基(他已在前文中被提及几次,这位大师的学术影响横跨语言学、心理学、计算机学等多门学科,并且影响十分巨大)在1957年发表的名著《句法结构》(*Syntactic Structure*)里提出了一个革命性的观点,他认为语言能力是人类心智的一种基本功能,人类大脑中天生就有处理语言的"模块"存在。由于人脑结构的一致性,人类最根本的语言处理机制是一致的,这种机制就是人类一切语言所共有的特点,可以视为一种"通用语法"(Universal Grammar),各种语言的具体语法可以由通用语法来转换生成。乔姆斯基提出的这种语法被命名为"转换生成语法"(Transformational-Generative Grammar)。

转换生成语法首先被应用在计算机科学领域,并获得了极大成功。这里还必须提到的是乔姆斯基在1956年提出的著名的"乔姆斯基层级"(Chomsky Hierarchy)。该层级包含四个层次的语法:0型语法描述的是递归可枚举语言,对应的自动机是图灵机;1型语法是上下文有关语法;2型语法是上下文无关语法;3型语法描述的是正则语言,对应的是有限状态自动机。如果看到这段话的读者是非计算机或者语言学专业的人士,可能会感觉这是一连串陌生的专业名词,但如果是计算机专业的读者,就会清楚这些是编译原理课程中最基础的知识和概念。简单来说,乔姆斯基在计算机语言上的贡献是为高级程序设计语言和编译器的设计提供了语言学的理论基础,使得从一种形式语言转换生成另一种更基础的语言成为可能。如果没有乔姆斯基的贡献，也许现在程序员还不得不使用与机器指令一一对应的汇编语言来开发程序，一边查指令表一边敲代码。

不过，转换生成语法在自然语言上虽然掀起了一场语言学的认知革命，但仅从结果来看，并没有获得在计算机语言上那样的成功，毕竟计算机语言与自然语言的复杂度不可同日而语。自然语言的歧义性（如"打击力度"就是名词短语，但"打击盗版"就是动词短语）和语法规则不确定性（常用规则可能只有几十条，但是算上非常用的语法规则就几乎无法穷举，甚至有些规则还互相矛盾）都是其复杂性的来源。而且从学术理论的角度来看，经过一系列学说大辩论，语言学逐步发展后，今天主流的语言学界并不认同乔姆斯基的观点。但是无论如何，对于20世纪50年代刚刚开始"自然语言处理"（Natural Language Processing，NLP）领域研究的学者而言，终于有一套可以被计算机操作的理论进行指导了。直至20世纪80年代之前，NLP的主要思路都是按照"短语结构语法"（Phrase Structure Grammar，PSG，是转换生成语法的一个分支）的理论进行分析的。

如图2-12所示，1965年出现了世界上第一个真正意义上的聊天机器人程序，即麻省理工学院计算机实验室的约瑟夫·维森鲍姆（Joseph Weizenbaum）开发的程序：ELIZA。

图2-12　后来移植至IBM PC的ELIZA

以今天的眼光来看，ELIZA 的语言处理能力极为简陋，仅是用符合语法的方式将问题在语料库中匹配到的答案复述一遍，丝毫没有智能可言。不过当时媒体截取了一些刻意构造的人机对话，将 ELIZA 评论成一个很聪明的机器人。现在看来，与其说 ELIZA 聪明，不如说人很笨，因为 ELIZA 只存储了几十条规则，如表 2-1 所示。

表 2-1　ELIZA 的匹配规则

匹配规则	回复
(*computers*)	Do computers frighten you?
(* mother *)	Tell me more about your family.
<nothing matches>	Please go on.

由于媒体对 ELIZA 的广泛渲染，后来在人工智能领域还出现了一个名词——"伊莉莎效应"（ELIZA Effect）㊀，这个词的意思是说人可以过度解读机器的结果，读出原来根本不具有的意义。

类似 ELIZA 这种人机对话的处理形式，后来还继续发展壮大，形成了所谓的"人工智能标记语言"（Artificial Intelligence Markup Language，AIML）。在大量人工语料库的支持下，基于 AIML 的聊天机器人 Alice㊁号称自己甚至能够通过图灵测试。

现在来看这种依赖于堆砌语料库的机器人完全没有什么技术含量可言，但在生成式语言模型被提出以前，纯靠"人工"令机器获得"智能"的做法是建造对话机器人的主流方案，当时业内有不少号称研发对话机器人的公司靠着这种方式博取眼球来获得投资。在 BERT 和 GPT 出现后，类似于 AIML 的语料库方案迅速被扔进了历史的垃圾堆中。关于生成式人工智能的内容是近几年的重要成就，笔者将在第 8 章专门展开介绍。

本节笔者介绍了人机对弈、模式识别和自然语言处理三个领域的人工智能早期成果，在这些领域的探索刚刚开始时，大多数人工智能学者都有相似的期盼：也许实现了这些目标，机器就能算拥有智能，至少能算找到探索机器智能

㊀ 伊莉莎效应：https://en.wikipedia.org/wiki/ELIZA_effect。

㊁ Alice 网站：http://www.alicebot.org。

的路径了。在人工智能发展了 60 多年后的今日，以上问题终于获得了较为完美的回答：人机对话在 ChatGPT 出现之后进入了具有较强实用性的阶段；人机对弈方面，随着计算量最大的围棋被攻克，计算机在这个领域已经全面碾压了人类；模式识别方面，在某些特定领域，计算机已经超过了人类眼睛（具体案例在第 7 章介绍 ImageNet 比赛的时候会提到）。

在本节即将结束之时，笔者再提一个当年曾被提出过并引起了不少讨论的问题：计算机能够根据人类的问题检索并生成符合人类思维逻辑的答案，能够在象棋或围棋的棋盘上碾压人类世界冠军，那它算是拥有智能了吗？绝大多数人的答案肯定是不算，而且会给出一些理由，譬如计算机下赢人类，是靠特定的算法或者数据训练出来的模型来实现的，与人类下棋过程中的思考方式根本不一样，又或者计算机能在下棋上下赢人类，依然有其他很多不如人类的领域，不能将下棋的技能迁移到各种领域就不算拥有智能的特征……随着科技的发展，类似人机对话、人机对弈这种被计算机完全解决的问题在日后还会越来越多，只是上至复杂的生成和决策系统，下至家里的扫地机器人，某项工作一旦被计算机攻克了，人们了解了这些行为背后的原理之后，它立刻就变得代表不了智能，归入可机械化的任务了。我们人类定义的"智能"范围，似乎随着人工智能的发展成果而不断变窄，业界将这个趋势称为"AI 效应"[⊖]，这一点也是大家总觉得人工智能还很遥远的心理原因之一。用麦卡锡对 AI 效应的一句很著名的评语"As soon as it works, no one calls it AI anymore"结束本节。

2.7　本章小结

在本章小结中，笔者引用一段 AI@50 会议总结报告与各位读者共勉：

"想要确定某个学科确切的起源时间通常是很困难的，但是 1956 年的达特茅斯会议被公认为人工智能成为一个新研究领域的开端。麦卡锡当时是达特茅斯学院的一名数学教授，组织这次会议源于他对自己与香农合作的论文集

⊖　AI 效应：https://en.wikipedia.org/wiki/AI_effect。

Automata Studies 不理想而感到失望，因为其中收录的论文并未提到多少计算机实现智能的可能性。因此，在麦卡锡、明斯基、香农和罗切斯特为1956年达特茅斯会议所写的计划书中，进一步明确了'人工智能'这个概念，麦卡锡也被认为是'人工智能'这个专业名词的创造者，为这个领域的研究指明了方向。设想一下，如果当时采用'计算智能'或者其他任何一种可能的词，现在人工智能领域的研究会不会有所不同？"

——AI@50会议总结报告
大会主席詹姆斯·摩尔（James Moor）

Part 2

第二部分

学派争鸣

· *Chapter* ·

第 3 章

符号主义学派

Symbols lie at the root of intelligent action, which is, of course, the primary topic of artificial intelligence.

符号是一切智能活动的源头，它是人工智能中不容置疑的核心。

——艾伦·纽厄尔（Allen Newell）、司马贺（Herbert Simon），《作为经验主义探究的计算机科学：符号和查询》，1975 年

3.1 概述

在本书的第一部分，我们以历史事件的时间轴为线索，回顾了人工智能这门学科萌芽诞生的过程。在第二部分，我们的主题是了解人工智能发展过程中的三个主流学派的思想。作为本部分的开篇，笔者先重点介绍人工智能学者第一次系统性地实践探索"如何令机器获得智能"的过程，这是图灵与香农思考的问题，现在人们终于开始尝试付诸行动了。学术界习惯性地把持相近学术观点、相近研究方法的学者和理论称为"学派"⊖，按照这种惯例，本章的主角便被命名为人工智能的三大学派之一——符号主义学派（Symbolism）。要了解一

⊖ "学派"是对英语词根"-ism"的翻译，这个词根在英语中的含义为各种"主义""宗教"和"派别"，多数场景（如经验主义、享乐主义）中译为"主义"，在人工智能中三大"主义学派"的翻译已是主流译法，这里笔者选用了这种翻译。

个学派，首先要抓住它的核心观点和主要理论（如常识编程、物理符号系统假说），以及研究的手段（如推理归纳方法、知识表示方法），还有它取得的主要成果（如问题求解程序、专家系统等）。

在人工智能的发展历程中，基于符号的智能研究曾经是大多数学者努力的方向，甚至在长达 30 年的时间里，符号主义学派在人工智能这门学科里是占据统治性地位的。虽然现在单纯基于符号的研究不再是学科的主流方向了，但是符号主义的思想已渗透到人工智能的方方面面，成为与人工智能相关的许多技术的基础性知识。

符号主义学派的思想和观点源自图灵，它提倡直接从功能的角度来理解智能，简而言之就是把智能视为一个黑盒，只关心这个黑盒的输入和输出，而不关心黑盒的内部结构。为了实现智能，符号主义学派利用"符号"（Symbolic）来抽象地表示现实世界，利用逻辑推理和搜索来替代人类大脑的思考、认知过程，而不关注现实中大脑的神经网络结构，也不关注大脑是不是通过逻辑运算来完成思考和认知的。

根据研究的主要问题不同，可以将符号主义学派长达数十年的探索研究过程划分为三个阶段：最初该派的学者并未过多考虑知识的来源问题，而是假设知识是先验地存储于黑盒之中的，重点解决的问题是利用现有的知识去做复杂的推理、规划、逻辑运算和判断，这个时期称为**符号主义的"推理期"**；后来大家发现智能的体现并不能仅依靠推理来解决，先验的知识是更重要的一环，研究重点就转变为如何获取知识、表示知识和利用知识，这个时期称为**符号主义的"知识期"**；最后，由于仅依靠人类专家总结、提炼然后输入计算机的方式无法应对世界上几乎无穷无尽的知识，研究的重点又转为如何让机器自己学习知识、发现知识这个方向，这个时期称为**符号主义的"学习期"**。

3.2 引言：五分钟逻辑学

本书并不以拥有数学等专业学术背景的读者为主要目标人群，笔者也不希望过于依赖数学和推导证明来解释所要阐述的内容、理论和算法。但对于本章要讨论的话题而言，如果不了解一点现代逻辑的最基础的概念的话，是完全没有办法理解这个学派的思想的，甚至连"符号主义学派"这个名字的含义和来由都无法说清楚。因此，在引言部分，笔者会先花几分钟时间介绍逻辑学这个已有 2000 多年历史，但在近 200 年又发生了革命性变化的古老且年轻的学科。

早在公元前 5 世纪至公元前 3 世纪，古中国以墨家为代表的明辨、古印度以佛教为代表的因明和古希腊以亚里士多德学派为代表的传统逻辑都各自发展出一套关于推论和证明过程的方法。现代科学中所说的逻辑学，源自亚里士多德（Aristotle，公元前 384—公元前 322）所建立的传统逻辑学说。

亚里士多德在他的《工具论》(*Organon*，见图 3-1) 中提出了传统逻辑学中最基本的"三段论"(Syllogism) 推理形式。关于三段论推理，有位学者举了这样一个今天几乎在所有逻辑书上都有引用的例子[⊖]：

图 3-1　亚里士多德的《工具论》

所有人都是会死的；	（大前提：确定普适原则）
苏格拉底是人；	（小前提：确定个体事例）
所以苏格拉底会死。	（结论）

⊖　出自波尔·罗亚尔（Port Royal）的《逻辑》，此书被作为欧洲 17 世纪的逻辑学教材。

这个例子里，三句话的每一句都被称为一个"命题"（Proposition），其中最后一句是"结论"（Conclusion），前两句分别是这个结论成立的大、小"前提"（Premise），三段论就是从前提到结论的演绎推理。

如果将命题作为逻辑分析的最小单位，研究形式是"如果前提 p 成立，那么结论 q 成立""如果前提 p 并且 q 成立，那么结论 s 不成立"这类关注点在命题间关系上的逻辑，就称为"**命题逻辑**"（Propositional Logic）。

如果把逻辑分析的对象进一步细化，对单个命题再做分解，按语言学关系拆分出其中的主项、谓项、联项和量项，去研究形如"所有 S 都是 P""有些 S 不是 P""a（S 中的某一个）是 P"（特别地，如这里列举的"判断事物是否具有某种属性"的命题称为"直言命题"）这类关注点在命题词项之间关系上的逻辑，就称为"**词项逻辑**"（Lexical Logic）。

因为传统上使用的亚氏三段论的前提都是直言命题，所以也称为直言三段论。三段论推理看起来简单，但生活中以此为指导的例子无所不在，例如曾有一段时间引起公众哗然的王健林提出的"一个亿的小目标"，我们就可以用三段论来分析一下：

> 对中国首富来说赚一个亿是个小目标；
> 王健林是中国首富；
> 王健林赚一个亿是小目标。

这个三段论的推理形式没有问题，结论"赚一个亿是小目标"对王健林确实是成立的，但是这个推理的小前提"S 是中国首富"对王健林之外的其他人不成立，因此大家觉得"一个亿小目标"对公众来说并不合理。

到这里为止的逻辑学，即亚里士多德建立的词项逻辑系统，在今天被称为"传统逻辑"。经过"斯多葛学派"（Stoicism）的学者，特别是亚里士多德的学生泰奥弗拉斯（Theophrastus，公元前 370—公元前 285）的补全，补充了针对一般命题的五个推理形式和排中律之后，传统逻辑持续统治了逻辑学长达 2000 年之久，人们一度认为词项逻辑就是逻辑学的全部内容。17 世纪的著名哲学家伊曼努尔·康德（Immanuel Kant，1724—1804）曾断言："逻辑学在亚里士多德之后就已完善到一步也不能前进的程度了。"但康德下完这个结论之后还不到 100 年，逻辑学就发生了自其诞生 2000 多年以来最大的变革，变革的一项重要成果是产生了一种全新的逻辑形式——**谓词逻辑**（Predicate Logic）。

对命题的分析在词项逻辑上再进一步细化，引入全称量词"∀"和存在量词"∃"，并将谓词代表的动作配上量词进行具体化，形成最基础的原子公式，这种形式的逻辑就是"谓词逻辑"。这个定义很不形象，听起来也很拗口，所以我们直接通过例子来理解。譬如"R"表示动作"大于"，那谓词逻辑中"$R(x, y)$"就表示"x 大于 y"，再譬如前面提到的直言命题"所有 S 都是 P"，在谓词逻辑中它可以表示为

$$\forall x(S(x) \rightarrow P(x))$$

这里"S""P"的定义分别为"是属于 S 的"和"是属于 P 的"，"$\forall x$"的含义是"对于每一个 x 来说……"，符号"→"表示"蕴含"关系，就是指从前提可以推导出结论。整个式子用通俗的中文语言来表达就是"对于每一个 x 来说，如果 x 是 S，则 x 就是 P"，这也是直言命题"所有 S 都是 P"所要表达的意思。

谓词逻辑补全了逻辑学的表达能力和精确性，在此之前的词项逻辑没有精确的量词理论和关系理论，因此没有办法表达一些看起来很符合直觉的逻辑推理，譬如从"某些猫被所有老鼠所惧怕"推导出"所有老鼠都惧怕至少一只猫"，从"所有轿车都是交通工具"推导出"所有轿车的主人都是交通工具的主人"。这种限制导致了词项逻辑在实践中，尤其是在科学实践中的严谨性无法得到保证，也不便于使用数学的方法去处理逻辑问题。而谓词逻辑的出现，打破了逻辑学与科学，特别是逻辑学与数学之间最关键的一道隔阂。

也许看见上面"$\forall x(S(x) \rightarrow P(x))$"这类看起来很像数学公式的逻辑表达式后，有的学者产生了一个模糊的想法："数学化"的逻辑学显然更容易被计算机处理，那逻辑学的推理过程与人类大脑思考问题的推理过程是否有共通之处呢？

我们甚至可以更大胆地假设，把这个想法描述得更具体、更有可操作性一些：既然已经使用逻辑符号把原本的"语言文字"写成"数学算式"了，那我们所处的这个世界，广泛采用语言文字来描绘的知识，是否都可以通过这种方式以符号来描述呢？还有更关键的另一个问题，符号化之后，人类大脑中思考

各种问题的推理过程是否也能使用数学运算和定理来完成呢？

在逻辑学的发展历程中，先驱们不仅思考过与上面类似的问题，还做了一系列的尝试，但是限于逻辑史并不是本书的主要话题，笔者仅简单列举一下这种思想的发展过程中的几个里程碑事件：

- 17 世纪中期，德国数学家戈特弗里德·莱布尼茨（Gottfried Leibniz，1664—1716）提出建立一种能够表达人类思考过程的通用语言，并构造执行该语言的推理演算工具的设想，史称"莱布尼茨之梦"。
- 1847 年，英国数学家乔治·布尔（George Boole，1815—1864）继承并发展了莱布尼茨的思想，他在《逻辑的数学分析》（*The Mathematical Analysis of Logic*）中提出了一种代数方法，利用符号来表示逻辑中的各种概念，实现了完全通过抽象代数来记述逻辑推理过程，这种方法现在称为"布尔代数"或"布尔逻辑"㊀。提前预告一下，乔治·布尔是后面深度学习主角辛顿的曾祖父。
- 1879 年，德国数学家戈特洛布·弗雷格（Gottlob Frege，1848—1925）出版了《概念文字》（德语为 *Begriffsschrift*，通常译作 *Concept Writing*）一书，书中引入了"全称"和"存在"的量词符号，使得布尔建立的符号逻辑系统进一步完备。从此，逻辑学从哲学的分支逐渐转变为数学的分支。逻辑研究的数学化，为逻辑学最终成为一门完全独立的学科铺平了道路。
- 1889 年，意大利数学家朱塞佩·皮亚诺（Giuseppe Peano，1858—1932）在弗雷格之外也独立地提出了与之类似的量词及其他逻辑符号。他在著作《数学公式汇编》（法语为 *Formulaire de Mathematiques*）中试图从这些逻辑符号和几条极简化的公理出发构建出整个数学体系，但由于没有一套完整的逻辑演算系统，这个目标并没有实现。皮亚诺的工作启发了后来《数学原理》的出版和希尔伯特计划的诞生。皮亚诺将命题演算、类演算并称为"数理逻辑"，又称"符号逻辑"。

㊀ 布尔的成果将逻辑引向了数学，第 1 章中提到的香农的硕士论文"A Symbolic Analysis of Relay and Switching Circuits"将逻辑运算引向了计算机科学。

- 1910 至 1913 年间，英国哲学家伯特兰·罗素（Bertrand Russell, 1872—1970）完成了著名的三卷《数学原理》（*Principia Mathematica*），旨在表明所有数学真理在一组精心设计的、以数理逻辑定义的公理和推理规则下，原则上都是可以证明的㊀。罗素的工作虽然是一个无法实现的幻想，但他思考、研究的过程却成功地将逻辑学带向了另一个高峰，这时的学者不仅通过数学工具来研究逻辑，还开始使用逻辑工具来研究数学，逻辑学此时已反过来成为整个现代数学的根基。

至此，笔者为本章准备的"五分钟逻辑学和逻辑史"就结束了，仅仅简单介绍了其中最基础的几个分类和概念，顺带介绍了现代逻辑学思考的问题和发展历程，而逻辑学中比较困难的运算方法，即逻辑推理演算相关的内容（合取、析取、蕴涵等各种范式、推演规则和定理等）未曾涉及，相信没有任何科学基础的读者接受起来不会感到太困难。

如果读者现在能接受现代逻辑学的概念和描述问题、推理问题的方式了，那不妨再来思考一下当年莱布尼茨所想的那个问题：

> "我们每天看到的世界，是通过具体化的、非结构化的形式（如视觉、声音、文字等）呈现的，这些具体却散漫粗疏的内容是否可以使用符号来精确定义？人类理解世界的过程，是否可以在这个基础上精确描述和计算？"

符号主义学派的学者对这个问题持明确的肯定答案，整个学派的核心思想其实可以概括为五个字：认知即计算。

3.3 描述已知，推理未知

假如读者以今日的现代思维来思考莱布尼茨 300 年前提出的这个问题仍然觉得困难、无从下手的话，那不妨先从更简单的情况出发，先观察一个在近代已经大致完成了"用符号代替自然语言去精确描述"的领域——数学，之后再

㊀ 第 1 章提到的哥德尔不完备定理证明了这是不可能的。

回来考虑这个问题。

其实不仅仅是数学，今天越来越多的形式科学[一]的理论方法都大同小异：首先摆出最小化的几条公理、公设和定义，然后先证明最简单的第一个命题，再以此为基础，来证明第二个命题，如此重复，这种从简单到复杂地证明一系列命题来建立整套理论的研究问题的方式称为"公理化方法"。公理化的思想早在欧几里得撰写《几何原本》时就已经存在，但是因为没有现代逻辑符号的支撑，《几何原本》的很多概念不得不使用感性认知来定义，或者索性就不定义了，譬如以下是欧几里得几何（简称欧氏几何）的五条公理：

> 1. 任意两个点可以通过一条直线连接。
> 2. 任意线段能无限延长成一条直线。
> 3. 给定任意线段，可以以其一个端点作为圆心，该线段作为半径作一个圆。
> 4. 所有直角彼此相等。
> 5. 若两条直线都与第三条直线相交，并且在同一边的内角之和小于两个直角和，则这两条直线在这一边必定相交。

我相信现在的小学生都能看懂这些公理所要表达的含义，但欧几里得用什么办法保证看到这几句话时你的理解与我的理解之间没有偏差呢？并没有。什么是"点、线、面"？欧几里得虽然对这些都做了定义，可是定义本身就含混不清，譬如给"点"下的定义是"点是没有部分的"，什么叫作"没有部分"？什么又是"直线是它上面的点一样地平放着的线"？

这时候符号表示相对于自然语言的严谨性就显得非常有必要了。我如果想说"存在一个集合是空的"，我就必须先解释什么是"存在"，什么是"空"等，解释这些概念时又会不可避免地涉及其他新的未定义的概念。但如果用符号来表达这句话，就成了"$\exists x \forall y (y \notin x)$"[二]，在"$\exists$""$\forall$""$\notin$"等符号已被统一地精确

[一] "形式科学"是指主要研究对象为抽象形态的科学，如本节所说的数学和逻辑学，也如前文提到的计算理论、信息论等。

[二] 如果必须用自然语言翻译，这个式子可以理解为："存在 x，对于任意的 y 来说都满足集合 y 不属于集合 x。"

定义⊖过的前提下，这个式子的意思就再无含糊之处了。这种可以从形式文法产生，所有含义都被符号和组成规则确切地表达出来，无任何隐含语义和歧义的语言，被称为"形式语言"（Formal Language），将自然语言描述的内容转变为形式语言描述的过程称为"形式化"。形式语言在科学中是非常常见的，无论是本章所讲的谓词逻辑，还是大家经常接触的计算机中的程序设计语言，都属于形式语言。

德国大数学家大卫·希尔伯特（David Hilbert，1862—1943）在 1899 年出版的著作《几何基础》里成功地建立了欧氏几何的形式化的、严谨的公理体系，重新塑造了欧氏几何的数学基础，现在称为"希尔伯特公理体系"。随后他还提出了著名的希尔伯特计划——号召全世界数学家一起来将所有的数学真理形式化，让每一个数学陈述都能用符号表达出来，让每一个数学家都能用定义好的规则来处理这些已经变成符号的陈述，在这个基础上再去证明数学是完整的，这里的"完整"就是说所有真的陈述都能被证明，这被称为数学的**完备性**；然后，再证明数学是一致的，也就是说不会推出自相矛盾的陈述，这被称为数学的**一致性**。当时几乎全世界的数学家都相信完备性和一致性是数学必定具有的，但是后来希尔伯特计划的美好愿景被哥德尔彻底粉碎，哥德尔不完备定理无情地证明了希尔伯特计划是不可能完全实现的。尽管如此，对常用的数学形式化仍然是现代数学一项非常重要的工作。

将话题从数学切换回人工智能，我们来观察一下形式化的描述方法对计算机和人工智能领域带来的影响。上一章曾提到纽厄尔和司马贺在达特茅斯会议上拿出的最吸引眼球的成果——能够自动证明《数学原理》中多个定理的"逻辑理论家"程序。这个程序能够自动证明的定理，必须全部是使用形式语言去描述已知的前提，且结论可通过有限步骤推理完成的定理。"逻辑理论家"的基本思路是利用计算机的运算速度优势，遍历出形式化之后的定理前提的所有可能的变换形式，说白了，其实也就是常见的树搜索，再配以适当的剪枝算法。"逻辑理论家"以已知前提为树的根节点，把根据规则可以进行的每一种变换都作为该节点的下一个分支，如果某个分支中出现了与结论一致的变换形

⊖ 精确定义基础概念并不是简单的工作，罗素在《数学原理》中用了超过 300 页篇幅才实现了自洽的"数字 1"的定义。

式，那这个分支经过的每一个节点按顺序连接起来就是定理证明的步骤。"逻辑理论家"采用的算法和今天计算机自动定理证明这个学科分支的主流算法（如归结原理、DPLL 算法）并没有直接关系，甚至可以说只是对形式化的前提进行简单乃至粗暴的搜索，这也正是后来计算机自动定理证明领域的著名学者王浩教授批评"逻辑理论家"，认为它没有多少技术含量的主要原因。

1957 年，在"逻辑理论家"公布后不久，纽厄尔和司马贺还发布了一款更具有普适性的问题解决程序，命名为"一般问题解决器"（General Problem Solver，GPS）。在科学界，"一般"（General）就意味着普适，通常代表了一种非常高的目标。纽厄尔和司马贺为程序起了"一般问题解决器"这样的名字，是希望任何已形式化的、具备完全信息的问题都可以用这个程序去解决，他们给 GPS 设定的适用范围涉及从逻辑推理、定理证明到人机游戏对弈等多个领域。GPS 项目持续了十年之久，虽然最终并没有哪个领域发现有直接使用这个程序完成证明并形成特别大影响的案例，但 GPS 项目作为纽厄尔和司马贺使用心理学方法去探索机器模拟智能的一次有益尝试，很有历史意义。

GPS 解决问题的基本思路不同于"逻辑理论家"，它源于模仿人类解决问题的启发式策略，是基于心理学中的"手段－目的分析"（Means-Ends Analysis）理论。司马贺本身就是这方面的顶尖专家，他凭借这个理论获得了美国心理学会的杰出科学贡献奖和终身成就奖。人们通常会把要解决的问题分解成一系列子问题，并寻找解决这些子问题的手段，通过解决这些子问题，逐渐实现问题的最终解决，GPS 解决问题的方法就是模拟这个问题分解的过程，逐步分解问题空间，通过拆分子问题构建搜索树，直到到达已知条件结束搜索。在 GPS 项目之后，纽厄尔和司马贺在计算机问题求解这个领域还继续提出了针对非良好结构问题（Poorly Structured Problem）的求解程序"UNDERSTAND"。

当计算机运算速度逐渐提升上去之后，人工智能确实在问题求解这个领域取得了一些具有实用价值的成果，其中最有价值的案例是计算机（在人类辅助剪枝、修正下）证明了当时世界三大数学猜想[⊖]之一的四色猜想，尽管很多数

⊖ 世界三大数学猜想："费马猜想""四色猜想"和"哥德巴赫猜想"。其中四色猜想的证明在 1976 年由美国数学家阿佩尔（Kenneth Appel）与哈肯（Wolfgang Haken）借助计算机完成，遂称"四色定理"；而费马猜想的证明于 1994 年由英国数学家安德鲁·怀尔斯（Andrew Wiles）完成，遂称"费马大定理"（因为之前已经有"费马定理"了）。

学家认为靠运算速度暴力搜索的方法很不优雅，但这个成果依然震撼了整个数学界。

总体来讲，由于纽厄尔和司马贺在心理学、决策论方面有非常高深的造诣，所以由他们领导的卡内基梅隆大学一系的主要人工智能研究方向是从人类解决问题的思维活动出发，尝试将这种思维过程模型化后应用于计算机之上。他们经常基于心理学实验的结果来开发模拟人类解决问题方法的程序，这种研究方法一度成为人工智能和符号主义的主流，并在20世纪80年代发展到顶峰。在符号主义学派中，以纽厄尔和司马贺为代表的这一系又被称为"认知派"。

与"认知派"相对，符号主义学派中另外一位主要人物麦卡锡则认为机器不需要模拟人类的思想，而应尝试直接找出抽象推理和解决问题的本质，只要通过逻辑推理能展现出智能行为即可，大可不必去管人类是否使用同样的方式思考。所以，由他开创的斯坦福大学一系主要致力于寻找形式化描述客观世界的方法，通过逻辑推理去解决人工智能的问题，因此这一系在符号主义学派中又被称为"逻辑派"。

当然，在这两个派别之外还存在一些其他的细分研究方向，譬如明斯基从连接主义学派"叛变"到符号主义学派以后，曾经一度倾向于支持认知派以心理学去研究人工智能的方法，后来他对实现人工智能的主要观点又转变为智能是极度复杂的，人类大脑中存在着许多用于解决不同问题的各有差异的结构，因此不存在任何单一的可以描述智能的机制，而是需要有不同的智能体（Agent）对人类的各种机制、能力进行组织运用，人类的智能是综合了多种智能体的宏观结果[一]，这种思路逐渐发展成今天基于"智能体"实现人工智能的研究方法。明斯基提出了其中重要的"框架理论"（Frame Theory），成为"智能体"这个研究方向的开创者。尽管由于当时的历史局限，明斯基不可能凭空给出具体的、可应用于实践的智能体构造方法，但是在2022年生成式语言大模型与算力瓶颈相继被突破后，智能体的概念很快就被人们重新拾起并广泛接受，成为许多智能助理应用共同的理论基础。

㈠ 框架理论在明斯基1975年出版的 *A Framework of Representating Knowledge* 中提出，智能体理论在其1986年出版的 *The Society of Mind* 中提出。

无论纽厄尔、司马贺、麦卡锡、明斯基及其他人工智能学者选择的研究方向如何，至少在当时，即人工智能建立的最初20多年里，符号主义学派的学者首先考虑的寻找人工智能的入手点是假设所有已知的知识都可以通过形式语言精确描述，并可以全部灌输给计算机（这一点只能是假设，因为受当时计算机硬件的限制，只能从理论上或者规模十分有限的数据量上去模拟），然后通过计算机的运算能力实现在这些知识基础上的演绎推理，得出新的未知的知识，或者做出正确的决策，从而令机器展现出具有智能的行为。这个时期人工智能努力的目标，可以概括为本节标题的八个字——"描述已知，推理未知"。

下面笔者将通过"认知派"和"逻辑派"的两篇开山论文介绍这两个派系的学者当时的实践尝试，了解他们具体是如何描述已知、推理未知的。

3.3.1 常识编程

毫无疑问，能处理数学、逻辑问题的行为是具有智能的表现，但是仅仅能处理数学、逻辑等特定问题，肯定不等同于具有人类意义上的智能。人类的智能行为能够超越解决特定问题，能够展现出具有普适性的行为。在麦卡锡看来，对于特定问题的解决方法是"知识"，对于普适智能行为则需要"常识"才行，因此，当人工智能在人机对弈、计算机定理证明等几个特定领域取得了初步成果之后，麦卡锡就开始着手解决"如何才能令机器拥有常识"这个更能说明机器可以拥有智能的问题。

1958年，麦卡锡发表了一篇名为《常识编程》（"Programs With Common Sense"）[一]的论文，文中提出了一种如何将计算机所处理问题的范围从特定专业领域推广至常识、生活等一般性问题的设想。麦卡锡设计了一个名为"Advice Taker"的理想系统，这是一款以形式语言（譬如以使用谓词逻辑为例）为输入和输出项的计算机程序，它基于一系列也是使用形式语言来描述的先验前提，根据逻辑规则自动推理获得问题的答案。答案可能是一个陈述句，用以回答一个具体问题；也可能是一个祈使句，用以向使用者提供一个行动建议。

[一] 论文地址：https://www.cs.rit.edu/~rlaz/files/mccarthy1959.pdf。

与前文中介绍的形式科学使用公理化方法，依赖极少量公理推理出大量的定理和结论，进而构建出整套学说的过程类似，麦卡锡期望提供给 Advice Taker 的先验知识是我们人类所了解的各种知识和常识中最基础、最本质的那一小部分。他希望 Advice Taker 先使用这些先验前提推理出简单的结论，再到复杂的结论，形成越来越多的新的知识，并根据这些知识持续改进自己的行为机制，从简单到复杂逐步获得人类的所有知识乃至超过人类现有的知识。麦卡锡将这样一套理想的系统和运作机制称为"常识编程"。

关于常识编程，麦卡锡在论文中也承认目前这只是一个框架性的构想，以至于他也不得不说"这个思路还有若干关键的问题没有得到解决"。对于常识编程的具体理论，笔者就不再做过多的枯燥阐述了，仍然通过一个简单例子来介绍一下这套机制大体上是如何工作的。

请读者设想一个场景："你现在正在家里的书桌旁边看书，接到电话要去所在城市的机场接一位朋友，你应该怎样做？"

这个场景已经算是一个非常生活化的常识性问题了，听起来与任何学术都不会有半点联系。那就来看一下这个问题应该如何输入给 Advice Taker，以及它会输出怎样的结果：

- 首先，Advice Taker 中应该事先预置了几个最基础的行为规则。在这个场景中用到的包括：谓词"$can(x)$"表示"如果可以实现 x 动作"、谓词"$do(x)$"和"$did(x)$"分别代表"执行 x 动作"和"完成 x 动作"，这几个谓词与任何特定问题无关，可作为公共的规则预置在系统中。
- 接下来，需要定义几个与问题相关的先验的前提，这里我们定义一个谓词"$at(x, y)$"，表示"x 在 y 旁边"。显然，$at(x, y)$ 是具有传递性的，x 在 y 旁边，y 在 z 旁边，可以推出 x 在 z 旁边的结论，用谓词逻辑来表达就是：

$$at(x, y),\ at(y, z) \rightarrow at(x, z)$$

- 在这个基础上，我们可以给 Advice Taker 输入一些常识来描述客观世界，如：

at（我，书桌）

at（书桌，我家）

at（汽车，我家）

at（我家，城市）

at（机场，城市）

- 我们还可以使用谓词 at 来定义一些新的规则，如令谓词"go(x, y, z)"表示"从 x 通过 z 的方式到达 y"，即以下式子：

$$did(go(x, y, z)) \rightarrow at(x, y)$$

- 那么代表"步行可达"和"驾车可达"含义的谓词"walkable"和"drivable"就可以这样来定义：

walkable(x), at(y, x), at(z, x), at（我，y）→can（go（y, z，步行））

drivable(x), at(y, x), at(z, x), at（汽车，y), at（我，汽车）→ can（go (y, z，驾车））

- 然后用这些规则进一步定义两个事实："家附近是可以走路到达的"与"城市里则需要开车到达"：

walkable（我家）

drivable（城市）

- 再定义一个谓词"canachult"表示"如果 x 可以进行 y 动作，就可以通过完成 y 来获得 z"，即：

$$(x \rightarrow can(y)), (did(y) \rightarrow z) \rightarrow canachult(x, y, z)$$

- 显然，canachult 也是具有传递性的，如果 x 可以通过 y 动作来得到 z，z 又可以通过 u 动作来得到 v，那么，x 依次经过 y、u 动作就可以得到 v。如果使用谓词"prog(y, u)"来表示依次完成 y、u 动作的话，上面这句话可以用谓词逻辑表示为：

$$canachult(x, y, z), canachult(z, u, v) \rightarrow canachult(x, prog(y, u), v)$$

- 最后，我们再定义一个谓词"want(x)"，表示"要获取 x 而采取的行动"，它的具体定义如下：

$$x, canachult(x, prog(y, z), w), want(w) \rightarrow do(y)$$

- 这样，所有的前提都建立完毕，把"我要去机场"这个意愿表达出来，看看机器会给你什么建议：

want（at（我，机场））

根据以上定义，Advice Taker 就可以自动推理出"我要去机场"所要做的行为，下面是依次推理的步骤，最后一个输出的步骤就是结论，即"我要去机场"这个行为应该去做的第一个动作："从书桌步行到汽车"。

1. at（我，书桌）→ can（go（书桌，汽车，步行））
2. at（我，汽车）→ can（go（我家，机场，驾车））
3. did（go（书桌，汽车，步行）→ at（我，汽车））
4. did（go（我家，机场，驾车）→ at（我，机场））
5. canachult(at（我，书桌），go(书桌，汽车，步行），at(我，汽车))
6. canachult(at（我，汽车），go(我家，机场，驾车），at(我，机场))
7. canachult (at（我，书桌），prog (go（书桌，汽车，步行），go（我家，机场，驾车）) → at（我，机场))
8. do (go（书桌，汽车，步行))

上面笔者列举的这个例子，来自麦卡锡《常识编程》论文的原文，定义和推理过程虽然对人类来说会觉得很烦琐，但这些"烦琐"对机器来说并不存在任何困难。从这个角度看，机器用逻辑推理模拟人类思考，似乎确实具备可行性。可是，Advice Taker 其实并未解决"常识源自哪里？"这个真正的难题，上面这个例子中，诸如 go、walkable、drivable、canachult、want 这些谓词的定义，都是人类总结后灌输进去的，而不是计算机从某种"公理"或者"公设"性质的常识中推导而来的。使用一小撮最小化、最本质的公理定义和规则的集合就可以推理出人类的所有常识，这样的思路在数学、几何这些抽象世界虽然行得通而且常见，但也是经过了上千年时间和无数数学家的智慧才成功完成的，要在具体的现实世界里做到这点谈何容易。麦卡锡在论文中也承认了现在并不能解决这个问题，所以 Advice Taker 只是给出了一个让计算机获得常识的理论上的可行性，而暂时无法作为一个真正去实施的指导方法。

但即使是为了验证这种计算机自动推理知识的可行性，麦卡锡也做了相当多的工作。他借鉴了纽厄尔和司马贺之前提出的 IPL（见第 2 章关于人工智能这门学科名字之争那部分），在 1960 年又发表了一篇名为《递归函数的符号表达式以及由机器运算的方式，第一部分》（"Recursive Functions of Symbolic Expressions and Their Computation by Machine, Part Ⅰ"）的论文。论文中阐述了只通过七个简单的运算符以及用于函数的记号来构建一个具备图灵完备性的语言的想法（这其实就是通过计算机实现邱奇的 Lambda 演算），并将这种语言命名为 LISP（LISt Processing 的缩写，链表处理）。麦卡锡自己并未提供 LISP 的实现程序，但他的学生史帝芬·罗素（Steve Russell）阅读完此论文后，在麻省理工学院的 IBM 704 计算机上成功完成了最初版本的 LISP 编译器，实现了最初版的 LISP。

LISP（及其方言变种，如 Clojure）直至现在仍然是活跃的编程语言，以前从事传统人工智能领域开发工作的程序员一般都要掌握 LISP，大量老式的人工智能软件系统都是用 LISP 编写的，与今天 Python 在人工智能编程中的地位相似。

假如有人说 Prolog 是最适合人工智能的编程语言，那么任何使用过 Prolog 的人都不会怀疑这一点，因为 Prolog 就是为了逻辑推理而生的，解决类似上面"如何去机场"这种问题会显得无比流畅、自然。但许多编程语言书籍中还会讲到"LISP 也是最适合人工智能的编程语言"。如果抛开 LISP 的作者是麦卡锡这个传承因素的影响，真的接触或使用过 LISP 的程序员可能看到这里也会对这种表述感到奇怪：LISP 与人工智能之间到底"适合"在哪里？

它们之间的联系可以从 LISP 的名字"链表处理"开始说起，LISP 是历史上第二悠久而且迄今仍然被广泛使用的高级程序语言，如果把它与另一门最为古老的语言 FORTRAN（1957 年发明）相比较，容易看出 FORTRAN 基本上是围绕处理数组建立的，LISP 则是围绕处理链表来实现的。数组和链表是两种最常用的线性数据结构，它们各有特点，但如果仅讨论用来存储逻辑推理涉及的符号的话，那链表显然要比数组合适得多，因为数组要求每个元素具有相同的数据结构，而多种多样的符号即使能设计成一种统一的数据结构来存储，空间效率也必定不会高到哪里去。

LISP 在人工智能中还有另一个优势，即它可以很好地把麦卡锡设想的"符号推理能够从已知的知识推理出新的知识，乃至自我改进推理系统自身的行为"实现出来，LISP 中程序（行为）和数据（符号）是高度相似且可以互相转化的，麦卡锡把两者分别描述为"M- 表达式"和"S- 表达式"（现代 LISP 编程中只使用 S- 表达式了），其中 M 指"Meta"，而 S 指"Symbolic"。LISP 的重要特点"元编程"（Meta Programme）就源于它的数据可以变为程序、符号可以修改自身的行为这种能力，使用这个特性，程序可以很方便地实现新知识改进程序本身这个目标。

麦卡锡提出的常识编程即使以今天的视角来看也完全看不到实现的希望，很有可能人类的思维就不是逻辑推理能够模拟的。但麦卡锡为了验证常识编程而提出的 LISP 却将他在计算机编程语言领域的地位推向了一个几乎可以与"人工智能之父"这个头衔媲美的程度，可谓失之东隅，收之桑榆。

3.3.2　物理符号系统

物理符号系统是纽厄尔和司马贺提出的一套尝试解释智能来源机制的理论，它试图模拟人类如何获取、存储、传播和处理信息，并提供了一种将这个过程中的各种现象模型化，迁移到计算机中实现的途径。从人类心理的智能活动中提炼出智能机制是"认知派"的一贯研究思路，而将这种思想公开、完整、系统性地总结出来，则可以追溯到纽厄尔和司马贺 1975 年获得图灵奖时发表的演讲稿《作为经验主义探究的计算机科学：符号和查询》[一]（"Computer

---

[一] 演讲稿下载地址：http://dl.acm.org/citation.cfm?id=360022。

Science as Empirical Inquiry: Symbols and Search"）。也是在这篇演讲稿发表之后，符号主义学派的核心观点才算被完整地呈现出来，即"认知的本质是处理符号，推理就是采用启发式知识及启发式搜索对问题求解的过程"，甚至连"符号主义学派"这个名字本身也是从这篇演讲稿公布之后，才在人工智能研究中广泛流传开来的。

物理符号系统的理论主要由两种假说构成，分别是**物理符号系统假说**（Physical Symbol System Hypothesis）和**启发式搜索假说**（Heuristically Search Hypothesis）。名字很有专业感，不过没关系，既然这两套假说来源于对人类智能的模拟，它们就肯定可以用我们日常所能接触和理解的概念来类比解释。

在研究某个系统的时候，科学家通常都会建立一个简化的、去掉与研究内容无关特性的模型来定性地描述这个系统的性质，科学里把这个研究方法称为"结构性定律"。譬如，要去研究人类身体结构的功能，需要知道心脏用于供血、大脑用于思考、骨骼用于支撑，在这样的模型上研究不同人种的身体结构和功能就都比较简单了。虽然每一种器官、器官中的每一个组成部位，甚至每一个细胞本身都有着各不相同的和极其复杂的种类、形态、用途，但是这些与目的无关的信息并不影响我们对最终结果的研究和处理。

同样，"智能"是一个相当抽象的、让人难以下手的研究对象，物理符号则是用来描述智能的，相对而言更简单且更容易理解的模型。从这个角度出发，物理符号与我们前面讨论的数理逻辑符号其实没有太大的区别，逻辑符号可以理解为去除了自然语言中大量不精确的、有隐含意义和歧义的成分之后得到的一种精确的抽象表示，物理符号只是把自然语言换成了我们所能接触的各种物理实体。举个例子，人类见到苹果，脑海里会出现一个认知判断：这是可以吃的带甜味的水果。能得出"苹果有甜味"这个结论，通常人类的大脑里面的信息处理过程肯定不是"分布在舌头味蕾的 G 蛋白偶联受体与苹果中含有多个羟基的醛酮的甜味剂发生反应，激发形成神经信号传递到大脑形成甜味感"，而是"苹果"这个实体在人脑里本来就有"可以食用""具有甜味"等属性，人脑可以把它与其他实体分辨出来，在这个分辨过程中，就可以将人脑视为能处理苹果这个物理符号的系统。

可以把任何信息加工系统都看作一个具体的物理系统，如人脑的神经系统、由计算机硬件构造的系统等。所谓符号就是用于匹配物体的"模式"（Pattern）。对于任何一种模式，只要系统能把它和其他模式区别开来，它就可以形成一个符号。对于人来说，苹果、香蕉是不同的符号，不同的英文字母也是不同的符号。物理符号系统的最根本任务和功能是对符号进行操作，辨认相同的符号以及区分不同的符号。根据纽厄尔和司马贺的设想，一个物理符号系统由"符号"（Symbol）、"表达式"（Expression）和"操作过程"（Process）三部分构成。多个符号组合起来就成了表达式，组合方式可以是多种多样的，系统在任意时刻都在对这些表达式执行操作，这个过程具体可以归纳为对表达式进行"创建"（Creation）、"修改"（Modification）、"复制"（Reproduction）和"销毁"（Destruction）这四个基本操作的不同顺序组合。

物理符号系统假说的核心观点是认为物理符号系统就是普遍智能行为的充分且必要条件。在这句话里，"必要"意味着任何实现了智能的系统都可以被视为一个物理符号系统，这是现在的认知科学[⊖]要去研究和证明的问题；而"充分"是指任何具有足够尺度的物理符号系统都可以经适当组织之后展现出智能，这是人工智能这门学科要去研究和证明的问题。另外，名字里的"物理"一词还强调了系统必须从根本上遵从物理学定律，即强调了认知与心灵、灵魂等唯心因素无关，因此智能可以由任何物质材料构成的系统来实现，而不限于人脑实现并使用的符号系统。

关于物理符号系统对信息的处理过程，纽厄尔和司马贺进一步提出了启发式搜索假说来进行解释，如果说物理符号系统是智能行为的抽象模型，那启发式搜索就是解决问题或做出决策的抽象模型，纽厄尔和司马贺认为，一个系统能表现出智能行为总是通过解决问题来体现的。

虽然根据纽厄尔和司马贺的观点，人类和计算机都是物理符号系统，但人类和计算机解决问题的方式其实有非常大的差异。举个例子，假设你在北京要从阜成门桥去故宫博物院，如果靠导航软件，它可能这么告诉你："沿阜成门桥向东行驶 2 公里，右转进入西黄城根北街，左转沿西黄城根北街向南行驶 180 米，左转进入西安门大街，右转沿西安门大街向东行驶 1.1 公里，右转进

⊖ 认知科学（Cognitive Science）是 1973 年克里斯多福·希金斯（Christopher Higgins）在评注莱特希尔报告时提出的，但是认知科学的研究工作其实很早之前就已经出现了。

入北长街；沿北长街向南行驶 840 米，到达终点。"而如果你找人问路，他可能会说："朝东一直开，到了北海大桥右转不久就可以看到西华门了，到时候停车找买票的地儿就行。"从这个例子可以看出，两者对精确性的定义完全不同，但是你依然有可能通过找人问路得到的结果到达目的地。这背后还隐含着精确性带来的成本问题：计算机解决问题的一贯方式是靠"蛮力"搜索问题空间，假如有无限的时间、无限的存储空间与无限的能量供应，那么确实可以通过穷举的方式遍历问题空间中的所有路径来找到最优解，但是人类思考问题的方式显然不是这样，人脑总是在有限的时间中搜索得出结论，即使这个结论不是最精确的、最优的。从人类拥有智能但计算机暂时还没有智能这一点就说明并不是搜索越多就意味着智能越高，相反，智能高的表现恰恰是不用经过大量搜索也能解决问题，这就是启发式搜索假说的基本观点。启发式搜索得到的结果不一定是最优的、最精确的，但是它的成本是可以负担的，而且结果一般而言是有效的。

启发式搜索假说的提出，除了是因为纽厄尔和司马贺这些心智派学者一贯以参考人类智能行为作为研究导向外，还有一个很重要的原因是他们看见了逻辑派在推理效率上遇到了极大的困难（逻辑派的核心学说提出的时间要比心智派的早很多，如麦卡锡的《常识编程》是 1959 年发表的，而纽厄尔和司马贺关于物理符号系统假说的论文是在 1970 年发表的），即使有了归结原理[一]这种普适的利器，并且人们不断改进算法来提升搜索效率，基于逻辑推理的程序也无法避免中间子句指数级的爆炸式增长，遇到稍微复杂一点的应用，逻辑派的程序就陷入"理论可行，实际不行"的窘境，毫无实用性可言。

结合物理符号系统，启发式搜索的具体执行过程可以总结为：首先将物理符号随机地初始组合成表达式，这个表达式的每一种变换形式构成了搜索树的各个分支，然后给定一个评价函数用于评价这个表达式的不同变换形式与目标形式的差距，选择一个差距最小的变换形式重复搜索过程，直至差距无法缩小为止。在这个过程中，对搜索结果产生决定性影响的是评估函数的设计方法，

[一] 归结（Resolution）是一种对于命题逻辑和谓词逻辑中的句子的推理规则。归结原理（Resolution Reasoning）是鲁宾逊（Robinson）于 1965 年提出的一种简单易行，尤其便于计算机实现和执行的反证法证明技术，也叫作"消解原理"。

由于纽厄尔和司马贺没有给出人类智能行为的通用的评估函数，也没有给出专用于某种特定智能行为的评估函数的设计方法或原则，所以启发式搜索在人工智能领域还只能以假说的形式来讨论。但在人工智能领域之外，启发式搜索现在已成为解决许多问题，尤其是"NP完全问题"（即无法在多项式时间内得出最优解的问题）的有效手段，如第2章中笔者使用遗传算法模拟蒙娜丽莎画像的例子，就是启发式搜索算法中的一种，类似的启发式算法还有"A*算法"和"AO*算法"等，这些算法在人工智能和计算机科学中都有很广阔的应用场景。

虽然启发式搜索假说至今都没能解决计算机模拟人类智能活动的问题，但在心理学、经济学、决策论等其他学科中却取得了令人瞩目的成就。司马贺从启发式搜索假说中总结出了经济学和决策论中著名的"有限理性模型"（Bounded Rationality Model），这个成果使他获得了1978年的诺贝尔经济学奖[一]。认知心理学研究也表明，不仅仅是人，普通动物在进行决策时采取的也是启发式策略，从侧面说明了启发式搜索假说确实有可能是一条探索智能活动的可行之路。

3.4 知识！知识！知识！

20世纪50年代到60年代间，人工智能的研究度过了符号主义的第一个阶段："推理期"。在这个阶段，主流的研究方法是基于逻辑推理来寻找智能，该方法在人机对弈、问题求解、机器定理证明这类信息完全且问题空间封闭的领域中取得了一定的成功。但是，由于没有解决如何从少量公理性知识推导出整个世界的常识问题，所有的先验知识都只能靠事前的输入，因此机器这样依赖"死记硬背"来获取知识的方法，在应对开放性的问题时就显得捉襟见肘了，甚至在很多问题上都是完全无能为力的。

到了20世纪70年代中期，人工智能领域的学者逐渐放弃了仅靠符号系统

⊖ 传统经济学一直以完全理性为前提，但是在现实情况中，人们所获得的资讯、知识与能力都是有限的，所能考虑的方案也是有限的，未必能做出效用最大化的决策。因此，司马贺提出必须考虑人的基本生理限制，以及由此而引起的认知限制、动机限制及其相互影响的限制。

从少量最基础的"公理性"知识中推导出智能的想法，不得不接受人类几千年积累的各种知识是难以仅靠若干条基础公理、一两个通用模型和推理演算程序就能灌输给机器的这个现实。另外，由于考古学对古代智人的研究得出了古代智人与现代人类在脑容量上并没有差距的结论，表明了人类智能行为表现出的问题求解能力更多是来源于人所具有的知识，而不仅仅是大脑思考和推理的能力，因此计算机采用形式化方法和推理策略来模拟智能的希望看似越来越渺茫了。

从此，人工智能的主要研究方向便从"逻辑推理"转到了"知识的表述"上，符号主义学派从"推理期"转入"知识期"的标志是三类"知识"研究开始被科学界关注而且取得了一定进展，它们分别是："知识表示"出现了被广泛认可的方法、"知识工程"被提出并作为独立的学科进行研究，以及以专家系统为代表的"知识处理系统"开始展现出实际应用的价值。

3.4.1 知识表示

我们生活中的所有有效信息，不论是否高深都可以作为知识看待，从蕴含深刻物理含义的质能方程"$E=MC^2$"到没有什么意义的"大海啊你全是水，骏马啊你有四条腿"都可以是知识。"知识表示"（Knowledge Representation）就是对知识及知识与知识之间关联关系的一种描述，本章前面花了大量篇幅介绍如何通过谓词逻辑来描述世界上的知识，这本身就可以作为一种知识表示方法，而且是最基础、最重要的知识表示方法。除了谓词逻辑之外，"产生式"（Production）、"本体表示"（Ontology）、"面向对象的表示"（Object-Oriented Representation）、"框架理论"（Frame Theory）、"语义网络"（Semantic Network）等都是目前常用的知识表示手段，其中框架理论是由明斯基提出的学术影响较大的方法，而司马贺则把心理学界的语义网络拿到人工智能应用中，也产生了颇为重要的影响。由于知识表示的方法多种多样而本书篇幅有限，笔者就不逐项介绍了，这里仅以语义网络为例，把它与谓词逻辑对比起来简要说明一下。

语义网络是罗斯·奎利恩（Ross Quillian）在1966年提出的一种心理学模型，最初是用来描述概念之间的联系的，形式大概和今天大家常用的思维导图差不多，后来司马贺把这个心理学模型推广应用到计算机领域中。语义网络是一种使用有向图来表示知识的方法，图由节点和连接弧组成，节点用于表示实体、概念和事实，连接弧用于表示节点之间的关系。用我们已经学习过的谓词逻辑来类比，如果谓词"ISA(x, y)"表示"x 属于 y 的一种"，那么"ISA（燕子，小鸟）"可以用图 3-2 来表示。

图 3-2　语义网络示例 1

如果要表达"燕子是一种小鸟，所有的小鸟都有翅膀"，那在谓词逻辑中需要两个独立的式子"ISA（燕子，小鸟）"和"HAS-PART（小鸟，翅膀）"来描述，在语义网络中则仍然可以在一张图中把这两个关系表示出来，如图 3-3 所示。

图 3-3　语义网络示例 2

假如我们再进一步增加待描述实体的数量，每个实体之间都可能存在关联关系，那么实体之间可能存在的关系总数会随实体数量的增加而呈指数级增长。谓词逻辑把不同的实体与规则当作独立的事实来处理，语义网络则将多个实体与规则视为一个整体来处理。在处理局部推理细节或者实体间有定量的动态关系时，谓词逻辑是很有效的工具，但在需要从全局层面考虑整体关系时，通过谓词来描述实体和关系就不是一个特别合适的选择，至少人类大脑肯定不是以这种方式来记忆和处理不同实体和实体间关系的。

语义网络的主要优势在于使用类似于人类记忆和联想的方式，把实体间的联系（结构、层次、因果等）清晰地表达出来。以语义网络为例，图 3-4[一]描述了语义网络理论与学习、认知、记忆、智能等抽象概念之间的关系，如果我们要理解语义网络能够解决什么问题，使用这张整体的关系图就是一个很好的选择，如果我们要学习语义网络是如何解决这些问题的，才应该去看语义网络理论本身的理论和细节。

[一]　图片来源：http://cmapsinternal.ihmc.us/。

图 3-4　语义网络理论与学习、认知、记忆、智能等之间的关系

万维网（World Wide Web，WWW）之父、图灵奖得主蒂姆·伯纳斯（Tim Berners）在定义万维网的愿景时曾说："虽然万维网是供人类阅读信息的巨大集合体，但万维网的终极目标是希望有朝一日计算机能够自动地分析、利用网络上的数据，形成有用的知识。"因此，定义 WWW 标准的万维网联盟（World Wide Web Consortium，W3C）早在 WWW 诞生不久就将语义网络列为 Web 的关键特性之一。21 世纪初，W3C 发布了被称为"链接数据"（Linked Data）的语义网络的标准格式，业界也相继出现了 DBpedia（专注于维基百科）、Freebase（专注于网上公共数据）等以链接数据为标准格式的开放数据集。2012 年，谷歌公司在 DBpedia 和 Freebase 等资源的基础上提出了"知识图谱"（Knowledge Graph）的概念，同时公开了一个包含 35 亿个"事实"，约 5 亿个人、地、物等实体及它们之间关系的巨型知识图谱。

以上源自语义网络的知识表示工作，最终令基于知识图谱的应用如搜索系统、推荐系统和情感分析等成为人工智能应用的一条主要分支。也正是因为有了这些工作，才奠定了 ChatGPT 等语言模型的训练语料基础，间接造就了后来大语言模型的兴盛。今天 ChatGPT 等模型已经能够在一定程度上利用互联网上原本供人类使用的知识来训练和改进自身，WWW 构建之初所许下的愿景总算见到了些许达成的曙光，但是让计算机完全理解网络世界中的人类信息依然是一项极其浩大的工程，截至 2024 年，网站数量已有数十亿个，但其中仅有数百万至千万级别的网站带有语义网络的标记信息[一]。所以，时至今日，语义网络依然被列为最新的 Web 3.0 标准的关键特征之一。

虽然笔者在本章中仅选择了语义网络作为例子进行讲解，但必须说清楚，这并不是在讨论谓词逻辑和语义网络谁更好、谁更先进，不同的知识表示方法并没有好坏优劣之分，各方面都存在不足的技术必然已经被历史淘汰掉了，现存的知识表示方法都有自己的适用场景。把谓词逻辑和语义网络对比来看，谓词逻辑系统具有特定的演绎结构，而语义网络不具有特定的演绎结构；谓词逻辑的推理是自底向上，从细节到整体进行推理，而语义网络推理是知识的高层次推理，是知识的整体表示。在语义网络中，由于结构关系，检索和推理的效

[一] 关于全球网站总数量和带有语义网络标记的网站数量，笔者并没有查到权威的统计资料，这是通过 ChatGPT 得到的大致统计范围。

率是非常高的，但它不适用于定量、动态的知识，也不便于表达过程性、控制性的知识。

脑科学的发展告诉我们，人脑是通过神经元的连接来存储知识的，但人脑是如何表示知识的，目前尚不知道。不过，将谓词逻辑、语义网络和其他各有特点的知识表示方法合在一起，总算是在应用层面初步解决了如何将知识描述清楚，并存储于计算机的问题，这是一项基础性的工作，后续发展起来的知识工程、知识系统都要建立在这个前提之上。

3.4.2 知识工程

20世纪70年代中期，距提出人工智能的达特茅斯会议已经过去了20年时间，如果把人工智能作为一个人来看待，那么此时他已经不再处于嗷嗷待哺的婴幼期了。社会上逐渐出现一些声音，敦促人工智能不要再局限于纯学术的探索研究，开始对人工智能提出一些商业上和工程可行性上的要求。如果读者对人工智能的历史有所了解，或者听说过人工智能"三起两落"的故事，那便会知道这个时间点正是人工智能历史上的首次低谷，是人工智能"第一个冰河期"[一]的开始。在不久的将来，政府和社会对人工智能发展的态度就会从乐观转为悲观，原来不计成本的投入也随之戛然而止。

与此同时，电子计算机经过30年的发展，在20世纪70年代开始出现同时具备大容量存储和超高运算速度的计算机，譬如Burroughs公司（今天的Unisys，宝来公司）在1975年发布的Burroughs ILLIAC 4计算机（见图3-5）的运算能力达到1946年初代ENIAC的50万倍[二]，并且可以使用硬盘来存储数据，容量达到了"惊人的"80MB以上。在高性能的硬件支持下，一些以前"理论可行"的想法，逐渐在工程实践上具备可行性了。

[一] 关于人工智能第一次冰河期的内容，将在下一章介绍同一时间连接主义学派的理论时介绍。

[二] ILLIAC 4的浮点运算能力是150 MFLOPS，ENIAC是300 FLOPS（因为ENIAC的浮点运算是靠整数运算模拟的，整数运算能力是100 KFLOPS，实际差距并没有50万倍那么大）。作为对比，2017年手机上主流的骁龙820处理器（含GPU）的运算能力大约是450 GFLOPS，是ILLIAC 4的3000多倍。

图 3-5　ILLIAC 4 计算机的硬盘[一]，单块容量为 10MB

在知识表示方法已经成熟、社会要求人工智能有商业成果产出和计算机运算能力有长足发展的内外因共同作用下，人工智能的研究变得越来越务实。1977 年美国斯坦福大学计算机科学教授爱德华·费根鲍姆（Edward Feigenbaum）在第五届国际人工智能会议上发表了一篇名为《人工智能的艺术：知识工程课题及实例研究》（"The Art of Artificial Intelligence: Themes and Case Studies of Knowledge Engineering"）的论文，首次提出"知识工程"（Knowledge Engineering）的概念：让计算机对那些原本需要专家知识才能解决的应用问题提供求解的手段。

由于结构和原理的天然差异，计算机擅长处理许多人类难以处理的问题，但是同时计算机也在很多人类毫不费力就能处理好的问题上停滞不前。人工智能的主流研究方向从一开始追求拟人化的通用智力，变为追求解决特定专业领域的知识问题，这是无奈之举，但也是务实的进步，令原本虚无缥缈的目标看到了可行性的曙光。知识工程的概念提出后，很快得到政府、科学界和社会的普遍认同，迅速演变为一门有明确的研究领域、跨越社会科学与自然科学的新兴工程技术学科。后来，费根鲍姆也因在知识工程方向的贡献而获得了 1994 年的图灵奖。

知识工程研究如何获取知识、如何验证知识的正确性、如何表示知识、如

[一]　图片来源：http://www.computerhistory.org/collections/catalog/102651997。

何根据知识推导结论、如何解析推理结果的含义这整个过程中面临的学术和工程问题，以及解决这些问题所涉及的支撑技术。提及知识工程，读者需要注意将它与另一个相近但早已存在的学科"知识管理"（Knowledge Management）区分开来。知识管理的内容中也涉及获取知识、组织知识与检索知识的问题，还涉及数据挖掘、文本聚类、数据库与文档管理等计算机技术。但是，知识管理的核心是无序知识有序化，使之成为人类可以利用的资源，而知识工程的核心是揭示知识本身的表示和关联关系，以及解决计算机如何利用知识的问题。一言以蔽之，知识管理的目标是建立供人使用的知识库，而知识工程的目标是建立供计算机使用的知识库。

知识工程本身就是一个很有实用价值的多学科交叉的领域，把知识工程的诞生放到当时人工智能所处的历史背景上看，就有了更特殊的意义。在社会要求人工智能研究产出成果时，知识工程作为人工智能的主要发展方向，成为将知识应用于特定领域和特定问题的工程实践方法，客观上避免了人工智能研究陷入全面、彻底衰退的境地。

3.4.3 知识系统

符号主义从推理期进入知识期，如果说理论上的成就是出现了知识工程这门新学科，那实践上的成就是终于出了一些被成功应用于商业的、基于知识的系统[⊖]（Knowledge Based System）。基于知识的系统从软件架构上一般可以划分为知识库和推理引擎两个部分，知识库用于在计算机系统里面反映出真实世界中的知识，推理引擎则负责使用知识库中的内容推理求解，得到用户提出的问题的答案。典型的基于知识的系统包括决策支持系统、推荐系统、专家系统等，这些系统目前仍然应用得非常广泛，其中又以专家系统的历史影响最为突出。

专家系统（Expert System）是一种依靠计算机模拟人类特定领域的专家，对特定问题做出解答或者决策的人工智能程序。它与人机对弈、模式识别、自

⊖ 并非所有基于知识的系统在商业上都是成功的，后文提到的专家系统的建设热潮出现后，一批系统仓促推出，导致失败的项目更多，但是无论如何，基于知识的系统都是人工智能大规模在商用领域取得成果的第一种应用类型。

动定理证明这些早期的人工智能应用不一样，早期的人工智能应用更偏向学术研究，而专家系统的直接商业价值是显而易见的。如果能用机器这种极为经济的手段完成专家的工作而不需要聘请有经验的专家，必然会极大地减少企业的劳务开支和人员培养成本，且由于软件的可复制性，专家系统能够广泛传播专家知识和经验，推广因专业人员数量限制而无法广泛传播的产品和技术。

专家系统在软件形式上可以大致理解为一种面向领域专家而非软件程序员的"软件开发工具"，这种系统的关键特征是以直观、易于理解和实践的方式，直接由领域的业务专家而不是软件技术人员来制定出系统能够理解的运行规则，从而构建出完整的软件系统。在许多企业级的大型项目建设过程中，就有大量的专业系统虽然未被冠以专家系统的名称，但也是以特定领域的业务专家主导配置系统来完成实施的，如著名的 SAP ERP 产品，这类产品也可视为广义上的专家系统。业界常见的用于专家系统开发的工具有 Gensym G2[1]这样图形化的配置平台，也有 Prolog 这样专门面向逻辑推理的程序语言[2]。

世界上第一个专家系统程序是费根鲍姆主导开发的"DENDRAL"。DENDRAL 系统被灌输了化学专家的专业知识和质谱仪相关的知识，能够根据给定的有机化合物的分子式和质谱图，从几千种可能的分子结构中挑选出正确的分子结构。影响力更大、更具有代表性的专家系统是斯坦福大学研发的帮助医生对住院的血液感染患者进行诊断和使用抗生素类药物进行治疗的专家系统"MYCIN"，如图 3-6 所示。该系统基于 LISP 语言开发，采用了可信度表示技术，不仅可以做确定性的判断，还可以进行不确定性的推理，并对推理结果的各种可能性进行解释。现在，MYCIN 系统成为知识工程的一个标杆式的实践样板，它基本解决了知识表示、知识获取、搜索策略、不确定性推理和结构设计等知识工程中的重要问题。MYCIN 对在它之后的专家系统的设计产生了深远的导向性影响，以 MYCIN 专家系统作为基础平台，人们开发出了更多其他专业领域的专家系统，如 EMYCIN 等。

1983 年，世界上第一款面向商用的专家系统 EXSYS[3]被研发出来，这个系

---

[1] Gensym G2 主页：http://www.gensym.com。
[2] 主流的用于专家系统开发的工具还有 CLIPS、Jess、MQL 4 等。
[3] EXSYS 公司主页：http://www.exsys.com。

统一直运作至今，其他各个领域的著名专家系统如表 3-1 所示。

图 3-6　MYCIN 专家系统

表 3-1　业界著名的专家系统[一]

分类	主要功能	系统
推断	根据传感器数据推断问题	Hearsay、PROSPECTOR
预测	设置特定初始条件模拟发生结果	Preterm Birth Risk Assessment
诊断	根据观察信息做出诊断结论	MYCIN、CADUCEUS、PUFF、Mistral、Eydenet、Kaleidos
设计	在特定约束下进行系统功能配置	Dendral、Mortgage Loan Advisor、R1、SID
计划	自动设计行动安排	Mission Planning for Autonomous Underwater Vehicle
监视	将观察值与目标值进行差异分析	REACTOR
调试	为复杂问题提供增量解决方案	SAINT、MATHLAB、MACSYMA
维修	根据特定规则形成可实施的补救措施	Toxic Spill Crisis Management
教学	诊断、评估和矫正学生的行为	SMH、PAL、Intelligent Clinical Training、STEAMER
控制	分析、预测、矫正和监控系统行为	Real Time Process Control, Space Shuttle Mission Control

[一]　此表内容来源于维基百科：https://en.wikipedia.org/wiki/Expert_system。

到了 20 世纪 80 年代初期，社会舆论中甚至还出现了对各个领域的专家系统都建设完善后，将会引起许多行业被计算机代替，导致人员大规模失业的担忧，情况与 20 世纪 50 年代控制论盛行，社会上担忧机器人代替人类工作，还有今天机器学习盛行，大量媒体、文章鼓吹人工智能最终代替人类思考的情景相似。现在看来，当年人们担忧的场景并没有成为现实，专家系统确实在特定领域取得了不小的成功，计算机代替领域专家完成了一部分工作，部分缓解了组织里专家稀缺的问题，但专家系统遇到的最大困难也恰恰体现在领域业务专家的稀缺和不可代替的价值上。建设任何软件系统都离不开相应的业务专家，但是在建设专家系统这个问题上尤其突出，所有存储于系统知识库的知识都要依赖专家去输入、配置、维护和更新，这极大地限制了专家系统建设的效率，甚至动摇了其建设的可行性。当专家系统中知识的积累速度落后于领域知识的更新速度时，这个系统的价值就会逐渐降低，系统也将渐渐趋于死亡、淘汰。20 世纪 80 年代中后期，日本在经济最为发达的时候，曾经尝试过倾全国之力去建设被其称为"第五代机"的专家系统，但最终因设定的目标过高而以失败告终，这是人工智能发展史上的一大挫折。

3.5　从演绎到归纳

在知识系统的研发和建设过程中，人们就已经认识到了获取知识将会是这种系统的最大瓶颈，依赖人类专家给机器灌输知识，在某个专业领域还有些许可行性，但对于多数领域而言，靠人类专家是无论如何都不可能跟上知识膨胀的速度的。因此，随着知识系统研究的深入，人工智能学界重点关注的问题，又回到了"如何让机器有自我学习改进的能力"上，这个时期便是符号主义的"学习期"。

为什么是"又回到"呢？学习能力、记忆能力、思考能力既是人类智能的内在基础，也是人类智能行为的外在表现，这三项能力对应到计算机上，以符号主义学派的观点来看就是计算机"通过学习获取知识改进系统自身""通过形式化手段描述并存储知识""通过逻辑推理基于已有知识产生出新的知识"。还记得最初图灵那篇论文《计算机器和智能》中提出的"学习机器"吗？人工智能的探索就是从"如何让机器拥有自我学习改进的能力",即从关注学习能力开始的,后来才转变到关注思考能力的"推理期"和关注记忆能力的"知识期",所以这里才说是"又回到了"关注学习能力的阶段。

20世纪50年代开展的最原始的机器学习研究,是从今天被大家称为"机械式机器学习"的学习方法开始的,这个学习方法在许多文档中采用了一个更通俗的名字——"死记硬背的机器学习"。说白了就是将样本都输入计算机,处理问题时直接匹配特征,如果计算机中有能匹配上的就有答案,如果匹配不上就没有答案。这个最原始的"机器学习方法"今天并没有被淘汰,反而变得更为常用,出现在几乎所有的信息系统中,只不过改了个名字叫"数据库查询"罢了,大家也不再认可这种死记硬背的做法是属于学习的范畴。塞缪尔的那个能自我学习提升棋力的跳棋程序,靠的就是"死记硬背"了17万个不同棋局的应对方法,最终打败了美国跳棋的州冠军,算是机械式机器学习"大力出奇迹"的典范。

20世纪70年代后期,在机器学习重新成为符号主义学派主流研究方向的时候,其学习过程就不能再是简单的"死记硬背"了,这个时期的机器学习追求的目标是从大量样本数据中自动总结、提炼出隐藏在数据背后的知识,得到这些知识的形式化描述。换句话说,此时机器学习的目的是寻找隐藏在样本数据背后的规律(Rule)。因此,这个阶段的机器学习被称为"基于符号的机器学习"或者"基于规则的机器学习"。

基于符号的机器学习是从样本中总结得出知识,而前文提到在推理期科学家希望从少量最基础、最本质的知识推导出其他知识,这两个思路正好对应了人类认知世界的两种手段:演绎和归纳[一]。在逻辑学中更重视演绎[二],但在现实生活中,归纳却是人类认知世界更常用的工具。笔者相信一个正常人知道苹果会从果树上掉下来,绝对不是根据万有引力定律演绎推理得出的结论,而是

[一] 演绎是指从一般性的原理、原则中推演出个别性的知识,其思维过程是由一般到个别;归纳则是由个别或特殊的知识概括出一般性的结论,其思维过程是由个别到一般。

[二] 狭义的逻辑是企图用一套一般性的原则来把保真的推理与不保真的推理区分开,所以狭义的逻辑只研究演绎推理,不研究归纳和类比,因为这两种推理方式不保真。广义的逻辑则承认任何被人类广泛使用的推理方式都必定有其合理性,需要追究这种合理性的来源和基础,因此广义的逻辑研究一切可能的推理方式,不限于演绎、归纳、类比等手段。

见过许许多多物品下落过程之后归纳出来的认知。以此类比,机器要获取智能,当仅依靠演绎推理搞不出成果时,那改试一下归纳推理就是自然而然的选择。

基于符号的机器学习算法中最成功、应用最为广泛的非"决策树学习"莫属。决策树是一种树结构,树的每个非叶节点表示一个特征属性上的测试活动,每个分支代表这个特征属性在某个值域上的输出,而每个叶节点存放着一个分类类别。使用决策树进行决策的过程就是从根节点开始,测试待分类项中相应的特征属性,并按照其值选择输出分支,直到到达叶节点,将叶节点所代表的分类类别作为决策结果。这个过程其实不复杂,但听起来还是有些拗口,我们通过一个生活中的例子⊖来说明一下决策树是如何工作的。假设一个场景是"有一位女孩的母亲要给这个女孩介绍男朋友",她们的对话是这样的:

> 女儿:多大年纪了?
> 母亲:26。
> 女儿:长得帅不帅?
> 母亲:挺帅的。
> 女儿:收入高不?
> 母亲:不算很高,中等情况。
> 女儿:是公务员不?
> 母亲:是,在税务局上班呢。
> 女儿:那好,我去见见。

这个女孩决定是否要去相亲的决策过程,就是典型的决策树算法。她做出决策的心理历程相当于根据年龄、长相、收入和是不是公务员将男人分为两个类别:"见"和"不见"。假设这个女孩认为可以见面的筛选规则是30岁以下、长相中等以上并且是高收入或者中等以上收入的公务员,那么可以用图3-7表示女孩的决策逻辑。

⊖ 本例来源于网上文章,没有任何根据,也不代表任何女孩的择偶倾向。

图 3-7　女孩相亲的决策树

生活中类似的决策过程有很多，常见的如去医院看病，医生也是根据不同的检查数据，将病人的症状与疾病对应起来形成诊断结果，哪些症状可能由哪些疾病引发，是靠以前的病例总结归纳而来的。决策树学习算法的核心是从训练集中自动归纳出一组分类规则，使得这组规则不仅能适应已知的训练样本，对于与样本同分布的未知新数据也有一致的泛化性能。说白了，就是让计算机通过若干训练数据，自动构建出一棵分类规则最合理的决策树。

对于如何从训练数据自动归纳出规则，即构建决策树的过程，目前已总结出一些成熟可行的算法，如 ID3 算法、C4.5/C5.0 算法、CART 算法、CHAID 算法等，这些算法层面的内容对于本章来说过于具体了，等后面介绍机器学习时再讲，读者也可以很容易地在网上和教科书上找到这些经典算法的讲解，这里仅介绍一下这些算法构建决策树的共同思路。

无论是 ID3、C4.5，还是其他决策树的构建算法，都有一个总的原则，即在每一步选择一个最好的属性来分裂树。此处"最好"的定义是：针对这个属性分裂出分支后，会使得各个分支节点中的训练集拥有尽可能高的纯度。

不同的算法可以使用不同的指标来定义"纯度"的高低，如"信息熵"（Information Entropy）、"基尼不纯度"[1]（Gini Impurity）、"错误率"（Error Rate）等都是可根据情况选择的指标。以信息熵为例，信息熵是香农在信息论中创造出来用于描述传输数据不确定程度的概念，数据的不确定性越大，信息熵也越大（这里数学公式和证明就不列了，读者可自行查阅相关内容）。香农在《信息论》中证明了只有不确定的数据才能携带信息，如果数据都是确定的，信息熵即为零，那这些数据也就无法携带任何信息了。对于构建决策树的场景而言，可以选择的分裂准则就是让按选定的属性分裂树之后划分到每个分支数据的信息熵最低，即纯度最高，决策树学习方法中把这个分裂过程称为"信息增益"。举个现实的例子，假设训练样本中有 10 个球，黑色、白色各 5 个，此时熵是 1，这是最高的熵，表示任意取一个球的颜色的不确定性是最大的，而当使用颜色作为分裂树的属性后，得到的两个分支分别有 5 个黑球和 5 个白球，那两个分支各自的熵都是零，因为这时任意取一个球的颜色都是确定的。

对于数据集的样本数量小、样本的属性少的情况，构建决策树是很容易的，连人类手工都可以轻易完成，但是在面对大量样本和属性的时候，要构建一棵最优的决策树则是非常困难的，因为每一个节点选择的分类属性都对以后所有分支中的数据集有全局性的影响，通过样本训练出最优的决策树已经被证明是一个"NP 完全问题"[2]。由于此限制，实际应用决策树学习时，其训练过程通常采用启发式搜索算法来达到局部最优而不追求得到全局最优解。

对比现在最热门的基于神经网络的机器学习，以决策树学习为代表的基于符号的机器学习有一个很好的性质：它生成的模型是一个白盒模型，输出结果的含义很容易通过模型的结构来解释，而神经网络输出的是一个黑盒模型，最终结果往往是模型确实可以解决问题，甚至工作得非常好，但是人类无法根据模型去解释为什么会如此。可解释性是符号主义思想先天决定的，这也是基于规则的学习算法相比现在流行的基于神经网络的学习算法的一个巨大优势。

---

[1] 基尼不纯度是指从数据集中随机抽两个样本，两者不一致的概率。基尼不纯度越小，数据集纯度越高。

[2] 证明的相关论文地址：http://ieeexplore.ieee.org/document/1522531/。

3.6 符号主义的现状和未来

20 世纪 80 年代，人工智能研究的方向在经历了"关注机器如何实现自动推理""关注知识"，最后转变成"关注机器如何实现学习和自我改进"之后，仍然没有见到通向终极智能的曙光。学术界对符号主义的热情开始逐渐变冷，随着符号主义进入最后一个阶段——"学习期"，它也逐渐丧失了在人工智能这门学科中的主导地位。究其衰落原因，笔者认为并不是符号主义的理论、方法被证伪，也不是出现了其他理论、方法比符号主义更为先进合理。

符号主义面临的主要困难有两点。一是"智能"实在是太过于复杂、抽象，人类的大脑能够解决的问题可以说无所不包，虽然其中的某些问题可以被形式化，特定问题可以找到支撑的科学原理，但是更多问题往往无法被形式化，也不清楚背后的运作机制，以至于利用在其他科学里一直行之有效的"根据具体现象，总结一般规律""根据客观规律，推理未知现象"的研究方法研究智能，都显得有点无从下手。正是因为对智能的研究无法做到透过现象见本质，所以才有了后面基于统计和概率的、基于连接的、基于群体智能的新型研究方法的兴起，科学家选择其他这些方法，多少有些符号没有办法直达智能的本质，不得不退而求其次的无奈。

二是符号主义中的主要理论实现起来始终受到"NP 完全问题"的困扰，即使很多理论上可行、至少值得去试一试的研究方法，也都因为最后被证明是"NP 完全问题"，无法逃脱指数级别时间的增长而无法不打折扣地应用于智能的探索实践。"NP 完全问题"虽然说到底算是算力大小的问题，但它是无法靠摩尔定律去突破的，若要以发展运算能力去应对的话，势必要等计算机体系结构发生重大变革，抛弃图灵机和冯·诺依曼架构，譬如生物计算机、量子计算机成熟之后才可能看到希望。

1986 年，美国哲学家约翰·海格兰（John Haugeland，1945—2010）出版了一本名为《人工智能：非常想法》（*Artificial Intelligence: The Very Idea*）的书，书中将"用原始人工智能的逻辑方法解决小领域范围的问题"定义为"GOFAI"，即"有效的老式人工智能"（Good Old-Fashioned Artificial Intelligence）的英文缩写，这个定义很快就被学界广泛采纳，成为新旧人工智能的分界线。所以读者如果看到一些人工智能书籍中出现了"新的""先进的""现代的"这种形容词，并不一定是广告词，有可能是表明这本书会重点涉及 GOFAI 之后才成为主流的人工智能方法。典型的如彼得·诺维格（Peter Norvig）的《人工智能：一种现代方法》（*Artificial Intelligence: A Modern Approach*）、尼尔斯·佩雷利（Nils Nilsson）的《人工智能：一个新的综述》（*Artificial Intelligence: A New Synthesis*）等书。

符号主义从 20 世纪 80 年代末开始沉沦，一直持续到今时今日还处于低谷中，它到底是从此一蹶不振，还是另有再兴之日？对符号主义学派未来的预测，笔者不去下结论，但在这里可以引用一段中国科学院陆汝钤院士的看法[一]供读者参考：

> 对于符号主义学习的未来，有三种可能的回答：一是符号主义学习应该退出历史舞台了，二是今天主流的单纯的统计学习已经走到了尽头，再想往前走就要把统计学习和符号主义学习结合起来。三是事物发展总会有"三十年河东，三十年河西"的现象，符号主义学习还有"翻身"的日子。
>
> 第一种观点我没有听人明说过，但是恐怕有可能已经被许多人默认了。第二种观点我曾听王珏教授多次说过。他并不认为统计学习会衰退，而只是认为机器学习已经到了一个转折点，从今往后，统计学习应该和知识的利用相结合，这是一种"螺旋式上升"进入更高级的形式，否则，统计学习可能会停留于现状止步不前。至于第三种观点，恰好我收到老朋友——美国人工智能资深学者、俄亥俄大学 Chandrasekaran 教授的来信，他正好谈起符号智能被统计智能"打压"的现象，并且正好表达了河东河西的观点。
>
> 信件全文如下："最近几年，人工智能在很大程度上集中于统计学和大数据。我同意由于计算能力的大幅提高，这些技术曾经取得过某些令人印象深刻的成果。但是我们完全有理由相信，虽然这些技术还会继续改进、提高，但总有一天这个领域（指人工智能）会对它们

一 引自陆汝钤院士为周志华教授《机器学习》一书所写的序言，文字略有调整。

> 说再见，并转向更加基本的认知科学研究。尽管钟摆摆回还需要一段时间，但是我相信一定有必要把统计技术和对认知结构的深刻理解结合起来。"

3.7 本章小结

仅用一章来讲述人工智能发展中统治时间最长的一个学派的理论是肯定无法做到面面俱到的，由于篇幅所限，笔者只能尽量在本章把符号主义的主旨思想说清楚，很多涉及算法和技术细节的地方都没有深入甚至没有提及，笔者撰写本书的目的也并不在此。如果读者对符号主义的理论感兴趣（说实话，现在人工智能是基于统计和连接方法的天下，笔者认为对符号感兴趣的人并不会太多），可以寻找一些2006年深度学习提出之前的高校人工智能教材来阅读，这些书中对符号主义相关方法的讲解仍然占主要篇幅。

符号主义现在还不能简单地以"是否过时""是否正确"来判断，这个学派的理论还处于一个等待未来给历史定论的状态，但是无论它最终的结果是东山再起还是就此沉寂，都是之前人工智能学者艰辛探索过的道路。明斯基在2006年的AI@50大会总结报告中提到了他对当前人工智能研究的一些看法：

> "当下太多人工智能研究只是想做那些最流行的东西，也只发表那些成功的结果。我认为人工智能之所以能成为科学，是因为之前的学者不仅发表那些成功的结果，也发表那些失败了的结果。"

这一段评价所指的虽然不一定是符号主义，但是放在本章结尾，用来诠释符号主义的意义却显得极为合适。

· Chapter ·
第 4 章

连接主义学派

For the first time in the history of science we know how we know and hence are able to state it clearly.

我们知道了我们是怎么知道的，这是科学史上的第一次。

——沃伦·麦卡洛克（Warren McCulloch），《走出形而上学的领域》，1948 年

4.1 概述

自从图灵发表《计算机器和智能》一文，启发科学界开始严肃思考"机器是否可以拥有智能"这个问题以来，关于如何模拟实现出智能的探索就一直存在两种不同的观点：一派人的思想直接继承自图灵，他们主张从功能角度出发，让机器去模拟人类心智表现，而不去追求与人类一样的思维过程；另一派人主要来自研究人类大脑神经网络结构的学者，他们主张从生物结构角度出发，让机器先去模拟人脑构造，再从中获得智能。前文中，笔者曾分别用"机器拟人心"和"机器拟人脑"来形容这两种观点，经过上一章对符号主义学派理论的阐述，相信读者对"机器拟人心"的基本观点已有了概念，在本章，我们的主角自然就是持另外一个观点——"机器拟人脑"的研究者，在人工智能的历史上，他们被称为"连接主义学派"。

对于连接主义学派观点的阐述，笔者准备以该学派中两位关键人物的生平故事为线索来进行。科学总被大众渲染得带有一种严肃、纯粹甚至神圣的光环，它和电影小说怎么看都格格不入，但有些时候，科学里的有些人、有些事却不得不令人感慨人生如戏，这两位人物的故事，不仅是连接主义萌芽发展的缩影，还揭示了学术江湖中斗争的残酷。

4.2 引言：命运

以概率分布的角度来看，大多数科学天才都出生在相对优渥的家庭，这大约是因为除了科学、文化修养的家庭传承之外，要"成才"还有一个很重要的因素就是财富。经济上无后顾之忧，能两耳不闻窗外事一心做学问是很多天才科学家能展示出他们天才一面的先决条件。但凡事皆有例外，比如这个故事的主角——沃尔特·皮茨（Walter Pitts，1923—1969）就是一位不同寻常的异类天才。

皮茨出生在美国底特律的一个极度贫困的家庭。他的父亲是一位锅炉工，没有什么文化，对儿子的教育方式基本上只有拳头，与皮茨同住在贫民区的其他孩子的教育情况也差不多，在绝大多数人的眼里，皮茨都可以说是生活在一个没什么希望出头的环境中。但是皮茨自己从没有因为恶劣环境就放弃求知的想法，靠着自己的聪明才智和城市图书馆里的藏书，他在十岁便自学完成了希腊文、拉丁文、数学、逻辑学等基础学科。

1935 年，12 岁的皮茨在图书馆中发现了罗素的巨著《数学原理》，他阅读时并不知道这部著作是当时科学界各个领域关注的焦点，是科学界"最时尚"的热点话题，但很快就被书中的内容深深吸引住了。经过三天三夜废寝忘食的阅读，他从头到尾看完了这三卷大部头的逻辑书[一]，甚至还发现了书中的几处错

[一] 皮茨这段童年的经历（还有后面关于皮茨的部分经历）记载于科技作家阿曼达·乔夫（Amanda Gefter）撰写的"The Man Who Tried to Redeem the World with Logic"一文。需要说明的是，《数学原理》出了名地又长（2000 页）又晦涩难懂，这本数学界的"世界名著"的阅读难度从它至今都未能被翻译成中文版就可见一斑。因此笔者认为这段记述肯定有夸张的成分，如果说一个 22 岁的大学生花三个月把三卷《数学原理》读到可以给罗素提供勘误的程度，那尚可算天才励志的故事，但一个 12 岁的初中生花三天时间读完，笔者就只能理解为小说作家的夸张的修饰写法了。

误。皮茨将书中这些错误的细节和他的阅读心得写了一封信寄给作者罗素，罗素收到信后，对这位12岁的小读者印象非常深刻，不仅给皮茨回了信，还邀请他去英国剑桥大学当自己的研究生，不过当时皮茨考虑到自己的年龄和家庭的经济条件，并没有接受罗素的邀请。

三年之后，15岁的皮茨初中毕业，他的父亲便不再允许皮茨继续读高中了，执意要求他放弃学业去打工赚钱。皮茨为此与家里人大吵一场之后决定离家出走，从此他就再也没有见过他的家人。可是一个15岁的孩子，离家出走后应该去哪里呢？皮茨想到了三年前罗素发出的邀请，还打听到罗素准备从英国来芝加哥大学当访问教授，于是决定只身前往芝加哥大学所在的伊利诺伊州碰碰运气，没想到还真顺利见到了罗素。罗素与这个年仅15岁的孩子见面交流后，受到的震撼胜于三年前的书信来往，于是马上就把皮茨推荐给他的好友——同在芝加哥大学任教的哲学教授鲁道夫·卡尔纳普（Rudolf Carnap，1891—1970），卡尔纳普想看看这个孩子到底有多聪明，让皮茨阅读自己的《语言的逻辑句法》一书作为考验。结果还不到一个月时间，皮茨就看完了这本书，并且把写满笔记的原书还给卡尔纳普，卡尔纳普看过读书笔记后，同样对皮茨惊为天人，遂替只有初中文凭的皮茨在芝加哥大学安排了一份打扫卫生的工作，工作的确不高大上，但是起码让皮茨获得了一个安身之所，也让他得以边在学校工作边在课堂中跟随罗素等大师学习。

就这样，时间又过去了两年。1940年的一天，17岁的皮茨通过医学院的朋友杰罗姆·莱特文（Jerome Lettvin）介绍，在伊利诺伊大学芝加哥分校校园里认识了一位神经生理学系的教授——42岁的沃伦·麦卡洛克（Warren McCulloch，1898—1969）。麦卡洛克是一位很符合"传统"的科学家，出生于富裕的书香家庭，家人全都是律师、医生、神学家或者工程师，他本人在耶鲁大学、哥伦比亚大学这些名牌大学中修读过哲学、心理学等课程。两人见面时，麦卡洛克完全是一副和蔼长辈的形象，皮茨就是个很腼腆的小伙子，不过过高的发际线表明岁月早早地侵蚀了他，他戴着眼镜，颧骨下凹，脸看起来像鸭子。图4-1是皮茨和麦卡洛克的照片。

此时，麦卡洛克已经是一个受人尊敬的科学家，皮茨却只是一个无家可归的孩子。原本这两人认识的可能性是极小的，但命运安排他们相见，即使来自社会经济阶层的两极，他们也注定了一起生活、一起工作，并且一起死亡。不久之后，他们将共同创造出人类历史上第一个可工作的关于精神机械论的理论——这个理论是神经科学的第一种机械计算方法，是人工智能以及现代计算机逻辑设计的支柱。皮茨的故事，便从他与麦卡洛克见面说起吧。

图 4-1　皮茨和麦卡洛克[一]

4.3　大脑模型

麦卡洛克和皮茨见面，本不该有什么共同的话题，两人的年龄、身份和知识构成都差异巨大，麦卡洛克不懂数学，而皮茨又不了解神经生理学，但是这两人居然有一位共同的偶像：戈特弗里德·莱布尼茨（Gottfried Leibniz，1646—1716），即上一章介绍逻辑学时提到的那位生于 17 世纪，尝试设计一种能够表达人类思考过程的通用语言，并尝试构造执行该语言的推理演算工具的数学家和哲学家。莱布尼茨和人工智能三个学派都能扯上联系，下一章我们还会提到他。

对于皮茨这样一个喜爱数学和逻辑的学生来说，无论是因莱布尼茨提出的"机械大脑"的设想，还是因他与牛顿分别创立微积分的数学贡献，成为皮茨的偶像都是合情合理的。而麦卡洛克将莱布尼茨当成偶像，就纯粹是因为

[一] 图片来源：http://nautil.us/issue/21/information/the-man-who-tried-to-redeem-the-world-with-logic。

机械大脑这个极大胆的设想才符合这位神经心理学教授心中对人类思维的认知（与其他神经学家不一致）。当时距离西格蒙德·弗洛伊德（Sigmund Freud，1856—1939）出版著名的《自我与本我》刚十余年时间，正是此书影响力最旺盛的时候，很多学者都用精神分析学来解释人类的思维活动、知识和记忆，但麦卡洛克深信人类大脑就是一个天然能执行某种思维语言的系统，他认为一定存在某种工作机制，将人类大脑中的大量神经元机械性放电的过程组织起来，由此形成思维、知识和记忆。

麦卡洛克向皮茨解释他正在试图应用莱布尼茨机械大脑的设想来建立一个大脑思维模型。20世纪初的神经科学已经初步了解了大脑神经元细胞的存在[一]，科学家还知道了只有当神经元细胞的"树突"（Dendrites）受到的外部刺激达到一个阈值之后，才会沿着"轴突"（Axon）方向向其他神经元放电，发射出脉冲信号，刺激"突触"（Synapse）和与其相连接的其他神经元细胞的树突交换神经递质来完成信息传递，如图 4-2 所示。换言之，神经元细胞发送电脉冲的前提是，必须要有足量的邻近神经元细胞通过神经突触向其传递信号。神经元细胞这种要么发射信号，要么不发射信号的构造是离散的、二元性的，麦卡洛克认为神经元的工作方式和最基础的"与""或""非"这些逻辑门非常相似。假如把一个神经元信号看作一个命题，那人类大脑的神经元网络似乎就像一个个连接这些命题的逻辑门一般运行，每个神经元所代表的逻辑门可以接收多种信号的输入，并产生一个单独的输出信号。通过变更神经元的放电阈值，神经元可以实现"与""或""非"操作。

在希尔伯特计划被哥德尔粉碎之前，科学界是普遍倾向于认可罗素的"逻辑可解释一切科学"的论调的，罗素在《数学原理》中仅使用了与、或、非三种基本逻辑运算，将一个个简单命题连接成越来越复杂的关系网络，进而描述清楚了整个数学体系。麦卡洛克思想的核心问题是：这种构建数学体系的逻辑推理与人类大脑思维有共通之处吗？人类的思维和智慧，也是靠神经元执行这些最基础的逻辑运算，通过神经元之间复杂的连接、堆叠产生的吗？

[一] 1904 年，西班牙病理学家拉蒙·卡哈尔（Ramon Cajal，1852—1934）提出了人类大脑包含大量彼此独立而又互相联系的神经细胞的神经元学说。

图 4-2　脑神经元细胞脉冲信号示意

当麦卡洛克向皮茨解释完他的想法之后，热衷于逻辑学的皮茨立即心领神会，并被这个想法深深地吸引住了。皮茨不仅明白这个大脑思维模型所具有的重大意义，还知道应该运用哪些数学工具和技巧去构建这个思维模型，这点正是之前一直困扰没有高深数学基础的麦卡洛克的重大难题。对皮茨一见如故的麦卡洛克邀请这位青年从芝加哥大学的公寓搬到他在芝加哥郊区欣斯代尔（Hinsdale）的家里，与他和家人一同生活。

麦卡洛克的家庭是一个热闹的、思想自由的波希米亚家庭，芝加哥的知识分子和文学精英经常聚在这里，一起讨论音乐、文学、诗歌和心理学，而当西班牙内战盟歌从留声机中响起时，他们也会探讨一些激进的政治问题。但是每到深夜，当妻子鲁克和三个孩子上床进入甜美的梦乡后，麦卡洛克和皮茨便会各斟一杯威士忌，埋头投入他们的宏伟事业：尝试用神经元网络建立一个以逻辑运算为基础的机械性的大脑思维模型。

在皮茨到来之前，麦卡洛克对神经元网络的研究有一个长期无法突破的逻辑学上的困境：在人类大脑的神经网络结构中，神经元链条连成环状是不可避免的，但如果是这样的话，环中最后一个神经元的输出又会成为第一个神经元的输入，这是一个自己咬自己尾巴的神经元网络。从生物结构的角度看并没有什么问题，与人脑的实际情况符合。但从逻辑结构的角度看，网络中的一个环感觉就像是一个悖论：后发生的结论反而成了先发生的前提，构成一个倒果为因的矛盾。麦卡洛克尝试把神经元链条的每个环节都贴上时间标签，通过文字将这个矛盾表述出来：如果第一个神经元在 T 时间被激发，下一个神经元就会在 $T+1$ 时间被激发，依次传递。但是如果网络中有环状结构，那么 $T+N$ 时间激发的信号会不可避免地传递到 T 时间的前面。

皮茨加入之后，很快便解决了这个问题，他向麦卡洛克展示了 $T+N$ 时间跳到 T 时间之前并不是悖论，因为在他的模型里面不需要时间，时间上的"前"和"后"是没有意义的。他向麦卡洛克解释道：一个人要能产生"看见"的感觉，脑海中就必须要有回溯的过程。譬如看见天空中的闪电，虽然影像是一次性的，但在大脑中形成的脉冲信号肯定不是一次性的，因为你不会见过之后便立即遗忘，而是可以轻易地回溯出闪电发生的整个过程。这样，包含闪电的信息就应该在神经网络中的环状结构里一直流动，永不停歇。这个信息跟闪电发生的时间毫无关联，是一个"挤掉了时间的印象"，或者简单地说，这就是"记忆"[一]。

在皮茨的帮助下，他们两人共同构造出了一种能够完全通过神经元连接的网络来进行逻辑运算的模型，这个模型展示了人类大脑能够实现任何可能的逻辑运算，从而得出结论：人脑是图灵完备的，即能完成任何图灵机可以完成的计算。基于这种由神经元所构成的网络，他们提出了一种大脑将信息抽象化，并基于逻辑来处理信息的设想。这种设想尝试解释了人类大脑是如何创造出回荡在脑海里的丰富而精巧的具有层级化的信息的，这个创造过程被他们称作"思考"。

麦卡洛克和皮茨将他们的发现记录了下来，形成了一篇研讨性质的论文。文章名字叫作《神经活动中内在思想的逻辑演算》（"A Logical Calculus of Ideas Immanent in Nervous Activity"）[二]，发表在《数学生物物理学通报》（*Bulletin*

[一] 21 世纪脑科学发展后，现代医学倾向于认为人类记忆并不单纯是电信号，而是通过刺激后改变了大脑皮层内侧颞叶海马体区的神经元结构来形成的。但现代冯·诺依曼体系计算机中的内存记忆体（包括 RAM、CPU 的寄存器和 Cache 等）则完全是受皮茨的启发，通过循环刷新电信号来形成记忆的。

[二] 论文下载地址：http://www.cs.cmu.edu/~epxing/Class/10715/reading/McCulloch.and.Pitts.pdf。

of Mathematical Biophysics）上。图 4-3 展示了《神经活动中内在思想的逻辑演算》中关于不同神经元连接方式构成与、或、非逻辑门的记述。

图 4-3 《神经活动中内在思想的逻辑演算》中关于不同神经元连接方式构成
　　　　与、或、非逻辑门的记述

麦卡洛克和皮茨提出的这个大脑思维模型是对生物学概念上大脑的极大的乃至过度的简化，却成功地启示人们生物大脑"有可能"是通过物理的、全机械化的逻辑运算来完成信息处理的。他们在文中提出了自己对大脑思考过程的看法，主张"思想"和"智慧"不需要笼罩一层弗洛伊德式的神秘主义、在自我与本我之间挣扎，大脑的思考是可以通过逻辑推理来机械性地解释的。麦卡洛克后来曾在一篇讨论"形而上学主义"的哲学文章《走出形而上学的领域》（"Through the Den of the Metaphysician"）[一]中骄傲地宣告："我

[一] 论文下载地址：http://www.vordenker.de/ggphilosophy/mcculloch_through-the-den.pdf。

们知道了我们是怎么知道的,这是科学史上的第一次。"此时,两人都相信他们找到了人类智慧的奥秘,至少是找到了一条通向终极智能的正确的康庄大道。

麦卡洛克和皮茨的《神经活动中内在思想的逻辑演算》一文被认为是连接主义研究的开端,提出了机械式的思维模型,其重要贡献还在于首次提出了"神经网络"(Neural Network)这个概念。神经网络以神经元为最小的信息处理单元,把神经元的工作过程简化为一个非常直接、基础的运算模型,这个模型极为简单,但是对未来的人工智能研究影响深远,后来科学界取了麦卡洛克和皮茨名字的第一个字母,将这个模型称为"M-P 神经元模型"。

在这个模型中,一个神经元会接收多个来自其他神经元的输入信号,不同输入信号的重要性各有差别,这种差别就通过连接上的"权重"(Weight)大小来表示,神经元要将接收到的输入值按照加权值进行求和,并将求和结果与该神经元自身的"阈值"(Threshold)进行比较,根据输入值与阈值比较的结果决定是否要对外输出信号。把多个这样的 M-P 神经元按照一定形式排列好,把它们的输入、输出端连接起来,就构成了一个完整的神经网络。单个 M-P 神经元模型表示如图 4-4 所示。

图 4-4 单个 M-P 神经元模型

麦卡洛克和皮茨提出的大脑思维模型和 M-P 神经元模型,为处于一片混沌的连接主义研究及机器模拟人类大脑结构的研究带来了一道曙光。他们的工作几乎没有在大脑科学家群体里激起任何浪花,一部分原因是他们所使用的符号逻辑很难向生物学家、神经学家和心理学家解释清楚，另一部分原因是其朴素甚至过分简化的模型并没有反映出生物学大脑的整体复杂程度。但是，能否得到生物学家的认可对他们而言，尤其是皮茨来说根本是无关紧要的。皮茨从他与麦卡洛克的合作过程中得到了所有他渴求的东西——认同、友谊、志同道合的伙伴，甚至隐隐约约中还抓到了一丝他从未体验过的父爱。皮茨一生中只在欣斯代尔待了不到三年时间，可是这个离家出走的小男孩从此以后都将麦卡洛克的家视作自己的家。麦克洛克对皮茨的感情也是类似的，在皮茨身上他投入了亲人般的感情，他在一封书信里提到他对皮茨的看法："多么希望他（皮茨）能永远伴随我啊。"

4.4 崛起的明星

如同命运注定皮茨和麦卡洛克相见那样，命运同样注定了他们不能长期相处在一起。1943年，当初介绍皮茨与麦卡洛克认识的莱特文仿佛命运使者一般，给了皮茨另外一个选择自己人生道路的机会。

由于皮茨本身的智慧，还有麦卡洛克、罗素等人的帮助，他在科学界已积累了一点声望和成绩，可是芝加哥大学有硬性的规定，连高中文凭都不具备的皮茨是无论如何也不可能获得芝加哥大学的任何学位的，但其他大学则不一定有这个限制，所以莱特文把皮茨带到了麻省理工学院，拜访了20世纪的巅峰智慧人物之一、数学家、哲学家及控制论创始人诺伯特·维纳（Norbert Wienner，1894—1964）教授。维纳曾在20世纪30年代到清华大学工作，图4-5是当时拍摄的照片。

根据莱特文的回忆，皮茨和维纳初次见面时，维纳并没有自我介绍，也没有给皮茨自我介绍的机会，甚至一句话都没有与皮茨说。他绕开皮茨走到了一个黑板前面，在黑板上继续他正在进行的数学证明工作。当维纳思考时，皮茨不时地插入一些问题或一些建议。在他们一起进行到第二块黑板的时候，很明显维纳就已经确定了皮茨就是他要找的左膀右臂。一向待人严苛的维纳后来确实对皮茨的数学素养给出了极高的评价：

图 4-5　控制论创始人维纳（中）曾在 20 世纪 30 年代于清华大学工作

> "毫无疑问他（皮茨）是我见过的全世界范围内最厉害、最杰出的科学家，如果他不能成为他这一代最重要的两三个科学家之一的话，我反而会感到很惊讶。"

维纳对皮茨展现出来的数学能力的印象如此深刻，以至于当场就承诺了会给予皮茨麻省理工学院数学博士学位，尽管当一个"扫地僧"式的隐士听起来很浪漫，但与终身在芝加哥大学当一个清洁工的惨淡前途相比，年仅 20 岁的皮茨无法拒绝这个诱惑。

1943 年秋天，皮茨从芝加哥麦卡洛克的家搬到了麻省理工学院的公寓里，从此开始了他在麻省理工学院的生活和研究，与维纳的团队一起进一步改进他和麦卡洛克提出的大脑思维模型。更具体一些，他的工作是将简单的几个、几十个神经元组成人类能手工编排的神经网络逐步向实际的生物大脑结构逼近——人脑的神经网络是由 1000 亿个神经元互相连接组成的异常庞大而又极为精致的系统。

皮茨认为人脑的神经网络结构虽然具有由生物遗传学决定的因素，但是人类的基因肯定不可能完全决定大脑中数量如此庞大的神经元之间是如何连接的。道理很简单，人类基因的存储容量[①]是无法支持精确描述这个网络所需要的庞大的信息量的——该信息量甚至超过了人类所有图书容量的总和。皮茨猜测真实的情况很可能是人类出生时的大脑相当于一个基础的随机连接的神经网络结构，这个状态的人脑神经网络中基本没有存储什么有效的信息，随着各种外界输入信息长时间对网络连接结构的调整和神经元阈值的刺激，大脑神经网络的混沌性和随机性会渐渐降低，结构也变得有序起来，这样大脑中才开始呈现出有效的信息来。他尝试用统计学来给这个过程建模。维纳本身就是统计和概率方面的世界级大师，给予了皮茨很多建议和支持。维纳对皮茨的工作抱以很高的期望，他断言如果这样一个模型能够被建立起来，并且植入一台计算机的话，这台机器将能够与人类一样开始"学习"。

1947 年，在第二届控制论大会上，皮茨宣布他的博士论文的题目将是以概率来解释神经网络，皮茨当时已经开始在麻省理工学院执教数理逻辑课程，其学术水平和声望早已远远超过了博士毕业生应达到的程度，以这个问题作为他的博士论文题目，更多是为了凸显自己对这个问题的重视程度，其意义和难度远超过用它来获得博士学位。神经网络的可解释性直到今天仍然是一个没有办法解决的世界级难题，被认为是神经网络的天生缺陷，皮茨选择的这个朴素的题目其实蕴含着极为宏大的内涵，它所需的数学技能和目标用"野心勃勃"都不足以形容。但是在场的与皮茨接触过的学者却对皮茨抱有强烈的信心，相信他能够完成这个题目。

皮茨在麻省理工学院研究之余，由于维纳的声望和关系，不少著名科学家都开始与皮茨有所交流，这些交流和聚会让双方都获得了很大的帮助和启发，其中最著名的便是冯·诺依曼。维纳与冯·诺依曼一起组织了一个"控制论学家"的学术交流圈子，大家定期聚会探讨心得。后来皮茨、麦卡洛克和莱特文都成为这个圈子的核心人物。冯·诺依曼发表的他在计算机界取得的最重要贡献，描述了现代计算机程序存储架构的论文，即"冯·诺依曼架构"的《EDVAC 报告书的第一份草案》（"First Draft of a Report on the EDVAC"）[②]中，

---

① DNA 结构在 1953 年才由沃森和克里克发现，当时只是知道人类基因中会包含遗传信息，但并未发现 DNA 结构和这些信息的存储方式。

② 在第 1 章介绍 EDVAC 和图灵的 ACE 竞争时曾经提到过这份报告，报告下载地址：http://www.virtualtravelog.net/wp/wp-content/media/2003-08-TheFirstDraft.pdf。

关于计算机存储结构部分，引用的就是皮茨关于记忆的表述。其实，这份奠定了如今计算机体系结构的极重要的草案只有一个外部引用，就是皮茨和麦卡洛克的论文《神经活动中内在思想的逻辑演算》。

不过，在麻省理工学院的几年研究岁月里，最令皮茨欢欣鼓舞的，一定是1952年麻省理工学院电子研究实验室副主任杰瑞·威斯纳（Jerry Wiesner）邀请麦卡洛克来领导该学院的一个脑科学相关的新项目。这个机会同样令麦卡洛克兴奋至极，因为他又能够和皮茨一起工作了，为此，麦卡洛克毅然放弃了伊利诺伊大学芝加哥分校终身教授的职位和欣斯代尔的家园，只换来了麻省理工学院里一个中级研究员的头衔和一个小公寓作为住所，但是能再度与皮茨合作，他觉得这一切都很值得。麦卡洛克的团队中除了皮茨之外，还有莱特文以及一位年轻的神经科学家帕特里克·沃尔（Patrick Wall，1925—2001）。这个脑科学的新项目的目标是使用包括信息论、神经生物学、统计学以及计算机科学在内的所有手段，去解释大脑是如何产生智能的。项目组的工作地点位于瓦萨街的20号楼，项目成立时，他们几个一起在门上挂了一个牌子，上面写着"实验认识论"（Experimental Epistemology）。

到此为止，命运一直都眷顾着皮茨，虽然出生于一个贫苦的家庭，但是给了他天才的大脑和一位如兄如父的合作伙伴，学术和事业也逐渐走向正轨。在1954年《财富》杂志发起的评选中，皮茨被选为"40岁以下最有才华的20位科学家"之一，与之并列的是香农等传奇人物，那时候没有人再怀疑皮茨正在迅速跃升于科学的天空之中，终将会成为一颗耀眼的明星。这是一段奇迹般的故事，但是，谁也没有想到的是，命运对皮茨的眷顾就在此刻戛然而止了。

4.5　陨落的流星

由于皮茨的关系，麦卡洛克的团队自然与维纳也保持着密切的合作，不仅限于学术研究，在生活上他们也有相当密切的交往，经常会在家庭农场中举办野外聚会之类的社交活动。这一切看起来都很完美，他们两个团队的合作预示着进展和革命，神经科学、控制论、人工智能、计算机科学仿佛都处于智能爆炸的前夜。

但是，有一个人对此心怀不满，即维纳的妻子玛格丽特·维纳（Marguerite Wiener）。她的不满与皮茨无关、与学术无关，而是源于她和麦卡洛克的妻子的不可调和的矛盾：玛格丽特是一个纳粹主义者，甚至二战时家里还偷藏了一本英文版的希特勒的《我的奋斗》。而麦卡洛克的妻子是一位犹太人，两者不相容的原因可想而知[一]。为了避免麦卡洛克给她的丈夫带来思想上的影响，玛格丽特决定不择手段地断绝维纳与麦卡洛克团队的联系，她编造了一个谎言，指控麦卡洛克团队中有人勾引了他们的女儿芭芭拉。维纳有躁郁症，天生就多疑，心中常萦绕着一股莫名的背叛感。得知该消息后，维纳对此事极其愤怒，立即发了一封电报给威斯纳（邀请麦卡洛克的那位麻省理工学院的电子实验室副主任），宣布永久断绝他与麦卡洛克团队的合作关系，麦卡洛克原本就有点贵族气，对维纳忽然提出的这项涉及个人道德操守的指控也是怒不可遏。

在这场突如其来的麦卡洛克和维纳的决裂中，皮茨毫不犹豫地站到了麦卡洛克一方，与维纳从此形同陌路，当时麻省理工学院正准备向他授予博士学位，由于授予文件中博士生导师填写的是维纳的名字，皮茨断然拒绝在学位授予文件上签字，甚至把他那篇备受关注的博士论文和所有相关的研究笔记一起烧掉，这是他多年的研究成果，其重要性令每个圈内人士都翘首以盼，但被他全部烧掉了，无价的信息化作了灰烬。后来威斯纳甚至对莱特文说，如果他可以找回论文的任何片段，麻省理工学院将承诺不受维纳的影响，给他们的研究更多的支持，但是一切都没有办法重来了。玛格丽特的纳粹信仰和她导演的这场闹剧，不仅沉重打击了皮茨和麦卡洛克，也让维纳本人受到连累，最后维纳被定性为不算纳粹也不能排除纳粹关系的"不可知论者"（Agnostic）。由于二战期间与军方合作的不顺利，维纳后来成为一位有些极端的反战分子，所有和政府、军事密切相关的计划，美国政府都有意无意地把维纳排除在外。

[一] 令人感到讽刺的是维纳本身就是犹太人。根据《维纳传》记载，维纳是在1926年以学者身份在德国做研究时，由父母操办与德国人玛格丽特结的婚。在 Dark Hero of Information Age 一书中记载了由于维纳妻子对纳粹的热心，给维纳带来诸多困扰，甚至令维纳在1953年放弃了对自己所创立的控制论的研究工作，致使这门新生学科的发展进入了长时间的停顿期。

与维纳像电影剧情一般的决裂，似乎预示着皮茨传奇故事转折的开始，更加不幸的是，后面还有另外一个更大的打击在等待着他。

1956 年，在 20 号楼地下室里，呈现的是这样一个场景，一边摆着线缆和科学仪器，另一边是极不和谐的装满蟋蟀和青蛙尸体的垃圾桶。麦卡洛克的研究团队正在做一项生物实验，他们准备通过实验证明生物眼睛的作用就像照相机一样，负责被动地记录它所看见的内容，然后将信号逐点送到大脑，由大脑来完成对照片内容的解读。图 4-6 是他们当时做实验的照片。之所以要证明这个，是因为他们认为如果思考的过程确实如麦卡洛克和皮茨所推测的大脑思维模型那样，可以抽象为一个信息处理器工作过程的话，那么大脑就应当是人体信息处理的唯一器官，因为他们构想的用于思考的神经网络仅存在于大脑之中。为了验证这个观点，他们决定用真实的动物来测试，方法是将青蛙颅骨打开然后在它的视觉神经上贴上一些电极，再对这些青蛙做各种视觉实验，包括调亮调暗灯光、向它们展示栖息地的照片、用电磁力摆动模拟人造苍蝇等，然后把蛙眼观察到的信息在送往大脑之前记录下来，从而得知蛙眼所看到的内容。

图 4-6　蛙眼实验

实验很顺利地完成了，但是结果完全出乎实验团队所料，相信也出乎今天大多数读者的预料：青蛙的眼睛不只记录了它看到的东西，还将诸如对比度、曲率及运动轨迹等视觉特征分析过滤出来一并传递给了大脑。"眼睛跟大脑沟通的语言是已经高度组织化并且经过解译的"，这就是实验的结论，他们将这一结论写在了一篇发表于 1959 年的论文里，论文的题目叫作《蛙眼告诉了蛙脑什么》("What the Frog's Eye Tells the Frog's Brain")[1]，这篇论文对他们之前提出的思维机械性理论是一个严重的打击，对他们本人来说也同样是一个严重的打击。

蛙眼实验的结果对麦卡洛克和皮茨的影响甚至不仅仅是"一个挫折"足以形容的，它还令皮茨的世界观产生了根本性动摇——他提出的大脑模型并不正确，至少是不完整的，生物的信息处理并不仅仅由大脑靠着神经网络来完成。青蛙的眼睛里至少承担了一部分信息解译的工作，而并非大脑依靠严格的数理逻辑，通过神经元逐一处理外界信息。蛙眼实验显示，纯粹的逻辑、纯粹以大脑为中心的思想观是有局限性的。大自然选择了生命的杂乱而非逻辑的严谨，这可能是事实，但也是皮茨难以接受的。

无论麦卡洛克和皮茨的大脑思维模型是否正确，即使这个模型在生物学大脑研究上没有得到推广，它都切切实实地推动了数值计算、机器学习、神经网络方法，以及连接主义思想哲学的进步。但在皮茨自己的想法里，他已经被现实打败了。莱特文这样描述皮茨得知蛙眼实验结果时的样子：

> "在我们做完蛙眼实验时，事实很明显地摆在他面前：即便逻辑参与到了思维过程中，它也没有发挥曾经设想的那种重要的核心作用，这让皮茨很失望，他永远也不会接受，这让他在失去维纳的友谊后更加绝望。"

在此之后，皮茨对数学、对逻辑、对追求智能，甚至对整个人生都变得心灰意冷，他仿佛又回到了12岁之前的时光，孤独、渴望离家出走寻找新的天地，但是这次困住他的不再是现实环境，而是他自己的心灵——皮茨得了严重的抑郁症。之后的几年时间里，皮茨虽然名义上仍受雇于麻省理工学院，但是甚少参与学术研究，在麦卡洛克病倒之后，他甚至不再与任何人交谈，终日酗酒。

1969年，年仅46岁的皮茨在寄宿之家孤独死去，还死在麦卡洛克之前，死因是跟肝硬化有关的食道静脉曲张破裂出血，皮茨去世的4个月之后，麦卡

---

[1] 论文下载地址：http://jerome.lettvin.info/lettvin/Jerome/WhatTheFrogsEyeTellsTheFrogsBrain.pdf。

洛克也在医院里去世了。

4.6　感知机

与符号主义学派在推理期、学习期由不同的学者去关注不同问题的情形相似，在美国北部麦卡洛克和皮茨着力于解决"大脑如何处理信息"这个问题的同时，在美国东南部佛罗里达的耶基斯国家灵长类研究中心有另外一群科学家在致力于研究"大脑是如何学习到知识的"。麦卡洛克他们在摆弄青蛙，另一位神经心理学家唐纳德·赫布（Donald Hebb，1904—1985）则从黑猩猩身上研究情感和学习能力。虽然赫布并没有成功地把黑猩猩"教导成才"，获得个学位什么的，但他自己却从中领悟出了一套生物学习的规则。

1949年，赫布出版了《行为组织学》(*Organization of Behavior*) 一书。在该书中，赫布总结出了被后人称为"赫布法则"（Hebb's Law）的学习机制。他认为如果两个神经元细胞总是同时被激活的话，它们之间就会出现某种关联，同时激活的概率越高，这种关联程度也会越高。如果我们基于前文的M-P神经元模型来理解这句话，可以理解为：如果两个神经元同时被激活，则它们之间的连接权重就会增加；如果只有某个神经元单独被激活，则它们之间的连接权重就应减少。赫布法则是最古老也是最简单的神经网络学习规则。如果局限于神经网络方法范围内，机器学习的本质就是调节神经元之间的连接权重，即赫布法则中提到的神经元关联程度。

2000年的诺贝尔生理学或医学奖得主埃里克·坎德尔（Eric Kandel，1929—）的动物实验也证实了赫布的理论。赫布的论文探讨的内容是纯粹基于神经科学和生物学的，但是在人工智能尤其是机器学习领域中，各种学习算法或多或少借鉴了赫布的学习理论。

最先把赫布的理论应用于人工智能领域的，是两位年纪相近且来自同一所高中的校友，该高中名为布朗克斯科学高中，是一所出过八个诺贝尔奖、六个普利策奖、一个图灵奖的传奇学校，其中一位是大家已经很熟悉的人工智能奠基人明斯基，另外一位叫作弗兰克·罗森布拉特（Frank Rosenblatt，1928—1971），他是本章第二个故事的主角。

达特茅斯会议上连接主义相关的内容并不是主要议题，连接主义相关内容的风头完全被来自符号主义学派的"逻辑理论家"盖过。后来，"叛逃"出连接主义学派之后，明斯基自己也在尽力淡化他与连接主义间千丝万缕的关系，但不可否认，那时的明斯基是连接主义和神经网络的支持者。1954年他在普林斯顿大学的博士论文题目是《神经模拟强化系统的理论及其在大脑模型问题上的应用》（"Theory of Neural-Analog Reinforcement Systems and its Application to the Brain-Model Problem"）[一]，这实际就是一篇关于神经网络的论文。明斯基用真空管搭建了名叫"SNARC"（Stochastic Neural Analog Reinforcement Calculator，随机神经模拟强化计算器）的学习机器，如图4-7所示，这台机器可以在一个奖励系统的帮助下完成穿越迷宫的游戏。如果不考虑实用性的话，这可以算是世界上第一批基于神经网络的自学习机器的工程实践成果。

图4-7 明斯基的SNARC

神经网络在工程应用上真正有实用意义的重大突破发生于1957年。康奈尔大学的实验心理学家罗森布拉特在一台IBM 704计算机上模拟实现了一种他发明的叫作"感知机"（Perceptron）的神经网络模型，这个模型看似只是简单地把一组M-P神经元平铺排列在一起，但是配合上赫布法则，就可以做到不依靠人工编程，仅靠机器学习来完成一部分机器视觉和模式识别方面的任务，这就展现了一条独立于图灵机之外的全新的实现机器模拟智能的道路[二]。一个可能

[一] 论文下载地址：https://www.researchgate.net/publication/36374626_Theory_of_neural-analog_reinforcement_systems_and_its_application_to_the_brain-model_problem。

[二] 感知机和图灵机其实并不是对等的概念，目前人们已经知道带有递归结构的神经网络是图灵完备的，可以是图灵机的一种形式，称为神经图灵机（Neural Turing Machine）。

是"图灵机"级别的新成果（这光想想都令人激动），一下子就引起科学界的关注，并且得到了以美国海军为首的多个组织的资助。

单纯的感知机在今天几乎没有任何实际用途，但并不罕见，它几乎被所有的神经网络书籍当作入门知识来使用，为了给本书第三部分关于机器学习的内容打个良好的基础，笔者用一个具体例子来详细解释一下感知机的工作原理。我们的目标是令机器拥有自动识别阿拉伯数字的能力，假设待识别的数字通过光学扫描后存储于 14×14 像素大小的图片文件中，其中可能包含各种形式的数字，可能是不同印刷体或者手写体，然后，我们准备了如图 4-8 所示的训练集供机器进行学习。

图 4-8　用于数字识别的训练集[一]

"训练集"是机器学习理论中的常见词汇，这里我们可以这样理解：这是一组内容是数字的图片，我们事先会明确标注出这组图片中每一张图片实际代表的数字是什么，供计算机学习使用，称为训练集。

首先，我们要设计一套适当的数据结构，以便机器可以存储和处理这些数字图片。以一张 14×14 像素大小的灰度数字图片为例，假如我们用 1 表示黑色的像素，用 0 表示白色的像素，中间过渡的像素根据灰度强度大小用 0～1 之间的浮点值来表示，那么一个 14×14 像素大小的二维数组便可以存储训练集中的数字图片，如图 4-9 所示。我们把这个数组作为输入计算机的信息来源。

[一] 本例中的训练集来自 MNIST（http://yann.lecun.com/exdb/mnist），部分图片来源于谷歌 TensorFlow 白皮书的教程部分。

图 4-9　字符的数组表示

为了让计算机"看明白"图片中的数字是什么，必须让它先从训练集的多张图片中学习，学习的目标是找出训练集中每一张图片属于某个数字的特征。这些特征往往是模糊的，难以用语言精确表达，虽然人很难描述出来，但人类大脑却能毫不费力地认出图片属于某个数字的证据，这说明人类大脑其实是知道这些特征的。

按照神经网络解决问题的一贯思路，提取特征的办法是对图片的各个像素值进行加权求和，将训练集中的样本和标注数字进行对比，如果某个像素具有很负面的证据说明这张图片不属于某个数字的话，就把这个像素在该数字下相应的权重设置为负数，相反，如果这个像素拥有有力的证据说明这张图片属于某个数字，那么该像素的权重是正数。这不难理解，不管手写体还是印刷体，每个数字都有一些属于它们自己的特征，譬如对于数字"0"对应的图片，在图片中心的位置肯定不应该出现黑色像素（浮点值为1），如果出现了就是负面证据，将降低这张图片属于数字"0"的概率。经过训练集中多张数字图片的校准之后，0至9各个数字对应的像素权重分布情况大致如图4-10所示。

接下来，我们把图片到0至9这10个数字的分类过程，转化为10个M-P神经元的工作过程，每个M-P神经元对应一个数字。每个M-P神经元有196（14×14）个像素值的输入项，对应存储数字图片的14×14二维数组的每一个像素值。经过训练之后得到的各个像素值在该数字下的权重数据就作为该神经元的196个输入项的加权值，由此构成了一个由10个神经元共1960个带权重的连接线组成的神经网络。

图 4-10　数字 0 至 9 的权重分布情况

因为模型中的权重值是根据训练集中的大量样本学习得出的，所以理想情况下，其他不在训练样本集中的图片，只要它依然是人类可辨认的阿拉伯数字图片的话，就应当同样适合这个模型，加权求和再经过阈值比较之后，网络中应该激活且只激活一个与其数字对应的 M-P 神经元，这个神经元代表的数字就是图片识别的结果。

从这个例子里可以提炼出一个更通俗的神经网络机器学习解释，神经网络学习方法的基本原理就是从训练集中提取出分类特征，这些特征应能同样适应独立同分布的其他未知数据，所以经已知数据学习训练后的神经网络应该对同类的未知数据有效。再回到这个数字识别的例子中，整个神经网络模型如图 4-11 所示。

不过，以上仅是能处理"理想情况"的模型，在实际使用过程中，往往会发现网络中出现了不止一个 M-P 神经元被激活的情况，原因并不难理解，毕竟许多手写体的数字会存在"模棱两可"的特征，有些特征非常模糊，甚至人类都可能识别错误。如图 4-12 所示，这些图片就来源于测试集中导致模型出现了两个（或以上）神经元同时被激活的数据，这类模糊的数据会使得识别出现歧义而导致识别失败。

图 4-11　识别数字的神经网络模型

图 4-12　可能同时激活多个神经元的手写数字

为了应对多于一个神经元被激活的实际情况，神经元输出不再适合简单地以"是否激活"的离散形式来判断，这里需要将 M-P 神经元的阈值比较这部分改进一下，修改为输出一个代表神经元"被激活的强度"的连续值，然后把各个神经元的激活强度值都放入网络后方的 Softmax 归一化函数[⊖]（此处仅以 Softmax 函数为例，也可以选择其他函数）中进行处理，以便抑制概率小的、增强概率大的数字分类。因此，真正可用于实际数字识别场景的神经网络模型将如图 4-13 所示。

以上便是感知机和神经网络应用于机器视觉识别的工作原理，在简单介绍了感知机的原理之后，我们再回到罗森布拉特和感知机的故事中。

在 IBM 704 主机中软件模拟成功两年以后，罗森布拉特成功地制造出了世界上第一台硬件感知机"Mark-1"，就是本书第 1 章中展示过的得到美国海军高度评价的那台机器。Mark-1 的输入端是一个 20×20 的感光单元矩阵，以此将英文字符的光学信号转化为电信号，再通过物理线缆连接的方式将其与后面字母分类的神经元层相连。Mark-1 的训练方法是使用电动马达来调整连接线

⊖ 归一化是指将有量纲的表达式转换为无量纲的表达式，成为标量。这里是通过 Softmax 函数对向量进行归一化，在数字集中凸显其中最大的值并抑制低于最大值的其他分量，以加大最大的数值与其他数值的区分度。

的电压计，以电压值来表示连接的权重。如果读者看懂了前面的感知机工作原理，那以今天神经网络有了长足发展后的眼光来看，这台感知机的原理并没有任何复杂之处，但是以当时的电气水平来说，真的把这样一台机器制造出来，场面还是颇为"壮观"的。读者可以通过如图 4-14 所示的这张实物图片来感受一下直接用物理连接来实现神经网络的 Mark-1 感知机的"复杂"程度。

图 4-13　识别数字的神经网络模型（改进版）

图 4-14　罗森布拉特和他的感知机 Mark-1

这台 Mark-1 感知机在经过学习训练后，确实能够符合预期地工作，成功地识别出多个英文字母。在当时，有人能够教会一台机器"认字"这件事情毫不意外地产生了极为吸引眼球的舆论效果，为人工智能的迅速升温提供了强大的推动力。罗森布拉特不仅做出了第一台有工程样品价值的感知机，还在理论上证明了单层神经网络在处理线性可分的模式识别问题时是可以收敛的，并以此为基础，做了多个关于感知机学习能力的实验。

1962 年，罗森布拉特还出了一本书——《神经动力学原理：感知机和大脑机制的理论》(Principles of Neurodynamics: Perceptrons and the Theory of Brain Mechanisms)，此书总结了他对感知机和神经网络的主要研究成果，一度被连接主义学派奉为"圣经"。

4.7 凛冬将至

伴随着感知机影响的快速发酵，罗森布拉特的名气越来越大，媒体对他的工作甚至他本人都表现出了极高的关注度。这点不难想象，能够构建一台"有可能"模拟人类大脑工作原理的机器，即使放到今天也可以轻而易举地上个头版头条。更加关键的是，罗森布拉特得到的研究经费也随着感知机名声的高涨而越来越多，美国国防部和美国海军都资助了他的研究工作。这件事在学术圈内就不仅仅是获取一点身外虚名的小事情了，其中还涉及微妙的金钱和利益的分配，毕竟政府每年的资助是有预算限制的，给罗森布拉特的预算多了，给其他人的自然会少。偏偏罗森布拉特不知收敛，没有明哲保身，反而一改往日作为一个学者的害羞和矜持，经常在媒体出镜，开跑车，弹钢琴，到处显摆，致使不少人工智能领域的学者都对他极为不满。其中有的人只是心里反感，有的人是批评声讨，还有的人直接"明剑执刀"地对他进行学术攻击，而真正致命的打击来自他的高中校友——当时同样是连接主义学派巨头的明斯基。

明斯基是达特茅斯会议的组织者，是人工智能的奠基人之一。1959 年，明斯基加入麻省理工学院，创立了麻省理工学院计算机系以后，他的主要工作之一就是与政府机构对接，负责申请研究经费方面的事务，他与罗森布拉特的结怨最初也是源于这些与学术无关的行政工作。

在一次两人都参与的工作会议上，明斯基和罗森布拉特大肆争吵，彻底将他们之前已有的矛盾公开化。两位人工智能学术巨头的斗争，不可能只停留在嘴皮子吵架定胜负上，最终肯定要在学术上见分晓。明斯基直接对罗森布拉特研究感知机的价值和前途发起了进攻，指出罗森布拉特的感知机和神经网络的实际价值非常有限，绝不可能作为解决人工智能问题的主要研究方法。随后，为了证明自己的观点，证明感知机和神经网络具有天生缺陷，明斯基和麻省理工学院的另一位教授西摩尔·派普特（Seymour Papert，1928—2016）（见图 4-15）合作，着手从数学和逻辑上去证明罗森布拉特的理论和感知机具有重大的局限性，没有什么发展前途。他们合作的成果就是那本在人工智能历史上影响巨大的、"是也非也"的传奇书籍：《感知机：计算几何学导论》（*Perceptrons: An Introduction to Computational Geometry*）。

图 4-15　马文·明斯基（左）与西摩尔·派普特（右）

感知机确实如明斯基所说，存在先天缺陷吗？如果仅限于罗森布拉特所提出的单层感知机而言，确实如此。前文提到过，皮茨和麦卡洛克曾向人们展示了 M-P 神经元可以通过不同的连接方式和权重来实现逻辑与、或、非运算，罗森布拉特的感知机的基本原理就是利用了神经元可以进行逻辑运算的特点，通过赫布法则，调整连接线上的权重和神经元上的阈值。罗森布拉特把一组神经元平铺排列起来，组成一个单层的神经元网络，经过学习阶段的权重调整，便可实现根据特定特征对输入数据进行分类。不过这种分类只能做到线性分割——感知机可以应用的前提条件，输入的数据集在特定特征下必须是线性可分的。

"分类"是今天机器学习中最常见的应用之一,下一章会详细探讨这个问题。这里不妨先简化一下,按照最简单的 0-1 分类来理解,分类是指经过神经网络处理后,对符合特定特征的输入数据输出为 1,不符合的输出为 0。

逻辑与、或、非运算本身也可以视为一种最基本的分类操作,因此,即使对于仅由单个 M-P 神经元构成的感知机而言,也具备分类能力。例如,以图 4-16 所示的 M-P 神经元为例,通过调节连接线权重,切换成不同的逻辑运算,便可以对输入数据进行 0-1 分类。

图 4-16　使用仅有单个 M-P 神经元的感知机进行 0-1 分类

- 令 $w_1 = w_2 = 1$,阈值 = 2,则 $y = f(1 \times x_1 + 1 \times x_2 - 2)$,仅在 $x_1 = x_2$ 时才有 $y = 1$,否则 $y = 0$,即"逻辑与"的效果。
- 令 $w_1 = w_2 = 1$,阈值 = 0.5,则 $y = f(1 \times x_1 + 1 \times x_2 - 0.5)$,仅在 $x_1 = 1$ 或者 $x_2 = 1$ 时才有 $y = 1$,否则 $y = 0$,即"逻辑或"的效果。
- 令 $w_1 = -0.6$,$w_2 = 0$,阈值 = -0.5,则 $y = f(-0.6 \times x_1 + 0 \times x_2 + 0.5)$,在 $x_1 = 1$ 时有 $y = 0$,在 $x_1 = 0$ 时有 $y = 1$,即"逻辑非"的效果。

而对于更一般的情形,由多个 M-P 神经元组成的单层感知机可以将输入数据集中两类线性可分的数据,以一个超平面⊖划分开来⊜。上面的单个 M-P 神经

⊖ 超平面是二维平面中的直线、三维空间中的平面在 N 维欧氏空间中的推广。
⊜ 讽刺的是,"感知机相当于以超平面划分数据"这个命题的严格数学证明并不是罗森布拉特给出的,而是明斯基和派普特在《感知机:计算几何学导论》中完成的。

元分割数据的例子，只是其中最简单的一个特例，相当于二维平面上的数据被一条直线分割成两个区域。

之前提到了"线性可分"这个词，我们不必纠结它的数学定义，就从字面意思去理解就可以了：如果把逻辑与（AND）、或（OR）、非（NAND）运算作为输入数据，按照 0、1 值构成二维的坐标平面，并把逻辑运算结果为 1 的用方块表示，结果为 0 的用圆圈表示，就形成了如图 4-17 所示的内容，三种逻辑运算都能够很直观地通过一条直线将这个二维坐标平面中的数据划分开来。

图 4-17 感知机线性分割二维平面（1）

在《感知机：计算几何学导论》一书里，明斯基和派普特使用数学方法证明了感知机在处理线性可分的数据时，其学习过程可以使权重收敛到一个稳定值，换句话说，感知机处理线性可分问题是可行的。但是他们同时也指出了感知机的致命弱点："感知机能解决线性可分的问题，但是它也只能解决线性可分的问题。"两位教授同样用数学方法证明了感知机，更准确地说是单层感知机不能处理非线性数据的分类问题，其中最典型的就是"异或问题"。异或运算（XOR，是一种逻辑析取操作，当两个运算元的值不同时结果为真）也是一个很基本的逻辑运算，如果连这样的问题都解决不了，那感知机的处理能力确实是有极大局限性的。我们可以直观地从图 4-18 中看到，对于代表异或的图形，确实没有办法通过一条直线把方块和圆圈划分开。

在证明单层感知机能力不足的同时，明斯基在书中还试图将当时只存在于少数人大脑构想中的多层感知机（MultiLayer Perceptron，MLP）的出路也一并堵死。虽然明斯基并没有进行严格的证明，但是他的灵敏的数学直觉告诉他多层感知机应该是能够处理非线性的分类问题的[一]，因为这一点在简单的低维度的样例中很容易体现出来。如果延续我们之前的例子，只需要在网络中增加一个"隐层"（Hidden Layer，这是神经网络的概念，神经网络中除去输入层、输出层外的中间层被统称为隐层），按照图 4-19 中标注的数值来设置连接线的权重和神经元的阈值，就可以轻而易举地实现逻辑异或运算[二]。

图 4-18 感知机线性分割二维平面（2）

图 4-19 多层感知机处理异或问题

其实，早在《感知机：计算几何学导论》出版前四年（即 1965 年），乌克兰数学家伊瓦赫年科（Alexey Grigorevich Ivakhnenko，1913—2007）就提出了

[一] 1989 年，有人首次使用数学证明了只需要一个隐层的感知机（即两层或以上的多层感知机）就可以处理非线性分类问题，相关论文地址：http://www.dartmouth.edu/~gvc/Cybenko_MCSS.pdf。

[二] 此处只是举了一个最基础的二维平面上异或问题的例子。1974 年，哈佛大学博士沃波斯（Werbos）在他的博士论文中证明了两层神经网络就可以完全解决（在任何维度上解决）异或问题。

和多层人工神经网络很接近的模型，其中就有解决异或问题的介绍，当时并没有引起多大关注，但后来神经网络的火爆程度大家都很清楚。

明斯基在书中说道：多层感知机虽然理论上有可能解决非线性可分的问题，但是实际上却是完全不具备可行性的——无论软件模拟还是实际建造都几乎是不可能的，因为每增加一个隐层，新引入的连接数量就会急剧膨胀。即使只考虑网络中只有前向连接（即网络是一个有向无环图，每一层的神经元都只与下一层产生连接关系，这种最简化的神经网络在今天被称为"前馈神经网络"）的简化情况，它产生的连接数量随着层数的增加，也会迅速发展成天文数字。

这种情景读者可以自己想象一下，在本章提及的几个神经网络的例子中，最简单的单层网络也有 14×14 个输入神经元、10 个输出神经元，这样的神经网络就包含 1960（196×10）个神经元连接，如果中间再加入一层与输入项数量相同的隐层，整个网络所需要训练的权重将会激增至 40376 个（输入层至隐层的连接为 196×196 个，隐层至输出层的连接为 196×10 个，共计 40376 个）。更令人头疼的是，加入隐层之后，罗森布拉特的"Back Propagation"（请注意，此算法与今天深度学习的误差反向传播算法名字相似但内容并不一样）训练方法就不再有效了，原因是不同层次之间的权重调节并不独立，它们的取值会互相影响，不能再面向单个权重来调节，可是要一体化地训练如此庞大的连接权重，在当时既没有合适的硬件能处理这种规模的数据，也没有可行的训练算法来实现[一]。

明斯基在书中最后给出了他对多层感知机的评价和结论："研究两层乃至更多层的感知机是没有价值的。"多层感知机在没来得及被大家深入探究之前，就被明斯基直接判了"死刑"。

其实罗森布拉特自己也早已预感到感知机的能力可能存在限制，但这种缺陷被明斯基以一种极具敌意的方式呈现给公众，对他来说是不可接受的。在《感知机：计算几何学导论》（见图 4-20）的前言部分，明斯基甚至使用了完全不顾及同行颜面的话语："这里（指罗森布拉特的理论）的大部分内容都没有多少科学价值（Most of this writing is without scientific value）。"

[一] 其实在 20 世纪 70 年代、80 年代都有人独立发现过后面将提到的误差反向传播的训练算法，但是在 80 年代之前并未得到重视，无论是明斯基还是罗森布拉特都不得而知。

图 4-20 《感知机：计算几何学导论》（业内普遍认为此书阻碍了神经网络的发展）

由于明斯基在人工智能领域中的特殊地位，再加上他不久前（1969 年，此书出版的同一年）刚获得第四届图灵奖所带来的耀眼光环，这本书不仅对罗森布拉特本人，还对连接主义和神经网络的研究热情，甚至对整个人工智能学科都带来了非常沉重的打击。

1971 年 7 月 11 日，《感知机：计算几何学导论》公开出版刚满一年，罗森布拉特在 43 岁生日当天，在美国切萨皮克湾的一艘游船上"意外"落水，不幸身亡。笔者之所以将意外二字加上引号，是因为今天很多人都选择相信此事并非巧合，而是罗森布拉特的骄傲使他在与明斯基的学术斗争落败后选择了自杀。罗森布拉特是感知机的发明人，曾经是感知机、神经网络甚至整个连接主义的捍卫者，由于经费分配和高调的个人作风等，在开拓神经网络机器学习方法的道路上，他是一位很孤独的斗士，在他与明斯基的斗争中无人对其声援，还备受其他学者责难。不知在生命的最后一刻，他是否也对神经网络和感知机的前途失去了信心。也许他相信感知机有突破困境破茧成蝶的一天，也有可能他自己已经心灰意冷。大概当时真的没有任何人能够预见到，神经网络和连接主义在 20 多年后还有机会逆袭，并最终成为人工智能研究的最主流、最热门的技术。

　　罗森布拉特死后，明斯基在《感知机：计算几何学导论》一书的第 2 版中，删除了原版里面对罗森布拉特个人攻击的全部句子，并在扉页手写了"纪念弗兰克·罗森布拉特"（In memory of Frank Rosenblatt）的话语。但这毕竟为时已晚，如同之前罗森布拉特被整个人工智能学术界声讨那样，现在又有许多人工智能的研究者反过来认定明斯基对罗森布拉特的死亡有间接的责任，认为他是不可原谅的。尤其是在连接主义学派重新兴起之后，许多人纷纷跳出来对明斯基口诛笔伐，谴责明斯基差点扼杀了他亲手创立的人工智能这门学科，认为明斯基应该对罗森布拉特的死亡、对连接主义衰落的十多年时间，以及对后来的人工智能寒冬负责。玛格丽特·博登（Margaret Boden，1936—　）在她的作品《心如机器：认知科学的历史》（Mind as Machine: A History of Cognitive Science）中对明斯基和他的书评价道："毫无疑问，整本书从开头到结束，全部都是对罗森布拉特的工作以及神经网络的研究的诅咒！"

　　后来的这些评价大多带有一些个人的情绪，仿佛这些人一早就知道感知机和神经网络是具有研究价值的，还预见到了它们在人工智能中的重要作用，只是慑于明斯基的威望才不敢吭声，暗地里一直与罗森布拉特在并肩作战一般。笔者看来，无论是罗森布拉特的观点还是明斯基的观点，既然是学术研究，肯定就有说错话、走错方向的可能，我们不仅要看到那些有效的、正确的成果，也应该记录那些走过的弯路，明斯基与罗森布拉特竞争的悲剧结果只是学术圈现实的一次爆发。美国电气电子工程师协会（Institute of Electrical and Electronics Engineers，IEEE）于 2004 年设立了罗森布拉特奖，以奖励神经网络领域的杰出研究人员。

　　尽管明斯基当时对神经网络的观点并不正确，他与罗森布拉特的斗争确实很可能有学术之外的原因，但明斯基本人绝对是无愧于一名有自己明确的学术观点和哲学思想的人工智能大师的。2007 年，"深度学习"的概念被提出，多层网络的训练方法也已完善起来，深度神经网络逐步取得了令世人瞩目的成就，但是神经网络在人工智能领域渐成燎原之势的时候，他仍然坚持着神经网络具有很大局限性的看法。明斯基在他的新作《情感机器》一书出版后，接受媒体采访时曾经说道：

> "人工智能领域的每个人都在追求某种逻辑推理系统、遗传计算系统、统计推理系统或神经网络系统，但无人取得重大突破，原因是它们过于简单。这些新理论充其量只能解决部分问题，而对其他问题无能为力。我们不得不承认，神经网络不能做逻辑推理。例如，在计算概率时，它无法理解数字的真正意义是什么。"

在明斯基看来，人工智能应当类似于人脑，由有着不同功能和结构的区域去完成视觉、情感、思维、记忆、运动等不同类型的任务。他希望能实现《情感机器》一书中描述的思维体系结构，使人工智能在各种思维方式间切换。

4.8 人工智能的繁荣与寒冬

从1956年诞生起至20世纪70年代初这段时间，人工智能这门新兴学科一直与政府、学术界、工业界（还有风投资本家）处于"蜜月期"之中。在这20年中，人工智能确实取得了一些成果和进展，不过在政府、媒体、科学界等各方的推波助澜下，人工智能也过早地向社会尤其是这个学科的资助者许下了太过浮夸的诺言，哪怕是学科里那些真正了解人工智能、真正潜心从事学术研究的学者，也过于乐观地估计了这门科学的发展进程。典型的诺言如1957年司马贺曾这样公开宣告：

> "我的目标不是使你们惊讶或者震惊——我能概括的最简单的表述方式就是现在世界上已有机器能够思考、学习和创造，而且它们做这些事情的能力还将快速提升，直到可预见的未来，它们能够处理的问题范围将会扩展至人类思想所能企及的全部范围。"

在这种充斥着激进、盲目和乐观思潮的气氛下，类似的预言和承诺数不胜数，历史上有名的、出自这个领域几位大师之口的还有以下这些：

- 1958年，纽厄尔和司马贺："10年之内，数字计算机将成为国际象棋世界冠军。""10年之内，数字计算机将发现并证明一个重要的数学定理。"

- 1965年，司马贺："20年内，机器将能完成人能做到的一切工作。"
- 1967年，明斯基："一代之内……创造'人工智能'的问题将获得实质的解决。"
- 1970年，明斯基："在三到八年的时间里我们将得到一台具有人类平均智能的机器，这样的机器能够读懂莎士比亚的著作，会给汽车上润滑油，会玩弄政治权术，能讲笑话，会争吵，总之，它的智力将会无与伦比。"

这些预言在今天看来非常可笑，大师们"立下的 Flag"全以被现实啪啪打脸收场。可是在立下这些预言的那段时间里，这些预言和承诺确实促使许多社会资源集中到了人工智能研究上来。

1963年6月，麻省理工学院从美国刚刚建立的高级研究计划局（ARPA，即后来的 DARPA，国防高级研究计划局）获得了 220 万美元的研究经费，用于资助开展历史上有名的"MAC 工程"（Project on Mathematics And Computation）。这个工程的主要研究方向之一便是人工智能，具体工作由明斯基和麦卡锡五年前建立的人工智能研究小组[一]承担。从此以后，ARPA 每年都为麻省理工学院提供 300 万美元针对人工智能的几乎无条件、无约束的专项经费，既不定具体方向，也不求具体产出。用时任 ARPA 主任的罗宾特·利克里德（Robnett Licklider，1915—1990）自己的话来说就是："应该资助人，而不是具体的项目。"所以这些经费才能"佛系"到如此程度，允许研究者去做任何感兴趣的方向上的研究，这样的资助形式在政府对学术界的各种资助中是极不常见的。ARPA 的无条件资助一直持续至 20 世纪 70 年代才终止，这些经费促使麻省理工学院形成了无拘无束的研究氛围及其特有的"Hacker 文化"。除了麻省理工学院以外，ARPA 还对纽厄尔和司马贺在卡内基梅隆大学的人工智能工作小组以及斯坦福大学的人工智能项目（由麦卡锡于 1963 年从麻省理工学院跳槽到斯坦福大学后创建）提供了类似的资助，当时世界上还有最后一个重要的研究机构是由唐纳德·米契（Donald Michie，1923—2007）于 1965 年在英国爱丁堡

㊀ 1970 年，在这个人工智能研究小组的基础上组建了麻省理工学院人工智能实验室，2003 年，该实验室与计算机科学实验室合并，组建了当今世界上人工智能和计算机科学领域的顶级研究机构 CSAIL（MIT Computer Science and Artificial Intelligence Laboratory）。

大学建立的人工智能实验室。在接下来的许多年，乃至今日，上述四所研究机构一直是全球人工智能领域领先的研究中心，也是经费汇集的中心。

不过好景不长，可能只是因为人工智能的研究者对其课题难度没有能够做出正确的判断，也有可能是想再一次证明盛极必衰是自然界的铁律，总之，过于乐观的估计令全社会的资源蜂拥而至，也使人们的期望变得过高，时光荏苒，当大家发现关于人工智能的承诺无法兑现时，虚幻的泡沫便注定要破灭。研究经费的走向是最直接的体现，对人工智能提供资助的各种机构，如英国、美国政府、国防高级研究计划局和美国国家科学研究委员会（National Research Council，NRC）等，都不约而同地终止了对没有明确方向和实用价值的人工智能研究的资助。随后，类似"人工智能即使不是骗局也是庸人自扰的想法"的情绪和言论迅速从政府、研究机构蔓延到全社会，整个社会对人工智能的前景从盲目乐观又转变为一种极度悲观和过分不信任的态度。这个阶段，在人工智能历史上被称为"第一次人工智能的寒冬"。

在寒冬之前，其实就已经出现过一些线索，预示了这一局面即将来临。最早在1966年，自动语言处理顾问委员会（Automatic Language Processing Advisory Committee，ALPAC）提交给美国政府的一份报告中，就对机器翻译的进展提出了充满批评和警告意味的评价㊀。这其实真怪不得别人批评，当时人工智能的自然语言处理能力确实难登大雅之堂。罗斯·奎利恩（Ross Quillian）在给听众演示他在自然语言方面的研究成果时，只能采用一个仅含20个单词的词汇表进行演示，因为当时的计算机内存只能容纳这么点词汇！还有不少关于人工智能的历史材料中记录着这样一个当时机器翻译的测试场景：翻译过程中，机器把"心有余而力不足"（The spirit is willing but the flesh is weak）的英文句子译成俄语再译回来之后竟然变成了"酒是好的，肉变质了"。美国自动语言处理顾问委员会的这份报告，后来导致美国国家科学研究委员会在为机器自然语言处理方面的研究累计拨款2000万美元后，最终不得不在没有获得任何有价值的成果的情况下停止了资助。

在大西洋的彼岸，1973年英国数学家詹姆士·莱特希尔（James Lighthill，

㊀ 报告具体内容地址：http://www.mt-archive.info/ALPAC-1966.pdf。

1924—1998）针对英国人工智能研究状况，发表了赫赫有名的《莱特希尔报告》，这篇公开的报告是一份具有广泛影响力的、直接"刺破"人工智能乐观思潮泡沫的调查文件，被视作人工智能寒冬开启的导火索。报告中严厉地批判了人工智能领域里的许多基础性研究，尤其是机器人和自然语言处理等几个热门子领域，并给出了明确的结论："人工智能领域的任何一部分都没有能产出符合当初向人们承诺的、具有主要影响力的成果。"此外，报告特别指出人工智能的研究者并没有解决将人工智能应用于真实世界里必然会遇到的"组合爆炸"问题[一]。整份报告充满了对人工智能研究在早期兴奋期过后的全面悲观。《莱特希尔报告》不仅导致了英国人工智能研究的全面低潮，并且其影响很快扩散到了美国及其他人工智能的研究之中，到了1974年，各国政府的资助预算清单上已经很难再找到对人工智能项目的资助了。接下来长达十年的时间里，人工智能经历了历史上的第一次寒冬，一些几年前还在愈演愈烈的自吹自擂中狂欢的人工智能从业者，不得不纷纷锯短他们的鼻子[二]，转向其他领域去谋生。

回望历史，人工智能的低潮发生过不止一次，而在进入寒冬之前的几年，都有一些相似的征兆：学术界奋力地发表论文，学术明星获得万众追捧；所有擦边专业的学生纷纷转行搞起人工智能，市场给这类"人才"开出令人咋舌的高薪；企业、研究机构和学者做出一个又一个预测和承诺，媒体连篇累牍报道人工智能的进展；大众睁着一双双无辜的眼睛，好奇而惊恐地注视着他们不理解而又不敢不关注的一切。已经过去的寒冬，让今天处于温暖如春环境之中阅读此书的你我，都不得不去思考：这一次人工智能热潮，是真的引爆了奇点，抑或只是历史的另一个轮回？

其实，即使这次人工智能热潮仍然是一个历史轮回也不见得是一件多么可怕的事，每一个时代的技术浪潮都有这个时代的条件，有这个时代的使命。20世纪50年代至70年代经历的第一次人工智能热潮里，不只有浮夸，也隐藏着不少真正的技术进步。例如卡内基梅隆大学的"语音理解研究"（Speech

---

[一] 组合爆炸（Combinatorial Explosion）：随着优化问题规模的不断增加，决策变量取值的不同组合量、可行解数量以及寻找最优解时所需要考虑的组合量会迅速大幅增加，且往往呈指数级增加，最终导致无法从中找到最优解。

[二] 格林童话《木偶奇遇记》中的主角匹诺曹，只要一撒谎鼻子就会变长。

Understanding Research）计划，当时甚至被 DARPA 评价为"一场骗局"，但是这个研究所开发出来的"隐马尔可夫模型"这样的"黑科技"，在数十年后成为计算机语音识别技术领域的一块重要基石，参与其中的研究者大多成为这个领域的一代宗师。寒冬过去之后，这些被时代尘灰所埋没的成果终会发出耀眼的光芒。

4.9　本章小结

本章是关于连接主义学派创建及其成果的一些故事，虽然故事带有悲剧色彩，但从今天大小企业各类职业的人员都在谈论神经网络就可以得知，连接主义并未在 20 世纪 70 年代初的人工智能寒冬中彻底死去，它仿佛武侠小说里面那些掉下山崖的侠客一般，总有奇遇，并凭此逆袭，终成主角，至少迄今为止它在人工智能领域都是主角。

沉寂十年后，人工智能在 20 世纪 80 年代开始再度爆发，引领这波浪潮的力量是符号主义，主要是知识工程和专家系统。而连接主义和神经网络也在 1982 年开始出现缓慢复苏的迹象，如 1982 年物理学家约翰·霍普菲尔德（John Hopfield，1933—）提出的"Hopfield 网络"、1985 年特里·谢泽诺斯基（Terry Sejnowski）和杰弗里·辛顿（Geoffrey Hinton，1947—）共同发明的"玻尔兹曼机"（Boltzmann Machine）、1986 年辛顿提出的可以训练多层神经网络的"误差反向传播学习算法"（Back-Propagation）等都是连接主义中不可忽视的进步。不过，在 2006 年前后，虽然多层神经网络的训练问题已被初步解决，但由于神经网络建模的天生限制，也由于数据量和运算能力的限制，神经网络的效果一直不能算好，利用当时的计算机也难以实现大规模的神经网络，因此，当人工智能的第二次热潮在 20 世纪 90 年代逐渐退却时，神经网络又受到了冷落，自此，以"支持向量机"（Support Vector Machine，SVM）、"隐马尔可夫模型"（Hidden Markov Model，HMM）等为代表的统计学习方法"唱"了十多年的主角，直到 2006 年辛顿提出深度信念网络（Deep Belief Network，DBN）以后，神经网络真正具有统治力的时代——深度学习时代才真正来临，这部分内容和它的故事，留待第 7 章再进行介绍。

第 5 章

行为主义学派

When God calculates and exercises his thought, the world is created.

上帝思考并实现其想法之时,便是世界被创造之时。

——戈特弗里德·莱布尼茨(Gottfried Leibniz),《创造世界》,1667 年

5.1 概述

人类是最具智慧的物种,但智慧到底是潜藏于人类的大脑之中,还是寄居于身体之内,这是一个长期悬而未决的哲学问题。图灵在他 1948 年写给英国科学院的论文《智能机器》[一]里面,就把研究智能的方向划分成了"具身智能"(Embodied Intelligence)和"非具身智能"(Disembodied Intelligence)两类[二]。关于"非具身智能"的研究,演进成我们今天传统的基于计算(Computationalism)的认知科学,符号主义学派所主张的观点便是追寻这类智能的具体表现。以非具身智能的角度来看,所谓智能即符号操作,起始于大脑

[一] 当时并未发表,直至 1992 年图灵文集出版才得以公开。
[二] "Embodied"和"Disembodied"这两个单词没有特别权威的中文翻译方法,这里笔者采用的是哲学和认知科学中常用的译法,"具身"的通俗解释为"需要依赖具体的身体"。

的输入，终止于大脑的输出，智能和认知只关注这个符号操作过程。而"具身智能"的观点则认为智能、认知都是与具体的身体和环境密切相关的，它们之间存在内在的和本质的关联，智能和认知两者必须以环境中的具体的身体结构和身体活动为基础。智能是基于身体和涉及身体的，智能始终是具体身体的智能，而不能仅仅存在于脑海之中。

前两章着重介绍了非具身智能的进展和成果，关于具身智能的研究同样在人工智能中成长发酵，形成了本章的主角——"行为主义学派"（Actionism），这是我们接触到的人工智能三大学派中的最后一个。"行为主义"在人类心理学领域已出现过，在人工智能领域里，这个学派是以《控制论》出版发行为起源标志的，因此又常被称为"控制论学派"（Cyberneticsism），根据其学派特点，有时候也被称作"进化主义学派"（Evolutionism）。

对控制论，部分人的潜意识中总是有种倾向，认为："控制论的终点是完美的机械自动化，而自动化再完美，始终是规则集合的组合与重复，没有灵性与创造力，再完美的自动化与真正的智能化之间也始终存有不可逾越的鸿沟。"这种观念可能是不少人对控制科学、控制论的普遍误解，本章会谈到这种误解的来源。控制论诞生之初，它的目标就不仅仅是研究机器的理论，更是研究大脑的理论，我们不能通过一个章节了解控制论的全貌，但是应该了解清楚它的梗概与核心的逻辑。

另外还有一个现象值得注意，当今行为主义学派本身的应用及成果其实已经非常广泛，并不比另外两个学派差，甚至可以说建树颇多、成绩斐然了。但人工智能的圈子里对这个学派的研究、讨论却一直不温不火，其主要原因是大量相关的研究并没有归入人工智能范畴，而是放到了控制科学、人工生命、机器人学等与人工智能有密切关系的交叉学科之中。在本章，我们不囿于具体某个学科范畴，尽量系统性地介绍行为主义学派的人物、背景、观点和成果等全面的内容，这一切不妨先从"控制论之父"维纳说起。

5.2　引言：昔日神童

1894年11月26日，诺伯特·维纳（Norbert Wiener，1894—1964）出生在美

国密苏里州哥伦比亚市的一个犹太人家庭，他的父亲莱奥·维纳（Leo Wiener，1862—1939）是俄罗斯和波兰血统的犹太人，只有初中学历，18岁从白俄罗斯孤身一人来到美国，不仅靠着自己的双手生存，还靠着自学成才。维纳出生时，他的父亲已是哈佛大学的语言学教授。

维纳属于早慧孩子，3岁时不仅能独立阅读《格林童话》《天方夜谭》这类儿童读物，还对许多在他那个年龄本应无法理解的科普作品产生了浓厚兴趣。可能是不想辜负儿子的天分，也可能是为了弥补自己年轻时未能接受良好教育的遗憾，维纳的父亲在维纳小时候，对他的教育就极为严格，按维纳自己的话说就是"发疯一样地要把自己培养成天才神童"。过于严厉的早期教育确实让维纳在智商和学业上有超乎常人的突出表现，但也在维纳内心留下了强烈而持久的心理阴影。维纳自己回忆这样的童年场景：

> "在饭桌上，在朋友面前，父亲总是反复诉说我的某些幼稚、可笑的行为，使我如坐针毡，受尽精神折磨，他还经常向我提到祖父的一些缺点，这些缺点不久就会在我身上展露出来。"

童年的经历令维纳患上了抑郁症，而且终身都没有治愈，以至于在他心中长期萦绕着莫名的背叛感，甚至多次产生自杀的念头。日后维纳在与政府、军方、媒体和其他学者交往时表现出来的不安全感，还有其他性格上的缺陷都可以解释为由此引发。严苛的教育还让维纳从小就患上深度近视，后来发展到必须扶着墙才能走路的程度。这些童年的往事，都在维纳自己撰写的自传《昔日神童：我的童年和青年时期》（*Ex-Prodigy:My Childhood and Youth*）中被一一记录了下来。

在父亲的高压、天才式培育下，维纳直接跳过了初等教育阶段，9岁时便进入了高中就读，未满12岁就进入塔夫茨大学，14岁获得数学学士学位。维纳不仅在所学的数学专业上有所建树，在生物、物理、逻辑、哲学这些领域的素养也非常高。获得学士学位之后，维纳首先在哈佛大学当了一年动物学的研究生，随后转到康奈尔大学研修哲学，一年之后又回到哈佛大学攻读数理逻辑，其间还抽空跑到英国剑桥大学师从罗素学习逻辑与哲学，又到德国哥廷根大学跟随希尔伯特学习数学，最后，18岁的维纳在哈佛大学选择以哲学博士学位毕业。维纳的聪明与才华毋庸置疑，不过由于性格等，他的留校申请没有得到批准，只能转去麻省理工学院求职。1919 年起，维纳开始在麻省理工学院任教（见图 5-1），从此正式开始了他的学术生涯，并在那里工作和生活至去世。

图 5-1　维纳在麻省理工学院

维纳一生发表论文 240 多篇，著作 14 部，内容涵盖数学、物理、工程、生物和哲学等多个领域。其中最重要的成果，毫无疑问是在 1948 年出版的《控制论》（*Cybernetics*）一书，这是一部对近代科学影响深远的著作，开创了一个全新的学科"控制科学"（Control Science），也开创了人工智能中的行为主义学派。现在每当大家提及维纳时，都总是冠以"控制论之父"的头衔。

5.3　自动机对抗自动机

第二次世界大战期间，维纳接受了一项与防空火力控制系统有关的工作[○]。在这场人类历史上规模最大的战争期间，出现了许多对战争进程有着决定性影响的科学研究，而战争也推动科学向前跨越了一大段距离。二战同样是控制科

○ 维纳的研究其实对战争并没有什么帮助，许多介绍控制论的资料对这部分都以春秋笔法一带而过。他承接的其实是一项研究经费只有 2000 多美元，用于预测德军飞机在空战中规避防空炮火行为的研究。而维纳提交了一份 100 多页的报告，其中只提到了两次"空战"和"防空"，其余都是满篇的公式和推导，被军方训斥为毫无作用的"黄色灾祸"，这件事情也成为后来维纳与军方交恶，转变为一个彻底的极端反战人士的导火索。

学诞生的一个关键机缘。

我们先把时间拨回到这门学科诞生前的1940年，这年8月，为了迫使英国尽快投降，纳粹空军决定对英国各大城市展开空袭，二战中规模最大的空战"大不列颠战役"拉开了序幕。8月13日，超过200架德国轰炸机在重型战斗机的护航下向英国利物浦发动首轮轰炸，由此开始了对英伦三岛持续一年多的空中打击。10月15日，纳粹空军向伦敦派出了235架轰炸机，英国的地面防御系统在此战中的表现极为难堪，地面守军用了8326枚高射炮弹，仅仅摧毁了两架德军轰炸机。持续到12月，英军地面炮火仅击落了14架德军飞机，而伦敦在轰炸中几乎沦为一片火海。

可是从地面角度来看，防空问题的确令人苦恼，仅是能够观察到敌机已经是一件相当不容易的事情了。德军的"容克Ju 88轰炸机"（Junkers Ju 88）速度很快，一旦它进入炮手的视线，再向其开火基本上就已经为时已晚，对敌机的有效观察必须依靠雷达系统才可能实现。除了需要雷达提高感知侦测能力之外，如何通过雷达反馈回来的信息计算好拦截的位置也是一个大问题，155毫米防空高射炮射出的炮弹从射击开始算起，直到炮弹抵达纳粹容克轰炸机的飞行高度，需要在空中飞行整整20秒，其间容克轰炸机可飞跃2.5英里[①]，另外还有气流、风向、引力等因素需要修正，这涉及大量的数学计算才能找到准确的射击提前量。然后，精确地操控那些复杂的枪炮进行瞄准也是同样重要的问题，二战时期英军一门高射炮的不同部件之间可能会相距几百英尺[②]，中间通过电话线路相连，各个部件都需要不同人员协同操作，使用人工电话通话来传递信息。从地面的角度来看，用8000多枚炮弹就能够击毁两架来犯的容克轰炸机，已经称得上是足够"幸运"了。

军方给工程师下达的任务是尽最大可能提升防空火力的可用性，讨论方案时，工程师常使用"猎人狩猎"来比喻高射炮射击过程：有经验的猎人看到飞行的鸟，他的眼睛通过神经将视觉信息传送到大脑，大脑计算出提前量，找到步枪射击的合适位置，用手臂调整步枪的方位，预测小鸟的飞行轨迹并提前锁定目标，随着步枪扳机扣下，信息反馈和射击控制两个独立的过程同时完成。

---

① 1英里约等于1.61千米。
② 1英尺约等于0.3米。

平凡的猎人射击过程隐含了一个并不平凡的系统工程："猎人"是雷达、信息传输链路、火控计算机和射击控制部件共同组成的一个整体。有经验的猎人要完成眼睛、大脑和手臂的协同工作并不困难，但是让机器自动完成这件事情则是一项重大的工程挑战。当时用于防空的最先进的计算机是斯佩里公司研制的机械化火控计算机"M-7"，实际上它只是一台没有计算功能的机械化搜索装置，仅能孤立地处理整个系统工程中的一小部分工作。此时，研制出一款能够搜索敌机、实时计算射击位置、控制武器射击的全套火控系统已经是迫在眉睫的工作。

战争以极大的力量推动着科学研究的发展，只过了不到一年时间，贝尔实验室的工程师大卫·帕金森（David Parkinson）就在"M-7"的基础上成功研制出了"M-9"瞄准计算机（Range Computer），这台计算机能够进行四则运算和数学函数计算，借助电阻器、电位器、伺服电动机和弧刷等工具计算正弦和余弦函数。M-9计算机还能够从雷达处获取敌机的位置和速度数据，通过运算后，结果经放大电路放大，可直接驱动一台90毫米的重型高射炮自动进行拦截。M-9计算机出现后，才算是把整套工程的各个部分初步地连接起来，形成了一个反馈闭环，把防空过程中完全依赖人类操控的不确定性降低下来。

由机器代替人类控制防空系统的效果是立竿见影的，到了1944年夏天，英国已经有大约500门高射火炮装备了这套系统，此时地面防空炮火对纳粹空军飞机的威胁已经提升到了令德国无法忍受的地步，也倒逼着德国不能再单纯地依赖轰炸机来进攻，转而研发出了一种全新的武器——一种无人驾驶的飞行器，通过自身撞向目标代替高空投掷炸弹，这就是世界上出现的首枚弹道导弹——"V-1"导弹（V-1是复仇者-1型导弹的简称），如图5-2所示。

1944年6月，V-1导弹首次出现在二战战场上，可是到了7月，就已经有79%穿越英吉利海峡的V-1导弹被地面防空炮火击落。8月，德军发射的105枚V-1导弹仅有3枚能够命中目标，这个数据相比四年前没有实现自动化或半自动化的防空火炮的战绩，发生了翻天覆地的变化。

二战战场是控制科学最早崭露头角的舞台，今天，控制科学在军事上的重要性已经无可替代。笔者想起2018年春节期间公映的由中国海军投资的电影《红海行动》中的一个场面（见图5-3）：中国护卫舰临沂号上的舰载1130近防炮在不到 5 秒的时间内无一漏网地击毁了 6 枚以超音速飞行且同时攻向舰体的火箭弹，很多观众对近防炮能够如此快速而精准地击中火箭弹这种小而高速的运动物体感到不可思议，甚至认为这纯属为了电影效果而胡编乱造，但军事专家指出此处并不存在夸张的成分，是完全符合我国现代防空武器性能的。

图 5-2　世界上首枚弹道导弹——德国 V-1 导弹

图 5-3　电影《红海行动》剧照

大不列颠空中攻防战不仅仅是二战规模最大的空战，还是人类历史上"机器人战争"的开端，战争的未来已可由此预见，此后的战争就是自动机对抗自动机。英吉利海峡两岸的战争就是"M-9机器人"对抗"V-1机器人"，机器正逐渐接管一些以前依赖人类才能完成的事情，而且做得要比人类好得多。这些事情现在被人类归属到"自动化"的范畴之中，能够被自动化的事情，往往是根据信息和预设好的规则，做出相应的反馈和控制，但仅是如此吗？

多数人依然坚持认为有诸多复杂问题需要因地制宜，根据实际情况才能做出决策，并不存在预设方案，面对这些问题时自动化也无能为力，需要真正的智能才能解决，潜台词是只有人类才能解决。可是，如果我们从另外一个角度思考的话，结论可能会不一样：人类大脑无疑是拥有智能的，人类的身体的行动由大脑控制，因此人毫无疑问是一个能够做出智能行为的智能体，这一点应该没有异议。那假如把人放入一架飞机的驾驶舱里，当飞机有了飞行员控制之后，它的行动算不算是一种智能行为呢？这架飞机能不能看作一个智能体？面对这个问题，可能就开始有不同的答案了，如果读者心里的答案倾向于肯定的话，那么再想想，能够根据雷达的信息反馈正确预测飞机行为（如规避炮火的动作和飞行轨迹），控制防空高射炮成功击落飞机的火控计算机，算不算拥有了智能行为？机器为什么就不能是智能体呢？

以二战中参与火控系统研究为契机，维纳把从这次战争中发展出来的关于信息、通信、控制和反馈问题的成果进行梳理和总结，提出了创造性的设想。以此为基础，他的名著《控制论》于1948年横空出世。在此书中，维纳对"机器能不能拥有智能行为"这个问题给予了正面的回答，提出了"智能性原则"。维纳认为不仅人类和人类社会中，而且其他生物群体乃至无生命的机械世界中，都存在着同样的信息、通信、控制和反馈机制，智能行为是这套机制的外在表现，因此不仅仅人类，其他生物甚至机器也同样能做出智能行为。"智能性原则"是控制论的四大核心原则之一，是控制论观点的支柱之一。

5.4 从控制论说起

介绍控制论的思想前，必须先消除可能存在于读者潜意识里的一种错误观念：虽然《控制论》诞生于对防空火力控制系统的研究，可是此书并不是单纯讲解机械和机电工程控制的。事实上在全书中，"控制"只是其中的一小部分话题，这和多数人心中所设想的"控制论"不太一样。

人们可能会有一个先入为主的印象——控制论就是一门关于机械控制和工程自动化的科学。此观念直接扎根于我们的高等教育领域，大学里常有"自动化学院"这样的院系设置。其实这是典型的中国特色，在西方最多只会有"控制科学系"，一般在机电工程学院。绝大多数西方大学都不会为这个专业单独建立学院，而是将其放到电子工程、计算机科学、社会管理科学、生物技术科学、经济和商业等学院的专业课程之中，这是由于控制论涉猎的内容非常广泛，几乎与现今所有重要的学科都有交集。维纳自己是把控制论看作一门研究机器与生物控制和通信的一般规律，以及此规律所表现出来的行为的科学，是研究系统在不同环境下如何保持稳定状态的科学。这听起来似乎有点抽象，要了解控制论，了解人们对控制论先入为主的印象的来源，就应该先从"控制论"这个名字的来龙去脉开始。

"Cybernetique"一词由法国物理学家安德烈-马里·安培（André-Marie Ampère，1775—1836）在其著作《论科学中的哲学》里首先使用，意思是"国务管理"（Civil Government），属于社会科学的范畴。维纳在《控制论》的序言里面没有提安培的事，认为是自己从希腊文"Κνβερνετικσ"（原意为"操舵术"，就是掌舵的方法和技术的意思）中创造了该词。在维纳的思维框架里，《控制论》的范畴更加广阔，把社会、人类、其他生物体甚至机械体都纳入进来，他把机电伺服系统的物理反馈现象与神经生理学的"目的性行为"（Purposeful Behavior）、哲学上的"因果循环律"（Circular Causality）结合起来，认为人类、生物和具有智能的机器等都是通过"由负反馈和循环因果律逻辑来控制的目的性行为"来实现自身目的的，这句话便是控制论思想的源头。用专业名词解释控制论并不符合本书的叙事风格，这里不妨引用一段《控制论》中的例子来诠释：

> "人们通常认为传递信息只能从一个人类传递给另一个人类，而事实并不局限于此。如果我在起床时按下一个按钮打开了暖气、关上

> 了窗户，然后启动咖啡壶的电动加热装置，我就是在向这些设备发送信息。另外，咖啡壶在一段时间后开始鸣笛，那它也是在向我发送信息，如果温控器显示房间的温度过高，并关闭加热煤炉，这就可以说该信息是控制煤炉的一种方法。换句话说，所谓'控制'其实就是发送有效改变接收者行为的信息，正是这种对信息的研究，尤其是对控制的有效信息的研究，构成了控制论这门科学。"

《控制论》的主旨不在于工程控制，工程控制充其量只是一种方法和手段，现在自动化专业课本中提到的理论和公式在《控制论》中都没有提及。这本书的名字应该要配上它那拗口的副标题"在动物和机器中控制与通信的科学"（Or Control and Communication in the Animal and the Machine）才能贴切地反映出作者的真实意图。从副标题可见，这本书讨论的主体本来就是"动物和机器"。图 5-4 是 1948 年版《控制论》的封面。后来控制论慢慢发展，衍生出了社会控制论、工程控制论、生物控制论和经济控制论这些分支，与人工生命、人工智能、复杂性理论慢慢有了越来越密切的联系。

图 5-4　1948 年版《控制论》的封面

20世纪50年代,《控制论》从西方国家传播到社会主义国家时,苏联对于《控制论》是持严厉批判的态度的,认为其中宣扬的"人类与机器的行为可在理论上统一""自学习、自生殖、可进化的机器"等观点实质上是在反对唯物主义。最初,中国学者将"Cybernetics"翻译为"机械大脑论",后来由于这个理论被苏联直接定性为"反动的伪科学",所以并没有广泛传播开来。其实在西方控制论刚出现时支持和反对的声音都同样强烈,维纳在《控制论》中将动物与机器相提并论,也引起了不少宗教人士的不满与抗议,认为这冒犯了造物主和人的尊严。由于以上背景,1956年《控制论》正式进入中国时,中宣部科学处的龚育之等人将正式的中文译法敲定为"控制论",目的就是尽可能地避免此书再把"机器"和"人""大脑"扯上联系。后来,我国著名科学家、控制科学的先驱钱学森先生在编写其专著《工程控制论》(Engineering Cybernetics)时,特别在"Cybernetics"前冠以"Engineering"一词,也是为了摒弃控制论中关于人与智能的充满争议的观点,专门针对工程控制和工程自动化方向去拓展,可以说《工程控制论》一书的内容才是比较符合今天多数中国人对"控制科学"这门科学的印象的,但我们也应当明白控制论的范围并不局限于此。《机器崛起:遗失的控制论历史》(Rise of the Machines: A Cybernetic History)的译者之一王飞跃老师在此书的序言中写了这样一句评语:

> "'机械大脑论'这个名字其实至少能表述《控制论》原文75%的含义,但'控制论'似乎就只能传递原意的25%了。"

笔者十分赞同这个说法,不过还需要加以说明的是,如明斯基写的《感知机》那样,书名为"感知机",却并不以认可、推广感知机为目的,假如此书以"机械大脑论"为名,也只是为了说明这是书中讨论的中心话题,并不能说明维纳就是认同"机械大脑论"的,起码不认同传统机械因果观下的"机械大脑论"。

5.5 机械因果观和行为主义

《控制论》的序言中说维纳撰写此书时受到莱布尼茨符号语言和思维演算

系统的启发，这套思维演算系统可看作"机械式大脑论"的源头。维纳一生骄傲，对莱布尼茨却评价颇高，认为莱布尼茨是人类历史上最后一位百科全书式的博学通才，还说如果莱布尼茨出生在20世纪，那肯定也会去研究控制论。

莱布尼茨提出的机械式思维演算系统与人工智能真的是关系匪浅，在前面两章里，分别提到过它引导了符号主义里以符号演算代替人类思维的中心思想（见第3章），同样也启发了皮茨和麦卡洛克对神经网络的开创性研究（见第4章），再加上此处对控制论诞生的贡献，这位生于清朝康熙年间的德国学者的见识与奇思妙想实在是令人佩服。有共同的话题和共同的"偶像"，这可能也是维纳后来开始与皮茨、麦卡洛克合作的诱因之一。

不过，维纳并没有完全认同莱布尼茨的思维演算系统，自己也提出了"机械大脑论"，但与莱布尼茨的有极大差别。要理解维纳所讲的"机械大脑论"，我们首先需要明白"行为主义方法"这个概念。

行为主义是从其他学科引入控制科学和人工智能的舶来品，在控制论诞生之前，心理学家约翰·华生（John Watson，1878—1958）便已经发明了用于研究动物和人类的生理、心理现象的"行为主义方法"。他把有机体应付环境的一切活动统称为"行为"，认定全部行为都可以分解为"刺激"和"反馈"两大过程。给考察对象以某种刺激，观察它的反馈，通过研究反馈与刺激的关系来了解对象的特性，而不去纠结对象内部的组织结构，这就是行为主义方法。

维纳自己一直坚持把考察对象作为开放系统来看待。从他的开放性观点来看，研究对象是从它所处的环境中相对地抽取出来的，与环境仍然有千丝万缕的联系，而且必须从系统与环境的互动关系中研究系统。如果把行为广义地定义为系统相对于环境做出的变化，那么，可以从外部探知的系统变化都可以称为行为。如果把环境对系统的影响和作用统称为"输入"，把系统对环境的作用及其引起的环境变化称为"输出"，则给系统施加某种输入，观察它的输出，通过分析输出对输入的响应关系以了解系统的属性，而不必顾及系统内部的组织结构，这就是广义的行为主义方法。它既适用于动物，也适用于机器及其他系统，这一定义和推论奠定了控制论的方法论基础。

"输入—输出"方法现在也经常被称为"感知—动作"方法，更一般地说就是"行为主义方法",该方法是以因果决定论为基础的,即相信输入与输出之间存在因果联系,输入为因,输出为果,通过施加适当的输入可以获得理想的输出,这是设计和使用控制系统的前提。不论是维纳还是其他现代控制论专家,都相信因果规律,并坚持某种决定论,但维纳又谨慎而坚定地与传统的"拉普拉斯决定论"(Laplacian Determinism)划分开来。

在控制科学建立之初,尽管物理学中由于量子力学的胜利,在微观科学中已建立起了以概率去解释物理现象的观念,但在其他技术科学领域占支配地位的仍然是拉普拉斯决定论,学者们普遍信奉的是机械因果观,主张的是一种明确的、完全确定性的因果关系。自牛顿时代起,科学描述的宇宙是一个其中所有事物都是精确地依据特定规律来运作的宇宙,是一个细致而严密地组织起来的、全部未来世界都严格地取决于全部过去世界状态的宇宙。机械因果观描绘的这种钟表式世界图景,在17世纪到19世纪这个漫长时期里持续统治着科学界。直到路德维希·玻尔兹曼(Ludwig Boltzmann,1844—1906)在物理中引入概率解释后,这种决定论才受到了挑战,这种纯机械式的因果观才在微观世界中被推翻,最终量子力学获得全面胜利。即使像莱布尼茨这样具有辩证思想的学者,也坚信机械因果观,所以莱布尼茨的思维演算系统还是存在很明显的时代局限性的。

在研究自动机的过程中,维纳终于领悟出了通信与控制之间的本质联系。二战结束以后,他在信息论的许多方向上进行探索[一],其重要收获之一是明确了控制系统所接收的信息具有随机性,控制系统的结构必须适应这种特性。这里隐含了一个重要结论:控制论其实是一种统计理论,它关心的不是系统根据单独一次输入产生的动作,而是对全部输入能够做出合乎预期的动作。在这个系统中,因果联系不再是完全确定的,它同时具有统计上的确定性和个体上的不确定性,因而是一种统计上的因果关系。在控制系统中引入统计属性,从根本上改进了机械式的因果观念,从此观点出发,机械同样可以表现出"具有灵性"

㊀ 后来维纳和香农的关系还不错,但起初维纳一直认为香农的《信息论》是受到了自己的启发,因为二战期间战争保密的需要,维纳的很多研究论文都被军方禁止公开,维纳认为香农曾经阅读过这些资料,并且在《信息论》中用到了很多与他的论文相近或相似的理念。

的智能行动，这也是维纳对"机械大脑论"的翻天覆地的革新，是机器与生物体在理论上可以表现出相同智能行为的理论基础。机器与生物在行为意义上的界限，或者说智能与否在行为意义上的界限，可概括为以下两点：

- 机械或者机电系统中的反馈机制可以推广到人类和其他生物的范畴，可以用同一套理论去阐释动物和机器两大领域的信息、通信、控制和反馈问题。
- 人类和其他生物的智能行为，同样可以推广到机器，机械也可以实现智能行为。根据"感知（输入）—行动（输出）"方法，只要能够对环境的外部输入给予预期中的输出，就是智能的体现，而不需要去纠结是机器还是生物体。

这两点也是现在行为主义学派的理论基础，由美国人工智能研究协会（AAAI）的创始人之一——麻省理工学院的罗德尼·布鲁克斯（Rodney Brooks，1954—）教授于20世纪90年代初期在他的文章《大象不下棋》（"Elephants Don't Play Chess"）中提出。他一直倡导研究"没有表达的智能"和"没有推理的智能"，认为"智能"取决于"感知"和"行动"。布鲁克斯本人也是维纳时代之后，行为主义学派的重要代表人物之一。

关于控制论的其他观点和细节，笔者不再细说，毕竟这与控制科学关系更密切些。行文至此，人工智能学科中三大学派的主要人物和主要观点都已经介绍过了，这里可以对比总结一下：连接主义学派使用的是生物仿生学的方法，通过模拟生物体的脑部组织结构去寻找智能，它关心的是承载智能的生理结构；符号主义学派使用的是逻辑推理和演算的方法，通过解析物理符号系统假说和启发式搜索原理去寻找智能，它关心的是承载智能的心理结构和逻辑结构；而行为主义学派使用"感知—动作"的研究方法，通过环境反馈和智能行为之间的因果联系去寻找智能，既不关心智能的载体和内部的生理结构，也不关心智能的逻辑和心理结构，只关心智能的外部可观察到的行为表现。如果用最简单的一句话进行总结，我们可以说连接主义学派在研究"大脑"（Brain），符号主义学派在研究"心智"（Mind），行为主义学派则在研究"行为"（Action）。

5.6 自复制机和进化主义

行为主义、控制论中还有一个必须提到的观点，认为人工智能应该和人类智能一样，依靠进化获得，通过遗传过程的随机变异和环境对个体物竞天择的自然选择，逐代筛选出更快速、更健壮、更聪明的个体。这与之前图灵提出的建造一台简单、空白但有学习能力的机器，通过学习来获取知识、形成智能的设想有所差别。图灵的设想中不可避免地涉及对机器的教育和教育效果的评估等问题，但以进化的观点来看，这两个问题其实都不存在，环境就是最好的老师，同时也是最好的裁决者，唯一要解决的问题就是如何做到繁衍生息。

本书开篇写有一段这样的引言："在古代神话中，技艺高超的工匠可以制作人造人，并为其赋予智能或意识，如希腊神话中出现了诸如赫淮斯托斯的黄金机器人和皮格马利翁的伽拉忒亚这样的机械人和人造人；列子辑注的《列子·汤问》记载，中国西周时期也已经出现了偃师造人的故事。"可见从古至今人们都没有停止过寻找"有生命的机器"的可能性，在若干个可以突破机器与生物体之间界限的想法里，最野心勃勃的设想是直接创造出不含有机碱的活体机器来，这是一种独立机械装置，完全没有生物组织，却可以被赋予多种生物特征，诸如复制、变异、进化和思考等能力。控制论的创立和流行，也为人们思考机器是否有可能以及如何制造出无机生命体提供了一些启发。根据维纳本人的设想，机器生命是直接对标人类的，《控制论》中专门有一章是讲如何使用计算机去实现生物大脑的神经系统的，在麦卡洛克和皮茨开创神经网络的故事里，维纳本人也深度参与其中。

控制论诞生之前的 1943 年，计算机体系结构之父冯·诺依曼就与维纳共同研究过机器生命，到 1946 年底，冯·诺依曼对 3 年以来的研究进展程度倍感恼火，他觉得机器生命不应该一开始就对标人类，人类和人类大脑实在是太过于复杂，以至于难以作为模仿的模板来进行研究。在一封给维纳的著名信件中，冯·诺依曼建议维纳更换研究的对象，缩窄研究的范围，试图说服维纳暂时远离人类的神经系统。冯·诺依曼在信件里这样写道：

"在尝试理解自动机的功能及其控制的一般原理时，毫不夸张地

> 说，我们迅速采取行动并选择了普天之下最为复杂的对象——人类大脑。"

由于对大脑的研究不可能快速获得突破，冯·诺伊曼建议先研究一种更为简单的有机体（比单细胞更为简单的有机体）——"病毒"。病毒算不算是生命体这个问题直至今天还存有争议，但是病毒是连接无机环境与生命有机体的一条灰色的界限的观点在科学界中早已被普遍认同。冯·诺伊曼选择病毒作为对象，除了因为其结构相对简单，还因为病毒满足了生命体的其中一个关键特征：能够自我繁殖。

冯·诺伊曼虽然最终没有成功说服维纳从神经系统转向研究病毒，但是他自己花费了大约两年时间，拿出了一门理论——自复制自动机理论（Theory of Self-Reproducing Automata）[一]，该理论总体上概述了机器应该如何从基本的部件中构造出与自身相同的另一台机器，如图5-5所示。他的目的并不是模拟或者理解生物体的自我复制，也并不是简单地制造自我复制的计算机，而是回答一个理论问题：如何用一些不可靠的部件来构造出一个可靠的系统。自复制机恰好就是一个最好的用不可靠部件构造的可靠的系统。这里，"不可靠部件"可以理解为构成生命的大量分子，由于热力学干扰，这些分子很不可靠。但是生命系统之所以可靠，恰是因为它可以完成精确的自我复制。维纳也在1961年出版的《控制论》第2版里特别增加了两个新章节，其中就有一章专门讲述机器如何实现自学习和自复制能力。

根据冯·诺伊曼定义的自复制机架构，任何能够自我复制的系统都应该同时具有两个基本功能：首先，它必须能够构建一个组成元素和结构与自己一致的后代系统；然后，它需要能够把对自身的描述传递给这个后代系统。冯·诺伊曼把这两个部分分别称作"通用构造器"和"描述器"，而描述器中又包含了一个通用图灵机和保存在通用图灵机能够读取的介质上的描述信息。这样，只要有合适的原料，通用构造器就可以根据描述器的指示生产出下一台机器，并且把描述信息也传递给这台新机器。随后，新机器启动，再进入下一个复制循环。

[一] 源自冯·诺伊曼在20世纪40年代于伊利诺伊大学做的一系列讲座，之后由冯·诺伊曼的助手、密西根大学的阿瑟·伯克（Arthur Burk）整理成书出版。

图 5-5　当年自复制机的艺术表示

冯·诺依曼的这个思路被几年后的一项惊人发现所验证。1953 年，詹姆斯·沃森（James Watson，1928—）和弗朗西斯·克里克（Francis Crick，1916—2004）共同发现了 DNA 的双螺旋结构，这种结构完全具备冯·诺依曼所提出的两个功能。现在，我们仍然没有设计出能够真正完全复制的机器硬件㊀，但是遵循冯·诺依曼思路的自我复制软件早已经存在了，电脑病毒就是其中最广为人知的一种。

冯·诺依曼还注意到植物和动物虽然都可以生育后代，但是历经多代的生命繁衍并非简单地复制前代相同的生命，自然繁殖的复制过程中会出现源源不断的复制错误和变异，根据物竞天择的进化原则，与外界环境交互不利的变异将被淘汰，有利的变异则比较容易保留下来，从总体上使得生命体得到了改良。大自然不仅设计了生命体，还在不断地进化并提高现有的设计，使得生命体能产生比自身更为复杂的东西。

㊀　但是距离目标已经相当接近了。2008 年 7 月，在切尔滕纳姆科学节（Cheltenham Science Festival）上，英国巴斯大学的艾德里安·鲍耶（Adrian Bowyer）和新西兰科学家维克·奥利弗（Vik Oliver）公布了一个叫作"RepRap"的机器人。这台方方正正的机器看起来像一个鞋架，完全看不出我们想象的那种机器人的样子。不过，它可以不完全地实现自我繁殖：RepRap 可以通过计算机的指令来制造实体的零件，然后由操作者手工装配。实际上，它的核心部件就是一个三维打印喷头，使用融化的塑料来制造零件，或者使用融化的低熔点合金来打印电路。

可是如果从机械化的角度看待繁衍的话，将会得到一个相反的结论：有机生命的自我复制是进化的，机械的自我复制则很可能是退化的。一台机器如果能够制造出另外一台机器，那它就应该懂得组成新机器的每个部件的细节、掌握新机器的设计和组装过程中用到的工具，总而言之，母机的复杂度至少不会比子机更低才对，这与生物从简单到复杂的进化方向相悖。此外，在精确度上也存在难以忽视的矛盾，以工业中最常用于制造机器部件的机床为例，母机床的精度必须要比通过母机床制造出来的子机床精度高，才有可能复制出符合精度要求的下一代子机床，而使用子机床再复制出下一代子机床，精度还会进一步下降。在物理世界中要制造比生产工具更复杂、更精密的机器，依赖于人类的外力干预才能成立，但这岂不是变成生物衍化中的神创论，而不再是进化论了？为了解决此矛盾，冯·诺依曼在自复制机理论里要求机器复制不能是一比一的直接复制，而应当引入"随机突变"这一生物进化的关键特征，并且能在机械环境的"物竞天择"的反馈过程中筛选出更优秀的个体。直至今天，冯·诺依曼的这套思想理论在用机械制造机械这种物理世界的现实问题上实践起来依然艰难，在数字世界中却已经有了良好的发展和诸多落地案例，后面第 7 章将会提到的三大机器学习基础方法之一的"强化学习"㊀就源于这类理论，现在机器能学会下棋打游戏，汽车能学会穿街过巷自动驾驶，底层原理都可以归结到这种仿造生物进化的解题思路上。

冯·诺依曼在加利福尼亚州帕赛迪纳的海克森研讨班上做了一系列关于自复制机的演讲，尽管自复制机还只是一个无法真正施行的思想实验，但是在 20 世纪五六十年代的美国引起了很多关于机器生命的思考。对于科技发展的速度，无论是公众还是学者，都仍然处于二战所带来的技术爆炸的快感之中，对科技，特别是对以信息化、自动化和智能化为代表的第三次工业革命的未来充满了幻想与憧憬。"自复制机理论"是人造机械智能生命思索过程中的一个产物和缩影，它预示着机器人未来将参与到人类的社会与生活之中。随着人们对机器人思考与想象频率的增加，各式各样的机器人也越来越频繁地登上小说和银幕的舞台。不论斯坦利·库布里克（Stanley Kubrik）的电影《2001 太空

㊀ 另外两类基础的机器学习方法是监督学习和无监督学习。

漫游》中控制"发现号"太空飞船的反派角色 HAL9000，还是乔治·卢卡斯（George Lucas）执导的影片《星球大战》中勇敢机智的 R2-D2 和 C-3PO 机器人（见图 5-6），都成为家喻户晓的银幕经典形象。

图 5-6 《星球大战》中的 R2-D2 和 C-3PO 机器人

在这个背景下，"机器人学"（Robotics）也逐渐从凭空幻想转变为一门严谨的涵盖了机器人的设计、建造、运作及应用的跨领域的科学技术，开始被科学界严肃对待。机器人学并不属于人工智能或者控制科学的一个分支，而是一门与两者有重叠和紧密合作关系的新学科。

5.7 机器人学

1950 年 5 月，麻省理工学院的戏剧工作室在波士顿上演了一出著名的科幻剧——卡雷尔·艾派克（Karel Čapek）的话剧小品《罗萨姆的万能机器人》（*Rossum's Universal Robots*），如图 5-7 所示。这是一部很有纪念意义的作品，改编自捷克语的同名小说，该小说写于 1920 年，出版三年之后，被翻译成英语在伦敦演出。这次演出是"Robot"（机器人）这个单词首次出现在英语当中。

图 5-7 《罗萨姆的万能机器人》

演出当晚，在话剧演员忙于后台准备时，维纳独自一人先行走到了剧场的舞台中央，此时的维纳已经是一名畅销书作者、麻省理工学院的著名教授，不仅在学术圈中有名气，还因为无数的访谈和报纸杂志竞相宣传成为大众关注的焦点。维纳在舞台上对观众说道：

> "艾派克的戏剧并不是科幻小说。《罗萨姆的万能机器人》预测了不远的将来，机器要求被理解，要求我们像理解人类一样理解它们，否则我们将会变成它们的奴隶，而不是它们成为我们的奴隶。"

这段开场白假如由其他人所说，也许会带有一丝夸夸其谈的感觉，但是由控制论之父说出来，便充斥着预言的味道，令人既不安又不得不去思考其发生的可能性。不仅如此，维纳随后还向观众当场展示了他带来的一个机器人——他制造的"帕尔米亚"（Palomilla，见图 5-8）。

当维纳拿起手电筒照向这个带着车轮、大约 18 英寸⊖高的装置时，这台机

⊖ 1 英寸约等于 2.54 厘米。

器就会自动急促地、呼啦呼啦作响地跑到维纳跟前。其实帕尔米亚只是一辆安装了电池、电动机和光感传感器的三轮车，传感器输出的信号经过放大后控制着小车的方向杆，使得它能被灯光所吸引。这在今天看来显然是一台很业余的机器玩具，但放在20世纪50年代，尤其是放在维纳的预言式的开场白之后，舞台效果无与伦比。

图 5-8 维纳和他的机器人"帕尔米亚"

其实，维纳并不是最早制造这类机器人的人，早在一年多以前，剑桥大学的神经生理学家威廉·华特（William Walter，1910—1977）就做出了两个与帕尔米亚类似但更加严谨且精致的机器人（或者说是"机器乌龟"，见图5-9）。华特以路易斯·卡罗（Lewis Carroll，1832—1898）的作品《爱丽丝梦游仙境》（*Alice's Adventures in Wonderland*）中某个"乌龟"的角色给他的机器人命名，分别叫作"艾玛"（Elmer）和"埃尔西"（Elsie）。这些机器人都由控制器、传感器（包括光传感器、碰撞传感器）、充电电池、电动机和3个车轮构成，使用双真空管的模拟电子电路充当机器人的大脑，用来连接传感器和车轮，使得机器人能够自动寻找光源、调整方向，让头部朝向光亮运动或者远离光线运动，并通过转向或者推动来避免障碍。

图 5-9　华特的机器乌龟

　　这些机器人的控制逻辑只是一组具有优先级别的"反应规则"的集合。当这些简单的反应规则被正确地排列组合之后，机器人表现出来的行为就如同动物一样了。别看这两个机器乌龟与今天几十块钱就可以买到的儿童玩具相差无几，当时这两个机器乌龟可是被媒体宣传为"Machina Speculatrix"（拉丁语，意思是"会思考的机器"）或者"Machina Docilis"（意思是"可以被驯服或者训练的机器"）的[一]。

　　华特认为通过机器人学和人工智能技术的结合，最终可以制造出智力和动物甚至人类相当的机器。这个理想在当时的技术条件下自然是不可能实现的，但华特的机器乌龟可以被视为机器人学萌芽时期机器人雏形的代表，经过几十年的发展，今天在很多评价指标上，机器人都达到了昆虫或者动物的反应水平，距离目标达成也算是看到一丝曙光了。华特本人也很热衷于带着他创造的机器人在世界各地进行展览，直到今天我们还可以在博物馆中看到华特的机器人。

　　机器人的"初步成果"，还有刚才提及的机器人形象在小说和电影中大量出现，伴随着媒体宣传的推波助澜，让人们有了一种错觉，仿佛机器人很快就会作为一种新的、具有智能的生命形式出现，并与人类共处。这既令人们期待

㊀　资料来源：http://robotics.cs.tamu.edu/dshell/cs643/papers/walter51learns.pdf。

机器代替人类从事一部分智力劳动，也让很多人感到不安甚至恐慌，将机器人和人造生命视作怪物，认为对当时的工作环境和社会结构甚至人类的生存会构成严重的威胁，要求政府停止或限制机器人学的发展。

1942年，著名科幻小说家艾萨克·阿西莫夫（Isaac Asimov，1920—1992）在其著名小说集《我，机器人》系列的第一个短篇《环舞》（*Runaround*）中，为日后将要被制造出来的机器人设定了三条不可违反的行为准则，即至今仍广为流传的用于限制机器人不能祸害人类安全的"机器人三定律"：

> 第一定律：机器人不得伤害人类，或因不作为使人类受到伤害。
> 第二定律：除非违背第一定律，机器人必须服从人类的命令。
> 第三定律：在不违背第一及第二定律下，机器人必须保护自己。

这些定律被寄望于直接固化在"即将出现"的机器人的底层软硬件中，用来约束它们与人类和平相处。"三定律"虽然是阿西莫夫在小说里提出来的行为法则，但具有一定的现实意义。在机器人三定律基础上，又衍生出了一门新兴的学科"机械伦理学"（Robot Ethics），旨在研究人类和机器人之间的关系。说这是一门"学科"可能有点小题大做，但目前确实有越来越多的著名科学家、企业家投入或资助这方面的研究，主旨都是确保人类制造真正的机械智能或者机械生命，是在为自己寻找有力的助手，而不是自己毁灭掉自己。

真正的机械智能或者机械生命迄今为止并没有出现，未来会不会或者何时出现不得而知。如同人工智能其他几个方向的发展一样，在20世纪五六十年代就认为这类机器人"即将出现"显然是过度敏感和乐观的，不过，虽然还没有一般意义上的通用智能，也没有可以自我繁殖的机器生命，但许多其他形式和用途的家用机器人、军用机器人、工业机器人已经渗透到了人类的生活和生产之中。

1954年，美国发明家乔治·戴沃尔（George Devol，1912—2011）提出了"工业机器人"的概念，并在同年申请了专利（专利批准于1961年）。工业机器人大多抛弃了仿人型的外表，更贴近于一种可编程的机械臂装置，用于代替人类进行工业生产中重复的通用性作业。

两年以后，戴沃尔和约瑟夫·恩盖尔柏格（Joseph Engelberger，1925—2015）基于戴沃尔原先的专利，共同创立了以研发和制造工业机器人为主营业务的 Unimation 公司，该事件被视作机器人产业正式进入商用的里程碑。工业中的应用也是机器人从单纯的研究和概念转向实用化的第一个领域。

1960年，Unimation 公司的第一台工业机器人在美国下线，取名为"Unimate"（意为"万能自动"），如图 5-10 所示。此机器人被应用在通用汽车总装线上，工作是从压铸机中举起高热的金属片并堆叠起来。

图 5-10　世界上首台工业机器人"Unimate"

不过，虽然工业机器人诞生于美国，但是美国政府并未把工业机器人列入重点发展项目，甚至有刻意打压的倾向。原因就是当时社会对机器人将会代替人类，与人类竞争工作岗位的论调此起彼伏，导致政府不得不限制其发展。维纳曾在《控制论》中非常直接地描写了一段未来工作的景象：

> "如果第一次工业革命导致人手由于机器竞争而贬值,那么现在的工业革命①便在于人脑的贬值,至少人脑所起的简单的较常规的判断作用将要贬值。当然,正如第一次工业革命在某种程度上留下了熟练的匠人一样,第二次工业革命也会留下熟练的科学家和熟练的行政人员。假如第二次工业革命已经完成,具有中等学术能力及以下水平的人将会无以为生,因为他们无法提供任何值得别人花钱来买的东西。"

后来,在《控制论》发表两年以后,维纳自己又专门撰写了它的"姊妹篇":《人有人的用处:控制论与社会》(*The Human Use of Human Beings: Cybernetics and Society*)。此书专门强调了人类(特指知识分子和科学家)的优势,以及人类在这一次工业革命背景下可以发挥的作用。尽管维纳强调了"人有人的用处",但在笔者看来,要专门写一本书、取这样的标题来论证"人是有用的"这样的观点,这件事情本身就反映了当时社会对机械智能的焦虑情绪已积蓄到了极点。美国当时的失业率高达 6.65%,政府不仅担心发展工业机器人会造成更多人失业带来的经济影响,更担心因失业带来的社会动荡和选票流失,因此既未对制造和使用机器人的企业提供财政支持,也不提倡学术机构继续研制和发展工业机器人。在 20 世纪 60 年代到 70 年代中期这十几年的时间里,Unimation 公司的唯一竞争对手只有美国的米拉克龙(Cincinnati Milacron)公司。

直到 20 世纪 70 年代后期,美国政府和企业界虽然对工业机器人的制造和应用的认识有所改变,但仍将技术路线的重点放在工业机器人软件及军事、宇宙、海洋、核工程等特殊领域的高级工业机器人的开发上,致使欧洲和日本的工业机器人后来居上,并在工业生产的应用及工业机器人的制造上快速超过了美国。欧洲和日本的工业机器人在国际市场上的占有率曾一度达到了 92%,工业机器人领域的四大企业(瑞典的 ABB、德国的库卡②以及日本的发那科和安

---

① 这里所写的工业革命在书中称为"第二次工业革命",现在通常把 1870 年至 1914 年以电力普及为标志的科技进步称为"第二次工业革命",而维纳所说的更接近于从 1950 年开始以信息技术普及为代表的"第三次工业革命"。
② 德国库卡机器在 2016 年底被中国美的集团以 292 亿元收购,这是全球的高端制造业开始向中国转移的标志性事件。

川电机)都为欧洲和日本掌控。如今商业及工业机器人已被广泛地应用在可以比人工更廉价或更精确可靠的工作上,也被用于肮脏、危险或令人感到乏味的工作上。机器人的应用广泛,除了制造业之外,还有组装、封装及包装、运输、地球及太空探索、外科手术、武器、实验研究、安保、工业生产等多个领域。

美国虽然放弃发展工业机器人,但在具备自主移动、自主环境感知和应对的移动机器人(Mobile Robot)上的研究和技术积累仍然冠绝全球,成果累累。今天小到家庭使用的扫地机器人,大到被发射到火星上的探测器,还有非常火热的无人驾驶汽车,都受益于这些研究带来的技术红利。

1969年,斯坦福大学人工智能研究中心(Artificial Intelligence Center at Stanford Research Institute,AIC@SRI[○])的尼尔斯·尼尔森(Nils Nilssen,1933—)教授研发了一款名为"Shakey"的车型机器人,这是世界上第一台可以自主移动的机器人(见图5-11a),它被赋予了有限的自主观察和环境建模能力,控制它的计算机非常巨大,甚至需要填满整个房间。制造Shakey的目的是证明机器可以模拟生物的运动、感知和障碍规避。在Shakey出现十年以后,《智力后裔:机器人和人类智能的未来》的作者汉斯·莫拉维克(Hans Moravec,1948—)教授在斯坦福大学建造了世界上第一台完全由计算机控制、可以自动驾驶的小车(见图5-11b),并成功绕行斯坦福大学人工智能研究中心大楼一圈,可以称得上是无人车的鼻祖。

a) Shakey　　　　　　　　　　b) 自动驾驶小车

图5-11　自主移动机器人"Shakey"与世界上第一台自动驾驶小车

○ SRI于1970年从斯坦福大学独立出去,成为美国一个独立的非营利性研究组织,并在1977年改名为"SRI International"。

经过几十年的积累，斯坦福大学人工智能研究中心（即今天的斯坦福国际研究中心，SRI International）已成为探索这类具备环境探测和反应能力的自动驾驶移动机器人的世界前沿阵地。2004年起，美国国防高级研究计划局（Defense Advanced Research Projects Agency，DARPA）曾连续举办过三年"DARPA无人驾驶机器人挑战赛"（DARPA Grand Challenge），以大额奖金鼓励自动驾驶和无人车的研发。首届比赛中，斯坦福大学人工智能研究中心研发的"斯坦利"（Stanley）自动驾驶汽车获得冠军，它成功越野行驶212公里，第一个到达终点，最终赢得200万美元大奖。这些研究成果很快被商业公司所吸收和应用，拥有世界上第一辆美国机动车管理局合法车牌、在公共道路上不需要安全员即可进行无人驾驶实验的车辆的Waymo公司（于2016年从谷歌无人车部门独立出来成为公司，2018年曾被摩根士丹利估值1980亿美元，甚至超过了丰田、福特等传统整车制造商），以及目前世界上最著名的无人车企业之一特斯拉（Tesla）公司，它们的总部都建在斯坦福大学所在的硅谷地区。

在2001年加入世贸组织以后，中国的制造业快速发展，逐渐成为无可争议的"世界工厂"。与美国对待工业机器人的保守态度完全不同，中国在连续多个"五年计划"和"中国制造2025"等国家政策上都明确将发展工业机器人作为制造业产业升级的关键。在宽松的发展环境和庞大的需求的共同驱动下，中国不仅在消费端成为工业机器人最大的单一市场，在供应端中国品牌的工业机器人也占据了全球52%的市场份额（2022年统计数据），创立仅20余年的深圳市汇川技术股份有限公司（简称汇川技术）的市值就已超过了原工业机器人四大企业之一、有着100多年历史的日本安川电机。即使在美国重点发展的无人驾驶领域，也形成了以华为自动驾驶系统（Autonomous Driving System，ADS）为代表的中国智驾技术与美国特斯拉全自动驾驶（Full Self-Driving，FSD）为代表的西方技术相互竞争的格局。

如维纳所料，控制科学、机器人学和人工智能这些学科的出现和发展，确实极大地改变了人类的经济和生活方式，不过，维纳的预言并没有完全应验，科技的发展并未淘汰掉人类，没有削弱人类在智力上的优势，也没有抢夺人类的工作。目前，人工智能、机器学习、深度学习和大数据等相关的工作职位大量涌现，这是第三次工业革命从自动化、信息化逐步发展到智能化阶段的表现，是技术深刻影响经济活动和社会生活的缩影。在这场数字革命中，我们取得了一些成绩，但这仅仅是智能化阶段的开端，未来的道路还十分漫长。

5.8 本章小结

在本章，我们接触到了人工智能三大学派中的最后一个——行为主义学派，行为主义所追寻的智能来自"感知—动作"模式，这个学派认为是否存在智能，取决于感知能力和表现出来的外在可见的行为，而智能行为又是必须通过现实世界与周围环境交互才能表现出来的，因此智能不是仅存在于脑部的智能，而是与身体和所处的环境都有密切的联系。

控制科学、行为主义方法在机器人学中有非常广泛的应用，并且取得了一些成果。不过这种"自下而上"寻找智能的方式，是止步于昆虫层面的应用智能，还是能直达人类层面的通用智能，这一点连现在这个学派的学者都普遍存疑。现在，人工智能三大学派都遇到了难以突破的瓶颈，将三大学派的方法糅合起来共同运用、相互取长补短是未来寻求智能的一种趋势，也是一条相对更具有突破可能性的道路。

• *Part 3* •

第三部分

第三波高潮

第 6 章

机器学习概览

Machine learning is the study of algorithms that allow computer programs to automatically improve through experience.

机器学习就是一种可以让机器根据历史经验自动改进自身的学习算法。

——汤姆·米切尔（Tom Mitchell），《机器学习》，1998 年

6.1 概述

图灵在《计算机器和智能》中首次提出了"学习机器"（Learning Machine）的概念，以极具预见性的眼光洞察到能否实现人工智能的关键，很可能就取决于能否或者说何时解决"如何让机器拥有学习能力"这个问题。

"学习"是一种伴随人类终生的普遍的行为，它的含义是很广泛的，并不是一定要在学校接受教育才算是学习，也不一定只有读书、思考才算是学习。所有的对象，不论人类还是动物，甚至是无生命机械，如果受到外界信息的刺激之后能形成经验反应，并影响日后的行为，那这个过程就可以称为"学习"。就这种广义的定义而言，学习并不局限于人类，几乎所有的生命体与生俱来都拥有着不同程度的学习能力，而现在还没有找到确切答案的问题是：学习是不是

上帝赋予生命的特权？机器是否也能够拥有学习的能力？经过众多科学家数十年的持续研究，目前在机器自主学习方面已经取得了一些进展，但仍然存在很多还未得到妥善解决的问题。

曾经人们试图绕过"机器学习"这个障碍，尝试尽可能地发挥机器本身的特长，如高速的计算能力和海量的存储能力，用逻辑符号推理来模拟人脑的思考、用人类总结从外部给机器灌输知识等去寻找获得智能的可能性（这些努力可详见第3章），但这些尝试都遇到了巨大的困难，均没有获得明显突破。相比自然界之中无穷无尽的自然规律，以及人类历史发展数千年的庞大知识积累，机器引以为傲的运算速度和人类总结灌输知识的效率都显得微不足道。

经过各种方向的探索尝试，今天人工智能的主流研究方向不得不又重新回到了死磕"如何让机器学会'学习'"这个课题上，人工智能的学者基本已经接受了必须让机器具有通过历史经验修正自身的能力、具有接受外界输入的刺激并获得自我进步的能力，才是迄今最有希望通往人工智能的路径。

而对于公众来说，大约是 2012 年开始，机器学习几乎是一夜之间成为流行词。经过以 Gartner Group 等公司为首的一大批信息技术咨询公司在这些年的大肆宣传，人们对机器学习的期望和关注都已积累颇多，可能已经超过了机器学习本身所能解决的问题的范畴。正式探讨"学习机器"这个热门话题之前，我们需要先给它设定一个合理的期望与定位：机器学习是人工智能中的一种重要技术，做出了许多令人惊讶的成果，它相对于人工智能的地位，有点类似于数学相对于科学的地位，基础而且重要。不过，机器学习并不是魔法，也不是科幻想象中那种能把机器从一张白纸逐渐教育成智慧机械生命的神奇手段，它其实与人类从懵懂到睿智的教育过程几乎没有相同之处，让机器沿用学习一词，是取其"从经验中改进自身"的含义，而不是说它与人类的学习行为有相近之处。

我们还应意识到要实现能有效解决问题的机器学习是困难的，原因是没有能够学习所有知识的通用方法，也不会有能够解决所有问题的通用知识，每一个问题都需要通过专门的学习过程，寻找出能够解决问题的正确模型。而且，找到正确模型这件事情同样困难，机器学习相关的工作在业内常被自嘲为"炼丹"，意思是迄今尚未出现一套完整的、严谨的、可一步步参照着操作的关于机器学习中如何建模的方法论，机器学习问题大多是需要处理者根据实际场景的特点和自身的经验去解决的。这个过程考验操作者的技术和经验，运气和灵感这种难以琢磨的因素的占比也不小。训练模型常会由于模型的函数、参数和网络结构选择不当，优化策略或者算法不对，训练的数据不够等问题，导致机器学习不能交付令人满意的结果。

本章会系统地探讨一系列关于机器学习的话题，希望在讨论中获得该领域中某些关键问题的答案，至少要解释清楚以下 4 个最基础的问题：

1）机器学习是什么？有什么价值？
2）它能解决哪些问题？
3）它通过哪些步骤来解决问题？
4）如何验证、评估它的解决效果？

在这个过程中，读者将会接触到不少新的概念和知识，这些新知识虽然和统计学、数据挖掘这些老牌学科与技术有很深的关联继承关系，但是对于普通人来说，大多属于日常学习和工作中并不会接触的"冷知识"。由此决定了本章内容势必会显得更"学术化"，也少了一些故事性。如果读者不是理工科专业出身，只是抱着科普的目的来阅读本书，那在后续阅读中看见涉及公式推导和运算的内容时可以直接略过，笔者写作时已经认真考虑了在不去理解这些专业内容的前提下，如何令读者获悉人工智能的概貌，以保证跳过它们不会对理解后续内容带来明显的影响。但是，如果读者阅读本书的目的是入门人工智能这个领域的话，那这些"不友好的文字"便是你日后探索"神经网络""深度学习"等内容必要的背景知识和专业基础，现在多花费一点时间和心思，认真扎实地掌握这些新知识，对后续人工智能的学习是很有价值的。

6.2 什么是机器学习

创投、管理、技术、产品等各种圈子里提及人工智能，基本都要讲到"机器学习"，这个词语相信大家已经耳熟能详了，但是，听了很多遍"机器学习"这个名词后，大家想过"机器学习"到底是什么吗？这是一个概念性的开篇话题。

机器学习是人工智能与统计学、数据挖掘结合而发展出来的一门分支学科，目前的机器学习与统计学、数据挖掘仍有大量的概念、思想和算法是互相重叠或者存在继承关系的。许多时候，我们甚至习惯于把机器学习三大基本方法中的无监督学习和数据挖掘中的数据分析技术混为一谈，二者都是研究数据的结构、模式、分布特征方面的问题，如数据聚类、主成分分析等。不过，当前机器学习领域中更显热闹（更被大众所关注）的是另外两种基本学习方法，即研究智能模型输入数据与输出结果中隐含的关联关系的监督学习，以及研究环境反馈对智能模型行为影响的强化学习。

有好几位人工智能的先驱都曾提出过机器学习的定义，其中最早的很可能是那位写出了第一个拥有机器学习能力的跳棋程序的 IBM 第一代程序员塞缪尔，他认为只要不用程序员显式地给机器编程就能够实现某些功能便是机器学习[一]。而第一个在学术上符合今天机器学习思想的定义，是由司马贺在 1959 年所提出的[二]：

> "如果某个系统可以从经验中改进自身的能力，那这便是学习的过程。"

这句话十分简洁却极为有力，直接揭示了机器学习最本质的特征："从经验中改进自身。"但是它还不够具体：什么是经验？什么是改进？怎样改进？如何度量改进了多少？这些要素并没有得到明确的解释，仍然要依赖人类的语言和自身的思想见识去诠释，所以在研究中其实不太好操作。

1998 年，卡内基梅隆大学的汤姆·米切尔（Tom Mitchell，1951—）教授在他撰写的《机器学习》一书中，对司马贺的定义进行了一系列补充，增加了几个具有可操作性的辅助描述符号，笔者将其英文原文部分摘录如下：

> Machine Learning = Improving performance with experience at some task

---

[一] 塞缪尔关于"机器学习"定义的原话为："机器学习是不使用确定性编程算法为计算机提供学习能力的研究领域。"

[二] 资料来源：https://www.cis.upenn.edu/~cis519/fall2014/lectures/01_introduction.pdf。

> - Improve over task, T.
> - With respect to performance measure, P.
> - Based on experience, E.

如果按中文的语言习惯来解读，这个定义可以理解为："假设某项评价指标可作为系统性能的度量（Performance，简称 P），且这个指标可以在某类任务（Task，简称 T）的执行过程中随着经验（Experience，简称 E）增加而不断自我改进的话，那么我们就称该过程'Process<P, T, E>'是一种学习行为。"这个定义明确列出了"任务 T""度量 P""经验 E"与学习过程"Process<P, T, E>"这几个符号，使得它读起来显得有点拗口，但这些符号都是必要的，它们构成了机器学习的一种最基础的形式体系，只要再结合几个具体例子，就可以使这个定义变得形象。

以本轮人工智能风潮最初的热点"人机对弈"为例，机器学习采用每一步落子位置对全局胜率的影响（度量 P）来评价系统性能，在每一次对弈（任务 T）中，基于机器学习算法的人机对弈软件[一]，是根据历史棋局的对局数据（经验 E），来修正根据棋盘局面推算每一步的最佳落子位置的模型，通过越来越接近模型的输出结果，计算出当前形势下相对胜率最高的落子位置。

对于人工智能另一个备受关注的应用方向"汽车自动驾驶"，机器学习采用各种路况下正确的驾驶操作的概率（度量 P）来评价系统性能，在不同路况的行驶过程（任务 T）中，无人车是基于机器学习训练出来的模型来实现自动驾驶的，而不是依赖程序员的编程来判断各种路况，因为编码几乎不可能穷举出所有可能的路况，必须根据长期行驶的路况和操作记录的分析结果，基于人类应对各种路况的经验（经验 E）来修正这个驾驶模型，然后由这个模型来决定在传感器提供的图像、速度等信息下，机器采取怎样的驾驶操作才是正确的。

上面这些机器学习的定义和例子，都是从机器学习的本质出发，即从它"是什么"、要"做什么"的角度来解释机器学习这个概念。还有另一种在教科

[一] 有许多棋类对弈软件是基于搜索算法的，如多数象棋软件，这里仅指通过机器学习来实现的对弈软件，譬如近年来能和职业选手对抗的围棋软件。

书中常见的表达形式,是从机器学习的过程元素入手,将机器学习分解为三个部分,从机器学习"怎么做"的角度来定义它。在李航老师的《统计学习方法》一书中,就提出机器学习由"模型""策略"和"算法"三个要素构成:

$$机器学习 = 模型 + 策略 + 算法$$

- **模型**是指机器学习所要产出的内容,一般是多个可被计算的决策函数或者条件概率分布函数以某种拓扑结构串联起来。把输入数据代入这个模型中计算,就会得到符合真实情况的输出结果。
- **策略**是指要按照什么样的准则进行学习,具体来说是按照什么样的准则选择出最优的模型。从宏观角度讲,一般我们都会以"减少模型的输出结果与真实情况的差距"作为学习的准则,这里的"差距"同样也是以可被计算的函数的形式来描述的,被称为"损失函数"。
- **算法**是指如何依靠历史数据,把正确的模型中涉及的未知参数都找出来。在确定寻找最优模型的策略后,机器学习的问题便归结为寻找模型最优参数的优化问题。

以"怎么做"来解释和理解机器学习具有更强的可操作性,在稍后讲解机器学习如何训练模型的实战章节中,会承接这个思路,深入机器学习的工作过程,继续讨论机器学习模型、策略和算法的相关内容。

6.3 机器学习的意义

自通用可编程的计算机出现以来,人与机器交互的唯一手段几乎就是程序。一段计算机程序可以看作对一连串数据从输入到输出的处理过程,程序员与机器的交流是通过设计、编码来完成某种功能。譬如一个最简单的应用程序,界面逻辑、控制逻辑、业务逻辑、数据结构等各个层次,都必须由程序员去设计、去思考,然后用程序语言编写出来,再让计算机执行。运行在计算机中的程序,无论多么庞大、复杂,只要是由人类所设计、编写的,那么它对人类来说就是一个完全的"白盒"。人虽然没有办法像计算机那样高速运行程序,但在理论上可以知道计算机程序执行过程中每一个时刻的每一个细节。在整个程序执行过程中，计算机从头到尾都只是运算工具和信息存储容器，只参与了"执行"，完全没有参与到问题解决的"思考"过程中。

那机器学习改变了什么呢？机器学习在一定程度上把"黑盒"的思想带入计算机中，用机器学习处理问题，并不追求一开始就找到解决问题的办法或处理过程的精确细节，而是让计算机用某些被先验证实的行之有效的基本模式去模拟问题中的数据发展变化，试图用足够多的反映现实现象的数据来直接驱动机器去模拟并拟合这些已知的现象，然后去预测那些具备相同规律但还未知的现象。说白了，机器学习是在追求让人类不用再去思考和设计的可能性，人类只需收集到足够的经验数据，让计算机能够自己琢磨，找到模拟的办法，进而解决问题。

今天的机器学习还不能让计算机直接做到自己总结出事物发展的规律，自己去设计程序来解决问题[一]，但能够让它先去做模拟，在一定程度上找出问题可接受的近似解。机器学习在用一套很一般化的"模子"打磨出能够解决特定问题的"武器"，虽然过程不同于传统人工编程，结果也不同于可阅读、可解释的程序代码，但这里所做的事情，从某种意义上说就是一种"能够自发产生'解决问题的程序'的元程序"。现在各种机器学习的经典学习策略，如决策树、支持向量机、神经网络，本身并不针对具体的问题，但通过这些算法让机器从数据中"学习训练"后，却可以做很多事情，一会儿下棋，一会儿打游戏，一会儿预测房价，这些都不需要人类去思考出精确的问题解决步骤，是不是看起来就像是机器从数据中学会了这些技能一样？

前面曾提到"学习能力"也许是高级生命的天赋特权，诚然，如果要提炼高级生命的最明显的几种特征的话，"学习"很可能会与"进化""生存""繁衍"等并列，被选为最关键的几个特征之一。那有了机器学习这门技术，是真的让机器具备了一点智慧生命的特征了吗？答案并非如此，原本机器学习确实尝试过让机器自动学习、发现事物的运行规律，但是今天大家所讨论的机器学

[一] 有人可能会以 GPT 模型能够编写程序代码为例反对此观点。GPT 的"编写代码"依然是对现实事物的模拟，其本质是一种序列到序列生成模型的输出，根据输入序列和上下文窗口预测出最可能正确的输出序列。GPT 的输出代码片段与输出中文、英文答案并无本质差别，它并不是通过总结出规律，将规律应用于具体问题，用编程的方法解决问题得到答案的。

习，只是根据历史数据对未来数据进行的一种模拟，而非人类意义上的主要以学到了知识和规律为目的的学习，也许将后者称为"思考"，与"学习"区分开来更为恰当。不过，从结果的角度来看，"机器学习"和"人类学习"又是殊途同归的，这两种行为的结果都是可以自主地获得原来没有的能力，自发地找到解决问题的方法，从这个意义上讲，只要结果确实能够解决问题，说机器会"学习"了也并无不可。

所以，现在机器学习依旧备受关注，它代表了一种人类使用计算机的全新方式，很可能是未来我们应对越来越复杂、超过人类智力能够处理的问题时，人与计算机合作、交互的主要形式。

6.4 机器学习的分类

机器学习除了此前提过的可按照学习方法的差异划分为无监督学习（Unsupervised Learning）、监督学习（Supervised Learning）和强化学习（Reinforcement Learning）三类外[一]，从不同的角度出发，还有其他剖析机器学习的分类方式。

如按照机器学习的不同应用类型来划分，可以分为判别模型学习（Discriminative-Model Learning）和生成模型学习（Generative-Model Learning）两大类。判别模型着重寻找出不同类别数据之间的隐含差异，广泛应用于分类、决策、预测等任务中，譬如用户画像、广告推荐、文字识别、人机对弈等，本章稍后要实践的"垃圾邮件判断模型"是最为经典的判别模型应用之一。不同于判别模型，生成模型是在 2014 年才真正开始崛起的，虽然"年轻"[二]，却展现出了势不可挡的燎原之势，将机器学习乃至整个人工智能学科推到了一个史无前例的高度，即使不是业内人士，对 ChatGPT、Stable Diffusion、Sora

---

[一] 部分资料中将"半监督学习"（Semi-Supervised Learning，SSL）也作为一种基本学习方法。

[二] 这里的"年轻"仅是指被公众所熟知的时间。第一个生成模型甚至可以追溯到人工智能概念被提出之前的 1948 年，香农给出过一个由英语双词频率表生成句子的例子，可以生成如"Representing and speedily is an good"这样语法并不正确的英文句子。生成模型以前也诞生过一些不那么被大众了解的成果，如前文曾提到的隐马尔可夫模型，下一章介绍深度学习时顺带提到的受限玻尔兹曼机也属于生成模型。

等词语也多有耳闻。生成模型关注的问题本质是联合概率分布，适用于诸如根据提问产生答案、文章自动摘要、机器绘画、视频生成、作曲编程等需要机器具备"创造力"的场景。这部分内容既是当前人工智能的热点，也是快速发展变化的前沿，我们将在第 8 章专门讨论。

还有一种分类方式是按照机器学习输出模型的可解释性进行划分。可解释性决定了学习的最终目标是透过现象找到背后的运行规律，还是只要找出特征与现象间的隐含关系就行了。机器学习在这方面的发展历程完全贴合了人工智能研究从最开始探究规则到后来主要依靠仿生模拟的发展过程，大体上，研究的目标最初是白盒可解释的学习，主要是基于规则、树结构或线性回归的机器学习，随着符号主义的衰落，研究的主要目标正在朝着黑盒不可解释的学习方向持续倾斜，主要是基于神经网络、概率统计的机器学习。笔者对上述提到的三种分类方式中出现的机器学习方法进行了总结，如图 6-1 所示。

图 6-1　机器学习分类

图 6-1 中白盒可解释的学习在本书第 3 章讲解符号主义的"学习期"时已经初步涉及一些，目前它仍然只能处理比较浅层的、直接藏于数据背后的简单规律，很难处理需要经过思考和复杂推理才能得出的深层的、本质的规律。这条分支现已不算是机器学习的主流，有些学者甚至提倡摒弃这部分内容，这当然是有失偏颇的，但由于篇幅所限，笔者并没有把这部分内容拆分成单独的章

节来讲解[一]。除此之外，图中的其余内容均是第三部分（第 6 章至第 8 章）的重点，笔者会在后续章节一一展开介绍。

6.5 机器学习解决的问题

在本节中，我们先从一个通过数据统计进行学习的例子来入门，生活中数据统计的思想和解决问题的方法同样是计算机从数据的表象模拟和认知世界的方法。

笔者的朋友小黄有这样一个烦恼，他的女友跟他约会时从来没有时间观念，经常迟到。有一次小黄跟她约好三点在某个地点见面，一起去朋友家吃饭，出门的那一刻小黄突然想确认一个问题：现在出发合适吗？会不会到了约定地点后，又要花上 30 分钟乃至更多的时间去等她呢？小黄决定找出一个恰当的策略来解决这个问题。

有几种策略可供小黄选择。第一种策略是保守策略，无论她何时出现，小黄都会守时到达。虽然这样确实稳妥，但他并不想采用这种完全容忍问题的保守策略。第二种策略是采用规律和知识来解决问题：小黄试图搜寻能够解决这个问题的知识，但很遗憾，没有人把如何跟女友约会这种事情作为知识来传授，小黄不可能找到任何能够解决这个问题的已有知识。第三种策略是追求最优的平衡策略：小黄把过往跟女友约会的经历在脑海中重现了一下，看看其中迟到占了多大的比例，这些迟到的情况有什么特征，然后利用这个统计值来预测女友这次约会迟到的可能性，如果这个值超出了小黄心里的某个界限，那就选择等一会儿再出发。

思量至此，小黄马上统计出了他跟女友最近 20 次的约会记录，其中女友迟到的次数占了一半，这里面有 8 次迟到是因为约会有其他人参与，需要更多的化妆时间导致的，其余 10 次准时到达和另外 2 次迟到都是两人单独约会的。这次约会的目的是去朋友家吃饭，会有其他人参与，那按照以往经验，符合这个特征时她迟到的记录有 8 次，准时的记录仅有 2 次，迟到的概率为 80%，这

[一] 如读者对这部分内容感兴趣，可参考机械工业出版社出版的《可解释机器学习：模型、方法与实践》（书号为 978-7-111-69571-4）一书。

个值已高于小黄心中可忍受的阈值,因此小黄选择推迟出门的时间。在做决策的过程里,小黄采用了以往约会的数据来预测这次还未发生的约会中女友是否会迟到,并且调整了他的约会决策,这种根据对过去经验的数据统计来改变系统行为的方法就是"基于统计的机器学习"。

以上例子中,小黄的第二种策略(尝试采用规律和知识来解决问题)和第三种策略(尝试根据经验和数据来解决问题)恰好与机器学习中的"推理"和"统计"两种手段相对应。在第 3 章介绍逻辑学的内容里,笔者曾经引述过这样一个哲学观点:人类认知世界的两种最基本的手段是"演绎"和"归纳",有什么样的工具、手段,就能解决什么样的问题,人类能够认知的知识范围,是由这两种手段决定的。顺着这个逻辑,机器学习能够解决的问题的范围,当然也是由它所掌握的工具、手段所决定的。机器学习的两个主要发展方向与演绎、归纳相对应,演绎是根据一般规律推理出对个别事物的认知,归纳则是根据个别事物统计获得对一般规律的认知。如果我们以"可推理"和"可统计"作为分析维度,可把人类全部需要解决的问题放置到如图 6-2 所示的四个象限上[一],得到四类不同的知识和问题。

图 6-2　人类知识的划分(1)

㊀ 此处部分观点引自北京大学信息科学技术学院院长、中国工程院院士高文教授在 2016 年中国计算机大会(CNCC)上的演讲内容。

人类所有的知识和问题，有些我们可以统计，有些我们没办法统计，有一些知识是我们可证明、可推理的，还有一些是我们没有办法去证明和推理的。按照这两个维度来划分，在这个二维坐标里放入人类所有的知识。横向上，理论上只要是可推理的，都可以通过逻辑演绎，采用符号、规则这样的工具，让机器最终完成推理。纵向上，理论上凡是可统计的，都可以通过大数据、统计学的手段和各种数据挖掘分析方法，得到一个性能足够好的模型，令模型的输出结果可以满足所需的精度拟合现实结果，通过模拟的方式来解决这类问题。

在这个二维坐标空间中，人类的知识或者说人类可能遇到的问题，被划分为四类，如图 6-3 所示，分别为"可统计也可推理——我们知道现象也知道规律""不可统计却可推理——我们知道规律却不能观察到现象""可统计却不可推理——我们可以观察到现象但不能总结出规律""不可统计也不可推理——我们既不知道现象也无法总结出规律"。

图 6-3　人类知识的划分（2）

- **第一类问题（我们知道现象也知道规律）**：对这种可推理、可统计的问题，无论用何种方法，原则上我们都可以找到答案。
- **第二类问题（我们知道规律却不能观察到现象）**：对于能够通过已知规律推理得到未知现象的问题，例如各种数学定理、宏观的物理定律都是依靠严格的逻辑推理得出的。我们知道了今天地球的位置、角度、速度、质量等，完全可以准确无误地预测出 1000 年之后地球的精确位置，这个预测就是根据人们已掌握的天体运行规律来推理得到的。对于处于这个象限的问题，目前计算机作为计算工具，可以很好地代替人类完成定律、公式的运算过程，但是在自主发现和证明规律方面还处于非常初级的阶段，解决问题的主要方法是人类去思考和发现规律，再通过编程让计算机应用这些规律去解决问题。这一块是符号主义探索的方向。

- **第三类问题（我们可以观察到现象但不能总结出规律）**：不知道规律，但可以根据已知现象的统计结果去推测未知现象。譬如小黄预测他的女友约会会否迟到的策略，依靠的就是他长期对女友约会迟到的特征进行统计学习之后得出来的；再如天气预报这类应用，气象系统是典型的受混沌理论约束的系统，几乎不可能靠严格的推理来获得满意的结果，但是可以根据长期记录的天气变化前的各种特征来做出很有效的预测。这个象限是统计学习的主要发力点，做出了一些很不错的成果，是现在机器学习备受关注的原因所在。

- **第四类问题（我们既不知道现象也无法总结出规律）**：这类问题我们既不知道它蕴含的规律，也没有办法统计出任何有规律的特征。譬如彩票的开奖号码，如果没有任何"黑幕"，这确实是一个没有人工干预的真随机事件的话，那么即使提供给你所有历史开奖的数据，或者让你对彩票摇奖过程做研究找规律，对中奖结果的预测也不会产生什么帮助。要解决处于这个象限的问题，就必须靠人类的"顿悟"了，现在机器还暂时难以涉足这个领域。

还需注意到，这些分处于二维坐标四个象限内的知识和问题之间的界限并非绝对不变。所谓一个问题不可推理，其实在大多数情况下都是在说推理的难度非常大，或者涉及的细节变量很多而难以推理。说现象没有规律，其实并不是说这是真正无规律的真随机事件，而是样本数量不够多，或者所选取的观察特征和观察的尺度不够准确。完全不可推理、不可统计的问题在现实世界中还是较为少见的。同理，机器学习方法所能解决的问题，或者说机器学习方法所能适用的范围，也并非固定不变，而是随着新理论出现、方法改进和技术及硬件能力的提升不断拓展，逐步从不可推理到可推理，从不可统计到可统计，每一次人工智能革命都把机器能处理的问题范围向外拓展一些。机器获得智能也不是一蹴而就的，而是随着这个发展进程逐渐变得更智能，如图6-4所示。曾经有学者感慨过，每当一个问题被计算机解决了之后，大家就不再认为这是人工智能了[一]。算不算人工智能这一点其实并不重要，重要的是，现在人与机器配合能够解决的问题越来越多，人类正在与机器一起解决更多的问题，逐步开拓智慧的疆界。

图 6-4　人工智能适用范围的拓展

6.6　进行机器学习：实战模型训练

行文至此，都还是在理论层面上讨论机器学习，接下来就要接触到实际操作和细节层面的内容了。一旦涉及具体操作实践，我们将不得不面对大量必须了解的但日常生活中又基本不会用到的概念。许多其他学习资料是从数学的角度来介绍和解析这些概念的，充斥了许多公式和证明推导。按照本书一贯的叙述风格，此部分依然会尽可能地不依赖专业知识。为此，笔者设计了一个机器学习的实战案例，希望讲解完这个完整的通过机器学习解决问题的案例后，读者能对机器学习的步骤和概念有较为直观、准确的认识。

[一] 来自麦卡锡的著名评论，原文为"Note that it follows that once we do know how to solve them, they are no longer AI"。

6.6.1 机器学习的一般过程

读者一定用过电子邮件，电子邮件这种低成本的信息传输渠道，在为我们的工作和生活带来极大便利的同时，也被广告商甚至诈骗分子用来传递各种垃圾信息。所以，今天的电子邮件服务商除了注重速度、容量和稳定性这些性能指标之外，也会关注如何为用户过滤掉垃圾邮件，最大限度地避免用户受到骚扰。不过这并非一个容易解决的问题，虽然人类可以轻易地区分出一封邮件是有意义的还是无意义的，但是很难总结出一个垃圾邮件的评判准则，这种很难摸索出规律却可以轻易进行统计的问题，就很符合用统计机器学习方法来解决问题的特征。

在此实战中，将设计一个基于机器学习的邮件过滤系统，这个系统要通过分析一系列事先已经被用户标注为非垃圾邮件或垃圾邮件的记录，得到一个邮件的判别模型，这个模型可以分辨出新收到的邮件是否属于垃圾邮件。如果应用前面米切尔教授对机器学习要素的定义的话，这个机器学习过程的任务、度量和经验分别定义如下：

> T（执行任务）：判别是否垃圾邮件。
> P（性能度量）：成功过滤出垃圾邮件的邮件百分比，以及非垃圾邮件被误判的百分比。
> E（历史经验）：一组事先已经被用户标注为垃圾邮件的记录。

总体来说，机器学习中所说的训练判别模型，是指从真实世界的一系列历史经验中获得一个可以拟合真实世界的，能够对事物进行分类、预测、决策等的模型。这个过程通常包括如图 6-5 所示的若干个步骤，我们会按照机器学习模型的训练过程逐一讲解各个步骤要解决的问题。

训练的第一步是处理如何从传感器中取得数据、如何过滤噪声这些问题，在实际工程中，这些都是不可或缺的工序，不过我们的实战不会涉及这方面的内容，因为这只是工程数据采集和数据统计方面的重点，并非机器学习理论的主要关注点。我们将聚焦在"挑选哪些数据的特征属性来建立模型""根据何种策略选择模型""如何优化模型参数"以及"如何测试模型"这样的问题上。

图 6-5　机器学习的一般过程

从图 6-5 中可以看出，不论机器学习的训练过程要经过哪些步骤，每个步骤的作用是什么，对训练结果而言，最终目的都是获得一个高度拟合真实世界的判别模型。这里首先要弄清楚训练的产物，即所谓的"判别模型"究竟是什么。

从形式上说，判别模型可以简单地理解为一个可被计算的、有明确输入和输出结果的方法或函数，这个函数可能有科学含义，也可能没有任何含义，可能用于决策，也可能用于预测。通过机器学习训练得出的模型，有可能是可解释的，人类可以从模型中得知一些之前并不知道，被计算机从数据中挖掘出来的新规律、新知识。这种模型不仅对计算机有意义，也扩展了人类知识的范围。当然，根据我们前面的讨论，学习、训练得到的模型更可能是一个人类无法解释的黑盒，这样的模型并不包含什么严谨的逻辑规律，只是单纯对真实世界的模拟，计算机只要照着这个模型去执行，就能够把输入给模型的自然界的信息，通过映射得出该信息所隐含的某些特征，这些特征决定了输入数据属于哪个分类，或者对应哪个指标。举个例子，如果把模型看作一个决策函数"$f(x)$"，它应该可以完成如图 6-6 所示的映射。

$f(\text{〰})=$ "您好"
$f(\text{〰})=$ "天气不错"
$f(\text{🐕})=$ 小狗
$f(\text{🐈})=$ 小猫
$f(\text{▦})=$ 落子位置
$f(\text{✉})=$ 垃圾邮件

图 6-6　判别模型的输入和输出

本节的标题是机器学习的一般过程，也许读者看到这个过程后，会误认为机器学习的步骤似乎是有迹可循、有律可依的，从数据清洗、特征提取，到模型选择，只要按部就班地跟着操作，就能得到一个能映射真实世界的模型。这完全是一种错觉，机器学习解决问题的过程是充满灵活性的，从如何把问题设计出来，把现实世界中的问题提炼成一个机器学习处理的问题开始，就需要处理者对问题本身有深刻的洞察才行。数据清洗、特征筛选、模型选择、模型优化、模型验证这些步骤，都伴随着好坏优劣的价值判断，这些判断不存在统一的标准和方法，均需要处理者深入具体问题，甚至需要不断尝试才能得出满意的结果。目前的机器学习理论距离实现自动化，不再需要人类去参与的算法，还是相当遥远的。

6.6.2 样本和样本空间

训练过程的第一步是确定建模的训练样本，本实战中建模的数据来源是邮件服务商已有的邮件服务器中的电子邮件，每一封参与训练的电子邮件都可以被视为一个训练"样本"（Instance）。样本是一种包含了若干关于某些事实或者对象的描述的数据结构，譬如，"邮件的发件人叫'周志明'"是一个描述。再如，"这一封邮件是垃圾邮件"或者"这封电子邮件不是垃圾邮件"也是一个事实描述。不过，这样的描述已经是直接的结论了，不需要任何其他处理就能完成邮件分类，也根本不需要用机器学习来解决。对于需要用到机器学习来解决的问题，样本描述的事实通常都是间接的、隐晦的，很多情况下甚至无法用明确的语言描述出这些属性与最终结论有什么联系，这种描述某个隐含事实的信息，被称为样本的"属性"（Attribute）。每个样本应当由若干个属性所组成，样本的属性也经常被称作样本的"特征"（Feature），譬如一封电子邮件的特征可能是下面这样的：

发件人	=	"icyfenix@gmail.com"
标题	=	"这是一封测试邮件"
收件人数量	=	3
附件数量	=	2

> 邮件长度　　＝　　128KB
> 发件人等级　＝　　高信用用户
> ……

一般来说，参与训练的每个样本的特征应当具备一致性，这是指每个特征在不同样本中所表示的含义是一样的，但并不是要求每个样本都具有全部的特征，允许有特征缺失。一个特征又由特征的含义和值构成，通常，对于每个样本中相同含义的特征，它的值应该具有一样的数据结构和一致的度量单位，如果不是，则应该在数据预处理阶段将其转换成一样的数据结构。在机器学习训练过程中，由于训练样本终归要交付给计算机去运算，因此更倾向于使用计算机可以理解的特征值来参与模型训练，典型的如"3、2、128KB、高信用用户"这样的整型、浮点型和枚举型数值，如果不是这样的特征值，则在数据预处理阶段就要进行归一化处理，转变为无量纲表达式。

接下来我们要接触到一个稍微抽象的概念：样本空间。请读者尝试着想象以下场景：假设每个样本都由收件人数量、邮件长度、附件数量三个特征构成，把这三个特征按照各个特征的数值大小各放在一条坐标轴上。这样，每个样本都将在这三条坐标轴构成的三维空间中对应唯一的一个点，我们再使用一条指向这个点的线段来表示每个样本，譬如"（收件人数量 =3、附件数量 =2、邮件长度 =128KB）"这个样本，就将构成如图 6-7 所示的坐标。

图 6-7　样本向量空间示例

如果用数学语言来表述，则这种指向空间中的某个点，带有方向和大小的量在线性代数中被称为"向量"(Vector)，由向量组成的空间被称为"向量空间"（Vector Space，也叫"线性空间"）。在机器学习中，为了便于计算机处理，使用一系列向量来代表参与训练的每一个样本，在这个语境中，我们把这种由 N 个不同特征构成坐标轴的 N 维（有多少个特征就有多少维度）空间称为"样本空间"（Instance Space）或者"特征空间"（Feature Space）。相应地，每一个样本被称为该空间上的一个"特征向量"(Feature Vector)。

一旦把样本的表示形式从语言文字转化为数学中极为常见的向量之后，我们瞬间就拥有了大量的数学工具，如向量运算、矩阵等来处理这些样本了，数学是现实世界与计算机沟通的最好的桥梁。现在，上面实战中输入的训练数据已经从一封封存储在数据库中的电子邮件样本，经人工提取出三个关键特征（即"收件人数量""邮件长度""附件数量"这三个特征，这是笔者随便选的，真正如何进行特征选择是机器学习的关键内容之一，稍后将会详细介绍）后，转化成了一组由 N 个特征向量组成的集合：

$$T = \{(x_{11}, x_{12}, x_{13}), (x_{21}, x_{22}, x_{23}), (x_{31}, x_{32}, x_{33}), \cdots, (x_{n1}, x_{n2}, x_{n3})\}$$

在数据收集阶段，根据不同的学习任务，可能仅仅收集样本本身就足够了，也可能除了收集样本外，还要给样本附带上一项"标记"（Label）信息，标记描述了这个样本所代表的隐含事实或者对象，也就是"结论"。在本实战中，样本是邮件的全部数据，对应的标记信息就是"此邮件是否垃圾邮件"这个事实的描述。当样本带有了标记信息之后，这两项信息的组合就被称为一个"样例"(Example)。

本实战的电子邮件分类系统是一个经典的分类任务。分类任务通常使用监督学习来完成，即在样例数据上完成模型训练的任务。为此，我们准备邮件样本时需要进一步给出标记信息，把样本变成样例。在训练集向量中，加入 y 项来表示标记信息，参与训练的样例集合以如下形式来表示：

$$T = \{(x_{11}, x_{12}, x_{13}, y_1), (x_{21}, x_{22}, x_{23}, y_2), (x_{31}, x_{32}, x_{33}, y_3), \cdots, (x_{n1}, x_{n2}, x_{n3}, y_n)\}$$

6.6.3 任务类型

数据收集所获得的是"样本"还是"样例"，很大程度上决定了机器学习能够完成哪些工作任务。如果仅仅以一组样本来构造训练集，那么这种机器学习模型通常会被用于"聚类"（Clustering）方面的任务。聚类是指机器通过训练集中获得的特征，自动把输入集合中的样本分为若干个分组（Cluster，中文为"簇"，此处读者将其理解为"分组"即可），使得每个分组中存放具有相同或相近特征的样本。举个生活中的例子，现在像淘宝、京东这样的购物网站，会根据每个用户的年龄、地域、消费行为等特征，刻画出用户消费的用户画像模型，划分出不同的用户群体，以便采取对应的广告和商品推荐策略，这就是一种聚类分析。聚类通常是为了发现数据的内在规律，将同类的数据放到一起，为进一步深入分析和处理奠定基础。人们通常将以样本数据作为训练集的机器学习过程称为"无监督学习"。

而像邮件过滤系统的例子这样，以若干个样例来构成训练集，那机器学习任务就通常是"分类"（Classification）和"回归"（Regression）任务。一般来说，既然已经有标记信息了，通常就没有必要再专门去做聚类了，因为标记所带的信息可以作为聚类的直接依据。

"分类"和"回归"都是典型的机器学习任务类型，总体而言，分类和回归都是根据样例训练集中得出的历史经验来推断新输入模型的样本是否属于某一类，或者某种隐含特征的强度如何，使得机器可以代替人工，自动找出新输入数据的标记信息。分类和回归的主要差别是回归做的是定量分析，输出的是连续变量的预测，而分类做的是定性分析，输出的是离散变量的预测。以本实战为例，如果我们期望判别垃圾邮件这个任务的输出是一封邮件"是"或者"不是"垃圾邮件，那便是一个分类任务，而如果我们期望输出是一封邮件"属于垃圾邮件的概率"是多少，那就属于一个回归任务。分类任务的目的一般是寻找决策边界，用于决策支持；回归任务的目的大多是找到与事实相符的最优拟合，用于事实模拟。这类以样例数据作为训练集的机器学习过程被称为"监督学习"。

既然这里已经提到监督学习和无监督学习的概念了，笔者顺便也介绍一下机器学习中流行的另一个任务类型——"强化学习"，这是目前以行为主义学派思想作为指导的机器学习的任务类型。无论训练集是由样本还是样例构成的，监督学习和无监督学习都是从历史经验中学习，强化学习则不依赖于历史经验，而是一种基于环境对行为收益的评价来改进自身的模型。这里仍通过一个具体的例子来解释：强化学习的学习过程就好比是婴儿呀呀学语，婴儿出生时脑海中对人类语言是一无所知的，在语言学习过程中，婴儿最初发出的是完全随机的声音，譬如，婴儿肚子饿时，他发出的声音恰巧被大人注意到，并且猜测到了他发声的意图是表达"我饿了"这个信息，然后给予喂食的话，下次婴儿再感到饥饿时会继续发出类似的声音。这个学习过程需要的不是"历史数据"，而是一位"裁判"或者"老师"，用来给行为进行打分评价，并对正确的行为给予激励，对错误的行为给予惩罚。

许多著名的人工智能项目都是在强化学习的基础上实现的，如开发出 AlphaGo Zero 围棋程序的 DeepMind 团队在与李世石对弈之后，就曾经宣布为了获得更好的效果，将放弃所有人类对弈图谱，抛弃全部历史数据和原本的监督学习方法，从零开始，完全以机器相互对弈的方式训练新版 AlphaGo Zero。由于棋盘上每步落子是否正确，是可以从最终的结果得出的，所以新版 AlphaGo Zero 的训练过程的本质是一个强化学习过程。此外，现在许多机器学习任务，从玩游戏到无人车驾驶的训练等也都是基于强化学习来完成的。

6.6.4 数据预处理

介绍完样本、样例和机器学习的主要任务类型之后，我们的邮件过滤系统就可以正式进入训练阶段了。这个阶段要做的第一件事是"对数据进行预处理"（Data Preparation），即统一数据度量标准和去除噪声，目的是保证数据正确，统一对数据的描述形式，并且数据描述中包含对结果有关键影响的特征，以便后续在建立模型、优化模型等步骤中得到高质量的信息输入。保证数据正确的部分被称为"数据清洗"（Data Cleaning），而保证数据描述恰当的部分被称为"特征选择"（Feature Selection）。

"数据清洗"这个名字本身就是一个很形象的比喻，在实践中，样本数据可能来源于数据库、传感器、摄像头等多种测量设备，人们可能以各种不同的方法去收集数据，如此导致的结果是样本本身或者某个特征值会包含一定的误差、缺失或者错误的数据，我们称这种现象为数据里含有"噪声"

（Noise）；还有另一个问题是不同输入来源收集到的数据在数据结构、特征值的单位、表示精度等方面存在不一致的情况，此时我们就要对数据进行"规范化"（Normalization）处理，保证它们在结构上一致，去除数据的单位限制，将其转化为无量纲的纯数值，以便对不同单位或量级的指标进行比较和加权处理。

机器学习中的数据清洗与传统数据挖掘中的数据清洗并没有什么不同，根据需要，大致会进行以下操作，以解决原数据中不完整、含噪声、不一致的问题，只有高质量的数据才能带来高质量的预测和决策结果：

- **数据集成**，将从多个数据源获得的数据结合起来，形成一致的结构，存放在一个一致的数据存储中。
- **基础清洗操作**，典型的如对数据进行基本的去重过滤操作。
- **分层采样**，对于样本数据较多、各样本之间差异较大的情况，通过不同的方法保证采样平衡，抽出具有代表性的调查样本，增大各类型样本间的共同性。
- **数据分配**，将数据集按照一定比例分为训练集、验证集、测试集等几部分，后续我们讲测试验证的时候会介绍这些内容。
- **数据规范化**，譬如将量纲表达式转化为纯量表达式（可简单理解成把数据"去掉单位"，譬如10厘米和1分米，归一化之后是一样的），然后缩放到同一数量级（典型的如0到1之间），提升指标之间的可比较性。
- **平滑化**，缩小数据在统计下的噪声差异，一种典型的平滑化操作是分箱，实际上就是按照特征值把样本划分到不同的子区间，如果一个特征值处于某个子区间内，就把该特征值放到这个子区间所代表的"箱子"内。在处理数据时采用特定方法分别对各个箱子中的数据进行处理。
- **数据填补**，典型的如ID值生成、使用统计算法替换缺失的观察值等。

……

关于上面这些数据清洗操作具体如何进行，囿于篇幅，就不详细展开了，读者可自行查阅数据挖掘方面的书籍。预处理过程中与机器学习关系更密切的步骤是"特征选择"。所谓特征选择，是指我们应该放弃对结果影响轻微的特征，挑选出对结果有决定性影响的关键特征，作为建模阶段的模型的输入。

为什么不能让样本的所有属性参与模型建造呢？如果实际情况与我们的实战案例一样理想化，只有三五个特征的话，那不做特征选择也是可行的。但是，现实中收集到的数据通常有几十个乃至更多的特征项，此时特征选择就是必不可少的。如果一个模型需要用到几十个特征作为参数，就意味着只有使用数十亿乃至更大规模的样本才有可能训练出理想的结果，这个比例听起来非常惊人，可只要按最简单的情况测算一下便可得出类似的结论：假如样本有 30 个特征项，相当于样本空间中同时有 30 条坐标轴，即使每个特征项都是最简单的布尔类型（只有 true 和 false 两种取值），样本空间中不同的向量也有 2^{30} 种可能性，这已经超过 10 亿个取值了，我们需要多少训练数据才能在这样的样本空间中描绘出样本的分布特点呢？

从更一般的角度来看，模型的输入每增加一个特征，便给模型的决策函数引入了一个新的参数项，这会让决策函数所处的问题空间相应地提升一个维度，在训练集数据量相同的情况下，空间的维度越多，数据就越稀疏，空间的维度提升太快，可用数据就变得过于稀疏，而过于稀疏的数据会使其从大多数角度看都看不出相似性，因而平常使用的数据组织策略就变得极其低效，这个现象在机器学习中被称为"维度灾难"（Curse of Dimensionality）。

如果读者想象不出来维度升高导致数据变得稀疏的过程，不妨看看图 6-8，它反映了当样本空间从一维提升到三维，每种特征的训练数据均覆盖特征取值可能性的 50% 时，训练用的测试数据占整个样本空间的比重的变化情况。结论显而易见，比重会迅速下降，这就是维度灾难令训练数据变得稀疏的形象解释。

图 6-8　维度灾难示意

为了获得在统计学上正确且稳定的结果，用来支撑这一结果的数据量通常要随着维度数的增加而呈指数级增长。单纯从算法角度而言，如果通过穷举的方式，增加特征带来的算法时间复杂度的增长也是指数级的。因此，特征选择一方面涉及可行性问题，我们通常没有足够多的训练数据支持那么多的特征；另一方面涉及执行效率的问题，哪怕我们有足够的数据，但是其中许多特征对结果的影响是微乎其微的，甚至是根本没有意义的，如果不对数据进行筛选，也会平白浪费许多训练时间，徒增模型计算的复杂度。

特征选择是"数据降维"（Dimension Reduction）的一种主要方法，另外一个主要的降维方法被称为"特征提取"（Feature Extraction），它与特征选择的区别是：特征提取是在原有特征的基础上创造出一些新的特征，如果创建了一个新的特征项，该特征的变化规律能够反映原来几个特征项的共同变化，那使用这个新特征项代替原来的几个特征项就实现了降维的目的；而特征选择只是在原有特征中选取最有用的特征，一般不会对特征值进行变换。

那应该以什么准则或方法去挑选"有用的特征"，即对结果有主要影响的关键特征呢？尽管科学不希望问题只能依靠人工来解决，但是自动降维算法依然无法取代人类经验甚至直觉在特征选择中的作用。如前文所言，机器学习目前仍无法脱离人类的先验知识、灵光一现的顿悟甚至运气因素，这也是"数据科学家"这类职业在近年来受重视的原因。通常来说，数据科学家至少会从两个大方向上考虑如何选择特征：

1）特征的离散度：如果一个特征不发散，譬如方差趋于0，也就是各个样本在这个特征上基本没有差异，则这个特征对于样本的区分就没有什么意义。

2）特征与目标的相关性：与目标相关性高的特征，更能作为分类决策的依据，应当优先选择，这里的关键是如何判断出特征与目标的相关性。

从这两个维度出发，可以总结出几种常用的人工特征选择方法：

- 按照发散性或者相关性对各个特征进行评分，设定阈值来选择特征。这种方法在第3章介绍决策树的时候提过，信息熵、基尼不纯度都可以作为特征的选择依据。
- 通过试错来选择特征。具体做法是：每次选择若干特征，或者每次排除若干特征，然后根据模型的性能进行评分，多次选择后留下能使模型性能达到最优的特征。

- 通过本身具备对特征相关性进行评分的能力的模型和策略算法来选择特征。具体做法是：先嵌入某个小规模的机器学习算法和模型进行训练，例如随机森林和逻辑回归算法等都能对样本的特征权值进行打分，得到各个特征的权值系数，根据系数从大到小选择特征。
- 通过 L_1 正则项来选择特征。L_1 正则方法本身具有稀疏解的特性，因此天然具备特征选择的能力，但应注意，没有被 L_1 选择的特征不代表不重要，原因可能是两个具有高相关性的特征只需保留一个。这里没有数学基础的读者可能会疑惑"L_1 正则项"是什么东西，稍后我们讲正则化的时候会重点提到它。

......

数据降维严格来说并不是机器学习中的问题，而是属于数学的范畴，在数学上已经有很多成熟的自动降维算法了，如"奇异值分解"（Singular Value Decomposition，SVD）、"主成分分析"（Principal Component Analysis，PCA）等。这类算法能够把数据中相似性高的、信息含量少的特征给自动剔除掉，也能够实现数据降维，不过实际中要解决问题，往往必须考虑具体模型的目标和这个领域中的先验知识，这时候采用自动降维算法和人工筛选特征相互配合的方案才是比较合适的。

本次实战我们还会借助 L_1 正则项来自动选择特征，对于抱着科普目的来阅读本书的读者来说，本节出现的一系列数学和数据科学的专业名词可能会带来一些阅读障碍。而且 L_1 正则项的原理介绍要以模型与现实的拟合程度为基础，不经过建模阶段，没有讲清楚欠拟合、过拟合这些问题，就更会陷入用一系列普通读者不理解的专业名词去解释另外一个专业名词的困境之中。为了使实战顺利进行，不妨先假设我们已经知道了决定一封邮件是否属于垃圾邮件的最关键特征，即表 6-1 中的收件人数量、邮件长度等特征。本节先把建模这个阶段讲完，下一节再回过头来说说如何借助 L_1 正则项挑选出这些特征。

表 6-1 电子邮件过滤系统实战中用到的关键特征和特征值

收件人数量	邮件长度	发件国家	信用等级	判别结果
1	2KB	德国	高信用级别	非垃圾邮件
1	4KB	西班牙	中信用级别	非垃圾邮件
5	2KB	英国	低信用级别	垃圾邮件
2	4KB	俄罗斯	低信用级别	垃圾邮件
3	4KB	德国	高信用级别	非垃圾邮件
2	1KB	美国	中信用级别	非垃圾邮件
4	2KB	美国	中信用级别	垃圾邮件
……	……	……	……	……

数据预处理阶段虽然是建模的准备阶段，是为建模服务的，但实际上在机器学习处理问题的过程中，这个阶段的工作量往往要占总工作量的一半甚至更多。并且它与建模及其他阶段并不是严格的先后顺序关系，而是贯穿在模型训练的全过程之中。有句圈子内常说的话："数据和特征决定了机器学习的上限，而模型和算法只是逼近这个上限而已。"由此可见，数据预处理，尤其是特征选择在机器学习中占有相当重要的地位。

6.6.5 损失函数

完成数据预处理之后，便进入了电子邮件过滤系统的建模阶段。我们可以先从最简单的单一特征开始，构造一个最简单的垃圾邮件判别模型。假设我们选择以"收件人数量"这个特征为依据，对训练集中的 110 封电子邮件样例按照该特征进行统计，得到不同收件人数量的邮件样例分布，如图 6-9 所示。

图 6-9 以收件人数量统计的分布情况

从样例分布图中可以看出，只有收件人数量为 1 的邮件是完全不包含垃圾邮件的，如果我们以"收件人是否多于 1 人"来划分是否垃圾邮件的话，很快就能构造出一个最简单的垃圾邮件判别模型，形式如下：

$$f(x)=\begin{cases}0, x>1\\1, x\leqslant 1\end{cases}$$

这个模型在训练集上的判别结果将如图 6-10 所示。

图 6-10　以收件人是否多于 1 人来划分垃圾邮件的结果

显然，即使凭肉眼观察，读者也可以知道这个结果并不是最优的，因为它虽然正确区分出了一部分垃圾邮件和非垃圾邮件，但是同时存在非常大量的误判，在 110 封邮件中足足有 40 封邮件被模型误判了。

我们只要稍微调整一下判定标准中收件人的数量，以"收件人是否多于 2 人"来划分垃圾邮件的话，效果就有所改善，虽然还是有一部分垃圾邮件成为"漏网之鱼"，被认定为非垃圾邮件，但是这时在 110 封邮件样例中只有 20 封邮件被误判，如图 6-11 所示。

图 6-11　以收件人是否多于 2 人来划分垃圾邮件的结果

由收件人数量从 1 到 2 的简单调整所带来的结果变化可知，根据模型的工作效果来决定选取哪些特征、什么特征值作为标准才是合适的。对于如何衡量机器学习模型的工作效果这个问题，我们最容易想到的指标是正确分辨或者错判的样本数占样本总数的比例，即"正确率"（Accuracy）或"错误率"（Error Rate，其含义为"1- 正确率"）。实际上，正确率确实是一个比较常用的度量指标，但具体采用什么度量标准还是要取决于具体的任务需求，有一些情况会选择其他指标，譬如精确率、召回率、F1 分数等作为评估性能的度量标准，这部分内容将在 6.7 节中再展开说明。

上面这个例子里，收件人数量从 1 到 2 所带来的结果变化是显而易见的，建模过程似乎简单到有点粗糙的地步，不过这已经足够揭示机器学习建模的基本思路了：通过各种方法，包括但不限于选定适当的策略、优化算法，根据训练集中蕴含的信息找出最相关的特征和合理的模型结构等，实现**让模型的输出结果与实际结果差异最小**。请读者特别注意黑体部分的文字，这就是所有监督学习的共同目标。

我们把邮件分类问题这个特例向用监督学习解决问题的思路推广，会得到以下更具普适性的结论：使用符号 f 代表模型的决策函数，这个模型接收真实世界的输入 x，将 $f(x)$ 的输出记作 y'。由于模型只是对真实世界的模拟，所以输出值 y' 与真实世界中的实际值 y 是存在差异的，而机器学习中性能高低的度量标准，就是追求这个差异值的最小化程度，模型输出与真实值的差距越小，模型性能就越好。我们把衡量实际值 y 与模型输出值 y' 间差距大小的函数称作"损失函数"（Loss Function，有些资料中也称为"成本函数"或"代价函数"，Cost Function），记作"$Loss(y, y')$"或者直接用 $f(x)$ 代替 y'，把损失函数记作"$Loss(y, f(x))$"。

损失函数虽然是机器学习中的入门知识，却是整个统计机器学习的核心和精髓，现在机器学习的所有研究，很大一部分都是围绕着如何找到合适的损失函数、如何优化损失函数来进行的。统计机器学习中主要的模型和算法，如线性回归、逻辑回归、支持向量机、Boost 算法、神经网络等，本质上都是基于不同的损失函数建立起来的，尽管各有自己的思想和依据，但从损失函数的角度来看，它们在数学原理上有共通之处。稍后要介绍的关于过拟合的处理内容，还有前面数据预处理中只提到名字的 L_1 正则项（如何用 L_1 正则项做特征提取）等，所依赖的正则项（惩罚函数）也都是服务于损失函数，以损失函数修正项的形式存在的，这些知识同样需要基于损失函数去理解。

看到这里，部分读者可能有一个疑问：要判断 y 和 y' 之间的误差，直接把二者相减看看结果大小不就行了吗？就算是向量也可以做加减法，为何还要专门搞个函数来衡量误差呢？答案是此处进行的并非两个向量值之间的简单对比，而是在连续多个输入（x）下得到的多个多维向量（y' 和 y）之间按照不同的差异度量指标进行比较。

举个例子，假设 y 和 y' 都是二维向量（由两个值构成的向量），由于实际样本来源于传感器或者数据库收集的数据，因此通常是离散的，而模型的输出值是决策函数的计算结果，完全可以是连续的。我们在二维平面中把实际输出值 y 用点表示，模型的输出值 y' 用线表示，把两者放在同一个坐标系中，形成如图 6-12 所示的结果。现在请思考一个问题，有什么依据可以用来判定这样一条线与所有点的差异最小？换句话说，这条线是最能拟合所有点的线吗？如果把线上下稍微偏移一下，或者角度稍微旋转 3° 或者 5°，它与实际值的差距有没有可能更小呢？

图 6-12　二维平面中实际值 y 与模型输出值 y' 的对比

要解答这个问题，就必须先确定"差距"是如何定义的。其中一种比较直观的衡量差距大小的方法是，把 y 与 y' 之间的差距理解为它们在欧氏空间中位置的距离，即两个向量之间的欧氏距离⊖。我们要让 y 与 y' 的误差最小，就要使

⊖ 在数学中，欧氏距离或欧氏度量是欧氏空间中两点之间的"普通"（即直线）距离。使用这个距离，欧氏空间成为度量空间。

得它们的欧氏距离最短，其背后等价的意义就是在这一群点中画一条线，让所有点到直线的距离之和最小。

我们将图 6-12 中的一个局部区域放大，如图 6-13 所示，实际样本值与模型输出值之间的空间差距以平行于纵坐标轴的线段表示。

图 6-13　几何差距的局部放大

这种以 y 与 y' 的欧氏距离来度量误差的标准，在统计学里被称为"均方误差"（Mean Squared Error，MSE）。对于以均方误差最小化作为目标的损失函数，我们称为"平方损失函数"（Squared Loss Function）。两个名词中都带有"Squared"这个单词，体现了欧氏空间里欧氏距离的数学公式就是两个向量差值的平方，所以，平方损失函数的表达式如下所示：

$$\text{Loss}(y, y') = (y - f(x))^2$$

解决以平方损失函数作为损失函数的机器学习问题，也就等同于求解一条距离所有样本点的欧氏距离最短的线。如果选择的是线性模型，即例子中的直线，或者更高维的超平面，在数学上都可以采用"最小二乘法"（Least Squares Method）来解决平方损失函数的最小化求解问题[○]。所谓"二乘法"就是中国古代算平方的说法，"最小二乘法"其实就是求解平方最小值的意思。如果所选择的模型并不是线性的，如曲线或者超曲面，那么模型就不会有解

○　关于详细的数学证明，笔者在此就不罗列了，读者可以参考 https://zh.wikipedia.org/wiki/ 最小二乘法。

析解[一]，需要用优化算法逐步逼近去求解模型。

采用欧氏距离最小化来作为差距衡量标准只是众多误差评估标准中的一种，任何一种评估标准都不可能适用于全部场景。除了平方损失函数外，下面再列举部分常见的损失函数及其具有代表性的机器学习模型和策略算法：

1）0-1 损失函数：

$$\text{Loss}(y, y') = \begin{cases} 1, & y \neq f(x) \\ 0, & y = f(x) \end{cases}$$

2）绝对值损失函数：

$$\text{Loss}(y, y') = |y - f(x)|$$

3）对数损失函数（广泛用于逻辑回归）：

$$\text{Loss}(y, y') = \frac{1}{n}\sum_{i=1}^{n} \log(1 + e^{-w^T x_i y_i})$$

4）指数损失函数（广泛用于 Boost 算法）：

$$\text{Loss}(y, y') = \frac{1}{n}\sum_{i=1}^{n} \exp(-y_i f(x_i))$$

5）Hinge 损失函数（广泛用于支持向量机）：

$$\text{Loss}(y, y') = \frac{1}{n}\sum_{i=1}^{n} \max(0, 1 - w^T x_i y_i)$$

……

与平方损失函数代表欧氏距离的含义类似，以上每一种损失函数都有各自的数学（几何或者概率）中的具体含义。其实，所谓学某种监督学习算法，很大程度上就是理解其损失函数的意义，然后学习如何求解或者优化，得到使损失函数值最小的模型结果。

以讲解机器学习算法为主要目的的书籍，譬如周志华老师的《机器学习》

[一] 解析解是方程的解析式（比如一元二次方程的求根公式），是方程的精确解，能在任意精度下满足方程；数值解是在一定条件下通过某种近似计算得出的数值，能在给定的精度下满足方程。

和李航老师的《统计学习方法》，会详细介绍每一种算法的相关内容，而本书的重点是从整体上了解人工智能的全貌，不是解析每种机器学习算法的细节和步骤，所以对这些算法内容感兴趣的读者，可以参考上述两本书继续学习。现在回到我们的邮件过滤系统实战中来。

6.6.6 模型选择

如果只使用"收件人数量"这一个特征的话，最优的结果仅是在 110 封样本邮件中把错误归类的邮件减少到 20 封。显然这样的效果基本上没什么实用价值，它表明靠单个特征作为模型参数不足以建造出性能足够好的模型，因此我们还需要再引入一个或者更多的新特征来参与到模型构造之中，建造一个更高复杂度的模型，使其性能满足需要。

这里仍然先把如何自动、合理地选择特征这个问题放一放，假设我们选择"邮件长度"作为第二个特征，用两个特征共同构造一个判别模型。那么以邮件长度作为统计维度，得出 110 封邮件的分布结果，如图 6-14 所示。

图 6-14 按邮件长度统计的分布结果

图 6-14 反映了单独采用"邮件长度"作为判别是否垃圾邮件的依据的垃圾邮件分布结果，这个统计结果本身并没有什么可取之处，很明显单独使用邮件长度值作为判别依据也不能获得性能足够好的模型。不过，如果我们把这个统计结果与之前以收件人数量作为判别依据的统计结果联合起来，同时使用两个特征作为判别依据的话，可以得到一个与图 6-15 类似的统计图形，这个结

果看起来似乎就豁然开朗了。

图 6-15　使用两个判别特征分辨垃圾邮件

上面这个二维坐标系其实表达了不止两个维度的信息：以收件人数量为横坐标，以邮件长度为纵坐标，还有以不同点（空心点和实心点）表示的结果。引入第二个判别特征之后，原本分布在一维坐标轴上的邮件柱状统计图变成了分布在二维平面上的点，这时，可以发现在一维坐标轴上犬牙交错、难以直接划分开的垃圾邮件和非垃圾邮件在二维平面中居然是泾渭分明的，区分得非常完美（当然，这里是笔者为了讲解效果特意处理过的数据，实际情况中两个特征肯定仍是不足以完美区分出垃圾邮件和非垃圾邮件的）。

假如两个特征真的足以将是否垃圾邮件如此完美地区分开，那我们只需要在该二维平面里，沿着两类邮件的中间画出一条分界线，将平面分成两部分。当有一封新的邮件输入时，就将其按照收件人数量和邮件长度映射到该平面中，如图 6-16 中五角星所示。如果它分布在属于垃圾邮件一边的空间，那它就被判别为垃圾邮件，否则它就是一封非垃圾邮件。

这个分类器的思路很符合正常人的逻辑思维习惯，事实上也确实是行之有效的，机器学习中把这种分类方法称为"线性分类器"，它是一种基础但在机器学习中极为常见的应用方式。不过，思路虽然想明白了，但在具体操作层面上我们仍有一个问题没有解决：这里并没有定义清楚到底如何在二维平面里沿着两类邮件的中间画出一条直线。

图 6-16　新邮件的判定

在图 6-17 中，笔者随意画了三条划分两类邮件的直线，到底应该以哪条线为准呢？这些分界线当然不可以随意挑选，如图 6-17 右上角和左下角分别有一个代表新邮件的五角星，它们属于垃圾邮件还是非垃圾邮件，完全取决于我们选择了哪条线作为空间的分界线。可见分界线的选定对模型的判定结果是有直接影响的，不可能在满足训练集样例的约束下人为随意地选定一条就能符合需要。

图 6-17　多种平面划分的方式对判定结果的影响

要解决这个问题，首先应该想办法增加训练集中的数据量，样例越多，在平面中形成的点越密集，对空间分界线的约束就越有力，如果周围布满了密密麻麻的点，那分界线可以随意腾挪的空间就很小了。但即使分界线可以腾挪的范围被约束得越来越小，只要它是一个空间，就还是能容纳无数条直线，仍然有无数种分界线方案可供选择。

事实上，这条直线的位置是由我们选择的决策算法决定的，基于不同算法构造的线性分类器，对这个问题可能会有不同的解决方案。譬如，我们可以考虑采用下面这个办法来解决这个问题：不再使用"一条直线"来把平面划分为两个区域，因为直线是没有宽度的，在一个很小的空间里就能放置无数条直线，如果改用一根有宽度的"棍子"去代替"直线"，当有了宽度之后就不可能在两类邮件样本之间再塞入无数根"棍子"了。然后，我们再进一步把"棍子"的宽度慢慢变大，空间中能塞入的"棍子"的数量会越来越少，直至只有唯一的一根"棍子"能够塞进去为止，这根"棍子"的边缘已经触碰到两边最接近它的点了，无法再被挪动。最后，我们重新拿出要划分空间的那条直线，安放在这根"棍子"的正中间，这个位置是唯一的，如图 6-18 所示。

图 6-18　加入宽度的概念之后形成的"棍子"

采用这种办法来解决最佳空间划分问题的线性分类器，其实是"支持向量机"（Support Vector Machine，SVM）中的一种最简化情况，称为"线性支持向量机"（Linear SVM，LSVM）。上面例子中描述的"棍子的宽度"在支持向量机中被称为"边距"（Margin），接触到"棍子"边缘的向量被称为"支持向量"（Support Vector）。

线性支持向量机是一种划分样本空间的方法，而这句话所说的"划分样本空间的方法"，在这个机器学习案例中可表述得更为具体：我们找到了一种关于垃圾邮件的判别方法，一旦输入了邮件的"邮件长度"和"收件人数量"两项信息，该方法就能无歧义地确定代表判定结果的点所在的位置和类型，换言之，得到这封邮件的分类结果。这种方法就是我们通过机器学习得到的一个能解决问题的模型。

一个能解决实际问题的机器学习模型的输出应该符合该学习过程中训练集里的已知样例，满足这个条件的模型应该有无穷多个。在机器学习的定义中介绍过，模型是机器学习过程的输出结果，通常由一组可被计算的条件概率分布或决策函数构成。所有可能被选择的函数，就被称为该模型的"假设空间"（Hypothesis Space）。选择模型便是采取一种适当的学习策略（如支持向量机），在大量数据的支持下，从假设空间中筛选出一个最恰当的模型。

至于如何确定最恰当模型的标准、用何种方法来得到这个最恰当的模型，就回到各个学习策略对应的损失函数、损失函数的意义以及如何解决和优化损失函数等问题上。本节提到的"在空间中插一根'棍子'然后扩大其宽度直至触碰到两侧的支持向量"，只是一种形象化的思路介绍，如何使其在数学中可计算、在计算机上可执行，还是必须转化为找到一个优化算法，使得分界线距离两侧支持向量的边距最大这个问题，用数学语言来表述就是支持向量机的 Hinge 损失函数的几何意义，一旦优化得到了 Hinge 损失函数的数值解，便得到了"最恰当的模型"。

6.6.7　泛化、误差及拟合

至此，我们似乎已经找到了一个可以区分是否垃圾邮件的模型，但是该模型只是排除了许多实际必须考虑的情况之后的理想状态的模型。接下来，笔者要把邮件过滤系统从教学案例向现实稍微推进一步：前面的例子仅使用"邮件长度"和"收件人数量"两个特征就把垃圾邮件和非垃圾邮件从训练集的所有邮件中划分出来了，实际上这是笔者精心安排的训练数据，现实中的邮件分类问题肯定不可能如此简单，否则大家就不会今时今日还不断受到垃圾邮件的骚扰了。

一种常见的现实情况是大多数样本都与模型判定结果的分布一致，但是有少数样本"特立独行"，不遵循模型的分布规律。如图 6-19a 所示，两个空间中各有一个点"跑"到了对方一侧的空间中，这样我们就没有办法用简单的、线性的分类器把所有样本都完美划分开了。

图 6-19　两种模型的选择

如果要将所有数据都划分清楚，如图 6-19b 所示是一种可能的划分方式。现在请读者思考一个问题：图 6-19a 采用简单的线性划分方式，但在训练集中有 2 个错误的样本，相比之下，图 6-19b 的图形更复杂，采用非线性的划分方式，但是在训练集中可以达到 100% 的正确率。那么，左右两边哪种模型的性能更好？

仅对训练集里的数据来说，毫无疑问右边模型的性能好，因为这个语境中的性能就是指正确率，都达到 100% 了肯定是最好的。但是，现实中我们通常应该选择左边的模型，它的性能更好的可能性更大。度量机器学习性能的最主要指标就是在测试集或新输入数据上得出的模型输出值与实际值的差距，这里必须特别强调，度量的对象应该是"测试集或新输入数据"而不是"训练集"。模型对训练集拟合得再好，但对新样本适应效果不佳，那也是毫无意义的。

我们将"泛化能力"（Generalization Ability，就是机器学习算法对新样本的适应能力）作为衡量机器学习模型性能的关键指标，性能良好的模型，不仅输出与实际差距更小，而且对满足相同分布规律的、训练集以外的数据也有良好的适应能力。

有了"泛化"的概念之后，我们再回来更精确地定义前文提到的"模型输出值与实际值的差距"中的"差距"和"对新样本的适应能力"中的"适应能力"这两个名词，这是稍后解决"如何判断某个模型是否合适"问题的关键。

我们之前所说的"差距多少"或者"适应能力高低"，是指模型输出值与实际值之间的"误差"（Error）的大小，"误差"是一个在统计学中被精确定义的概念，它在机器学习这个语境中更加强调对训练集外而不是训练集中数据的泛化能力，实际是"期望泛化误差"的简称。误差通常有三个来源，即偏差、方差和噪声，先不去管这三个名词各是什么意思，我们知道误差就是这三者的总和即可。误差可以使用以下公式来表达：

误差（Error） = 偏差（Bias） + 方差（Variance） + 噪声（Noise）

这个公式可以用通俗的语言来解读：误差的存在，就意味着模型输出值与实际值不相同，原因可能是模型无法表示实际数据的复杂度而造成"偏差"（Bias）过大，也可能是模型对训练它所用的有限的数据过度敏感而造成"方差"（Variance）过大，还可能是训练集中存在部分样例数据的标记值与真实结果有差别（即训练数据自身的错误），产生的"噪声"（Noise）过多。要降低误差，获得更好的性能，就要降低这三个误差的来源因素。

一般而言，噪声不可避免，如何找出并消除噪声数据在实际应用中很重要。误差体现了该学习问题本身的实现难度，而噪声是学习问题本身和样本数据来源受限造成的，无法人为控制。在给定了训练集的数据之后，我们只能从偏差和方差的角度来尽可能地减少误差。因此，在这个实战中，我们始终把噪声因素排除出去，假设样本数据完全符合真实结果的分布规律，而仅仅关注偏差和方差对误差的影响，接下来将分别解释偏差和方差的含义。

偏差是指根据训练集数据拟合出来的模型输出结果与样本真实标记的差距，通俗地说，偏差反映了模型在训练集上拟合得好不好，它的本质就是描述模型本身在训练集上的拟合能力。模型越复杂，引入的参数越多，偏差越小。单就偏差而言，图 6-19 右边的非线性划分的模型的偏差肯定比左边线性划分的模型的偏差要小。但是为什么我们还认为左边模型性能更好的概率较大呢？因为我们还必须要考虑方差这个因素。

方差是指给出同样数量但内容发生了变动后的样本数据所导致的模型性能变化。方差的本质是描述数据扰动对模型输出结果所造成的影响。如果我们想获得较小的方差，那就应该简化模型，缩减模型参数，降低模型的复杂度，这样才能够控制因样本数据变化而带来的扰动幅度，越精密复杂的模型，对输入数据的抗扰动能力就越差。

  这里举个直观的例子来帮助大家理解，用射击比赛来类比偏差和方差对结果的影响。假设射击运动员在 10 环靶中只打到了 7 环，产生的 3 环的差距就是期望目标与实际目标的差距，也就是误差，这个误差产生的原因可能是他瞄准的时候没瞄好，本来就是朝着 7 环去打的，也可能是他瞄准的确实是 10 环靶心，但是手不够稳定，打到了 7 环上。这里"瞄不准，手很稳"的情况就相当于偏差大、方差小所构成的误差，而"瞄得准，手不稳"的情况就相当于偏差小、方差大所构成的误差。在这个例子中，偏差和方差对结果的影响，可以通过图 6-20 直观地看出来。

图 6-20　偏差和方差对结果的影响

  由偏差和方差的含义，我们可以感觉到它们本身是有潜在冲突的。给定一个学习任务，假设我们能够通过不同的训练程度来控制模型的复杂程度，在模型过于简单时，它的拟合能力不够强，训练数据的变化不足以使模型结果产生显著变化，无法通过样本的特征变化得到正确的学习结果，此时偏差主导了期望泛化误差，机器学习中将这种情况称为"欠拟合"（Underfitting），在某些资料中也称为"高偏差"(High Bias)。

随着训练程度慢慢加深，模型变得越来越复杂，参数也越来越多，它对训练集的拟合能力逐渐加强，训练数据发生扰动时就渐渐能被模型学习到了，这时方差在期望泛化误差中的占比逐渐加大，偏差的占比逐渐变小。

当训练程度刚好充足时，模型的拟合能力就处于在训练集数据支撑下可达到的最佳状态了，如果这时再进一步训练，继续把模型复杂化，那方差就会继续增大，逐步主导期望泛化误差，训练数据发生轻微扰动也会导致模型的输出结果发生显著的变化，这样，那些属于训练数据自身的并非所有数据共有的特性也都被模型学到，这时就会发生"过拟合"(Overfitting)现象，在某些资料中也称为"高方差"(High Variance)。由此可见，选择最优模型复杂度的一个最基本原则就是偏差和方差之和最小，即要同时避免发生因训练过少导致模型复杂度过低而欠拟合和因训练过度导致模型复杂度太高而过拟合的情况，此原则中的最优模型复杂度可以通过图 6-21 来体现。

图 6-21 最优模型复杂度的权衡

理解了误差、偏差和方差的定义，我们就可以使用期望泛化误差来理解为什么本节开头会说"一般情况下，左边简单模型的性能会更好"了，从有限的训练样本（本实战中训练集只有 110 封邮件）来看，虽然非线性模型在训练集上做到了零偏差，但这种规模的训练集是无法支撑像图 6-19 右边那种复杂的非线性模型的。图 6-21 中最优模型复杂度与误差的关系也可以解释这个判断，图 6-19 右边复杂的非线性模型在实际情况中很可能处于图 6-21 中最右侧的位置，而左边的线性模型更可能处于图 6-21 的中间部分，更可能接近于最优的模型复杂度，而图 6-19 右边的复杂模型很可能已经发生过拟合现象了。

在机器学习里，欠拟合是相对容易处理的，通过增加样本、增加训练次数一般就可以解决，但是对过拟合的控制就相对困难了。这里采用的偏差和方差之间的关系去解释拟合程度只是一种直观的理解方式，在机器学习中有专门的"可近似正确学习理论"（Probably Approximate Correct Learnability）、"贝叶斯先验解释"（Bayes Prior Probability）等方式来解释或者理解模型拟合程度对最终效果的影响，尽管思路方法不一样，但是结果往往殊途同归，笔者这里就不再一一展开了。

6.6.8　正则化

偏差和方差的含义告诉我们，模型复杂度是高还是低，哪个性能更好并不能一概而论，这是一个需要权衡的问题。我们在选择模型复杂度时，常采用"奥卡姆剃刀法则"（Occam's Razor，拉丁文为"lex parsimoniae"，含义为"简约法则"）⊖作为指导决策的行之有效的经验法则。通俗地说，这个法则在机器学习领域中的含义是："如果有两个模型可以产生相同性能的预测结果，那选择较简单的那个会更好。"

"奥卡姆剃刀法则"可以作为一条指导性的经验原则使用，但是有没有更具体的可以一步一步量化来确定模型复杂度的方法呢？答案是有。为了讲解如何找到合适的模型复杂度，笔者重新调整了电子邮件训练集的统计特征，令其更趋近于现实情况，现实中是不可能简单地采用线性分类器就把垃圾邮件和非垃圾邮件完美地区分开的。

调整后的数据分布如图 6-22 所示。笔者还额外给出了三种不同复杂度的

⊖ 奥卡姆剃刀法则"由 14 世纪逻辑学家、圣方济各会修士奥卡姆的威廉（William of Occam，约 1285—1349）提出。这个法则的思想为"如无必要，勿增实体"，即"简单即有效"。

可供选择的模型，再请读者思考一下：在这样的数据分布下，采用哪一种模型最合理呢？

图 6-22 在新样本分布特征下三种供选择的模型

图 6-22 中列举了线性、规则圆形、不规则曲线三种模型，为了方便定量地讨论这个问题，笔者把上面三个模型对应的函数表达式也列出来，如下所示：

1）$f(x) = w_0 + w_1 x_1 + w_2 x_2$

2）$f(x) = w_0 + w_1 x_1 + w_2 x_2 + w_3 x_1^2 + w_4 x_2^2$

3）$f(x) = w_0 + w_1 x_1 + w_2 x_2 + w_3 x_1^2 + w_4 x_2^2 + w_5 x_1 x_2 + w_6 x_1^2 x_2 + w_7 x_1 x_2^2 + w_8 x_1^3 + w_9 x_2^3 + \cdots$

部分读者可能又会有疑问：第 1、2 个表达式尚可以说是中学解析几何中直线和圆的标准方程形式，但对于第 3 个表达式，函数可能用到的数学工具很多，诸如 e^x、$\log x$、$\ln x$、$1/x$ 这些都是很常见的，为什么这样一个复杂的曲线模型的函数必须是简单多项式的形式呢？这个问题的答案既复杂又简单，如果读者已经不记得高数课本中讲过的泰勒多项式展开的话，那就直接记住这个结论好了：所有光滑的函数图像都可以使用泰勒公式以任意精度去逼近、模拟，展开成泰勒多项式的形式。所以，不论现实中决策函数是由 e^x、$\log x$、$\ln x$、$1/x$、$\sin x$ 还是由其他任何形式的可导复杂项构成的，都可以使用简单多项式形式，以任意要求的精度模拟出来。

对以上三种不同的模型的函数表达式，$f(x)$ 表示模型的输出结果，x_1、x_2 表示向模型输入的特征参数，也就是实战中的"邮件长度"和"收件人数量"两个特征。模型训练过程中要求解的内容是找出 $w_0, w_1, w_2, \cdots$ 这些多项式的系数，它们才是模型中的未知项，也是我们在机器学习过程中要获得的信息。

之前我们已经反复提及"模型复杂度"这个名词，但一直缺少一个严谨精确的定义，所谓"简单""复杂"都只是定性的描述，我们能由经验得知，上面几个模型中，肯定是规则圆形的模型要比直线的模型复杂，不规则曲线的模型又要比规则圆形的模型复杂，但是究竟"复杂"了多少呢？这个定量的问题以前没有办法解释清楚。现在有了统一用多项式表示的模型决策函数后，就可以借助这种形式来定量比较模型的"复杂程度"了。在把模型进行泰勒多项式展开之后，它的复杂程度由两个因素决定：

- 模型多项式系数数量的多少，系数越少，相应地多项式项数就越少，意味着模型函数图像的曲线形状越简单。
- 模型多项式系数数值的大小，系数数值越小，意味着该多项式项对结果的影响越轻微，模型函数图像的曲线越平滑。

要选择适当的系数数量和数值大小，实质上等同于权衡模型复杂度，也就是在欠拟合和过拟合之间、偏差与方差之间进行权衡。只有恰当地做好权衡，才能令模型既能正确地识别样本，又不至于过度复杂，学习到属于训练集本身的特征。"控制模型复杂度"可以视为机器学习中除了"让模型的输出结果与实际结果差异最小"之外的第二重要的目标。这样，可以对机器学习的目标进行一点小调整，兼顾第二目标，不再仅仅关注损失函数本身的最小化，还要对模型中系数的数量和数值大小投入一定的关注度。接下来，我们将按照这个修正后的目标去训练模型。

根据 6.6.5 节中对损失函数的介绍，机器学习的目标就是找到损失函数达到最小值时的参数值，机器学习所谓的"模型训练过程"，就是求其损失函数最小化参数解的过程。数学中对这种最小化求解运算专门定义了一个符号"argmin[⊖]"，表示"使得函数达到最小值时的变量取值"。我们现在引入这个符号，用数学和文字语言互相映照，来推导出监督学习的目标通式：

- 首先，我们选一组样例数据作为训练集，如果集合中样本的个数以 i 来表示的话，那么这个训练集中有 $\{(x_i, y_i)\}$ 个样例。
- 然后，统计损失函数 $Loss(y, f(x))$ 在所有样本上的损失总和的最小值，即追求 $\sum_i Loss(y_i, f(x_i))$ 最小化。
- 对于训练集中的每一个样例而言，x 和 y 分别是特征和标记，这些 x、y 在训练阶段是已知的信息，未知的是函数的系数向量 w（因为多项式有多个系数，所以是系数向量），为了表示决策函数中的未知参数 w 会对结果产生的影响，我们可以将 $f(x_i)$ 改写为 $f(x_i, w)$ 的形式，这样就明确了机器学习训练过程中，所求解的是损失函数达到最小值时系数向量 w 的值。

最后，用数学语言来综合上面的文字描述，监督学习的目标可以表述成最小化损失函数，求解系数向量 w 的过程：

$$w^* = \underset{w}{\mathrm{argmin}} \sum_i Loss(y_i, f(x_i, w))$$

到这步已经体现了机器学习的主要目标，但如果仅以此损失函数最小化作为全部目标的话，当它达到最小值时，其结果几乎无可避免地一定会陷入过拟合的"泥潭"之中。因为如果只是把最优的模型衡量标准定义为在训练集上损失函数总和最小的话，那得到的肯定是一个精密复杂但极为脆弱的模型，这个能完全适应所有样本数据的模型在训练集的表现上肯定会优于一个鲁棒性强的

⊖ arg 是变元的意思，即自变量 argument 的英文缩写。argmin 即"求函数达到最小值时的变量值"。

简单模型，显然这样的模型并非我们想要的结果。

为此，在追求损失函数最小化之外，我们的最终目标还要再添加另外一个用于避免过拟合的第二目标，这个第二目标一般是以被称为"正则化项"（Regularizer）或者"罚函项函数"（Penalty Term Function，一般用"$\Omega(w)$"表示该函数，下文简称罚函数）的额外算子形式来体现的。这个算子的具体函数表达式稍后再谈，现在只把它看作一个抽象的函数符号。将它与损失函数联合相加，训练目标就不仅仅是损失函数最小化，而是追求与罚函数的总和最小，这才构成机器学习建模的完整目标。我们把形成的新函数称为训练模型的"目标函数"（Objective Function），如下所示：

$$w^* = \underset{w}{\mathrm{argmin}} \sum_i \mathrm{Loss}(y_i, f(x_i, w)) + \Omega(w)$$

上面这个通式就是所有监督学习算法的通用形式，对于不同的学习算法来说，其差别只是选择的损失函数 $\mathrm{Loss}(x)$、罚函数 $\Omega(w)$ 不同。

接下来我们要进一步厘清罚函数 $\Omega(w)$ 的表达式形式。"正则化项"或者"罚函数"这样的名词听起来挺抽象的，但只要从它们的作用去理解其含义就不困难了：罚函数存在的意义是为了避免目标函数变得过于复杂，进而导致模型陷入过拟合。前文提到，一个模型是复杂还是简单，取决于其表达式系数的数量和数值大小。由此可知，罚函数的目的是限制系数的数量和数值大小，通俗地讲，罚函数就是一个"参数数量越多、参数值越大，输出结果就越大的函数"。那如何把参数数量和数值大小与函数的计算结果联系起来呢？这就要先解决向量大小度量的问题，请读者先看看以下两个参数向量 w_1、w_2 到底谁大谁小：

$$w_1 = (1, -4, 3, 10, -9, 11, 0)$$
$$w_2 = (2, 3, -5, 7, -11, 13)$$

不容易比较出结果吧？要解决这个问题，数学上已经有了成熟又严谨的办法可以参考。在机器学习领域，也使用了数学里"范数"（Norm）的概念来解决如何度量系数向量大小的问题，这直接关系到采用何种实现方式实现罚函数。

"范数"是一种具有"长度"概念的函数，广泛应用于线性代数、泛函分析等领域，它的作用是度量某个向量空间或矩阵中每个向量的长度或大小。范数必须满足非负性、齐次性和三角不等式，这方面的数学知识读者可以不去深究，只需要把它当作一种用于衡量向量大小的工具，知道我们要用它来度量参数向量即可。

L_0 范数、L_1 范数、L_2 范数、迹范数、Frobenius 范数和核范数等不同类型的范数，都是数学和人工智能领域可能用到的，其中的三个"p 范数"特例，即 L_0 范数、L_1 范数和 L_2 范数在机器学习领域最为常用，笔者以这三个范数来介绍罚函数的内容。

L_0 范数、L_1 范数和 L_2 范数都是派生自"p 范数"的特例，为了稍后解释"正则化为什么能做特征选择"这个问题时有必要的知识储备，这里我们从几何意义的角度去了解 p 范数的含义：p 范数的本质也是长度的度量，对于不同 p 取值的 p 范数，其几何含义可理解为描绘该取值下空间中单位球（Unit Ball，表示在空间中半径为 1 个单位的球面）的形状。最符合初等数学的直观认知是 p 取值为 2 时的情况，此时在二维平面上单位球是一个圆形，在三维空间上单位球是一个正球体，更高维度也是类似的，单位球都是到原点距离为一个单位的点的全集，p 等于 2 时的距离称为欧氏距离。在 p 为其他值时单位球的变化如图 6-23 所示，请读者特别记住 p 取值为 1 和 2 的单位球形状：菱形和圆形。

图 6-23　各种 p 取值的单位球图像

除了最符合我们日常空间几何概念的 $p = 2$ 表达的欧氏距离之外，还有 $p = 0$ 时表达的是汉明距离，$p = 1$ 时表达的是曼哈顿距离等。尽管这些特殊距离都有各自的意义，但是 p 范数的公式是统一而简洁的，如下所示：

$$\|x\|_p = (|x_1|^p + |x_2|^p + \cdots + |x_n|^p)^{1/p}$$

式中"$\| \ \|$"是范数符号。L_0 范数、L_1 范数和 L_2 范数就是 p 范数在 p 取值

分别为 0、1、2 时的特例情况，替换后得出以下三种范数公式：

L_0 范数：$\|x\|_0 = \#(i), \ x_i \neq 0$
L_1 范数：$\|x\|_1 = |x_1| + |x_2| + \cdots + |x_n|$
L_2 范数：$\|x\|_2 = (|x_1|^2 + |x_2|^2 + \cdots + |x_n|^2)^{1/2}$

从公式上看，L_1 范数是向量中各个元素的绝对值之和，L_2 范数是向量中所有元素的平方之和再开方。把 L_0 范数的公式写出来，会发现由于 p 出现在分母上，零值是无意义的○，而 L_0 范数的真实含义是向量中非零元素的数量之和。

根据 L_0 范数、L_1 范数和 L_2 范数的公式，无论是非零计数、绝对值还是开平方，每一个参与公式计算的参数，无论其数值大小、正负都只会对计算结果产生非负的贡献，只是影响程度不同，所以这三个公式都符合"参数数量越多、参数值越大，输出结果就越大"这个特征，我们只要令罚函数"$\Omega(w) = \|w\|_0$""$\Omega(w) = \|w\|_1$"或者"$\Omega(w) = \|w\|_2$"，即可达到限制模型复杂度过高的目的。

不过，既然 L_0 范数、L_1 范数、L_2 范数以及其他形式的范数是共存的，那说明它们在某些地方有自己的特长，这才有共存的意义，也从侧面说明罚函数使用不同的范数来实现，效果一定是有所差别的。下面我们就继续来看看这三个范数的使用场景和含义。

L_1 范数的作用是"参数稀疏化"，由于这个特性，L_1 范数还有个别名叫作"稀疏正则算子"（Lasso Regularization）。首先我们来解释什么叫"参数稀疏化"，数学上说一个向量"稀疏"是指它所包含的零元素的数量很多。L_0 范数的意义是计算非零参数的个数，所以它的稀疏性是最直接的，把 L_0 范数作为目标函数的一部分，在最小化目标函数的过程中，其目标就自然带有尽可能获得零参数的倾向，但是由于最小化 L_0 范数已被证明是一个 NP 完全问题，要付出极高的代价才有可能优化好，所以实践中并不适用。如果特别注重模型参数数量的话，可以用 L_1 范数代替 L_0 范数来实现稀疏化。L_0 范数的稀疏性从它的定义公式中就可以明显看出来，至于 L_1 范数为什么也会有稀疏性，我们会在讲解完稀疏特性的意义之后，从几何意义的角度给出解释。

○ 严格来讲，p 在 (0, 1) 取值范围内定义的并不是范数，因为这违反了三角不等式（$\|x + y\| \leq \|x\| + \|y\|$），因此 L_0 范数不是真正的范数。

稀疏性在机器学习中是很令人趋之若鹜的特性，它天然地解决了机器学习中的一对大难题："自动特征选择"（Auto Feature Selection）和模型的"可解释性"（Interpretability）。前面我们遗留了"如何自动做特征选择"这个问题没有回答。特征选择之所以重要，是因为一般来说样本的大部分特征都和最终的输出没有什么关系，不对结果提供任何信息或者只提供极少量的信息。如果在最小化目标函数的时候考虑了这些额外的特征，虽然可以获得更小的训练偏差，但在预测新的样本时，这些无用的信息反而会干扰对结果的正确评价。稀疏规则化算子能天然地将模型中对结果影响小的参数权值置为零，这样就去掉了这些没有提供信息的特征，自动完成了特征选择。另一个青睐稀疏的理由是，将无关的特征置零后得到的简单模型更容易解释。这一点也很容易理解，譬如，假设要统计患某种疾病的概率，且我们收集到的数据样本有 1000 个特征，换句话说，我们需要寻找这 1000 个特征到底是怎样影响病人患上这种疾病的。如果通过 L_1 范数正则化之后，最后学习到的模型只有很少的非零元素，譬如只有 5 个非零的系数，那么我们就有理由相信，这些对应的特征在患病分析上面提供的信息是巨大的，是决定性的。也就是说，患不患这种病基本只和这五个因素有关，那医生就好分析多了。但如果 1000 个参数都不为零，医生面对这 1000 个致病因素是无法通过模型来寻找和解释致病原因的。

L_0 范数的定义本来就是零值越多，函数值便越小，它参与到目标函数之后，模型有稀疏性是很好理解的。而关于 L_1 范数稀疏性的来源，我们就需要专门从几何角度去解释为什么它会具有这样的特性。

我们把前面的目标函数稍微改写一下，不直接加入罚函数，而是把"计算损失函数和罚函数总和极小值的最优解作为优化目标"，改写为"在罚函数不超过单位常量值 C 的前提下求损失函数极小值的最优解作为优化目标"，即把损失函数和罚函数独立约束，形成如下形式：

$$w^* = \underset{w}{\mathrm{argmin}} \sum_i \mathrm{Loss}(y_i, f(x_i, w)), \quad 约束：\Omega(w) \leq C$$

以只有两个参数的简单情况为例，图 6-24 中的曲线是损失函数优化过程中的等值线，读者可将这里的"等值线"想象为地图中的"等高线"，这种等值线是把函数值相等的损失函数对应的参数 w_1、w_2 组成的点连接起来，越接近中心线代表函数值越小，越接近外延线代表函数值越大。

假如没有罚函数的结果不能大于 C 这个约束，损失函数的极小值就是等值线中最小的那一个或者多个点，即图 6-24 中函数图像中间的低谷，但是受限于"$\Omega(w) \leq C$"这个约束，损失函数并不能取到最小值，而是必须在符合罚函数约束的范围内找到损失函数能达到最小的那个点。回想一下前面对 p 范数单位球图像的介绍，当 $p=1$ 时 p 范数的图像，即 L_1 范数的图像在平面中是边长为 C 的菱形。显而易见，在多数情况下（极值点在单位球之外），有约束时的极小值会出现在罚函数边缘与损失函数等值线的交点处，而且这个交点就是菱形的一个角。

图 6-24　L_1 范数与损失函数等值线的交点[一]

在角上相交就意味着其中一个参数为零，这就是 L_1 范数稀疏性的来源，而在更高维的情况下，除了角点之外，还有很多边会发生与等值线的第一次相交，产生稀疏性。相比之下，L_2 范数就没有这样的性质，因为 $p=2$ 时 p 范数的单位球图像是个圆形，如图 6-25 所示。

由于没有菱形的角存在，所以第一次相交的地方出现在具有稀疏性的位置的概率就变得非常小了，这也从几何角度直观地解释了 L_1 正则化能产生稀疏性而 L_2 不能的原因。

L_2 范数是指向量各元素的平方和然后求平方根，它虽然没有稀疏性，却是一个比 L_1 范数使用频率更高的范数，其应用场景不局限于机器学习，在各种科学领域都能看到它的身影。

　　㊀　图片来源：https://www.coursera.org/learn/machine-learning。

图 6-25 　L₂ 范数与损失函数等值线的交点

机器学习中，L₂ 范数也有两个别称，有的资料把用它的回归算法称作"岭回归"（Ridge Regression），有的资料叫它"权值衰减"（Weight Decay）。L₂ 范数是用来解决机器学习中过拟合问题的主要手段之一，虽然 L₁ 范数也有一定的防止过拟合的作用，但如果以控制过拟合为目的，L₂ 范数的效果要比 L₁ 范数的效果好，因为 L₂ 范数相对于 L₁ 范数更平滑，换句话说，它更"温和"一些。在模型预测中，L₂ 范数往往比 L₁ 范数具有更好的预测特性，当遇到两个对预测有帮助的特征时，L₁ 范数倾向于选择一个更大的特征，而 L₂ 范数倾向于把两者结合起来。

总之，L₁ 范数、L₂ 范数或者其他范数形式的正则化都是通过增加惩罚项，使得结果在偏差与方差之间取得平衡，从而使目标函数最小化来防止过拟合的。正则化是一种典型的、具有通用性的防止过拟合的方法，不过防止过拟合并不只有正则化这一种途径，不同的模型、策略中还有其他可行的办法，譬如神经网络中采用的 Dropout 就是根据神经网络特点设计的一种防止过拟合的技巧。

6.6.9　优化算法

目标函数一旦确定下来，就已经定下了采取何种模型的学习策略了，到这步，剩下的就是把模型中所有涉及的参数计算出来，归结为一个最优化的问题——求使得目标函数达到最小值时的参数数值解。机器学习中的优化算法就是为了求出这些参数数值解的算法。由于实践应用中，绝大多数情况下最优模型都是不存在解析解的，因此只能使用逐步逼近的计算方式来求数值解。同时，由于机器学习总是面对大量的训练样本，因此必须选择恰当的优化算法，才能确保找到全局的最优解，并且使得求解的过程足够高效。

在机器学习领域使用最广泛的优化算法是"梯度下降"（Gradient Descent）算法，它不仅广泛应用在传统的统计学习中，在神经网络和深度学习中也是一种常见的优化算法。在这一节，我们将以梯度下降算法为例，学习机器学习优化算法的原理和过程。

本节的邮件过滤系统实战是一个分类应用，在 6.6.5 节介绍损失函数时，我们提到了常用的平方损失函数，结合前面所讲的机器学习通式，要求解的目标函数如下所示：

$$w^* = \mathop{\mathrm{argmin}}_{w} \frac{1}{n} \sum_{i=1}^{n} (y_i - f(x_i))^2$$

在 6.6.6 节讲解模型选择时，我们又接触到了支持向量机，它要优化的是 Hinge 损失函数，这时的目标函数形式如下：

$$w^* = \mathop{\mathrm{argmin}}_{w} \frac{1}{n} \sum_{i=1}^{n} \max(0, 1 - w^\mathrm{T} x_i y_i)$$

其他形式的损失函数还有很多种，无论选择何种损失函数，模型训练最终都要解决如何求损失函数达到最小值时的系数向量这个共同的问题。梯度下降算法是最常用的迭代求解算法。"梯度"一词是微积分中的概念，数学上，对多元函数的参数求偏导数，把求得的各个参数的偏导数以向量的形式写出来就是梯度。这里把微积分中导数、偏导数和梯度的概念简单复习一下：当函数定义域和取值都在实数域时，导数可以表示函数曲线上的切线斜率，这是导数的几何意义，同时也代表了该函数在该点的瞬时变化率，这是导数的物理意义。如图 6-26 所示，对于一元函数，P 点的导数是当 x 变化一段很小的距离 Δx 后，y 的变化量 Δy 与 Δx 的比值。

而对于多元函数，至少涉及两个自变量，也就是从曲线来到了曲面。曲线上的一点，其切线只有一条。但是曲面上的一点，其切线有无数条。偏导数是指多元函数沿坐标轴的变化率，如图 6-27 所示，在点 (x_0, y_0) 上对 x 的偏导数，

就是指曲面被平面 $y = y_0$ 所截得的曲面 T_x 在点 M 处的切线对 x 轴的斜率。

图 6-26　一元函数导数的含义

图 6-27　多元函数偏导数的含义

如果考虑多元函数沿任意方向的变化率的话，也可以使用相应的三角变换来求得偏导数，这称为在点 (x_0, y_0) 的某个方向上的方向导数。方向导数

㊀　图片来源：https://zh.wikipedia.org/wiki/ 微分。

代表了函数沿这个方向变化的快慢，所有方向导数中最大的那一个，即函数值下降最快的那一个，被称为"梯度"，负梯度方向就是函数值上升最快的方向。

梯度有大小有方向，自然也是一个向量。依照梯度的定义，沿着梯度的正、负方向是最容易找到函数的最大值或者最小值的，因为这个方向的函数值变化最快。为求简单，前面的例子是一个简单的二维平面上的函数，对于三维或者更高维度的超平面，道理也是一样的。假如我们的函数定义在三维坐标系中，构成坐标轴的分别是参数 θ_0、θ_1 以及函数 $J(\theta_0, \theta_1)$，会更贴合我们日常身处三维现实世界的空间观。此时，对于函数 $J(\theta_0, \theta_1)$，在点 (θ_0, θ_1) 沿着正、负梯度向量的方向分别是函数值增大或者减小最快的地方，如图6-28所示，要寻找函数最小值，如同在一片凹凸不平的绵延深山中寻找那个地势最低的深谷谷底。

图 6-28　三维空间下的函数最小值

梯度下降算法就好比把我们随机传送到这片深山中的某处位置，我们的目的地是山下的深谷，由于我们并不知道下山的道路，因此决定走一步算一步，在每走到一个新位置的时候，先求得当前位置的梯度，以此作为行进的指导，然后沿着梯度的方向（这是当前位置最陡峭的方向），向下踏出下一步，到达下

　　㊀　图片来源：Andrew Ng 的机器学习课程（https://class.coursera.org/ml-006）。

一个位置后继续求解这个新位置的梯度，再沿着最陡峭最快下山的方向踏出下一步。这样，保持固定的步长幅度，一步步地走下去，一直走到梯度值为零，从任何方向再踏一步都会比现在的位置更高的地方为止，这时就说明我们已经到了谷底了，这个过程可以用图6-29来直观表示。

图 6-29 梯度下降的步骤

向山下前进的方向由梯度决定，而每步行走的长度一般是人为选定的值，这个步长幅度被称为"学习速率"。行进中选择一个合理的学习速率很重要，如果学习速率过小，则会导致优化过程收敛速度很慢，需要踏出很多步、重复很多次梯度计算的过程，如果学习速率过大，则有可能阻碍收敛，如过大的步长，跨过了最低点，导致在低谷附近反复振荡。以下用伪代码来表述利用梯度下降算法求出最佳参数值的完整步骤：

```
// 重复以下步骤，直到取得最小值的参数
repeat {
    // 对损失函数求关于点 w 的偏导数，得到其在该点的梯度
    // 梯度的正负指示了损失函数值的增大或者减小
    Δ(w) = ∂J(w)/∂w
    // 选择使损失函数值减小最快的方向
    // 把梯度乘以学习速率 α 作为更新量，学习速率即每步下降的
       长度
```

```
// 计算得到参数的更新量,并更新参数
w = w-αΔ(w)
}
```

如上面例子这样,通过梯度下降的方法走到一个全局极小值点仅是一种理想的情况,这里的"全局极小值"已经是一种简化,现实中,既不能保证算法走到的是"全局"极小值点,也不能保证全局只有"一个"极小值点。

试想一下,如果我们把随机传送的起始点的位置稍微调整一下,如图 6-29 所示的另外一个起始点,根据相同的梯度下降算法,可能会得到另外一个最小值的结果,具体路径如图 6-30 所示。在理论上,全局有不止一个极小值完全是可能的。所幸对多数实际问题来说,情况都是相对简单的,往往只有一个全局极小值。

图 6-30 不同的起点、路径得到不同的极小值

还有一种需要考虑的场景,可能确实存在一个全局的极小值,但是同时有大量的局部极小值,形象地说就是函数图像可能是"坑坑洼洼"的,这可能会导致我们无法顺利走到山下,而是走到某一个局部的洼地处徘徊,此时由于所有的方向都会令函数值增加,因此无法使用梯度下降的方法再继续前进了,如图 6-31 所示的函数图像就非常容易陷入某个局部极小值中。

从以上两个例子可以看出,纯粹的梯度下降算法并不能保证找到全局的最优解,得到的有可能只是一个局部最优解,不过由于实际问题中,许多目标函

数天然是凸函数或者被精心设计成凸函数[一]，只要损失函数是凸函数，局部最优解即为全局最优解，梯度下降算法得到的解就一定是全局最优解，所以，将目标函数设计为凸函数以及基于凸函数的优化技术，一直是机器学习的优化算法、策略算法关注的焦点。

图 6-31　存在大量局部极小值的函数图像

梯度下降算法本身还存在一些算力层面的限制，虽然理论上求解函数图像特定点的梯度仅是计算一阶方向导数，但现在的工作毕竟不是简单地对一个已知的光滑连续函数求导，已知的数据是由一堆训练样本构成的不连续的采样点。如果每一次都是通过样本代入来求解梯度的话，那么当样本数量很庞大，且选定的学习速率的值相对较小时，就需要进行很多次求解梯度的操作，因此所有样本都参与运算是相当耗费计算资源的。实践中常常每次都只随机挑选一个样本来计算梯度，这种做法是梯度下降算法的一种改进形式，称为"随机梯度下降"（Stochastic Gradient Descent，SGD）算法，之前使用全部样本进行训练的原始形式称为"批量梯度下降"（Batch Gradient Descent，BGD）算法。这两种算法各自的优缺点非常明显，在训练速度方面，随机梯度下降算法由于每次仅采用一个样本来迭代，虽然迭代次数会多一些，但训练速度很快，解决了

[一]　凸函数、凹函数是数学概念，其本质是描述函数斜率增减。语义上凸为正，代表斜率单调不减；凹为负，代表斜率单调不增。

批量梯度下降算法在大量样本下的计算效率问题。但在准确率方面，随机梯度下降算法仅用一个样本决定梯度方向，由于迭代方向变化很大，不一定能很快地收敛到局部最优解，可能会不断地在最优解附近振荡，导致解有可能不是全局最优的。为了平衡这些优缺点，日常应用时会在这两种算法之间折中，每次随机选择一小批样本来进行训练，这种形式被称为"小批量梯度下降"（Mini-Batch Gradient Descent，MBGD）算法，该算法使得训练过程较快，也能保证最终参数训练的准确率。

梯度下降算法只是机器学习中常用的优化算法中的一种，适用于无约束优化的场景，除了梯度下降算法以外，其他常见的优化算法还有前面提到的最小二乘法、牛顿法和拟牛顿法等。从运算角度来看，它们各有优势。最小二乘法是求误差的最小平方和，如果求解目标是线性问题，本质上就是解线性方程组，是有全局最优的解析解的，但是如果样本量很大，就要对一个很大的矩阵求逆，这就很困难或者需要花费很长时间才能求得解析解了，此时反而不如梯度下降算法的快速收敛更有效。梯度下降算法、牛顿法、拟牛顿法都是迭代求解，不过梯度下降算法依赖的是梯度，而牛顿法、拟牛顿法是用二阶的海森矩阵的逆矩阵或伪逆矩阵求解。相对而言，使用牛顿法、拟牛顿法收敛更快，但是每次迭代的时间比梯度下降算法的时间长。

6.6.10 终极算法

利用优化算法求解出模型的参数后，所训练的模型已经产生。至此，机器学习建模过程的所有步骤，从数据采集、预处理、选取特征、确定损失函数、解决欠拟合和过拟合问题，到最后通过优化算法获得模型我们都一一讲解过了，读者是否会有这样一种感觉：虽然说是实战，属于实际操作的内容，但这里每个步骤似乎都有很大的灵活性，或者说有很大的不确定性。笔者几乎在每一个知识点的讲解里，都说过类似"必须根据实际情况去权衡选择"之类的话，这话听起来是合理的，但我们真的只能如此吗？事事都需要有人来参与，"机器学习"这事做起来只见"人工"，一点都不"智能"。

在本章开篇笔者曾提过一个问题：有没有可能存在一种能够遵从的模型算

法，一步一步地根据这个步骤做下来，就能一揽子解决所有机器学习问题？根据现在各种学习算法并存的现状，读者自然能推测出目前并不存在能应对所有场景的完美无缺的学习算法。但是，未来是否有可能找到这样的完美算法呢？如果真的有，无论它多么烦琐、复杂，我们都可以把它变为计算机能执行的程序，计算机最擅长的就是解决烦琐却有具体步骤的问题。

有这样的想法并不奇怪，研究机器学习天生就有一种对"终极算法"的向往，与被热力学第二定律"判处死刑"之前的永动机一样，令许多人趋之若鹜。从"古"至今有很多这方面的论文，意图通过三个特例来说明自己改进的算法多么高效、适用于诸多应用场景，或者得出类似论断的比比皆是。

1997 年，两位数学家威廉·麦克雷迪（William Macready）和戴维·沃尔珀特（David Wolpert）深入研究并解决了"终极算法"问题，他们通过数理逻辑严格地证明了一个结论：

> 假设所有问题出现的机会相等，或者说所有问题都是同等重要的，那不论学习算法 A 有多"聪明"、学习算法 B 有多"笨拙"，它们的性能期望都是相同的。

这个结论蕴含了一个听起来颇违反直觉的事实：如果一个算法解决某类问题的效率比解决其他类型的问题的效率高，那么它一定不具有普适性，一定存在另外一类问题使得这个算法的性能低于随机选择的结果。简而言之，对于没有特定上下文和目标偏好的笼统问题，高效与普适是矛盾的。这个结论被麦克雷迪和沃尔珀特很形象地命名为"没有免费的午餐定理"（No Free Lunch Theorem，NFLT）。"没有免费的午餐定理"让我们认清楚一个事实：若脱离实际情况，空谈哪种机器学习算法更是毫无意义的，无论算法怎样，无论它有多复杂，它和随机抛几枚硬币来胡乱猜测参数值这样的方法所取得的效果都是一样的。要谈论一种算法的优劣，一定是在具体问题上才有相对优和劣的概念，没有绝对最好的"终极算法"存在，在某些问题上表现好的算法，在另一个问题上一定会不尽如人意。

"没有免费的午餐定理"并不是说研究不同的模型算法没有意义，它生效的前提是"所有问题都同等重要"，而实际情形肯定不是这样。一般我们只需要关注自己真正要解决的问题，而不需要关心我们的解决方案在另一个问题上的表现是否同等出色。为了解决真实世界中的问题，我们可能需要提出多个不同的模型。对于每一种模型，我们同样有多种算法来训练模型。在实现算法的过程中，也同样存在算法准确度、效率和存储空间之间的折中。但是真正身处其中时，人们往往还是容易陷入盲目的算法崇拜，如在今天的机器学习研究中，很多人就沉迷于"深度学习"不可自拔，心中多少都有深度学习比其他算法更好的想法。其实有时候探究解决问题的具体步骤反而是其次的，深刻理解问题本身，因地制宜地制定解决问题的策略更为重要。

6.7 评估验证

在机器学习领域，模型完成训练之后，还有最后一个必要步骤：对建立的模型进行性能评估（Evaluation），得到该模型的性能指标，只有有了量化的标准，才能更好地衡量我们选择的模型和训练的过程是否正确。而如何评估模型性能，这其实已经不是什么新的知识了，传统统计学中已有成熟的方法可供使用。

6.7.1 性能度量

在之前介绍损失函数的时候，我们已经初步涉及模型性能度量的问题。关于评价一个机器学习模型的性能指标，根据其解决问题的类型，前人已总结出许多指标可供选择。与分类问题相关的指标有"正确率"（它和错误率是同一个指标，即"1-错误率"）、"精确率"（Precision）、"召回率"（Recall）和"F1分数"（F1-Measure）等，而与回归问题相关的指标有各种类型的误差指标，如"平均绝对误差"（Mean Absolute Error）、"均方误差"（Mean Squared Error）、"标准差"（Standard Deviation）等，还有分数类型的指标，如"F2分数"（F2-Measure）、"可释方差分数"（Explained Variance Score）等。

限于篇幅，笔者不一一解释上述指标的概念和用途，依然以实践优先的原则，仅以前文实战里邮件分类过程中遇到的指标作为范例展开讲解，这里首先要说清楚"正确率""精确率"和"召回率"这三个指标的意义。现在，先假定一个具体场景作为后续讨论的基础：

> 假设测试集中包含有效邮件8000封，垃圾邮件2000封，共计10000封邮件。我们的目标是找出所有的垃圾邮件。现在使用某个模型从中挑选出5000封垃圾邮件，经核实，模型挑选的垃圾邮件中有2000封确实是垃圾邮件，但还错误地把3000封有效邮件也当作垃圾邮件挑选出来了。

作为评估者，我们采用不同的指标来评估一下该模型的性能。首先我们知道垃圾邮件的识别模型是一个典型的0-1分类器，它的输出结果可能有以下四种：

1）将垃圾邮件识别为垃圾邮件，这种0-1分类器将正面结果识别为真的称为"真正"（True Positive，TP）。

2）将垃圾邮件识别为有效邮件，这种0-1分类器将正面结果识别为假的称为"假正"（False Positive，FP）。

3）将有效邮件识别为垃圾邮件，这种0-1分类器将负面结果识别为假的称为"假反"（False Negative，FN）。

4）将有效邮件识别为有效邮件，这种0-1分类器将负面结果识别为真的称为"真反"（True Negative，TN）。

这四种结果所包含的预测值和实际值的关系，可以通过图6-32直观地反映出来。

	真实结果 正面	真实结果 负面
预测结果 正面	真正	假正
预测结果 负面	假反	真反

图 6-32　预测结果定义

有了"真正""假正""假反"和"真反"这四个概念,就可以给出"正确率""精确率"和"召回率"的定义了。

正确率是指对于给定的测试数据集,分类器正确分类的样本数与总样本数之比,即

$$正确率 = \frac{TN + TP}{TN + FN + TP + FP}$$

具体体现到我们预设的讨论场景中,正确率是此模型分辨正确的邮件数量占总邮件数量的比例,我们可知该模型判断正确的邮件是 7000 封(2000 封垃圾邮件、5000 封有效邮件),而总邮件数量是 10000 封,所以模型的正确率就是 70%,或者换句话说,模型的错误率是 30%。

正确率是模型非常常用的指标之一,它很直观地反映了人们对模型能够"正确工作"的需求,对某些问题它能够衡量模型的性能,但是在另外一些场景里,它却会陷入"正确率悖论"(Accuracy Paradox)[一]的尴尬之中。现在修改一下讨论场景中的数据,以便为读者展示什么是"正确率悖论":假设测试集的 10000 封电子邮件中只包含 150 封垃圾邮件,其余都是有效邮件。在这个数据基础下,提供以下两个模型供读者择优选择:

第一个模型从 10000 封邮件中识别出了 250 封垃圾邮件,而这 250 封被标记的垃圾邮件中,有 100 封确实是垃圾邮件,另外 150 封则是被错误标记的有效邮件,如表 6-2 所示。

表 6-2 "正确率悖论"示例(1)

	预测的有效邮件	预测的垃圾邮件
真实的有效邮件	9700	150
真实的垃圾邮件	50	100

根据正确率的定义,易知在此测试集下,该模型的正确率是 98%,计算过程为:

$$正确率 = \frac{9700 + 100}{9700 + 50 + 150 + 100} = 98\%$$

㊀ 正确率悖论的解释:https://en.wikipedia.org/wiki/Accuracy_paradox。

第二个模型是一个压根不能工作的"坏模型",它在这10000封邮件中完全没有找出任何垃圾邮件,如表6-3所示。

表6-3 "正确率悖论"示例(2)

	预测的有效邮件	预测的垃圾邮件
真实的有效邮件	9850	0
真实的垃圾邮件	150	0

奇怪的是,按照正确率的计算公式,在此场景下,这个不能工作的模型算出来的正确率居然更高,为98.5%。计算过程为:

$$正确率 = \frac{9850 + 0}{9850 + 0 + 150 + 0} = 98.5\%$$

显然,第二个不能工作的模型对我们而言没有任何价值,该场景下的正确率不能正确反映模型的性能,即我们所说的"正确率悖论"。这也是另外一个从侧面说明我们做机器学习研究时必须先理解问题,因地制宜地选取指标,不能抱着特定方法僵化操作的例子。

现在我们需要采用另外的评价指标来对这个测试集进行度量,"精确率"是一个比较合适的选择。精确率是针对模型预测结果而言的,它是指"被模型正确标记的正例样本"在"被模型检索到的所有样本"中所占的比例,通俗点说就是"预测为正的样本中有多少是真正的正例样本",再通俗点的说法就是"你的预测有多少是对的"。精确率反映的是模型的"查准比例",它的计算公式如下所示:

$$精确率 = \frac{TP}{TP+FP}$$

根据这个公式,可以算出前面两个模型的精确率,模型一的精确率是100/(100 + 150) = 40%,而模型二没有工作,不论正确与否,它没有检索出任何一个样本,即公式中分母部分为零,因此精确率对模型二是毫无意义的,这就如实地反映出了一个无法工作的模型是没有意义的这个事实。使用精确率评估这两个模型的预测结果要比正确率更为合适。

最后一个指标"召回率"是针对测试集中被正确检索的样本而言的,它表示的是样本中有多少正例被模型正确预测了。"正确预测"有两种可能,一种是把实际中的正例预测成真正例（TP），另一种是把实际中的反例预测成假反例（FN），即以下公式：

$$召回率 = \frac{TP}{TP+FN}$$

召回率的通俗解释就是"在样本的正例里面，有多少正例被正确预测了"，它度量的是模型的"查全比例"，因此也叫"查全率"。根据公式，模型一的召回率是 100/(100 + 50) ≈ 66.7%，而模型二的召回率为 0，看来在我们的讨论场景里，召回率是最佳的衡量指标。

我们还需要注意到，类似于偏差和方差的关系，精确率和召回率其实也是一对互相影响、需要权衡的指标，这点倒是比偏差和方差更容易理解：过分精确就难以全面，过分追求全面可能就容易损失精确性。理想情况下肯定希望模型能够做到两者都高，但是在模型性能固定的前提下，精确率高召回率就偏低，召回率高精确率就会偏低，所以偏向精确还是偏向全面，也是需要根据实际情况做出权衡的。

譬如，在做自然灾害预测时，就应该更注重召回率，我们宁愿发出 100 次警报，把 10 次真正发生的自然灾害都预报到了，也不要只发布 10 次警报，对了其中 8 次，漏掉了 2 次灾害。但是在给犯罪嫌疑人定罪的时候，我们就必须把精确率放在优先位置，必须坚持"疑罪从无"原则，查准优先于查全，不能错怪一个好人。

如果模型的这两个指标都偏低，那肯定就是有什么地方出问题了。当我们需要综合衡量精确率和召回率时，通常会以一个名为"F1 分数"的新指标作为度量，"F1 分数"并没有什么特殊含义，它就是精确率和召回率的调和平均值，如果模型的 F1 分数还不错的话，那说明它的精确率和召回率都不会过于难看。F1 分数的计算公式如下：

$$F1 \text{ 分数} = \frac{2 \times 精确率 \times 召回率}{精确率 + 召回率} = \frac{2TP}{2TP + FP + FN}$$

对于分类问题，主要度量指标就是以上介绍的这些，而对于回归问题，通常直接用误差（有多种误差的计算方式，如平均绝对误差、均方误差等）来衡量，这部分在之前介绍误差、偏差和方差的章节已经讲得比较详细了，这里不再重复。除此之外，还可以使用 ROC、PR 曲线、AUC 等度量指标评价机器学习模型的性能。

6.7.2　交叉验证

无论我们选用哪种性能度量指标来评价模型性能，都需要谨记一点：这个指标一定不能是在训练集中测定出来的，原因在讲解过拟合的时候已经讲过。通常，在建模之后要专门在独立的测试集中进行性能验证，我们一般不会将全部数据用于训练模型，否则就没有测试集对该模型进行验证，评估模型的预测效果了。为了解决这个问题，得到可用的测试集，有以下两个常用的方法。

首先是最容易想到的一个方法，即把供训练的数据按照一定比例分为两个部分，一部分用于训练，一部分用于测试，这样自然就得到训练集和测试集了。但是这个简单的方法存在两个很明显的缺点。第一个缺点是模型性能的测试结果将受到测试集和训练集划分方式的影响，这个影响往往可能是非常显著甚至决定性的。不同的测试集和训练集划分方式，将导致模型从特征参数的选取，到模型决策函数的选定，再到训练策略和优化算法都有可能做出不一样的权衡。

图 6-33 展示了用 10 种不同的划分方式在同一个训练数据集中提取不同样本作为训练集和测试集得到的均方误差，左边是模型在实际数据中测定的均方误差值，右边是 10 种不同划分方式得到的测试集中测定的均方误差值。可以看出，不同的划分方式对模型的性能指标有非常大的影响，由于评价指标的剧烈变化，它们对应的最优模型形式和算法选择必然也有很大差异。

图 6-33　训练集、测试集的不同划分方式对均方误差的影响

因此，划分训练集和测试集的时候，要特别强调均匀取样。均匀取样的目的是减少训练集、测试集与完整集合之间的统计偏差。不过，"均匀"二字虽然听起来简单，却不易做到。一般的做法是随机取样，当样本数量足够时，便可达到均匀取样的效果，然而随机是此做法的盲点，也是实验中可以在数据上做手脚以控制实验结果的漏洞。举例来说，要做一个文字识别的模型，当辨识率不理想时，一般会重新取样划分出一组新的训练集和测试集，直到测试集的识别率令人满意为止，即使每次划分确实是随机的，但严格来说，这样其实也已经算是在作弊了。

第二个缺点是，划分了训练集、测试集之后，就只能采用部分数据进行模型训练了，而用于模型训练的数据量越大，训练出来的模型效果通常会越好，所以训练集和测试集的划分意味着我们无法充分利用手头上所有的已知数据，得到的模型训练效果会受到一定程度的影响。

由于以上这两个缺点，这种在数据集上简单划分的方法，用来理解性能度量和验证是没有问题的，但在实际场景中的用途比较有限。为了解决这两个问题，一种改进的新的验证方法被提出，它被命名为"交叉验证"（Cross Validation）。

交叉验证方法现在已有很多变种形式，前面提到的划分训练集和测试集的方法在许多资料中也被认为是交叉验证中的最基础形式，称为"Hold-Out 方法"。目前较为常见的、具有实用价值的交叉验证形式叫作"留一验证"或者"LOOCV"（Leave One Out Cross Validation）方法。如同之前 Hold-Out 方法的训练集和测试集划分一样，LOOCV 方法也有把数据集划分为训练集和测试集这一步骤。但是两者的差别是，LOOCV 方法只采用单个样例数据作为测试集，所有其他的样例都作为训练集使用，然后将此步骤重复 N（N 为数据集中的数据总量）次，直至集合中的每一个样例都充当过一次测试集为止，具体操作如图 6-34 所示。

假设我们现在有 N 个数据组成的数据集，那么 LOOCV 方法会每次取出一个数据作为测试集的唯一元素，其余的 $N-1$ 个数据都作为训练集用于训练模型和调参。这样训练 N 次之后，我们会得到 N 个不同的模型，假设还是将均方误差作为模型的性能度量指标，那每个模型都能在测试集上计算得到一个均方误差值，而最终的均方误差则是对这 N 个均方误差值取平均，如下所示：

图 6-34　LOOCV 方法示意○

$$\text{MSE}_{\text{TOTAL}} = \frac{1}{N}\sum_{i=1}^{N}\text{MSE}_i$$

LOOCV 方法完美克服了 Hold-Out 方法的两大缺点：每一轮次中几乎所有的样本都用于训练模型，因此是最接近原始样本分布的，这样评估所得的结果比较可靠；实验过程中没有任何随机因素会影响实验数据，确保实验过程是完全可以被重现的。

但 LOOCV 方法也有很明显的缺点：由于需要建立的模型数量与原始数据样本数量相同，它的计算成本非常高。训练样本数据量越多，要经历的建模过程的次数就越多，这是极为耗时的，因此在实际操作中完全遵循 LOOCV 方法是非常困难的，除非每次训练分类器得到模型的速度很快，或者可以并行计算以减少计算所需的时间，否则它的适用范围将受到极大的限制。

为了解决 LOOCV 方法计算成本过高的问题，一种名为"K 折交叉验证"（K-fold Cross Validation）的新方法出现了，这种交叉验证的形式也是一种折中，可以使验证过程的计算成本变得可控。

K 折交叉验证方法和 LOOCV 方法的不同之处在于，每次选取的测试集不再只包含一个样本数据，而是多个样本，具体数目将由 K 值的大小决定。譬如，假设 K 等于 5，那么我们进行的验证就是"5 折交叉验证"，如图 6-35 所示，它的具体步骤如下：

○　图片来源：https://zhuanlan.zhihu.com/p/24825503。

1）将所有数据集平均拆分成 5 份。

2）不重复地每次取其中一份作为测试集，用其他四份作为训练集训练模型，之后计算该模型在测试集上的均方误差（假设仍然是采用均方误差来度量性能），记作 MSE_i。

3）将 5 次的 MSE_i 取平均值作为整个模型的 MSE。

图 6-35　K 折交叉验证示意

K 折交叉验证方法的公式与 LOOCV 方法的公式在形式上是一致的，只是不再硬性地与集合的样本总数量相关，具体如下所示：

$$MSE_{TOTAL} = \frac{1}{K} \sum_{i=1}^{K} MSE_i$$

从操作步骤中可以看出，K 折交叉验证其实是介于 Hold-Out 方法和 LOOCV 方法之间的一种折中方法，它同时具有两者的优点和缺点，K 值的选取本身就是一种计算成本和结果精度之间的权衡。K 越大，每次投入训练集的数据就会越多，而当 K 达到 N 时，K 折交叉验证也就等同于 Hold-Out 方法了。一般来说，K 值应设置在 5～10 之间。

6.8　本章小结

行文至此，读者已经学完了全书阅读难度最大的一个章节，从下一章起，本书将回归到以人物和事件来介绍人工智能重点分支的叙事风格上。尽管本章的难度与风格在全书中显得有些异类，但笔者仍然坚持将它放在整个机器学习部分的开篇，因为本章是现今极为热门的机器学习技术和学科分支的综述，笔者在有限的篇幅里面，试图尽可能通俗地解答"机器学习是什么""它能解决哪些问题""它通过哪些步骤来解决问题"以及"如何验证、评估它的解决效果"这四个基本问题。分析这些问题，也是为了让读者站在一个全局的高度上看清楚机器学习这门技术的全貌，而不是一接触机器学习，马上就去研究具体的学习算法，过快地陷入"具体应该如何去做"的细节之中。

不过，如果读者阅读的目的不局限于概览全貌，而是希望阅读之后能够自己进行机器学习方面的研究或者工作实践的话，那只阅读本章内容显然是不够的，这时就必须深挖机器学习里关于"具体应该如何去做"的内容了，譬如各种线性模型、决策树、支持向量机、贝叶斯分类器等学习算法，以及各种优化算法的细节等。如果你是这个专业的开发人员或者研究人员，或者对机器学习有强烈兴趣，建议阅读完本书后，针对这部分内容，继续阅读关于机器学习具体算法的书籍。

第 7 章

深度学习时代

The quest for "artificial flight" succeeded when the Wright brothers and others stopped imitating birds and started learning about aerodynamics.

当莱特兄弟和其他人不再模仿鸟类飞行，而是开始研究空气动力学的时候，人类对"人工飞行"的探索才算是取得了成功。

——彼得·诺维格（Peter Norvig），《人工智能：一种现代方法》，1994 年

7.1 概述

人工神经网络（Artificial Neural Network）这个概念最早是在皮茨与麦卡洛克合著的论文《神经活动中内在思想的逻辑演算》中首次提出的，随后，由于罗森布拉特和他的感知机受到了全社会的广泛关注，促成了连接主义的第一波热潮。感知机和神经网络这些原本应该属于学术圈和实验室的生僻概念，很快就从人工智能的一门旁支技术发展为这个领域的主流。无奈好景不长，那个年代的感知机和神经网络，不论理论方法还是实践技术都不成熟，应用效果远远无法达到公众期望，高涨的热情也就逐渐变成了失望乃至责难。在那个历史

阶段，所有与人工智能有关的技术都遇到了类似的窘境，而神经网络是受冲击最直接、最严重的一门技术。同时，人工智能奠基人之一的明斯基对罗森布拉特发起了残酷的学术攻伐，引发了直接针对罗森布拉特和感知机技术的、波及整个人工智能领域的第一次人工智能冰河时期，导致神经网络的研究在20世纪70年代末迅速衰落。以上这些关于连接主义兴衰的梗概在第4章中我们已经了解过，在本章，我们将延续这段历史的时间线，继续讲解人工智能、机器学习和神经网络进入20世纪80年代之后如何发展的故事。

第4章的最后提到，从今天大小企业、各类职业的人员都在谈论神经网络就可以知道，神经网络并未在20世纪70年代的人工智能寒冬中彻底死去，它仿佛老旧武侠小说里面那些掉下山崖的侠客一般，总有奇遇，并凭此逆袭，终成故事主角。经过前面两章夯实了连接主义和机器学习的基础知识后，我们已学习了较为完整的理论基础和背景，现在让我们一起去探索神经网络、深度学习这两个当今学术界、工业界最热门的话题背后的秘密，一起去窥探人工智能这部"气势恢宏的江湖传奇小说"中主角的真正本领！

7.2 引言：教父

神经网络被公众关注的热度大幅下降后，仿佛从一个极端走到了另一个极端。连接主义，或者更广泛一点，所有"以机器模拟大脑结构"的研究被学术界视作一种"浮夸"的表现，几乎够得上学术异端了。在研究失去了绝大部分政府和组织的资助，大量学者改投其他领域后，还在这个领域继续坚守的那一小批学者，也终于得以安安静静、扎扎实实地面对那些之前被公众热情所遮掩，实际却无法绕过和忽略的神经网络中的关键缺陷。神经网络最后能走出这个艰难的阶段，与其中几位关键人物的推动有非常密切的关系，是他们的卓越工作把处于被遗弃边缘的人工神经网络挽救回来。其中，如果仅允许挑选一位最关键的贡献者的话，毫无疑问，全世界的人工智能研究者都一定会推举多伦多大学计算机科学系的杰弗里·辛顿（Geoffrey Hinton，1947—）教授，如图7-1所示。在今天他被尊称为"深度学习教父"，是以他为首的一批坚守在神经网络阵营的学者的共同努力，才令神经网络最终能以铅华洗净的姿态重返人工智能的舞台，重新获得人工智能"江湖"里主角的地位。

图 7-1　杰弗里·辛顿教授

辛顿教授有着所有英国学者的典型外貌特征：一头蓬乱的头发，皱巴巴的衬衫，衬衫前面的口袋里插着一排圆珠笔，站在一个巨大的白板前，白板上写满了各种复杂难解的方程式。尽管在北美待了多年，辛顿仍旧操着一口标准的英式口音，他在一次接受媒体采访时说道：

> "被称为'教父'我感觉有些难为情，但我对我自己的数据有一种'里根式'的笃信㊀。"

正是辛顿对自己所从事的工作和所在领域的前景有不动摇的信念，才使他从学术生涯多年的不得志走到了当前最热门的人工智能的前沿。辛顿及与他共同奋斗的学者挖掘出了机器学习的无限潜力。现在，他与纽约大学教授、Facebook 人工智能研究院创建人杨立昆（Yann LeCun，1960—）以及蒙特利尔大学、微软研究院的人工智能战略顾问约书亚·本吉奥（Yoshua Bengio，1964—）并称机器学习的"三巨头"，由于他们都与加拿大有渊源，因此又被其同行和竞争对手戏称为机器学习领域的"加拿大黑手党"。接下来，我们就

㊀　这里的里根是指美国第 40 任总统罗纳德·里根（Ronald Reagan），"里根式"的笃信是指一种建立在理性思考上的，对思想、信仰或价值观的坚定信念和执着追求，是一种面对逆境时的精神力量。

从辛顿的故事开始讲起吧。

7.3 逆反之心

1947 年底，辛顿出生在英国伦敦小镇温布尔登（Wimbledon），成长于布里斯托尔（Bristol）。辛顿诞生于一个富有传奇色彩的学者家族，这个家族在各个领域出过很多著名学者，前面章节中出现过几次的创立布尔代数的逻辑学家乔治·布尔（George Boole，1815—1864）便是辛顿的曾曾祖父，而辛顿的曾祖父查理斯·辛顿（Charles Hinton，1853—1907）是一位数学家，更是著名的科普和科幻小说作家，写有《第四维空间》（*The Fourth Dimension*）等作品。辛顿的父亲霍华德·辛顿（Howard Hinton，1912—1977）是一名昆虫学家。辛顿的两位堂兄妹在中国很有名，堂弟叫 William Hinton（中文名：韩丁），堂妹叫 Joan Hinton（中文名：寒春）。寒春参加过曼哈顿计划，为美国制造原子弹，后心怀解放全人类的理想来到了中国，并成为第一位获得"中国绿卡"的国际友人。年纪大一点或者读过邓稼先事迹的朋友，应该都听说过他们的名字。可以说，辛顿一家都流淌着饱含聪明才智基因的血液，不过有这种天才家庭出身的辛顿却是一位非典型的天才，他的求学，尤其是追求人工智能的理想之路走得很不平坦。

辛顿与人工智能结缘很早，根据他的自述，在 20 世纪 60 年代念高中时，一次偶然的机会，他无意间听到了人脑信息存储的全息图机制，如同他的前辈皮茨和麦卡洛克等学者研究的神经网络以及信息如何在大脑中存储记忆的猜想一样，辛顿为此深深地着迷，他形容这是他一生中的关键时刻，也是他一生成功的起点。

辛顿比许多同龄人都要聪明，不过，他在高中毕业进入剑桥大学国王学院攻读物理和化学学位后，仅读了一个月就退学了。在自传中他这样解释："我那时候 18 岁，第一次离开家自己生活。当时的工作十分繁重，周围没有任何女孩，我感到有些压抑。"一年之后，他再次申请攻读建筑学学位，结果在建筑系仅仅上了一天课，又决定转读物理学和生理学，后来发现物理学和生理学还是不适合自己，再次退学。此后，他再改读哲学，但因为与他的导师发生争吵而告吹。最后，他选择读心理学，并于1970年以剑桥大学国王学院实验心理学"荣誉学士"的身份毕业。

对于这样一位学术泰斗，这段教育经历实在算不上光彩，以至于辛顿自己都不禁自嘲道："我想我可能有一种教育上的多动症，无法安安静静地学习。"大学毕业后，辛顿搬到了伦敦北部的伊斯灵顿区居住，为了生计，他成为一个包工木匠，过着混乱不堪、近乎潦倒的日子。

可能环境有时候会起反作用，也可能辛顿的灵魂中本来就隐藏了一颗逆反的心，在离开大学校园最好、最安静的学习环境之后，辛顿反而能够平静地追求他所向往的机器模拟人类大脑。每个星期六早上，他都会去伊斯灵顿的埃塞克斯路图书馆，靠着图书馆里的资料自学大脑的工作原理，这样的平淡日子过了两年后，辛顿通过发表论文和参加学术会议，重新折腾回学术圈，这大概是辛顿"逆反"的教育心态的第一次体现。从1972年开始，辛顿从一个木匠重新变回一位学者，进入爱丁堡大学攻读博士学位，而且师从大化学家克里斯多弗·希金斯（Christopher Higgins，1923—2004）教授，他选择的研究方向自然是神经网络。

说起希金斯，他绝对是一位大牛，不仅自身学问做得好，而且教书育人也很有一套，他的学生里不乏化学家约翰·波拉尼（John Polanyi，1929— ）、理论物理学家彼得·希格斯（Peter Higgs，1929— ）这样的诺贝尔奖得主，但是在神经网络这个问题上，希金斯的观点却和当时大多数其他传统学者的观点相似，认为神经网络现在不堪大用，日后也没什么前途可言。毕竟当时人工智能正处于冰河时期，这个想法也是可以理解的。

可能导师的看法与自己的不一致，又一次激发了辛顿灵魂中的逆反基因，他几乎在每周的讨论上都与导师发生激烈的争辩，一次次的争辩丝毫没有削弱辛顿对神经网络的信心，反而令他对神经网络是未来人工智能的关键所在这一点更加深信不疑。他一次又一次地对希金斯说："给我一段时间，我会证明给你看的。"希金斯倒也不愧为学术大家和教育大家，尽管一点都不看好神经网络的前途，但仍然同意了辛顿的一次次尝试，并尽导师的责任给予了最大的指导和帮助。1975年，虽然辛顿还没有获得明显的成就，但希金斯仍然同意授予他"人工智能博士"学位。

7.4 复兴之路

自从中学时代迷上探索人类大脑记忆与思考的奥秘，辛顿就再也没有动摇过自己的梦想。自从博士时代定下研究的课题，辛顿追求的目标也一直没有改变过，从来都是致力于使用人工神经网络让计算机去模拟人类大脑的存储和思考。这个目标在当时已经被普遍认为不切实际，几乎算得上和"研究炼金术"差不多，甚至连他的导师希金斯都判断这是一项没有前途也没有结果的研究。

辛顿有着一颗逆反之心，从来就不是一个循规蹈矩的学者，但他肯定是一位十分理智且务实的学者，他十分清醒地认识到自己所面对的是一个目标极为宏大又不被大众认可的研究课题，明白学术理想上可以志存高远，但真正做研究时必须脚踏实地。虽然我们知道后来辛顿在谷歌公司参与并领导世界上最著名、最大规模的人类大脑模拟项目——"谷歌大脑"项目，使用超大规模计算机集群，通过神经网络技术去模拟人类大脑的神经元工作，但是在当时的那个时间点，他首要解决的问题并不是研究神经网络如何实现一个机器大脑，而是解决神经网络本身的"生存"问题，这个问题的根源很明确，概括起来便是明斯基《感知机》一书中所写的这句话：

> "多层感知机不会有发展前景，因为世界上没人可以将多层感知机训练得足够好，哪怕是令它学会最简单的函数方法。"

神经网络在当时面临的最大问题就是网络深度稍增，便没有了可用的训练方法，无法在深度上扩展的神经网络，确实是没有什么发展前景的技术。

7.4.1 生存危机

明斯基拥有图灵奖得主、人工智能缔造者的耀眼头衔，这使得他撰写的《感知机》很容易就让学术界的大多数人相信，单层神经网络的表达能力是十分有限的，连"异或"这样的基础分类问题都解决不了，实在是不堪大用。而多层神经网络"也许"能够解决表达能力受限的问题，却又陷入根本无法训练的困境。简而言之,不论单层感知机还是多层感知机,或者说不论单层还是多层的神经网络,都是最糟糕的学术异端,只有死路一条。

单层感知机的能力不足是被明斯基用数学严格证明的,这确实是板上钉钉、谁也无法翻案的事实。要摆脱神经网络的困境,只剩下从训练多层神经网络这个方向上突破这一条途径了。站在今天回望,我们当然已经知道多层神经网络肯定不是无法训练的,可是那时候的主流学者并不这样乐观,麻省理工学院的教授伯纳德·威德罗(Bernard Widrow,1929—)当时曾写道⊖:

> "他(指罗森布拉特)总结了几百位谨慎研究人员的经验,尝试找出训练多层感知机的办法,却徒劳无功。也曾有过希望,比如他提出所谓的 Back Propagation 算法⊖,以及一些学者表示过应该考虑将最小二乘法作为训练神经网络的一种方式,但都没有讨论到具体操作细节,譬如该怎样求导等问题,人们无法对这些方法抱有太大期望。"

训练多层神经网络这件事情到底有多难,以至于将一群精英学者挡在门外,演变成神经网络的生存危机的?经过前面基础知识的铺垫,我们已经可以尝试自己去回答这个问题了。

神经网络是机器学习众多算法、模型中的一种,在第 6 章讲机器学习时,我们面向的是全部的统计学习方法,并未局限于任何特定的模型和算法,换言之,统计学习的所有步骤和思路对训练神经网络都是有效的。因此,我们要训练一个神经网络,同样应该先考量神经网络的输出和真实结果之间的误差,然后选择恰当的损失函数来表示误差,再根据梯度下降等优化算法,一步一步修正神经网络的权值参数,最后得到能拟合真实结果的神经网络模型。而在这些步骤中,优化模型这一步就遇到了巨大的困难。

对于单层神经网络而言,因为它只有一个输入层和一个输出层,输出层的输出值与实际值之间的误差是显而易见的,所以我们要得到模型的权值参数,

---

⊖ 资料来源:http://www.andreykurenkov.com/writing/ai/a-brief-history-of-neural-nets-and-deep-learning/。
⊖ 这与我们稍后要说的"误差反向传播"算法名字类似,但并非同一个算法。

直接对损失函数求导然后应用梯度下降算法优化即可⊖。可是应用在多层神经网络情况就复杂多了，由于有了中间隐层的存在，它作为下一层神经元的输入，是通过逐层传递到输出层之后，才间接地影响模型的输出结果的。每一个隐层神经元的输出都不是神经网络的最终输出值，不能直接拿来和实际值进行比较，这样就没有办法直接通过对损失函数求导得到梯度来计算出每个隐层的每个神经元的权值参数了。

此外还有计算可行性方面的困难，神经网络每增加一个隐层，都会导致神经元连接数量的快速增长。通过第4章的学习我们知道，神经网络最后的输出值是由所有流经它的连接路径汇集，然后把连接路径上权值的加权和放到激活函数中运算得出的。每一条路径上的神经元权值都会对结果产生难以估量的影响，各神经元权值不能孤立地训练，但是如果每一组训练数据都牵涉全部可能的路径组合的话，这里面涉及的计算量就太大了，不要说当时，就算是今时今日的计算机硬件也难以直接通过暴力运算来解决。

多层神经网络难以训练，除了上面列出的两个从问题本身出发所遇到的困难外，还有另外一层外部原因：从某种意义上说，困难也是由当时人工智能冰河期的寒冷的学术气氛所带来的。无论是明斯基撰写《感知机》抨击多层感知机无法训练的时候，还是罗森布拉特带着问题和遗憾去世的时候，抑或是辛顿最后重新发现了可行的多层神经网络训练方法的时候，都没有人注意到，其实早已经有人提出过一种训练方法（后来被辛顿命名为"误差反向传播"算法），该方法可以很好地解决多层神经网络的训练问题。

1969年，斯坦福大学电子工程系教授阿瑟·布莱森（Arthur Bryson，1925—）在自动化控制领域以"多级动态系统优化方法"的名字提出了与现在的误差反向传播算法思路相同的方法。到了1974年，哈佛大学的一位博士生保罗·韦尔博斯（Paul Werbos，1947—）再次发现了这个训练算法，他甚至意识到了此算法的价值，在论文中明确指出了该算法可以应用于多层神经网络的训练，但是这个隐藏在一篇普通博士毕业论文中的重要成果没有得到应有的重视，后来连韦尔博斯自己也没有再继续这方面的任何研究了。在多年之后的一

⊖ 对这部分仍存有疑问的读者，请参考第6章的相关内容。

次采访中，韦尔博斯这样说道：

> "当时我认为，这种研究思路对解决感知机问题是有意义的，但是在人工智能寒冬中，这个圈子已经失去解决那些问题的信念了。"

自此以后，这个算法还在不断被人重复发现，例如戴维·帕克（David Parker，1956— ）与杨立昆曾在 1985 年的麻省理工学院的学报上发表过这个算法。但最终到 1986 年，辛顿与心理学家大卫·鲁梅尔哈特（David Rumelhart，1942—2011）在《自然》杂志上发表了论文《通过误差反向传播算法的学习表示》（"Learning Representations by Back-propagating Errors"）[一]，此算法才真正引起了学术界的关注。在《自然》这种顶级科学杂志上，辛顿清晰地论证了误差反向传播算法是切实可操作的训练多层神经网络的方法，才得以彻底扭转了明斯基《感知机》一书带来的负面影响，终于令学术界普遍认可多层神经网络也是可以有效训练的，神经网络并不是没有前途的"炼金术"。直到此时，神经网络的"生存危机"才算是初步化解，误差反向传播算法对神经网络来说可谓期盼已久、能称作雪中送炭的重要成果，神经网络也由此踏出了它的漫长复兴之路的第一步。

7.4.2　从感知机到神经网络

从分类关系上讲，毫无疑问多层感知机属于神经网络中的一种，与今天广泛应用、可被误差反向传播算法训练的经典神经网络有许多相同的地方，也有一些差异，主要体现在以下几个方面。

第一，多层感知机一般是以"全连接前馈神经网络"（Fully Connect Feedforward Neural Network）的形式出现的。全连接前馈神经网络结构如图 7-2 所示，其名字中的"前馈"（Feedforward）是指把若干个单层神经网络级联在一起，前一层的输出作为后一层的输入，构成一种最基础的多层神经网络。神经网络加上"前馈"这个定语的目的在于特别强调这样的网络是单向的、

[一] 这里还应当包括辛顿同年发表的另一篇更为深入的文章：《通过误差传播算法的机器学习内部表示》（"Learning Internal Representations by Error Propagation"）。

无反馈的，也就是说，位置靠后的神经元不会把输出反向连接到前面层次上的神经元作为输入。而"全连接"（Fully Connect）就很好理解了，它是指网络中的任意一个神经元与其上、下层的每一个神经元都有连接。"全连接"带来的主要好处是对网络的输入顺序没有要求，打乱输入顺序也不会对输出结果产生影响。

图 7-2　全连接前馈神经网络结构

误差反向传播算法适用的神经网络范围要更大，它不仅可以用来训练多层感知机，也可以用来训练不是全连接的、不是前向的神经网络，例如循环神经网络就是具备反馈连接的，同样可以使用误差反向传播算法。

第二，多层感知机和现在大多数经典的神经网络所采用的激活函数不同，或者说，多层感知机中没有非线性激活函数的概念。为了能说清楚这一点，笔者先简单解释一下激活函数是什么。

从第 4 章我们知道了神经元的数据流动过程，简而言之就是把所有输入项先加权求和，然后放在网络输入阈值函数中进行比较判断，大于阈值则激活输出，否则就置零忽略输入信号。如果没有激活函数参与，中间的全部过程都将是线性操作，多层感知机最终的输出值只会由多个简单线性函数组合得到。所谓"线性函数"是指多元一次多项式，它在多维空间中的图像就是一个超平面。虽然线性方程是很容易求解的，但是它的表达能力有限，从数据中学习复杂函数映射所需的神经元将会更多。这个结论我们不必做严格推导，读者只需稍微想象一下就能理解：在一个二维平面中，不使用任何曲线，仅通过数量足够的直线段也是可以在任意精度要求上拟合任意图形的，只是要求的精度越高，需要的直线段数量相应就会越多。在更高维的空间上，使用超平面来拟合曲面形状也是同样的道理。

"激活函数"（Activation Function，也常被译为"激励函数"）的作用就是给神经网络加入非线性的表达能力，它改进了阈值函数只能单纯比较大小来判断是否激发神经元信号的简单逻辑，允许根据实际需要，对输入的加权和进行不受限制的数学处理。图 7-3 列举了一些常见的激活函数，根据阈值函数的特性，我们可以认为多层感知机没有激活函数概念，也可以将它看成是采用了线性函数"UnitStep"（阶跃）作为激活函数的一种特殊神经网络。

UnitStep $g(z) = \begin{cases} 1 & z \geq 0 \\ -1 & \text{其他} \end{cases}$

$g(z) = \begin{cases} 1 & z \geq 0 \\ 0 & \text{其他} \end{cases}$

线性 $g(z) = z$

Logistic (Sigmoid) $g(z) = 1/(1+\exp(-z))$

双曲正切 (Sigmoid) $g(z) = \dfrac{\exp(2z)-1}{\exp(2z)+1}$

...

图 7-3　常见的激活函数[一]

今天在各种问题上被广泛应用的神经网络，基本都不再继续采用 UnitStep 函数了，除了线性函数表达能力受限外，还有一个主要原因是 UnitStep 函数并

[一]　图片来源：https://stats.stackexchange.com/questions/263768/can-a-perceptron-with-sigmoid-activation-function-perform-nonlinear-classificati/263816。

不是一种可微函数[一]，稍后我们会介绍，误差反向传播算法的理论基础是微积分里经典的"链式法则"，它被用来根据后面的网络输出的结果计算前面一层隐层的导数。由于链式法则本身决定了被训练网络的激活函数必须具备可微性，因此，即使原本用到 UnitStep 函数的场景，也一般会使用可微的 Sigmoid 函数来代替不可微的 UnitStep 函数。图 7-4 展示了这两种函数的图像，从中可以轻易地看出两个函数的异同之处。

a）Sigmoid 函数　　　　　　b）UnitStep 函数

图 7-4　Sigmoid 函数和 UnitStep 函数

除了非线性和可微性之外，激活函数一般还要具备单调性，这是因为如果激活函数是单调的，那么使用这个激活函数的单层神经网络就能够保证等价于某个凸函数，我们前面介绍机器学习训练过程时曾经提到，凸函数是相对易于优化的。当然，现在非凸优化已成为神经网络的一个前沿热点，但是在相同性能下，尽量避免非凸函数仍然是值得推荐的。

相对于现在深度学习中卷积网络、循环网络、长短期记忆网络等各种类型的神经网络模型，全连接前馈网络是一种较为简单的多层神经网络。然而，即使是这种简单的神经网络，即使仅使用一个隐层，也已经具有相当强大的表达力了。数学上已有定理证明，即使只有一个隐层的前馈神经网络（其中用作证明的例子就是多层感知机），也同样具备了模拟任何函数图像的强大表现能力[一]。误差反向传播算法最初提出的目标，就是面向这种多层前馈神经网络，给

[一] 在微积分中，可微函数是指那些在定义域中所有点都存在导数的函数。可微函数的图像在定义域内的每一点上必存在非垂直切线。因此，可微函数的图像是相对光滑的，没有间断点、尖点或任何有垂直切线的点。

[一] 稍后介绍深度学习还会提及这是一个纯粹"理论上"的结论，要表达同样的函数，减少网络的层次可能会使所需的神经元数量呈指数级增加，因此，目前主流的方法是采用层次更多（更深）的模型来实现。

出一种计算量在可接受范围内的训练机制。辛顿在 1986 年的论文中，将这种可被误差反向传播算法训练的前馈全连接神经网络称为"反向传播神经网络"（即"Back Propagation 神经网络"或者"BP 神经网络"）。今天误差反向传播算法可应用的范围已经拓展至大量其他形式的网络模型上，但这个命名沿用了下来，以指代前馈全连接神经网络。

7.4.3 误差反向传播算法

用一节篇幅去介绍一个算法细节，无论是从本书的主旨还是一贯的行文风格来说，都显得有些格格不入。但误差反向传播算法在神经网络领域实在是举足轻重，而且极有讨论价值：一方面，在今天的神经网络研究学习资料里，它是无可争议的"必修课程"，只要是涉及神经网络的教科书，它都必定占有一席之地；另一方面，随着深度学习的兴起，误差反向传播算法现在又处在风口浪尖上，以它的发明人辛顿为首的一批学者，正在考虑"另起炉灶"，彻底抛弃误差反向传播算法。只有在本节讲清楚这个算法的内容，后面才能说明白它在深度学习时代的不足之处，为什么它的发明人现在要抛弃它。基于这些原因，笔者不打算只讲原理和作用，而是准备从它所解决的问题出发，把它的思路和细节都详细介绍一下。

这部分不可避免地要涉及一些微积分的基础知识，如果读者对这部分不关注，可以略过其中的公式和推导过程，仅从文字上领略这个算法的思路和来龙去脉。但假如读者是这个方向的开发或者研究人员的话，那这个算法的推导过程恐怕必须死磕，绕不过去。

假如我们换一种理解方式来看待神经网络，把网络的每一层都使用一个函数符号来表示的话，那不难发现，多层神经网络就等价于多个函数的逐层嵌套。关于求嵌套函数导数的方法，计算机领域中已经有了成熟的解决方案：数学和计算机代数中的自动微分（有时称作"演算式微分"）就是一种有着固定迭代步骤，可以借由计算机程序运行的嵌套函数的导数计算方法。在思路上，误差反向传播算法其实是自动微分技术在反向积累模式的特例。

如图 7-5 所示，我们先考虑最简单的情况，忽略其他神经元的影响，每层只关注一个神经元,数据从输入层的神经元 x 到隐层的神经元 u 之间的变换用函数 g(x) = u 来表示,从隐层的神经元 u 到输出层的神经元 y 的变换用 f(u) = y 来表示。

图 7-5　神经元变换传递示意图

那么,对于这三个神经元而言,它们之间的变换关系就是函数嵌套关系,微积分中称这种嵌套函数为"复合函数",记作 $(f \circ g)(x)$,如以下式子所示:

$$y = f(u),\ u = g(x),\ 有\ y = f(g(x))\ 或记作\ (f \circ g)(x)$$

对于这种复合函数的求导,通常使用微积分中非常经典而且重要的"链式法则"(Chaining Rule)来处理,这条法则的含义是:"由两个函数组成的复合函数,其导数等于内部函数代入外部函数值之导数乘以内部函数的导数。"具体应用到上述讨论的场景中,经过 f() 和 g() 两层函数变换后,x 对最终输出 y 施加的影响,可以通过导数 $\frac{\partial y}{\partial x}$ 体现出来。根据链式法则,$\frac{\partial y}{\partial x}$ 的计算方法为

$$假设:y = f(u),\ u = g(x)$$
$$那么:\frac{\partial y}{\partial x} = \frac{\partial y}{\partial u} \cdot \frac{\partial u}{\partial x}$$

基于这个场景的计算过程是最简单的,只涉及三个神经元,而更贴近实际的场景是在全连接前馈神经网络里,输出层的任意一个神经元 y 都会受到其前一个隐层所有神经元的共同影响,而每一个隐层神经元 u_i 也都受到所有输入层神经元 x_i 的输入值的共同影响,那对于单独任一个输入值 x 求导数,其计算过程如下所示:

$$假设:y = f(u_1, u_2, \cdots, u_k),\ u_i = g_i(x),\ i = 1, \cdots, k$$
$$那么:\frac{\partial y}{\partial x} = \sum_{i=1}^{k} \frac{\partial y}{\partial u_i} \cdot \frac{\partial u_i}{\partial x}$$

接下来我们再把隐含在 g()、f() 函数中的激活函数单独提取出来。提取激活函数以后，对每一个神经元的处理过程就能表述得更具体。每一个神经元的功能都可划分为两个部分：

- 汇集各路输入传递过来的加权信息，得出一个加权和。
- 使用激活函数对加权和进行"加工"后，神经元给出相应的输出。

这样，每个神经元的输出都是将所有输入的加权和（以 s 表示）作为参数，传给激活函数（以 σ 表示）进行计算得出的结果，上述过程可使用如下式子表示：

$$s_j = \sum w_{ij} x_i$$
$$x_j = \sigma(s_j)$$

至此已经得出了推导误差反向传播算法所需的全部前置知识，现在我们就从神经网络本身的运算过程转到误差反向传播算法的操作步骤上。虽然这个算法的名字中只包含了"反向"二字，但是其操作过程是包含了正向和反向两个阶段的，具体步骤如下：

- **准备阶段**：随机初始化网络中的所有权值 w，最简单的做法是初始化为符合高斯分布的一组较小但不为零的随机数。
- **第一阶段**：正向传播阶段，将训练集的数据输入神经网络，经过神经元的权值和激活函数处理，神经网络会获得一个输出值，这个值作为网络对输入值的响应。
- **第二阶段**：反向传播阶段，由于权值最初都是随机产生的，神经网络对输入值的响应与训练集中标示的标签值势必会存在误差，该误差使用损失函数 E 来表示。由于这个误差值是由随机权值导致的，我们的目标就是要求解出每一层、每一个神经元的权值（从神经元 i 到神经元 j 的连接权值以 w_{ij} 表示）对误差到底产生了多少影响。"一个变量对结果产生的影响程度"就是数学上导数的定义。只有求得导数之后，我们才能使用该导数逐步修正权值的大小，也即梯度下降的优化方法。所以第二阶段的核心就是要求 $\frac{\partial E}{\partial w_{ij}}$，如何求导是此算法的重点，稍后会详细解释。

由于整个求解过程使用传统正向模式求导的话，会面临很大的重复计算量，而这个算法的精髓是从输出层的误差开始，反过来逐层把误差传播至每一个隐层上，直到输入层为止，每一层都依赖后面已经计算好的信息去完成求导，因此称作"反向传播"。

- **第三阶段**：权值更新，将每一个权值的梯度乘以一个比例值（称作训练因子，以 α 表示，作用是控制学习效率，承担了类似于梯度下降算法中步长幅度的角色）并取反，然后加到原来的权重上以得到新的权值。
- **重复**：重复第一至第三阶段，直至获得的误差足够小，达到期望后跳出循环，完成训练过程。

这个算法的操作步骤从整体来说并没有神来之笔，其实根本就是梯度下降算法！最初人们认为神经网络是不可能训练的，并不是想不出这样的操作步骤，而是受限于操作步骤中第二阶段计算网络的每一个权值的导数 $\frac{\partial E}{\partial w_{ij}}$，这个过程需耗费巨量的计算资源。而误差反向传播的最精妙之处就在于给出了可快速完成求导的"反向模式"，这才是误差反向传播算法改进的精髓所在。为了能更好地解释这个"反向模式"，笔者先使用计算图计算导数的过程来讲解一下传统正向模式是如何操作的，以及正常求导需要花费多少计算量。

我们以计算图求算子 a 和 b 对算式" $e = (a + b) \times (b + 1)$ "的偏导数为例来讲解，这个算式的复合关系使用计算图展开后如图 7-6 所示[ⓧ]。

图 7-6　$e = (a + b) \times (b + 1)$ 的计算图表示

[ⓧ] 本例的部分文字和图片来源于"Calculus on Computational Graphs: Backpropagation"：http://colah.github.io/posts/2015-08-Backprop/。

图 7-6 中引入了两个中间变量 c 和 d，要求 $\frac{\partial e}{\partial a}$ 和 $\frac{\partial e}{\partial b}$，假设输入的样例数据为 a = 2、b = 1，传统正向模式的做法是根据偏导数的定义，先求出各个层级各个节点的偏导关系，如图 7-7 所示。

图 7-7　计算各个节点的偏导关系

根据求导的链式法则，我们可以很容易知道 a 和 b 是如何影响最终结果 e 的，即它们的偏导数计算过程如下：

$$\frac{\partial e}{\partial a} = \frac{\partial e}{\partial c} \cdot \frac{\partial c}{\partial a}$$

以及

$$\frac{\partial e}{\partial b} = \frac{\partial e}{\partial c} \cdot \frac{\partial c}{\partial b} + \frac{\partial e}{\partial d} \cdot \frac{\partial d}{\partial b}$$

对比计算图的结构和这两个式子，不难发现规律：计算 $\frac{\partial e}{\partial a}$ 的值，等价于计算图中从 a 到 e 的路径（a -> c -> e）上经过的偏导值的乘积，而计算 $\frac{\partial e}{\partial b}$ 的值就等价于计算图中从 b 到 e 的两条不同路径经过的偏导值乘积之和（"b -> c -> e" + "b -> d -> e"）。这一点并非巧合，通过计算图做自动微分其实就是对计算图路径上的偏导值求和，这是计算机求导的算法原理。

一般性地描述这个过程：对顶层节点 p 和底层节点 q，要求导数 $\frac{\partial p}{\partial q}$，便需找到从节点 q 到节点 p 的所有路径，并且对每条路径求得该路径上的所有偏导数，把它们相乘，再将所有路径的乘积累加起来，就能得到 $\frac{\partial p}{\partial q}$ 的值。这种导数计算方法应用在许多问题中的效果都不错，但应用在神经网络上就有一个明显的缺陷：运算冗余，计算图中大量的节点被重复访问了。比如在我们的例子里，计算图的两条路径"$a \to c \to e$"和"$b \to c \to e$"都经过了公共的路径"$c \to e$"。对于例子中的计算图而言这点冗余算不了什么，但对于权值数量动辄百万乃至上亿的神经网络来说，这样的重复路径的排列组合会出现数百亿、数千亿条，所面临的计算量是完全不能承受的。

误差反向传播算法很"聪明"地规避了这种冗余，它对于每个路径只访问一次就能求得顶点对所有下层节点的偏导值。为了方便理解，读者可以想象以下场景：数据在神经网络的输入层中流入后，犹如一股水流在分支茂密的树状管道中流淌，现在水流的方向是从所有的叶子分支（输入层）同时向根节点（输出层）流动汇聚的，每一个非叶子节点的水流都将由若干条支流汇聚而来，从这个节点出去之后的水流，可以视为它之前每一条支流相加的结果，这个路径便等同于汇聚前的每一条支流共用的路径。但是若反过来水流方向是从唯一的根节点（输出层）开始向叶子节点（输入层）流动的话，水流会在流过每个节点时自动分配成若干条支流流向下一级节点，这样每条路径上的水流便没有汇聚的过程，解决了共用路径的问题。输入数据的处理是正向的，但误差反向传播算法是把每一层节点的梯度向量从输出层节点开始逐层向输入层节点推导，每一层的导数 $\frac{\partial E}{\partial x_i}$ 都可以依靠其上一层的导数 $\frac{\partial E}{\partial x_j}$ 来计算得出，而最后一层（输出层）的导数 $\frac{\partial E}{\partial y}$ 是我们已知的，它的值就是模型预测值与实际值之间的误差。将求导从正向模式转变为反向模式，就相当于改变了水流的流向。

按照这个思路，如图7-8所示，对于三层神经元中的某一个隐层神经元 x_j，如果我们要计算出导数 $\frac{\partial E}{\partial w_{ij}}$ 的话，应该意识到误差函数 E 会受到神经元 x_j 的输出值的影响，而权值 w_{ij} 是通过加权和 s_j 来影响 x_j 的输出的，即有以下公式：

$$\frac{\partial E}{\partial w_{ij}} = \frac{\partial E}{\partial x_j} \cdot \frac{\partial x_j}{\partial s_j} \cdot \frac{\partial s_j}{\partial w_{ij}} = \frac{\partial E}{\partial x_j} \cdot \partial'(s_j) x_i$$

在这里，前一层的输出 x_i 是已知的，所以关键就在于 $\frac{\partial E}{\partial x_j}$ 的计算，而前面提到了 $\frac{\partial E}{\partial x_j}$ 是可以通过它后面的 $\frac{\partial E}{\partial x_k}$ 得到的，如以下公式所示：

图 7-8　神经元变换传递示意图

$$\frac{\partial E}{\partial x_j} = \sum_k \frac{\partial E}{\partial x_k} \cdot \frac{\partial x_k}{\partial s_k} \cdot \frac{\partial s_k}{\partial x_j} = \sum_k \frac{\partial E}{\partial x_k} \cdot \partial'(s_k) w_{jk}$$

至此，网络中任意一个神经元的权值 w_{ij} 对整个网络输出误差的影响，都可以通过它下一层的输出值 x_j、下一层的各个权值 w_{jk}、下一层的加权和 s_k 这些参数计算求得，而这些参数全部都是上一轮计算过程已经计算出来的结果，可以直接运用，不需要像正向模式求导那样，重复计算每一条路径上的导数乘积之和，这就是误差反向传播算法的改进之处。

误差反向传播算法的提出，成功地解决了多层神经网络训练可行性的问题，不过，这也仅仅是神经网络复兴的第一步，距离全面复兴，走到今天深度学习的时代，还有一段漫长曲折的旅程。

7.5　深度学习

20 世纪 80 年代初，辛顿从爱丁堡大学博士毕业几年后，人工智能就迎来了它的第二次高潮。这一次高潮里，虽然连接主义学派多少获得了一些成果，如在 1982 年，约翰·霍普菲尔德（John Hopfield，1933—）提出了连续和离散的 Hopfield 神经网络模型，并采用全互联型神经网络尝试对非多项式复杂度的旅行商问题进行了求解，这个事件被认为是第二次人工智能热潮中连接主义重启的标志，但对于一直在神经网络领域默默耕耘的辛顿来说，并没有多少好时光来临的感觉。这个时代，符号主义学派才是人工智能舞台上的明星，名噪一时的专家系统、智能推理机等都属于符号主义的胜利。这一次人工智能的高潮只持续了短短几年时间，很快又进入了第二次寒冬，所有与人工智能有关的项目都再次沉寂，在高潮期没有获得多少收益的神经网络，则在寒冬期又受到以支持向量机为代表的其他新兴统计学习等方法的重创。

由于找不到合适的经费来源，辛顿在瑟赛克斯大学、加利福尼亚大学圣迭戈分校、卡内基梅隆大学、英国伦敦大学等多所大学工作过，最后终于在2004年从加拿大高等研究院（Canadian Institute For Advanced Research，CIFAR）申请到了每年50万美元的经费支持，加拿大高等研究院可能是那时唯一还在支持神经网络研究的机构了，现在看来这是一笔收益惊人的投资。辛顿当时申请了研究课题为"神经计算和适应感知"的项目，虽然与其他知名的人工智能项目所得到的巨额资金相比，每年50万美元实在是一笔微薄的经费，但还是让辛顿在加拿大多伦多大学安顿下来，结束了飘摇不定的访问学者生涯。

一直到2006年，经过30多年的耕耘，辛顿在人工神经网络领域已经算是一位泰斗级的人物了，硕果累累，荣誉等身，且在1998年就被选为英国皇家学会院士。但辛顿在学术上的成就，还是抵不过大众脑海里"神经网络没有前途"的偏见，在很长的一段时间里，多伦多大学计算机系私下流行着一句对新生的警告："不要去辛顿的实验室，那是没有前途的地方。"即便如此，辛顿也依然不为所动，仍坚持自己的神经网络研究方向没有丝毫动摇。据说为了给自己减压打气，他还养成了一种自我激励的特殊方法，每周发泄般大吼一次："我发现大脑是怎样工作的啦！"这样的习惯，至今还一直保持着。在这30多年的时间里，神经网络相关学术论文很难得到发表，但辛顿仍坚持写了200多篇不同方法和方向的研究论文，这为后来神经网络的多点突破打下了坚实的基础。

假如只能选一件事情来代表辛顿对人工智能做出的最具价值的贡献的话，笔者的选择不是他发表的200多篇论文，不是对神经网络度过生存危机有非常巨大的意义和价值的误差反向传播算法，不是他与大卫·艾克利（David Ackley，1947—）和特里·赛杰诺斯基（Terry Sejnowski，1947—）共同发明的"受限玻尔兹曼机"（Restricted Boltzmann Machine，RBM）[⊖]，或者后来以受限玻尔兹曼机为基础进一步演化出来的深度信念网络，而是他30多年坚持不

⊖ 辛顿本人的选择倒是这个，他在接受 deeplearning.ai 的访谈时称受限玻尔兹曼机是迄今最令他感到兴奋和有价值的发明。

懈，开创了深度学习这门机器学习的分支，成功扭转了全世界对神经网络前景的看法，为后来的研究者打开了通向神经网络和机器学习新世界的大门。

7.5.1 这是什么

"深度学习"一词今日可谓街头巷尾人人皆知，即使互联网的普及使得技术和知识的传播速度极大加快，但网络时代也只有极少数的技术名词能够被如此多人共同谈论和引用。同时，笔者也注意到一个现象，在谈及深度学习的人群里，大多数人都没能确切地理解这个名词所蕴含的真实意义，在相当大一部分人的观念里面，深度学习大概就是简单等价于隐层数量比较多的神经网络。本节我们就从"深度学习是什么"这个话题说起。

关于什么是深度学习这个问题，在网上直接搜索出来的结果对普通人理解这是什么大概是没有多少帮助的，维基百科对"深度学习"的定义阅读起来就令人感觉非常学术化，且抽象拗口，如图7-9所示。

> 深度学习是机器学习的分支，是一种试图使用包含复杂结构或由多重非线性变换构成的多个处理层对数据进行高层抽象的算法。深度学习是机器学习中一种对数据进行表征学习的算法。观测值可以使用多种方式来表示，如每个像素强度值的向量，或者更抽象地表示成一系列边、特定形状的区域等。

图7-9 维基百科对"深度学习"的解释

既然学术化的语言不好懂，那就不去纠结什么学术了，我们还是从深度学习的创建、发展过程来理解它。

辛顿在获得博士学位后，便一直致力于计算机模拟人类大脑的研究。总体而言，他研究的方向是将神经网络算法的演算过程与人脑思维方式相比拟，希望让那些机器像一个蹒跚学步的孩子一样自我进步，以此模仿大脑的神经网络形式。这种思想其实算不上是创新了，历史上已有多位计算机学家、心理学家和神经科学家尝试过，在本书出现过的主角人物中，从最早的图灵，到后来的皮茨、麦卡洛克，再到现在的辛顿，都有过这样的想法或实践。可随着神经生理学、脑科学和人工智能的发展，辛顿的工作比起前人的还是有关键的创新之处的。

不知读者对第4章里皮茨和麦卡洛克所做的"蛙眼实验"是否还有印象，在1958年，与皮茨和麦卡洛克进行蛙眼实验仅相差不到两年时间，加拿大神经生物学家大卫·休伯尔（David Hubel，1926—2013）和美国神经生物学家托斯坦·威泽尔（Torsten Wiesel，1924—）在约翰·霍普金斯大学的实验室里也进行着一场过程与蛙眼实验几乎一模一样的脑科学实验，只是他们把实验的对象从青蛙换成了小猫。

两个实验的过程虽然有很多相似的地方，但是休伯尔和威泽尔的实验目标与皮茨、麦卡洛克的完全不同：皮茨和麦卡洛克希望通过蛙眼实验证实大脑应当是人体信息处理的唯一器官，思考是集中在大脑中完成的，眼睛不会参与认知；而休伯尔和威泽尔希望证明人脑的认知是分层的。

具体来说，休伯尔和威泽尔的实验是研究瞳孔区域与大脑皮层神经元的对应关系，他们期望能够证明一个猜测：位于后脑皮层的不同视觉神经元与瞳孔所受刺激之间存在某种对应关系。一旦瞳孔受到某种刺激，后脑皮层的某一部分神经元就会活跃。他们在猫的后脑头骨上开了一个3毫米的小洞，向洞里插入电极，测量神经元的活跃程度。经历了很多天反复的、枯燥的实验，同时牺牲了很多只可怜的小猫后，他们终于发现了一种被命名为"方向选择性细胞"（Orientation Selective Cell）的神经元细胞。当瞳孔发现了眼前的物体的边缘，而且这个边缘指向某个方向时，这种神经元细胞就会活跃。

这个发现不仅令休伯尔和威泽尔分享了1981年的诺贝尔医学奖，还激发了人们对神经系统的进一步思考：信息从"视觉细胞"到"中枢神经"再到"大脑"的流动过程，或许是一个分层迭代、逐级抽象的过程。这里的关键词有两个，即"抽象"和"迭代"，从原始信号输入开始，先做低级的抽象，逐渐向高级抽象迭代。人类自己可以感知的逻辑思维层面，总是使用高度抽象的概念，可是人类的感知器官接触的都是低级的具体事物。通俗一点来说，我们的视网膜感知到的是像素的颜色、亮度等信息，但我们大脑中思考的是具体的物体和对象。假如我看见一位朋友，要判断出他是一名熟悉的人的话，可能的神经活动如图7-10所示。

图 7-10 神经科学证明视皮层是分级的[一]

分析如下：

- 从原始信号被摄入开始——瞳孔摄入像素。
- 接着做初步处理——大脑皮层某些细胞发现边缘和方向。
- 然后抽象——大脑判定眼前的物体的形状是人形的，有基本的五官特征。
- 最后进一步抽象——大脑进一步判定该物体是人脸，确定具体是哪一位朋友。

20 世纪 50 年代的这个神经生理学的发现，促成了计算机人工智能在半个世纪后（2006 年）的突破性进展。现代科学已经基本确定了人的视觉系统的信息处理的确是分级的，从最低层像素提取边缘特征，到稍高层次的形状或者目标的部分等，再到更高层的整体目标，以及目标的行为和其他特征的联想等。换句话说，高层的特征是低层特征的组合、提炼，从低层到高层的特征表示越来越抽象，且越来越能表现出认知的意图。抽象层面越高，存在的可能猜测就越少，就越利于分类。其实不仅仅是图像的模式识别，人类大部分的认知都很符合这样的规律，譬如语言，单词集合和句子的对应是多对一的，句子和语义的对应又是多对一的，语义和意图的对应还是多对一的，这也是一个层级体系。敏感的读者也许已经猜到人类认知过程与深度学习之间可能存在的共通点了，即"分层迭代、逐级抽象"。

深度学习之前的统计学习方法，包括浅层的神经网络在内，所做的事情都属于从特征到结果的直接映射，都是希望找到这些特征与结果的直接关系。对

[一] 图片来源：https://grey.colorado.edu/CompCogNeuro/index.php/CCNBook/Perception。

于现实世界中所有可统计的问题，特征与结果的关系肯定是存在的，但对于其中一部分问题，特征与结果之间是极为间接、隐晦的关系，几乎不可能一下子就从特征判定出结果。

那"深度学习"里的"深度"是不是就表示存在多个层次，从基本的特征逐层抽象出高级的特征呢？确实可以如此理解，深度学习的本质，就是一种逐层自动进行特征提取的机器学习方法，如图 7-11 所示，这是深度学习下计算机从图片中识别人的典型过程。

图 7-11 机器的认知过程也可以是分级的

深度学习还有另外一个不为人知但其实更贴切的名字，叫作"无监督特征学习"（Unsupervised Feature Learning）："无监督"的意思是不需要人工参与特征的选取过程，这一点才是深度学习的最大特点，至于使用蕴含多少隐层的神经网络，甚至是否通过深度神经网络去实现，都是可以商量的，这些都只是工具和操作过程罢了。

7.5.2 从浅层学习到深度学习

1986 年，辛顿发明误差反向传播算法，给使用神经网络来实现的机器学习方法注入了新的希望。但出乎意料的是，这件事并没有促成神经网络就此复兴再度发展。从 20 世纪 90 年代开始，机器学习领域反而掀起了一股研究其他统计学习方法的热潮，此热潮一直持续至今仍未衰退，现在机器学习的教科书中，基于统计学习的模型和算法仍然占很大的篇幅。为何会出现这样的现象呢？

误差反向传播算法虽然在理论层面上解决了如何训练多层神经网络的问题，使多层神经网络能够从大量训练样本中学习到规律，对新样本做出决策，对未知事件做出预测，但这只是做到让人们不再说类似"神经网络是死路一条"的话而已。当时的计算机还不能处理实际应用中庞大的训练样本，缺乏卓有成效的应用案例，很难彻底扭转人们心里认为神经网络没有前途的观念。辛顿在一次采访中发出了这样的感慨：

> "追溯到 1986 年，我们首次开发出误差反向传播算法，我们因其能学习到多层的特征而感到兴奋，我们认为已经解决了这个问题。但在解决实际问题中却没有出现大的突破，这非常令人失望，我们完全猜错了需要的计算资源和标记案例数量。"

从 1986 年开始到 2006 年深度学习横空出世，长达 20 年的时间里，人工神经网络的实践应用确实乏善可陈，即使用到神经网络，也大多只是含有一层隐层的三层网络模型而已。人们不愿意用更深的神经网络，深度增加会带来更大的训练难度且需要更大量的训练数据当然是原因之一，但回顾历史，可能更重要的原因是神经网络在这段时间里一直没有找到自己的应用定位，大家并不知道什么时候和为什么要使用神经网络。

神经网络最"神奇"的地方便是只需知道输入和输出便可训练网络参数，不需要弄懂中间有什么理论和规律。使用这种"端到端"（End-to-End）的学习方法，就能得到一个能够预测其他未知数据的"黑箱"。但是这里说的"输入数据"是指那些包含且仅仅包含影响结果所有关键特征的数据，如果遗漏了关键特征，会导致预测结果的误差不能收敛，如果掺入了无用的特征，又很容易引起维度灾难，空耗运算资源。另外，"黑箱"的特点决定了神经网络只能是对真实世界规律的一种拟合模型，目前在理论分析上并没有特别强的解释性。这些天生的特点决定了以前的神经网络要完成建模，首先要做的特征选择、提取都需要依赖人的先验知识去完成。实际情况是确实有一部分应用场景能够通过人工来选择，譬如第 4 章从像素映射到字母的识别的例子，笔者曾用这个例子来说明如何建立像素到字母的特征映射关系，这是可以使用浅层神经网络解决的。但是如果要面对更复杂的实际问题，如 7.5.1 节提到的识别一个人是不是你的某个熟悉的朋友这种人脸识别，就很难再依赖人工来做特征选择了。识别图片中的物体是不是一个人，人物图片需要具备怎样的特征，并不是一件容易说清楚的事情，而这是使用神经网络处理问题的第一步，这一步解决不了的话，后面都是空谈。

对于那些能够描述清楚特征与结果关系的问题，其他浅层学习模型[一]也几乎都能够处理，如果仅仅能够处理这类简单的问题，神经网络就完全没有任何优势可言，几乎所有浅层神经网络的应用都能找到更优的代替品。

到 20 世纪 90 年代，各种新的基于统计的机器学习方法开始兴起，许许多多崭新的浅层机器模型相继被提出，例如支持向量机（SVM）、提升算法（Boosting）、最大熵方法（以 Logistic Regression 为代表）等。这些模型的结构基本上都可以看成带有一层隐层节点（如 SVM、Boosting）或者没有隐层节点（如 Logistic Regression）的特定形式的神经网络。由于这些浅层模型无论是在理论分析还是实践应用中都获得了巨大的成功，而神经网络的理论分析难度大，训练方法又需要很多经验和技巧，因此浅层的人工神经网络反而慢慢落后于这些后起之秀，再次沉寂下去，基于统计的机器学习模型逐渐成为机器学习的主流。这种局面一直持续到"深度学习"概念被提出几年后才得以改变，可以说从这时开始，机器学习才正式进入深度学习时代。

⊖ 一般将"浅层学习"称为"Shallow Learning"，这是在深度学习"Deep Learning"被提出之后，才反过来命名的名词。

7.5.3 序幕开启

2006年被认为深度学习时代的元年，深度学习时代序幕的开启是以辛顿在这一年发表的两篇论文为标志的。第一篇论文是辛顿和他的学生拉斯·萨拉克赫迪诺弗（Ruslan Salakhutdinov）在美国著名的《科学》杂志上发表的，名为《通过神经网络进行数据降维处理》（"Reducing the Dimensionality of Data with Neural Networks"）。这里"数据降维"的方法即用神经网络自动进行特征选择和提取，此文实质性地开创了"深度学习"这个机器学习的新分支，不过"深度学习"这个名词却不是在这篇论文中提出的，早在20年前就曾经出现过。然后，辛顿在同一年发表的第二篇论文《一种基于深度信念网络的快速学习算法》（"A Fast Learning Algorithm for Deep Belief Nets"）再次对"深度"这个词进行了定义和包装，使"深度学习"变得火爆起来。辛顿这两篇论文共同论证了以下两个主要观点：

1）论证了多隐层的人工神经网络具有优异的、自动化的特征学习能力，与人类手工建立的特征相比，通过网络自主学习得到的特征对数据有更本质的刻画，更有利于可视化或分类。

2）提供了一个具体可操作的训练方案，深度神经网络在训练上的难题，可以通过逐层预训练（Layer-Wise Pretraining）方法来有效克服。

之所以学术界、工业界把论文《通过神经网络进行数据降维处理》定性为深度学习的开山之作，不仅是因为它以多层神经网络为工具载体，引出了深度学习的概念框架，更是因为它清晰地描绘出了深度学习相对于传统浅层学习的两个很有价值且十分具体的优势。

第一个优势是表示能力。此前，包括单层神经网络在内的多种以分类、回归为代表的浅层学习算法，在有限样本和计算单元的情况下，对复杂函数的表示能力仍显不足。这里的表示能力不足是指工程意义上的实践结论。虽然在纯理论上"泛逼近性原理"（Universal Approximation Theorem）[⊖]保证了单层神经网络具有在封闭的实数域拟合任意函数的能力，证明了浅度的神经网络在"理论上"可以学习任何函数，不过这个结论是以无穷无尽的神经元为支撑的，在

⊖ https://en.wikipedia.org/wiki/Universal_approximation_theorem。

实践中，我们不可能无视神经元数量带来的运算压力。

而辛顿所提出的具备更多隐层的神经网络的表示能力将会更强，具体表现为具有更多隐层的网络可以用更少的神经元节点来表示更复杂的目标函数。虽然辛顿并没有针对这个结论给出严谨的数学证明，但毋庸置疑，他已从众多实验数据的统计结果中证明了这个结论是正确的。表 7-1 是笔者引用的论文 "Conversational Speech Transcription Using Context-Dependent Deep Neural Networks"[一]中使用不同深度的神经网络去做语音识别的实验数据，从这个对比结果可以看出，相比增加单层的神经元数量，增加网络的深度更有助于降低错误率。

表 7-1　神经网络层数与神经元数量对错误率的影响对比

层数 × 单神经元数量	错误率	层数 × 单神经元数量	错误率
1 × 2K	24.2%	1 × 3772	22.5%
2 × 2K	20.4%	1 × 4634	22.4%
3 × 2K	18.4%		
4 × 2K	17.8%		
5 × 2K	17.2%		
7 × 2K	17.1%		
		1 × 16K	22.1%

图 7-12 是生成式对抗网络的发明者伊恩·古德费洛（Ian Goodfellow，1987—）所著的《深度学习》中的一张图片，古德费洛希望表明对某个特定问题，神经网络的深度越深，可以达到的拟合精确度就越高。人们已经在大量深度学习的任务中观察到了同样现象。

只有在一定数量的隐层的支持下，神经网络才既能处理复杂问题的建模，又能从得到理想拟合精确度时所需要的天文数字一般的神经元和权值中解脱出来，用当下硬件可承受的计算代价来解决实际应用问题。

第二个优势更加重要，我们已经知道，除了拟合能力和算力资源的限制外，以单层神经网络为代表的浅层学习算法的局限性在于特征选择过于依赖人

[一] Seide, Frank, Gang Li, and Dong Yu.Conversational Speech Transcription Using Context-Dependent Deep Neural Networks. Interspeech. 2011.

类先验知识，在很多问题中，人类都难以描述清楚哪些特征对解决问题是重要的，这需要相当的工程技巧和问题领域的专业知识。依靠人类来做好特征选择并非易事，所以，深度学习能够自动找出关键特征的特性，是对应用神经网络来解决机器学习问题的极大解放，是深度学习的革命性突破。

图 7-12 隐层数量和拟合精确度之间的关系

有了能够自动逐层提取特征的深度学习的加入，机器学处理问题的视野一下子就拓宽了很多，那么辛顿到底是如何做到的呢？笔者举一个具体实例来说明。

一般来说，机器学习算法倾向于对输入样本的无关变化不敏感，譬如，处理图像识别这类问题时图片中物体的位置、方向或者物体上的装饰图案，处理语音识别问题时声音的音调或者口音，这些都属于与结果无关的变化，不应该影响识别任务的结果。但与之相对的是，有一些识别场景又需要对某些细微差异特别敏感，譬如图 7-13 那样，要分辨一匹白色的雪狼和一种长得很像狼的被称作萨摩耶的狗，两只萨摩耶在不同的环境里摆着不同姿势的照片，从像素级别来说可能会非常不一样，然而在类似背景下摆着同样姿势的一只雪狼和一只萨摩耶的照片，从像素级别来说又很可能非常相像。人类确实不难将雪狼和萨摩耶分辨出来，但无法解释清楚两者在像素级别的区分特征是怎样的。

图 7-13　相似背景下的雪狼和萨摩耶

而浅层的机器学习算法与人类认知正好相反，它能够分辨像素级特征中的细微差异，但无论是浅层神经网络、线性分类器还是其他基于原始像素操作的浅层分类模型，几乎都不可能把相似背景下摆着同样姿势的萨摩耶和雪狼区分开，也无法把两只在不同的环境里摆着不同姿势的萨摩耶分到同样的类别里，这种现象被称作"选择性-恒常性困境"（Selectivity-Invariance Dilemma）。这类问题直接以像素为特征是行不通的，传统机器学习方法依赖人工设计好的"特征提取器"，深度学习则主张通过构建具有多隐层的机器学习模型和大量的训练数据来自动地提取出有用的特征。

基于深度学习的解决方案，通常会训练一个卷积神经网络（卷积神经网络会在 7.6.1 节详细介绍），在网络里设计若干个卷积层，每个卷积层识别一种特征，逐级完成从像素到线条、从线条到器官、从器官到物体对象的抽象升级，再通过大量的标注数据，使得每一个卷积层都能抽象出层次越来越高的特质属性，让神经网络能够逐步知道"这些像素能构成哪些线条？""这些线条能构成哪些器官？""这些器官是不是萨摩耶应该拥有并且在合适位置出现的？"等问题的答案，如图 7-14 所示。

至于有怎样特征的像素才能构成线条、有怎样特征的线条才能构成器官等，不需要也不应该由人类去告知计算机，而是由已经标注好分类结果的训练数据来告诉神经网络这些问题的答案。如何逐层抽象特征的问题，已经在 1995 年被康奈尔大学的戴维·菲尔德（David Field）教授提出的"稀疏编码"（Sparse Coding）解决了。原本菲尔德提出的问题是类似这样的：

10% 雪狼　90% 萨摩耶

图 7-14　通过分层识别区分雪狼和萨摩耶

> 在一批风景照片中，提取出一组大小相同、位置随机的图像片段，譬如提取 1000 个 16×16 像素的源片段，再随机选定一个与源片段大小相同的目标片段，然后在这 1000 个源片段范围内，选取数量尽可能少的片段，使得每一个被选取的片段乘以适当的权重系数之后，叠加出与目标片段尽可能相似的新片段。

菲尔德给出了解决这个问题的迭代算法，经过若干轮迭代后，被遴选出来的片段令人惊讶，基本上每个片段都处于照片上不同物体的边缘线，区别只在于方向不同，而无论目标片段是何种形状的图形，均可由这些线条构成。也就是说，计算机不仅知道复杂形状是由一些基本结构组成的，而且能够自己找出这些形状。菲尔德的稀疏编码算法的结果，与休伯尔和威泽尔视觉分层的生理学发现不谋而合！图 7-15 便是一个通过三个源片段叠加合成出一个新形状的例子。

不仅图像存在这个规律，声音也同样存在。科学家从未标注的声音中发现了 20 种基本的声音结构，由这 20 种基本结构可以合成所有其他声音，如图 7-16 所示。

图 7-15　三个源片段叠加合成出一个新形状

图 7-16　通过基本声音结构合成语音

与人工规则构造特征的方法相比，依靠大量数据来学习特征，更能够刻画数据的丰富的内在信息。它为"人类无法描述清楚问题本身如何解决，计算机就无法解决"这个问题提供了一种可行的解决方案，使得人类设计下棋程序可以不完全依靠运算能力而是在"棋力"上战胜人类，使得人类设计的图片识别程序可以高于人类本身的识别能力，这就是深度学习今天受到广泛关注的原因。

2006 年，辛顿发表的开创深度学习的第二篇文章《一种基于深度信念网络的快速学习算法》，可以算作深度学习的首个具体应用范例。"深度学习"中"深度"这个词就是从这篇文章而来的。说起这个名字，有一个值得一说的段子：

"深度学习"这个词听起来很酷，但其实是辛顿无可奈何的变通产物，因为当时很多杂志期刊只要发现稿件的标题中包含"神经网络"这个词就会拒稿。如果读者有兴趣翻看 2006 年以前电气电子工程师学会（Institute of Electrical and Electronics Engineers，IEEE）和机器学习国际会议（International Conference on Machine Learning，ICML）的各种学刊的话，将会发现几乎没有任何一篇文章的标题包含"神经网络"这类字眼。ICML 的编辑公开宣称"ICML 不应该接受神经网络的文章"这样的言论，IEEE 期刊也有"不被接受的文章"的官方准则，里面就有"神经网络"。可见，2006 年之前"神经网络是歪理邪说"这样的信念真的非常强烈，因此辛顿不得不使用"深度学习"的概念来重新包装多层神经网络，让论文得以刊登。

在这篇论文里，辛顿提出了一个称为"深度信念网络"（Deep Belief Network，DBN）的全新的生成式神经网络模型。深度信念网络诞生的最大意义不在于它本身能够做什么，而在于它成功地将无监督学习引入了神经网络的训练过程中。此前神经网络在训练初始化时，网络的所有权值都是随机数（详见误差反向传播算法的第一步），然后使用误差反向传播算法训练得到权值的最优解，虽然这也可以训练多层网络，但是网络的深度越深，显现出来的问题就越多，难度就越大，这是神经网络长期陷于浅层状态难以自拔的重要原因之一。稍后笔者会回过头来讨论具体有哪些困难，为什么神经网络层次越深会越难训练，现在先把问题放一下，读者暂且记着这个结论就可以了。

为了缓解深度神经网络难以训练的问题，辛顿设计了一种称为"逐层预训练"（Layer-Wise Pretraining）的方法，利用无监督的训练方式去一层一层地训练每一层的权重初始值，实践证明，这比一开始完全靠随机初始化方法在效果上要好得多。

有了无监督学习逐层预训练方法的帮助，我们只需要在网络训练的后半阶段对机器进行干预，为更理想的结果添加标签，对正确的结果给予激励。虽然逐层预训练被实践证明运作得相当不错，但与神经网络这个领域的大量其他技巧类似，辛顿也没有给出严格的数学证明来说明它一定优于传统的随机初始化方法。辛顿自己解释了其中的原理，他认为逐层预训练的过程就像是：

> "想象一下小孩子，当他们学着辨认牛时，并不需要去看几百万张妈妈标记上'牛'的图片，他们仅仅是学习牛的样子，然后询问'这是什么？'，妈妈会说'这是一头牛'，然后他们就学会了，深度学习就应该类似这样。"

辛顿提出的深度信念网络的每一层都是用"受限玻尔兹曼机"（Restricted Boltzmann Machine，RBM）堆叠组成的。受限玻尔兹曼机也是辛顿得意的发明之一，它是一种统计力学里的"玻尔兹曼分布"的概念机器，形式上如图 7-17 所示，由分别称为"隐藏单元"和"可见单元"的两层以及它们之间的无向连接所构成，这里的无向连接是指两层之间的连接没有方向，或者说它们之间的连接是双向的（其实深度信念网络只允许顶层的 RBM 是双向连接），但同一层之间不允许连接，所以叫作"受限"。辛顿把多个受限玻尔兹曼机堆叠起来，让前面受限玻尔兹曼机的隐藏单元作为后面受限玻尔兹曼机的可见单元，构成了深度信念网络。

图 7-17 受限玻尔兹曼机

受限玻尔兹曼机本身就是一种基于概率模型的特征学习器，辛顿使用它来对输入数据进行预训练，在逐层预训练完成之后，神经网络每一层连接的权重就都被初始化了，这种初始化方式比原本纯粹随机的初始化有效。在这些初始化的权重值的帮助下，对于具有相同特征的样本，神经网络更倾向于给出相近的输出，这样更便于后续神经网络自己发现重要的特征。这就好比说："咦？这两个东西长得好像啊，虽然我不知道它们是什么，但我不妨先把它们放到一块吧。"等到后面进行有监督的训练时，我们就会告诉神经网络这个东西叫作"萨摩耶"，然后神经网络就会推断说："哦，原来那一群长成这样的东西叫作萨摩耶!"

在辛顿构建深度信念网络之前,人们对特征提取器相关的各种技巧已进行过大量研究,这种技术也被称作"自编码器"(Auto Encoder),是无监督神经网络的一种常用形态。

深度信念网络是一种随着网络深度增加,模型性能能够随之得到增强的神经网络应用模式。这令一些人从此开始关注到了神经网络的巨大潜力,当网络深度与应用效果有正相关关系的时候,提升深度的价值就显而易见了。今天,我们不仅可以使用深度信念网络来进行特征识别、数据分类,还可以使用深度信念网络按照最大概率来生成特定数据。下面展示了一个学习了大量英文维基百科文章之后的深度信念网络所生成的自然语言段落[一]:

> "In 1974 Northern Denver had been overshadowed by CNL, and several Irish intelligence agencies in the Mediterranean region. However, on the Victoria, Kings Hebrew stated that Charles decided to escape during an alliance. The mansion house was completed in 1882, the second in its bridge are omitted, while closing is the proton reticulum composed below it aims, such that it is the blurring of appearing on any well-paid type of box printer."

这种生成效果在当下(2024年)GPT等大语言模型盛行的背景下并没有什么出彩之处,但在当时(2006年),这种已经接近于人类手工编写的文字效果是相当令人震撼的。事实上,在前LLM时代里,许多国内外的内容提供商,如Meta、谷歌、百度、今日头条等,都使用了这种方式让机器自动编写新闻或者给图片配以文字介绍。谷歌曾发表过一篇名为《神经图片标题生成器》("Neural Image Caption Generator")的文章[二],介绍在没有人类介入的情况下,计算机如何自动为图片生成标题,这个系统在谷歌中充当了报纸的图片编辑的角色。如果雇一个人专门为照片写标题的话,这项工作是非常枯燥乏味的,难以长时间坚持下来,让机器完成这种任务就非常合适。其中一些生成的例子包

[一] 案例来源:https://www.cs.toronto.edu/~tijmen/csc321/slides/lecture_slides_lec2.pdf。
[二] 资料参考:https://www.cv-foundation.org/openaccess/content_cvpr_2015/app/2A_101.pdf。

括"一群正在玩飞盘游戏的年轻人""一个正在泥泞路上骑着摩托的人""一群正穿过干旱草地的大象"。系统可以对飞盘、马路和大象生成自己的概念主体，找到适合的量词、连词、动词，组织成正确的自然语言语法结构并把图片的意思表达出来。

7.5.4　锋芒毕露

深度学习和深度信念网络于 2006 年诞生后，经过 6 年的酝酿和准备，终于在 2012 年一鸣惊人，爆发了一件真正震撼产学研三界的大新闻——在 2012 年的 ImageNet 图像识别竞赛上，深度学习不仅击败了所有传统的浅层学习方法夺得冠军，而且是以碾压式的姿态战胜对手。

ImageNet 是斯坦福大学华裔女科学家李飞飞（Fei-Fei Li，1976—）和美国工程院院士、有着"华人教授首富"之称的普林斯顿大学华裔教授李凯（Likai，1954—）联合开发的大型图像识别项目。自 2010 年以来，ImageNet 每年都会举办一次"ImageNet 大规模视觉识别挑战赛"（ImageNet Large Scale Visual Recognition Challenge，ILSVRC），看看哪一款参赛程序能以最高的正确率对物体和场景进行分类与检测。这种能够量化并带有对抗性质的活动，除了人工智能学界关注外，也很受媒体欢迎，十分容易吸引公众的目光，因此它很快成为各团队展示实力的竞技场。

2012 年，辛顿和他的两名学生伊尔亚·苏茨克维（Ilya Sutskever）和亚历克斯·克里切夫斯基（Alex Krizhevsky）（见图 7-18）组成团队，设计了一款名为"AlexNet"的深度神经网络程序并参加了 ILSVRC 2012。AlexNet 犹如一匹惊人的黑马，首次参赛就一举夺得了当年的桂冠。

获得一次比赛的冠军算不上多么了不起的成就，最引人关注的是辛顿的小组用了与其他参赛者完全不同的方法，并且取得了颠覆性的结果。竞赛中，他们采用了基于卷积神经网络的识别方法[一]，设计出来的 AlexNet 的表现异常出

[一] AlexNet 是基于杨立昆提出的卷积神经网络实现的，杨立昆也参与了这次比赛，但是杨立昆自己的团队反而没有办法得到辛顿团队那么好的结果，据说团队成员还专门开了会议进行反思检讨。

色，准确率超过第二名东京大学团队参赛程序的 10% 以上。第二到第四名参赛团队都采用传统的基于支持向量机的浅层模型图像识别方法进行分类，其程序的准确率差距均不超过 1%，这些程序与前两届冠军的差别也在 1% 至 2% 这个范围之内，可以说这个准确率就算是当时工业界的最高水平了。传统方法已经达到极限，遇到了很大的瓶颈，即使想再取得 1% 的进步也非常困难，可是采用了深度学习方法的 AlexNet，把计算机图像识别的准确率一下子提高了一个档次。

图 7-18　苏茨克维（左）、克里切夫斯基（中）和辛顿（右）

　　2012 年 10 月，在意大利佛罗伦萨的赛后研讨会上，竞赛组织者李飞飞教授宣布了这一压倒性的结果，该事件首先在计算机视觉领域产生了极大的震动，然后迅速波及整个人工智能学术界和产业界。这里还应该提到一段不为人知的历史："谷歌大脑"团队其实也秘密地参加了这届比赛，而且由谷歌的技术奠基人、高级副总裁，同时也是后来 DeepMind 的首席科学家杰夫·迪恩（Jeff Dean，1968—）直接带队参赛，他们同样被辛顿小组的程序击败。这个结果让迪恩彻底震惊了，也为不久的将来谷歌不计成本地把辛顿招揽到旗下埋下了伏笔。

　　在这一届比赛之后，ILSVRC 赛场上再也见不到浅层学习算法的身影了，参赛的程序全部都是基于深度神经网络设计的，否则连排名榜单都挤不进去。而且，这些程序使用隐层的数量在逐年增加[○]。如图 7-19 所示，从 2012 年

○　内容引自：https://stats.stackexchange.com/questions/182734/what-is-the-difference-between-a-neural-network-and-a-deep-neural-network/184921#184921。

8层的AlexNet开始，发展到2015年，来自微软研究院的152层的残差网络（ResNet）以仅3.57%的错误率赢得了ILSVRC 2015的冠军。"3.57%"这个错误率在三四年之前是谁都不可能想象的。李飞飞教授曾经组织过一批志愿者，直接以人类代替机器来参赛，这批志愿者在这个竞赛里，通过肉眼辨识图像的平均错误率是5.1%，换言之，从2015年起，机器在对图像进行识别和分类这项技能上的成绩事实上已经超越了人类水平。这不仅是一个人工智能在认知领域超越人类的案例，更是深度神经网络的一次巨大成功，而且，它似乎还可以作为一个令人难以抗拒的"越深度越强大"的有力论据。

图 7-19　2010年到2015年ILSVRC错误率变化

在ILSVRC赛场一战成名，深度学习的热潮自此掀起，一波接一波向前迅猛推进，进入一个又一个领域并连战连捷，势如破竹，终于形成今天锐不可当的深度学习狂潮。

7.5.5　越深度越强大吗

今天我们还处于深度学习浪潮的顶峰，在深度学习不断攻城略地的同时，笔者也在思考几个问题：真的会是"越深度越强大"吗？神经网络会随着隐层

⊖　纵坐标为错误率，越低结果越优秀。

数量的增加而继续无往不利吗？在深度不断发展的最后，是能够触碰到我们梦寐以求的机器智能，还是在一定深度之后，必然要与之前的浅层学习方法一样，触碰到天花板乃至拐点，仍然无法接触到智能的身影呢？

在一年之后的 ILSVRC 2016 中，获得冠军的程序依然比 ILSVRC 2015 的冠军有更深的网络层次，甚至在物体检测这些子项测试中，还夸张地出现了 1207 层的深度神经网络。可是笔者也注意到了，Facebook 研究院新推出的"广残差网络"（Wide Residual Network）开始逐渐"返璞归真"，仅凭 16 层的网络深度就成功超越了前一年 152 层的残差网络所取得的成绩⊖，给 ILSVRC 从 2012 年深度神经网络开始参赛以来深度逐年增加的势头画了一个不和谐的向下转折的符号。

2014 年，来自 Facebook 和微软研究院的两位研究员共同发表了一篇论文《深度网络真的需要那么深吗？》（"Do Deep Nets Really Need to be Deep?"），他们使用模型压缩的方法，用浅层神经网络去模拟一个训练好的深度神经网络，论证了对特定深度的神经网络而言，模拟它们的浅层神经网络能够表现得和它们一样好。尽管在训练数据集上浅层神经网络可能无法直接达到同样优秀的表现，但是在测试集和实际应用中却完全不逊色于深度神经网络。

今天的深度学习的有效性能够被实践应用所验证，我们可以肯定地宣告它确实做对了某些事情，才会出现这个结果。可是，当今深度学习的各种模型、算法、技巧几乎都是靠"试错"来取得的，没有足够完备的理论支持，我们就不会知道它具体做对了哪一件或哪几件事情，才让我们向智能稍微靠近了一步。如果有一天学者从理论上真正掌握了智能的奥秘，反而有可能最后找到的是一个浅层的或者一个深度不太高的网络模型。现在说的深度神经网络越深越好，大概和"头大的人比较聪明"差不多，也许从宏观的角度来看，族群的脑容量确实有可能与智力水平有正相关关系，但并不等同于这就是通向最优的钥匙。《人工智能：一种现代方法》一书的作者彼得·诺维格（Peter Norvig, 1956—）曾写道："当莱特兄弟和其他人不再模仿鸟类飞行，而是开始研究空气动力学的时候，人类对'人工飞行'的探索才算是取得了成功。"希望我们

⊖ 数据来源：https://arxiv.org/abs/1605.07146。

这一代人能够在可见的未来，看到人类真正探索出智能的奥秘。深度学习在很多问题上确实获得了比浅层学习更好的效果，这一点是大家有目共睹的。不过，能否说深度学习就一定优于浅层学习？"多深"的深度神经网络才是"最优"的？距离这些问题有明确的答案还非常遥远。

7.5.6 越深度越困难吗

虽然"神经网络是否越深度越强大"这个问题的答案还不明确，但是，"神经网络的深度越高，训练难度就越大"这个结论可以暂时认为是正确的。神经网络的结构越复杂，层次越深，涉及的因素就越多，面临的挑战势必更多，这里笔者举一对最为经典的问题——"梯度消失"（Gradient Vanishing）和"梯度爆炸"（Gradient Exploding）来展开说明。

训练神经网络主要依靠迭代算法来优化，譬如第 6 章讲过的梯度下降优化算法，它的基本思路是每次迭代都以梯度向量为指导，按照梯度负反向和梯度的大小调整权值，逐步逼近，最后得到全局最优值，误差反向传播算法属于梯度下降优化算法的一种特定形式。在以上语境里，"梯度消失"问题是指从输出层开始，每经过一个隐层，指导更新权值的梯度向量就变小一些，这样，接近于输出层的权值更新相对正常，但在误差传播的远端，越靠近输入层的梯度越小，网络权值更新就会变得越慢。当隐层深度特别深时，经过若干次传递以后，梯度已变为一个接近于零的小数，导致这些隐层的权值几乎不会再发生改变，一直等于网络初始化时赋予的权值，此时的深层神经网络模型，其实等价于只有后几层在工作、其他层都在"偷懒摸鱼"的浅层神经网络模型。而"梯度爆炸"问题则与此相反，如果每经过一个隐层梯度向量都增大一些的话，在最接近输入层的那些靠前的隐层，每次权值更新都会发生很大的变化，这样带来的结果是轻则使得训练无法稳定收敛，重则导致数据越界溢出。

为何会产生梯度消失和梯度爆炸问题呢？如果读懂了前面误差反向传播算法的推导过程的话，这个问题其实很容易回答，以 E 表示损失函数输出值，x 表示隐层的输出值，w 表示权值，s 表示加权和，∂ 表示激活函数，那最后推导出的梯度计算的公式如下：

$$\frac{\partial E}{\partial x_j} = \sum_k \frac{\partial E}{\partial x_k} \cdot \partial'(s_k) w_{jk}$$

为了增加网络深度，并且去掉无关因素的干扰，我们不妨以一个每层只有一个神经元的四层神经网络（图中省略了输入层节点）为例，如图 7-20 所示。

图 7-20　每层只有一个神经元的神经网络

根据误差反向传播算法，每一个隐层的梯度值都依赖于它后面一层的计算结果，如此重复迭代，对于第一个隐层，它的梯度就依赖于其后所有层的计算结果。对于如图 7-20 所示的神经网络，分析误差经过四层传播后的情况，根据前面推导出的公式，输入层导数 $\frac{\partial E}{\partial x_1}$ 应是输出层导数 $\frac{\partial E}{\partial x_4}$ 乘以每一层权值和激励函数的导数的乘积，即以下式子所示：

$$\frac{\partial E}{\partial x_1} = \frac{\partial E}{\partial x_4} \cdot \partial'(s_4) w_4 \cdot \partial'(s_3) w_3 \cdot \partial'(s_2) w_2 \cdot \partial'(s_1) w_1$$

由于权值 w 是随机初始化的，梯度消失问题是否会出现关键就在于它与激励函数导数 $\partial'(s)$ 的乘积是不是一个持续小于 1 的数。前面提到，为了可以应用链式法则，必须要求激活函数具备可微性，所以辛顿最初采用了与 UnitStep 函数良好近似又可微的 Sigmoid 函数作为激励函数，如图 7-21 所示。可能也是这个原因，从 1986 年到 2010 年以前，即从误差反向传播算法提出一直横跨到深度学习时代的初期，大家普遍采用 Sigmoid 函数作为激活函数。

图 7-21　Sigmoid 函数图像

Sigmoid 函数的解析式是 $y = \frac{1}{e^{-x}+1}$，对这个函数求一阶导数后的图像如图 7-22 所示，可见在零值时函数取得最大值 0.25，即 $\partial'(x)$ 的最大值为 0.25。

从函数图像上我们还能看到，只有中间围绕零值的一小撮值才有作为梯度的意义，零值两侧的所有导数值都无限接近于零。我们把这两侧导数接近于零的部分，称为激活函数的饱和范围，一旦 Sigmoid 函数的输入值落在这个饱和范围内，其输入的数值大小对激活函数的输出结果的影响就极小了，换言之，我们可以说在这个范围内的激活函数对输入数据不再敏感。

图 7-22　Sigmoid 函数一阶导数的图像

另外，误差反向传播算法在神经网络初始化的时候，其权值 w 通常会小于 1，譬如常用均值为 0、标准差为 1 的高斯分布来初始化网络权值。这样便使得 $|\partial'(x)w|$ 整体将小于 0.25，再结合前面推导的连乘公式，使用链式法则求导，层数越多，势必会使得 $\frac{\partial E}{\partial x_1}$ 的求导结果越小，这就引发了梯度消失问题的出现。类似地，梯度爆炸问题出现的原因就是出现了 $|\partial'(x)w|>1$ 的情况。到这里，我们就明白了梯度不稳定问题（梯度消失和梯度爆炸统称为梯度不稳定问题）产生的原因：前面的隐层梯度是后面的各个隐层梯度的连乘积，在神经网络的深度过深时，梯度在反向传播中的连乘效应会导致网络权值更新不稳定。

神经网络深度增加带来的训练上的困难，是深度学习在诞生前几年里难以充分发挥深度优势的主要原因之一。针对梯度不稳定问题，人们想了很多方法来补救。有从神经网络权值初始化着手的，使得 $|\partial'(x)w|$ 整体尽可能避免梯度逐层减小或者增大，除了前文讲的辛顿的无监督预训练方法外，近几年还出现了一些效果很好的随机初始化方法，如 Xavier 初始化方法、MSRA 初始化方法等。也有从训练过程着手的，如谷歌在 2015 年提出的"批量规范化"（Batch Normalization）操作，这种方法是在训练过程中对隐层的数据进行规范化处理，

避免训练过程里各网络层输入落入饱和区间进而导致梯度消失。还有一种易于操作的最简单方法，是直接从激活函数本身着手。既然梯度消失是由 Sigmoid 函数的导数最大值仅为 0.25，且不饱和区间非常狭窄所导致的，那么就着手去寻找更好的代替函数。

2010 年，有人发现用 ReLU 函数代替 Sigmoid 函数能显著缓解梯度下降优化过程中遇到的梯度消失问题。ReLU 函数是一个非常简单的分段函数，它的解析式是 $y = \begin{cases} 0 & x<0 \\ x & x \geq 0 \end{cases}$，函数图像如图 7-23 所示。

图 7-23　ReLU 函数图像

ReLU 函数虽然看起来非常简单，却是近几年在激活函数这方面取得的最大进步之一。相比 Sigmoid 函数，ReLU 函数具备了诸多优秀的特性，如由于函数简单，不需要进行幂运算，所以计算速度非常快，训练时收敛速度远远快于 Sigmoid 函数，也超过了其他常见的激活函数，如 Tanh 等。在解决梯度消失这个问题时，很明显 ReLU 函数的导数要么是 0 要么是 1，这样至少在正数区间上，就不会因为连乘效应导致梯度逐层减小了。

面对深度神经网络遇到的问题，解决得最彻底的，大概是辛顿给出的"解决方案"了。为什么要加上双引号呢？因为这个方案是推倒重来！辛顿是误差反向传播算法的提出人之一，是神经网络和深度学习的"教父"。然而，现在他又戏剧性地成为误差反向传播算法和经典神经网络结构的强大"反对者"。最近，辛顿居然在他的推特上置顶号召大家应该"摒弃误差反向传播算法，另起炉灶，重新开始"，一时间令业界惊诧，关于这件事情网上曾出现了一些大肆渲染"辛顿叛变"的文章，吸引了不少媒体进行炒作。

辛顿确实曾经表示误差反向传播算法并不是自然界生物大脑中存在的训练机制，也不相信人类大脑是通过生物方式完成求导，通过梯度来调节神经元权重和激活阈值的。从辛顿的成长经历我们就能看出他对模仿人类大脑的工作原理有多么执着。目前已有许多脑科学的研究证实，大脑皮层中普遍存在一种称为"微皮层柱"（Cortical Minicolumn）的柱状结构，如图 7-24 所示，它像一颗胶囊一般把数百个神经元封装在一起，每个微皮层柱里的神经元都记录、处理相同特征的同一种信号。由此看来，人类大脑并不像经典神经网络一样是由神经元直接连接的简单分层结构，而是具有更高的内部复杂性：先由神经元组成"微皮层柱"，再由"微皮层柱"组成"皮层柱"（Cortical Column），由小到大逐步复杂化。

图 7-24　脑科学中的皮层柱结构

早在 2011 年，辛顿在发表的一篇论文[一]里就模仿大脑微皮层柱的结构，提出了一种称为"胶囊"（Capsule）的新神经网络结构，并给出了用这种结构做自动编码器和简单图像识别的例子。只是可能辛顿自己也没有预料到，就在第二年（2012 年）深度神经网络会忽然间受到从未有过的关注，尤其是深度卷积网络在图像识别领域忽然爆发，所以这篇关于胶囊结构的论文并没有受到特别大的关注，连辛顿自己也暂时放下了对这个方向的研究，专注在深度卷积网络、循环神经网络这些还是以分层堆叠结构为主的神经网络模型上。

到了 2017 年，辛顿认为传统的神经网络分层结构虽然取得了很大成功，但已经遇到了瓶颈，因此他重新开始关注胶囊结构，希望从中寻找突破，一举解决之前深度学习里遗留的诸多问题。辛顿想要表达的其实是如果胶囊结构确实能够解决这些问题，那么他就有勇气完全抛弃之前的体系结构，完全抛弃之前的训练方法，一切推倒从来，重新开始。辛顿关于胶囊结构的论文《胶囊结构之间的动态路由》（"Dynamic Routing between Capsules"）已经被"2017 年度神经信息处理系统进展大会"（Neural Information Processing Systems，NIPS 2017）所接受，据说其在 MNIST 训练集上非常成功，识别率达到了历史新高，并同时解决了卷积神经网络难以识别重叠图像等问题。到了笔者落笔的 2024 年，胶囊结构仍然不是神经网络的主流结构，从对胶囊结构目前只有一些论文摘要信息和辛顿的演讲记录就可以窥见一斑。胶囊结构能否被学术界接受，辛顿能否找到训练胶囊结构的新算法，这些都还存有很大疑问，这也正是科研的艰辛之处。

无论结果如何，辛顿在古稀之年仍然在尝试新的方法，这本身就非常值得敬佩。"先驱""教父"这些头衔是世人对辛顿在深度学习领域的坚持以及那些开创性工作的认可，如果胶囊结构这项工作成功推翻了之前神经网络的结构和训练方法，那完全是他本人坚持自己的信仰和探索的结果，一个真正的大师并没有被以前的成就所束缚；如果辛顿晚年试图突破深度学习，如同爱因斯坦晚年试图统一电磁力和引力一样，是注定无法成功的，那我相信辛顿也依然愿意坚持下去，毕竟他在神经网络这个领域已经坚守了超过 40 年了。

　　㊀　论文地址：http://www.cs.toronto.edu/~fritz/absps/transauto6.pdf。

2024年10月，为表彰辛顿在神经网络和深度学习领域做出的贡献，瑞典皇家科学院决定将2024年度的诺贝尔物理学奖授予辛顿。尽管不少科学家认为凭借"利用计算机和人工智能技术帮助各个领域的物理科学取得突破"这样的理由被颁授诺贝尔物理学奖多少显得有些牵强，但学术界几乎无一人对辛顿的学术水平提出过质疑。从此，辛顿成为继"通才"司马贺之后人类历史上第二位同时获得图灵奖和诺贝尔奖的双料得主。

7.6 深度神经网络

自掀起深度学习热潮以来，短短几年时间，大量不同的基于深度神经网络的模型竞相争艳，其中有一些是已有悠久历史的模型，封尘多年终于在这波热潮中迎来大展身手的机会，有一些则是近几年最新的研究成果，新的方法和模型在一些之前未能很好解决的问题上有良好的表现。

2016年，国外网站asimovinstitute.org整理了一份当时24种常见的神经网络类型和它们的用途简介[一]，笔者稍加整理，放在本节供读者作为技术词典之用，如表7-2所示。后面笔者还会对其中的卷积神经网络和循环神经网络这两种比较具有代表意义的深度神经网络模型进行更详细的介绍。

表7-2 常见的神经网络类型及其用途简介

一、感知机和前馈神经网络	
连接形式	
简介	单层感知机是最简单的神经网络。它仅包含输入层和输出层，而且输入层和输出层是直接相连的 相对于单层感知机，前馈神经网络包含输入层、隐层和输出层。通常使用误差反向传播算法进行训练，由于网络具有隐层神经元，理论上可以对输入和输出之间的关系进行建模。但实际上该网络的应用是很有限的，通常要与其他网络结合形成新的网络

一 资料来源：http://www.asimovinstitute.org/neural-network-zoo/。

（续）

二、径向基函数网络（Radial Basis Function Network，RBFN）

连接形式	
简介	径向基函数网络是以径向基函数（Radial Basis Function，RBF）作为激活函数的前馈神经网络。径向基函数网络通常只有三层，即输入层、中间层和输出层。中间层计算输入向量与样本向量欧氏距离的径向基函数值，输出层计算它们的线性组合 径向基函数网络的基本思想是：用径向基函数作为隐层神经元的"基"构成隐层空间，将低维空间的输入通过非线性函数映射到一个高维空间，而低维空间不可分的数据到了高维空间更有可能变得可分

三、Hopfield 网络（Hopfield Network，HN）

连接形式	
简介	1982 年，约翰·霍普菲尔德（John Hopfield，1933—）提出了可用作联想存储器的互联网络，这个网络被称为"Hopfield 网络"。Hopfield 网络是一种循环神经网络，从输出到输入有反馈连接。反馈神经网络由于其输出端又反馈到其输入端，所以 Hopfield 网络在输入的激励下，会产生不断变化的状态 网络的每个节点在训练前接收输入，然后在训练期间隐藏并输出。可以通过将神经元的值设置为期望的模式来训练网络，此后权重不变。一旦训练了一个或多个模式，网络将收敛到一个学习模式，且网络在这个状态中是稳定的

四、玻尔兹曼机（Boltzmann Machine，BM）

连接形式	
简介	玻尔兹曼机是一种随机神经网络。在这种网络中神经元只有两种输出状态，即二进制的 0 或 1。状态的取值由概率统计法则决定，由于这种概率统计法则的表达形式与著名统计力学家路德维希·玻尔兹曼（Ludwig Boltzmann，1844—1906）提出的玻尔兹曼分布类似，故将这种网络取名为玻尔兹曼机 玻尔兹曼机很像 Hopfield 网络，不同的是，它只有一部分神经元被标记为输入神经元，而其他神经元保持"隐藏"。输入神经元在完整的网络更新结束时成为输出神经元。它从随机权重开始，通过反向传播学习或通过对比散度（Contrastive Divergence）算法训练模型

(续)

五、受限玻尔兹曼机（Restricted Boltzmann Machine，RBM）

连接形式	
简介	受限玻尔兹曼机是一种可通过输入数据集学习概率分布的随机生成神经网络。受限玻尔兹曼机由一个可见层和一个隐藏层组成。由于隐藏层神经元之间没有相互连接，并且隐藏层神经元独立于给定的训练样本，让直接计算依赖数据的期望值变得更容易。可见层神经元之间也没有相互连接 　　网络通过在训练样本得到的隐藏层神经元状态上执行马尔可夫链抽样过程来估计独立于数据的期望值，并交替更新所有可见层神经元和隐藏层神经元的值

六、马尔可夫链（Markov Chain，MC）

连接形式	
简介	马尔可夫链是指数学中具有马尔可夫性质的离散事件随机过程。该过程中，在给定当前知识或信息的情况下，过去（历史状态）对于预测将来（未来状态）来说是没有意义的。马尔可夫链虽然不是真正的神经网络，但类似于神经网络，并且构成了玻尔兹曼机和 Hopfield 网络的理论基础

七、自编码器（AutoEncoder，AE）

连接形式	
简介	自编码器的基本思想是自动编码信息。自编码器网络结构像一个漏斗：它的隐层单元比输入层和输出层少，并且关于中央层对称。最小的隐层总是处于中央层，这也是信息压缩程度最高的地方。从输入层到中央层叫作编码部分，从中央层到输出层叫作解码部分，中央层叫作编码 　　可以使用误差反向传播算法来训练自编码器，将数据输入网络，将误差设置为输入数据与网络输出数据之间的差异。自编码器的权重也是对称的，即编码权重和解码权重是一样的

（续）

八、稀疏自编码器（Sparse AutoEncoder，SAE）	
连接形式	
简介	稀疏自编码器在某种程度上与自编码器相反。不同于以往训练一个网络在更低维的空间和节点上表征信息，它尝试在更高维的空间上编码信息。所以在中间层，网络不是收敛的，而是扩张的 　　稀疏自编码器可以自动从无标注数据中学习特征，可以给出比原始数据更好的特征描述。在实际运用时可以用稀疏自编码器提取的特征代替原始数据，这样往往能带来更好的结果
九、变分自编码器（Variational AutoEncoder，VAE）	
连接形式	
简介	变分自编码器和自编码器有相同的网络结构。不同点在于它的隐藏代码来自训练期间学习到的概率分布 　　在 20 世纪 90 年代，一些研究人员提出一种概率解释的神经网络模型。概率解释是指通过假设每个参数的概率分布来降低网络中每个参数的刚性约束，将输入、隐藏表示以及神经网络的输出转换为概率随机变量。网络学习的目标是找到上述分布的参数。在变分自编码器中，仅在隐藏节点上假设这些分布。因此，编码器变成一个变分推理网络，而译码器则变成一个将隐藏代码映射回数据分布的生成网络 　　通过参数化隐藏分布，可以反向传播梯度得到编码器的参数，并用随机梯度下降算法训练整个网络
十、去噪自编码器（Denoising AutoEncoder，DAE）	
连接形式	

(续)

简介	去噪自编码器的训练方法和其他自编码器一样，但是它的输入不是原始数据，而是带噪声的数据。这样的网络不仅能学习到细节，而且能学习到更泛化的特征。原因有两点：一是与非破损数据训练相比，破损数据训练出来的权重噪声比较小；二是破损数据在一定程度上缓解了训练数据与测试数据之间的代沟 　　它的提出者也从生物神经网络的角度进行了解释：人类具有认知被阻挡的破损图像能力，这源于我们的高等联想记忆感受机能。我们能以多种形式（比如图像、声音、甚至词根记忆法）进行记忆，所以即便数据破损丢失，我们也能回想起来

十一、深度信念网络（Deep Belief Network，DBN）

连接形式	
简介	深度信念网络是受限玻尔兹曼机（RBM）或者变分自编码器（VAE）的堆叠结构。深度信念网络是一种生成模型，通过训练其神经元间的权重，我们可以让整个神经网络按照最大概率来生成数据。深度信念网络由多层神经元构成，这些神经元又分为显性神经元和隐性神经元。显性神经元用于接收输入，隐性神经元用于提取特征 　　深度信念网络能够通过对比散度算法或者误差反向传播算法来训练，并像常规的受限玻尔兹曼机或变分自编码器那样，学习将数据表示成概率模型。一旦模型通过无监督学习被训练或收敛到一个稳定的状态，就可以被用于生成新数据

十二、卷积神经网络（Convolutional Neural Network，CNN）

连接形式	
简介	卷积神经网络由三部分构成。第一部分是输入层。第二部分由 N 个卷积层和池化层组合而成。第三部分由一个全连接的多层感知机分类器构成 　　关于卷积神经网络的具体内容，将在 7.6.1 节详细介绍

十三、反卷积神经网络（Deconvolutional Network，DN）

连接形式	

简介	反卷积神经网络与卷积神经网络相对应。在卷积神经网络中，由输入图像与特征滤波器进行卷积，得到特征图；而在反卷积神经网络中，则由特征图与特征滤波器进行卷积，得到输入图像。反卷积神经网络主要用于图像重构和卷积网络可视化 从结构可以看出，网络首先进行前向计算，在前向计算中收集一些数据，然后将这些数据放入反向网络中进行反向计算，从而得到最终的反卷积结果
十四、深度卷积逆向图网络（Deep Convolutional Inverse Graphics Network，DCIGN）	
连接形式	
简介	深度卷积逆向图网络实质上是变分自编码器，只是在编码器和解码器中分别采用卷积神经网络和反卷积神经网络结构。这些网络尝试在编码的过程中对"特征"进行概率建模。该网络多用于图像处理，可以处理未训练的图像，也可以从图像中移除物体、置换目标，或者进行图像风格转换
十五、生成式对抗网络（Generative Adversarial Network，GAN）	
连接形式	
简介	生成式对抗网络由判别器和生成器组成。生成器负责生成内容，判别器负责对内容进行判别。判别器同时接收训练数据和生成器生成的数据。判别器能够正确地预测数据源，然后被用作生成器的误差部分。这形成了一种对抗：判别器努力分辨真实数据与生成数据，而生成器努力生成判别器难以辨识的数据 关于生成式对抗网络的具体内容，将在 8.3 节详细介绍
十六、循环神经网络（Recurrent Neural Network，RNN）	
连接形式	

（续）

简介	循环神经网络是基于时间的前馈神经网络，其目的是处理序列数据。在传统的神经网络模型中，从输入层到隐层再到输出层，层与层之间是全连接的，每层之间的节点是无连接的。但是这种普通的神经网络对于很多问题却无能为力。例如，你要预测句子的下一个单词是什么，一般需要用到前面的单词，因为一个句子中前后单词并不是独立的 关于循环神经网络的具体内容，将在7.6.2节详细介绍

十七、长短期记忆网络（Long Short Term Memory，LSTM）

连接形式	
简介	长短期记忆网络是一种特殊的循环神经网络，能够学习长期依赖关系。网络通过引入门（Gate）结构和一个明确定义的记忆单元（Memory Cell）来尝试解决梯度消失或者梯度爆炸的问题。长短期记忆网络有能力在单元状态中移除或添加信息，通过门结构对信息进行管理，即有选择地让信息通过 每个神经元有一个记忆单元和三个门结构：输入、输出和忘记。这些门结构的功能是通过禁止或允许信息的流动来保护信息。输入门结构决定了有多少来自上一层的信息存储于当前的记忆单元。输出门结构承担了另一端的工作：决定下一层可以了解到多少这一层的信息。忘记门结构初看很奇怪，但是有时候忘记门结构是必要的：如果网络正在学习一本书，并开始了新的章节，那么忘记前一章的一些人物角色是有必要的

十八、门控循环单元（Gated Recurrent Unit，GRU）

连接形式	
简介	门控循环单元是长短期记忆网络的一种变体。不同之处在于，它没有输入门、输出门、忘记门，只有一个更新门。该更新门确定了从上一个状态保留多少信息，以及有多少来自上一层的信息得以保留。在大多数情况下，与LSTM的功能非常相似，最大的区别在于GRU稍快，运行容易，但表达能力更差 在实践中，这些往往会相互抵消，因为当我们需要一个更大的网络来获得更强的表现力时，表现力往往会抵消性能优势。在不需要额外表现力的情况下，GRU可能优于LSTM

(续)

十九、神经图灵机（Neural Turing Machine，NTM）

连接形式	
简介	神经图灵机包含两个基本组成部分：神经网络控制器和记忆库。传统的神经网络是一个黑箱模型，而神经图灵机尝试解决这一问题。 　　像大多数神经网络一样，控制器通过输入/输出向量与外界交互，但不同于标准网络的是，它还与一个带有选择性读写操作的内存矩阵进行交互。它试图将常规数字存储的效率和永久性与神经网络的效率和表达力结合起来。这种想法的实现基于一个有内容寻址的记忆库，神经网络可以从中进行读写

二十、残差网络（Residual Network，RN）

连接形式	
简介	深度过深的神经网络容易在反向传播过程中出现梯度消失问题，导致训练效果很差，而深度残差网络在许多神经元中设置了连接中间隐层的"快速通道"，在网络的结构层面缓解了梯度消失问题，就算网络很深，由于快速通道的存在，也不容易导致梯度消失

二十一、回声状态网络（Echo State Network，ESN）

连接形式	
简介	回声状态网络是另外一种不同类型的循环网络。传统的多层神经网络的中间层是一层一层的全连接神经元，回声状态网络把中间的全连接部分变成一个随机连接的存储池，学习过程就是学习存储池中的连接。它们的训练方式也不一样 　　与循环神经网络不同的是，回声状态网络将输入层到隐层、从隐层到隐层的连接权值随机初始化，然后固定不变，只训练输出层的连接权值。由于只训练输出层，不需要反向传播误差，训练过程就变成求线性回归，速度非常快

（续）

二十二、极限学习机（Extreme Learning Machine，ELM）	
连接形式	
简介	极限学习机是一种新型的快速学习算法，它随机初始化权重，并通过最小二乘法拟合训练权重。这使得模型的表现力稍弱，但是在速度上比反向传播快很多
二十三、液体状态机（Liquid State Machine，LSM）	
连接形式	
简介	液体状态机是一种脉冲神经网络：Sigmoid 激活函数被阈值函数取代，每个神经元是一个累积记忆单元。所以在更新神经元的时候，它的值并不是邻近神经元的累加，而是自身的累加。一旦达到阈值，它会将它的能量传递到其他神经元。这就产生了一种类似脉冲的模式，即在突然达到阈值之前什么也不会发生
二十四、Kohonen 网络（Kohonen Network，KN）或自组织映射（Self-Organizing Map，SOM）	
连接形式	
简介	Kohonen 网络是一种自组织竞争型神经网络，该网络为无监督学习网络，能够识别环境特征并自动聚类。Kohonen 网络的神经元通过无监督竞争学习，令不同的神经元对不同的输入模式敏感，从而使特定的神经元在模式识别中可以充当某一输入模式的检测器 Kohonen 神经网络算法的工作原理为：网络学习过程中，当样本输入网络时，竞争层上的神经元计算输入样本与竞争层神经元权值之间的欧氏距离，距离最小的神经元为获胜神经元。调整获胜神经元和相邻神经元权值，使获胜神经元及周边权值靠近该输入样本

7.6.1 卷积神经网络

卷积神经网络（Convolutional Neural Networks，CNN）可以说是深度神经网络中最有影响力的一种模型，今天它早已大名鼎鼎，从某种意义上它还是为深度学习打下大好江山的"第一功臣"。卷积神经网络同时也是一个计算机科学从脑神经科学借鉴并获得成功的很好的例子，它的思路与人脑和视觉系统分层抽象识别物体的过程十分相似。卷积神经网络最初诞生是为识别高分辨率的图片提供良好的解决办法，在第 4 章里给出了一个字符识别的例子，用了两层分别是 196 个和 10 个神经元的浅层网络去识别 196（14×14）像素分辨率的图片中的数字符号。可是读者不妨设想一下，现在就连手机摄像头拍出来的照片都是动辄上千万像素的，如果要识别这种图片，那每一层的神经元就得上千万，两层之间做全连接的话，则有 100 万亿个权重值需要计算，若在中间再多加上几层隐层的话，再强大的超级计算机也支撑不住。既然人类肯定不是在像素层面去认知物体的，计算机当然也不应该直接对着像素硬来，所以，模仿人类分层识别的认知，以及识别大分辨率的图片，就是卷积神经网络要解决的两个问题。

1980 年，日本广播协会基础科学研究所的福岛邦彦（Kunihiko Fukushima）受到休伯尔和威泽尔的"小猫视觉实验"（见 7.5.1 节）的启发，提出了"新认知机"（Neocognitron）的设想，"新认知机"中就包含了很多现代卷积神经网络的要素，如卷积、池化等。

1989 年，杨立昆发表了一篇名为《反向传播算法在手写邮政编码识别中的应用》（"Backpropagation Applied to Handwritten Zip Code"）的论文，把新认知机中的概念与辛顿的误差反向传播算法结合到一起，正式提出了卷积神经网络。这篇论文基本上是现在业界所认可的卷积神经网络的开端，所以大家认为杨立昆是卷积神经网络的缔造者。

到了 1998 年，杨立昆又发表了另一篇论文《基于梯度的学习方法在文档识别中的应用》（"Gradient-Based Learning Applied to Document Recognition"），他设计了一个名为 LeNet-5 的神经网络，LeNet-5 网络是卷积神经网络的第一个具有影响力的完整实现，今天很多卷积神经网络的入门资料都以 LeNet-5 网络作为例子进行讲解。图 7-25 是广为流传的 LeNet-5 网络结构，来自杨立昆的

《基于梯度的学习方法在文档识别中的应用》这篇论文。LeNet-5 麻雀虽小，却五脏俱全，卷积层、池化层、全连接层这些卷积神经网络的核心元素都是在此论文中明确定义出来的。

图 7-25 LeNet-5 网络的结构

这里出现了一系列新的名词，我们已经知道全连接是什么意思，这里再简单说明一下什么是卷积和池化。"卷积"（Convolution）原本是泛函分析中的概念，它是一种数学计算，信号变换中经常要用到它。在我们现在讨论的语境里，它是一种特征提取操作，最初被引入神经网络，就是为了处理模式识别中的图像特征提取的。它就像是一个漏斗，不断地在图片中平移，从下层图像中筛选数据。这个"漏斗"（专业上称作"卷积核"，Convolution Kernel）可以是各种形状的，经过漏斗过滤后，筛掉了一些数据，但可以获得更高维度的特征。譬如漏斗从像素中找出边缘，从边缘中找出形状，从形状中找出物体。漏斗对数据运算处理的过程，就像是人脑对物体分层抽象的过程。这个过程在图片识别里很关键，无论是对缩减数据规模（譬如 1000 万像素的图片，以 10×10 的方形作卷积的话，下层节点规模可以缩小到 10 万）还是对提取特征都是极为有用的。

而"池化"（Pooling）的本质就是采样共享，譬如以颜色采样为例，采样区域中存在若干个像素，可能每个像素的颜色值都有少许差异，原本需要若干个对应的数字去存储它们的颜色，而池化过程是用同一个采样值（最大值或者平均值之类）来代替所有像素的颜色值，这样多个像素共用一个颜色值，便能够降低数据量。

前面 7.5.4 节提到的拉开深度学习热潮序幕的标志性事件——辛顿小组设

计的 AlexNet 就是一个很成功的卷积神经网络，它是一个 8 层网络，其中包括 5 个卷积、池化和 Dropout 层（Dropout 是辛顿发明的一种用于避免过拟合的技巧）以及 3 个全连接层，使用 ReLU 作为激活函数，使用批量随机梯度下降算法训练。辛顿小组共使用两块 GTX 580 GPU 训练了 5 到 6 天，完成了 ImageNet 数据库中 22000 种共 1500 万个标签数据的学习，达到了 16.4% 的最低错误率而夺得冠军。

大概是因为卷积神经网络最初设计的目的就是处理图像识别问题的，所以现在大家也经常喜欢把它和图片处理联系在一起，而事实上卷积神经网络可以处理大部分格状的结构化数据。举个例子，图片的像素是二维的格状数据，声音序列在时间上抽取相当于一维的格状数据，而视频数据可以理解为对应视频帧宽度、高度、时间的三维数据，现在这些领域的应用都离不开卷积神经网络。卷积神经网络也成为近十年来应用范围最广、最成功的深度神经网络形式，许多硬件公司如英伟达、英特尔、高通、三星电子都在开发卷积神经网络芯片，以支持智能机、相机、机器人以及自动驾驶汽车中的实时视觉系统。

7.6.2　循环神经网络

循环神经网络（Recurrent Neural Network，RNN）[一]是深度神经网络的另一种常见应用形式。大多数神经网络假设所有的输入和输出之间是相互独立的，每一次输入网络的数据也是相互孤立的，譬如前面介绍的利用卷积神经网络处理图片识别的过程中，每一个相同颜色的像素、相同大小和形状的线条或者色块、相同部件或者对象所代表的含义是相同的，与时间和顺序无关。但是在另外一些场景中，譬如最典型的使用神经网络进行自然语言处理的应用，不同语种之间的机器翻译、语言理解等，相同词语出现在不同的时间、上下文中时所代表的含义是不一样的，文章后面的内容需要在前文构建的上下文中才能消除歧义，如下面这句话：

[一]　还有另一种简称为 RNN 的神经网络是指"Recursive Neural Network"，译为"递归神经网络"，它与循环神经网络有一些相似之处，可以认为循环神经网络是递归神经网络的一种特例。

> 我的朋友小明借了我五块钱。
> 小明与我的关系是_____。（答案：朋友）

人类之所以能轻易地得出后面这个问题的答案，是因为阅读了前面的话，并且记住了前面这句话的结论。而神经网络如果要正确推理，同样必须考虑词语上下文的记忆和出现顺序这些因素。

1982年，物理学家约翰·霍普菲尔德（John Hopfield，1933—）提出了一种可用作联想存储器的互联网络，这个网络现在被称为"Hopfield神经网络"模型。Hopfield神经网络是今天循环神经网络的雏形，它从输出到输入都有反馈连接，所以属于循环网络，可是Hopfield神经网络因为实现困难，外加没有找到合适应用，并没有特别大的发展，逐渐被前馈网络取代。

1990年，加利福尼亚大学圣迭戈分校的心理学教授杰弗里·埃尔曼（Jeffrey Elman，1948—）发表了一篇名为《寻找时间表示的数据结构》（"Finding Structure in Time"）的论文，文中提出了循环神经网络最初的概念框架。虽然以前也有过专门的时间序列分析模型，譬如"隐马尔可夫模型"（Hidden Markov Model，HMM），但将神经网络与时间序列结合起来，循环神经网络依然有它不可忽视的价值，但这个价值在很长的时间里都未能得到体现，与Hopfield神经网络一样，循环神经网络暂时还没有找到可以施展的舞台。

直到2003年，本吉奥在他的论文《一种神经概率语言模型》（"A Neural Probabilistic Language Model"）中把循环神经网络用于实现N元语法模型（N-Gram，这是自然语言处理领域著名的模型），收到了非常好的效果，循环神经网络才开始被这个领域的学者关注。自然语言处理是最适合循环神经网络的舞台，发展到今天，循环神经网络已经成为这个领域的主要工具之一。

循环神经网络之所以会被称作"循环"（Recurrent），是因为它对输入序列中的每个样本都执行相同的操作，循环神经网络的输出结果是基于以前的输出进行计算的，同时也会参与到下一轮循环作为计算输入。读者可以把循环神经网络理解成给神经网络中间的隐层增加了一个"反馈环"，这便相当于增加了一个拥有存储功能的辅助学习器，它对到目前为止所计算过的序列有一定的记忆能力。这个"反馈环"是循环神经网络的核心内容，被称作"循环连接"

(Recurrent Link)，就像图 7-26 中显示的一样，循环连接把隐层神经元的输入和输出连接起来，使得隐层输出端也作为输入的一部分，重新进入神经网络中。如果展开（Unfold）循环神经网络，可以将其视为一批所有层共享相同权值的深度前馈神经网络。

图 7-26 循环神经网络按时间序列展开的结构

初期版本的循环神经网络只能进行有限次数的循环和记忆，超过这些范围的内容就必须被丢弃或者衰减得几乎消失，这被称为"短期记忆"（Short-Term Memory）效应。它其实是一种限制，因为没有很好地解决深度神经网络的梯度不稳定（消失或者爆炸）问题，由于循环连接的存在，经过循环处理的部分和直接增加网络隐层深度在形式上是差不多的，因此梯度不稳定问题曾经是循环神经网络面临的最苦恼的挑战，使得循环神经网络不得不设计成在有限轮次后就必须打断循环，以避免梯度不稳定，这便是短期记忆效应的由来。虽然具有短期记忆效应的循环神经网络也能解决一些简单的问题，但还是具有比较大的局限性。比如，面对以下场景时短期记忆网络就不能很好地处理。

> 1. 小明是小刚的朋友。
> 2. 小明家境优越。
> 3. 小刚生活拮据。
> 4. 小明乖巧懂事，学习成绩优异，是班里的尖子生。
> 5. 小刚活泼好动，对一切事物充满好奇，却无法安静地坐下来写作业，成绩较差。
> 6. 小明借了小刚五块钱，小明是_____。
> 正确答案：小刚的朋友（来源于第 1 句）
> 错误答案：乖巧懂事的尖子生（来源于第 4 句）

要得到正确答案，就必须具备长期记忆的能力。为了增加这种"长期记忆能力"，人们研究出了各种循环神经网络的变体，其中最重要的是"长短期记忆网络"（Long Short-Term Memory，LSTM），用于解决长期及远距离的记忆依赖关系。

长短期记忆网络通过引入"门结构"和一个明确定义的"记忆单元"来尝试克服梯度消失或者梯度爆炸的问题。它允许向单元状态中移除或添加信息，通过门结构对信息进行管理，把远期记忆的内容也保留下来。后来，进一步发展出了"门控循环单元"等其他长短期记忆网络的变体形式。

今天，循环神经网络已经广泛应用于语音分析、文字分析、时间序列分析。如果主要解决的问题就是数据之间存在前后依赖关系、序列关系，一般首选长短期记忆网络；如果预测对象同时取决于过去和未来，可以选择双向结构，如双向长短期记忆网络。

不过，循环神经网络也有自身未能解决的重要缺陷，一方面是它天生顺序处理的特性，致使它无法进行有效的并行计算，必须按照序列的顺序来串行处理，这一点决定了循环神经网络在处理长序列时计算效率较为低下。另一方面是对长期记忆的处理，一旦依赖距离过长，循环神经网络就很容易面临梯度消失或梯度爆炸的问题。这使得尽管循环神经网络初步具备了处理长期记忆的能力，但在处理长距离依赖关系时仍然相对困难。这两个缺陷阻碍了循环神经网络成为处理大规模语言资料的最终解决方案，直到 2015 年注意力机制和 Transformer 结构出现并成功解决了循环神经网络这两大问题以后，人工智能才真正迎来了自然语言应用上的大爆发。

7.7　从实验室到企业

深度学习之所以能够在 2012 年爆发式地迅速崛起，ILSVRC 2012 比赛是机遇，辛顿率先提出了可行的理论和方法，这算是内因；还有两个很重要的外因，分别是大数据的兴起，还有以"图形处理器"（Graphics Processing Unit，GPU）为代表的面向大规模并行计算设计的硬件有了长足发展，而这两点外因，企业都比学校和实验室有优势得多，与很多成功的技术一样，深度学习也是生于实验室，成长于企业的。

　　辛顿之所以今天被称为"深度学习教父"，不仅仅是因为他对深度学习的开创性贡献，也是因为他为这个领域培养了许多优秀的人才，并鼓励他们去IBM、Meta、微软、谷歌（这是OpenAI、DeepMind这些新生独角兽崛起前，领导人工智能领域的四大巨头企业）等大公司实习和工作。辛顿有着高度开放和包容的心态，许多著名项目的参与者、负责人都与辛顿有直接或者间接的关系，有很多是多级的师生关系，也有的是合作研究的伙伴，辛顿就像一个纽带，促进了圈子中不同群体之间的技术和信息流动。此外，辛顿允许所有人自由地使用他实验室的研究成果，以完善自己公司的系统，这实质性地推动了技术在产业中的落地。在媒体的采访中辛顿自己说道："我们基本上对此毫无保留，因为我们着眼于证明我们技术的优势。"辛顿还表示："有趣的是，微软研究院和IBM先于谷歌得到这项技术（指深度学习），但是在将技术转变成产品方面，谷歌却比任何公司都更加迅速。"这里辛顿所指的"比任何公司都更加迅速"，暗示的是谷歌著名的人工智能项目"谷歌大脑"（Google Brain）。

　　2007年，深度学习爆发前夕，辛顿曾经在硅谷山景城（Mountain View，谷歌总部所在地）进行过一场关于深度学习的谷歌技术演讲，谷歌公司的员工和谷歌之外的许多极客都踊跃参与，这一演讲也同步在YouTube上直播，受到了很大的关注，其中就包括谷歌的顶尖技术大拿杰夫·迪恩（Jeff Dean，1968—）。可能很多程序员都熟悉迪恩甚至视其为偶像，但考虑到其他背景的读者，笔者还是介绍一下这位大拿。这可不是一般的技术极客，而是一位谷歌的传奇人物。迪恩在1999年加入谷歌时，谷歌还是一个只有几十名员工的默默无闻的互联网小公司，而他在计算机科学圈子里已经声名远扬。聘任迪恩是谷歌的一个里程碑。在加入谷歌的几年里，迪恩成为构建谷歌软件基础架构的领军人物，主导了谷歌的技术演进方向，后来引领大数据浪潮的BigTable、MapReduce这些如雷贯耳的重大项目都是他直接领导的。由此可见，迪恩对谷歌的技术如何发展有相当大的话语权。

　　2011年，斯坦福大学人工智能实验室主任吴恩达（Andrew Ng，1976—，见图7-27，因在百度负责"百度大脑"计划和在教育平台Coursera上主讲机器学习课程而被国内人工智能爱好者所熟知）向迪恩"安利"道："现在风头已变，伴随着深度学习领域的突破,神经网络表现颇佳,如果谷歌能掌握训练大型网络的技巧,会发生奇迹的。"迪恩认为这听上去很有意思,在亲身涉足神经网络六个月后,他开始相信这确实会是未来互联网公司的必争之地。后来,大约用了一年时间,迪恩与吴恩达一起建立了"谷歌大脑"项目,这个项目立项于"Google X"——谷歌公司内部称为"高瞻远瞩"的研究部门,所谓"高瞻远瞩"其实就是不要求短期的产品产出,也不对研究项目有什么具体的、直接的经济价值上的要求。在这个部门里,谷歌大脑项目的目标最初被定义为"努力构建一个真正巨型的神经网络,并且探索它能做什么"。

图 7-27 吴恩达在介绍谷歌大脑从 YouTube 上找到猫的故事

谷歌大脑项目最开始的应用是尝试使用无监督学习来认知世界,在这项实验性的应用中,谷歌大脑的服务器(当时动用了 1.6 万个微处理器,创建了一个有数十亿连接的神经网络,人类大脑大概有 1000 亿个神经元连接)观看了千万数量级的 YouTube 图像和影片,以试图观察该系统能否学会将其所见到的东西定义出来。结果令人惊叹,仅仅依赖 YouTube 的影片内容本身,而没有任何人工标注和介入,该系统就自发辨识出了"猫",并且自主地搜索了猫科动物明星的视频。迪恩在接受《纽约时报》采访时说:"在训练中,我们从未告诉它(指谷歌大脑)'这是一只猫',是它自己发现并总结出了'猫'这个概念。""谷歌找猫"经过媒体的传播,一时成为业界的佳话,不过这只是观察系统能做些什么的测试之一。很快,谷歌大脑项目组又建了一个更加强大的神经网络,并且开始承担类似语音识别的任务。

谷歌大脑项目运作一年之后，谷歌就已经拥有了世界上最大规模的神经网络系统，并在谷歌各部门和产品领域有了成功应用，这样的成绩在外界看来已经相当不错了，可比起这个计划后来的进展，这只能算是谷歌大脑项目的起步阶段。

2013年起，谷歌大脑从Google X部门转移到谷歌的Knowledge部门，从这时候开始，谷歌逐渐避免使用"大脑"一词。在对外宣传中，谷歌更倾向于统一采用"谷歌深度学习项目"这个名字，虽然这个名字听起来好像没有大脑"酷炫"。迪恩曾开玩笑说改这个名字是"为了避免爱护动物的人士在谷歌总部门前示威抗议"，但这显然是人工智能在谷歌战略版图中的地位发生了变化的体现，预示了谷歌大脑项目将会包容更多深度学习方面的研究项目。果然，在2013年这一年里，谷歌就进行了一系列令人目不暇接的收购，那时候，连最乐观的投资者都不可能预料到这一年谷歌在深度学习上的一系列投资在几年后展现出来无限价值。

辛顿于2012年带着他的两名学生——苏茨克维和亚历克斯参加ILSVRC 2012并夺魁后，就创立了一家仅有他们三名员工的深度学习创业公司DNNResearch，这是一家很典型的"空壳公司"，没有资金也没有资产，没有产品也没有业务，可是在2013年3月，这家小公司宣告被谷歌以5000万美元[①]的价格收购，谷歌在这次收购中没有获得任何实际的产品或服务，很明显这次收购只是招聘人才性质的收购，目的就是收购这个仅三人的小团队，而且仅购买其部分工作时间（辛顿仍有一半时间在大学从事研究工作）。事实上这并非谷歌首次给予辛顿团队的投资，在此之前就已经有过一些小额度（大约60万美元）的资助。在本次收购里，谷歌固然得到了辛顿这样的学术泰斗加盟，对辛顿本人来说，也算是终于守得云开，以后再不必为了一点经费而四处奔波了。

自此以后，辛顿继续在多伦多大学任教的同时，也会定期在山景城的谷歌总部工作，成为谷歌大脑项目的主要参与者之一。不过即使这么"大手

---

① 当时有多家巨头在竞相收购，除了谷歌外，还有微软和百度等公司都报出了极为优渥的收购条件。谷歌并未公布确切的收购价格，因此此金额未被证实，只是网上的传闻。来源：https://36kr.com/p/533832.html。

笔"的招聘式收购，也仅仅是谷歌那一年一系列重大收购之一，就在辛顿加入谷歌的前几个月，人工智能的乐观主义哲学家雷·库兹韦尔（Ray Kurzweil，1948—）、编写了人工智能课程的标准教科书《人工智能：一种现代方法》的作者彼得·诺维格（Peter Norvig，1956—）、自动驾驶汽车的主要发明者塞巴斯蒂安·史朗（Sebastian Thrun，1967—）等人工智能传奇人物都相继被谷歌聘用或者收购其所在的公司。

谷歌在深度学习上的大幅战略投入，使其迅速占领了这波人工智能热潮的制高点，且不说谷歌深度学习项目所提供的用于谷歌各种产品的语言、翻译、智能推荐、图像识别、数字运营等内部人工智能服务的价值，也不去说像 TensorFlow 这种在深度学习圈子里有巨大影响力和庞大用户群的技术工具，单说谷歌 2013 年收购另一家英国人工智能创业公司 DeepMind 所带来的深远影响和广告宣传效应，就足以令谷歌在这一年对深度学习的投资决策，成为能够与当年谷歌收购 YouTube、Android 相媲美的卓越商业决策案例。如果不知道 DeepMind 公司没有关系，你肯定听说过 DeepMind 在 4 年之后发布的 AlphaGo、Master 和 Alpho Zero 与韩国棋手李世石和中国棋手柯洁在围棋棋盘上进行的一系列人机大战，而大家没有看到的是，2013 年的一系列收购，才是这个传奇故事真正的开端。

各大企业对深度学习的关注和投入，普遍都是从 2012 年开始的，深度学习"三巨头"里，除了辛顿被谷歌聘任外，另外两人也成为企业竞相争夺的对象。

其中，卷积神经网络的发明人，被称为"卷积神经网络之父"的杨立昆是法国人（见图 7-28），博士毕业于匹兹堡大学医学中心（University of Pittsburgh Medical Center，UPMC），后来加入贝尔实验室工作，目前在纽约大学任教。杨立昆曾经在加拿大多伦多大学做过一段时间的博士后，博士后导师就是辛顿本人，所以也算是辛顿的半个学生，因这段博士后的经历，他被归属到"三巨头"和"加拿大黑手党"之中。辛顿不仅经典的工作堆成山，门徒也是遍地，可是要在他门下做博士后还是很有难度的，当年迈克尔·乔丹（Micheal Jordan，1956—，加州大学伯克利分校教授，与著名篮球巨星同名同姓，是本吉奥和吴恩达的老师）申请去他门下做博士后也被婉拒了。

图 7-28　杨立昆

2013 年，杨立昆以纽约大学教授的身份兼职加入 Facebook，随后便着手组建了 Facebook 人工智能实验室（Facebook AI Research，FAIR）。杨立昆领导了 Facebook 的人工智能研究，主攻方向是自然语言处理、机器视觉和模式识别等领域。FAIR 也绝对是一个人才济济的地方，除了杨立昆亲自担任实验室主任外，还有 VC 理论和支持向量机的缔造者弗拉基米尔·万普尼克（Vladimir Vapnik，1936— ）、随机梯度下降算法的发明人赖恩·布图（Léon Bottou，1965— ）、高性能 PHP 虚拟机 HHVM 的作者基思·亚当斯（Keith Adams）等都在此实验室工作。

根据 FAIR 的介绍，它主要专注于基础科学和长期研究，有 70% 的资源分配在这上面。Facebook 还组建了"应用机器学习"（Applied Machine Learning，AML）部门，由华金·坎德拉（Joaquin Candela）带领，主要负责将机器学习的研究成果落地到产品上，与 FAIR 的资源分配比例正好互补。

得益于 FAIR 和 AML 的工作成果，Facebook 在自然语言处理、人脸识别这方面确实处于业界领先的地位，例如它的人脸识别工具 DeepFace 已经能做到比人类更准确地识别两个不同的图像是不是相同的人。根据测试结果，DeepFace 的识别成功率为 97%，而人类是 96%。它发布的阅读文本的人工智能引擎 DeepText，能以接近人类的准确度去理解文字内容。在计算机语言学 2017 年度大会（ACL 2017）上，Facebook 展示了如何通过阅读维基百科来回答开放性的问题，在扫描了大量维基百科网站页面后，能够回答诸如"17 世纪奥斯曼帝国有多少个省？""美国哪个州的座右铭是'Live free or Die'？""查德威克发现了原子中的哪个部分？"这样无前提约束的开放性问题。

深度学习"三巨头"中的最后一位——本吉奥（见图7-29）与杨立昆一样是法国人，出生于首都巴黎，后来去了加拿大求学，目前在加拿大蒙特利尔大学工程系任教。本吉奥在神经网络上的贡献虽然没有辛顿那种经典工作堆积成山的气势，也不像杨立昆那样拥有卷积神经网络缔造者的头衔，但他在神经网络的很多方面都做了非常扎实且细致的贡献，今天我们在许多神经网络的应用领域中都能见到本吉奥的工作成果，例如前面介绍过的自然语言处理领域中的主要工具——循环神经网络和基于它发展出来的长短期记忆神经网络，还有词向量（Word Vector）等。总之，整个神经网络语言模型领域的关键技术，本吉奥都是最早的研究者，现在他还是这个领域最主要的学者之一。除此之外，在神经网络运算框架方面，虽然TensorFlow开始逐渐展露出一统江湖的趋势，但在TensorFlow出现之前，工业界用于神经网络计算的主流产品是一个名为"Theano"的Python代数计算库，这个库可以说是TensorFlow的前身，它就是本吉奥负责的蒙特利尔大学机器学习算法实验室（Montreal Institute for Learning Algorithms，MILA）做出来的成果。

图7-29 微软人工智能战略顾问本吉奥

2018年，美国计算机协会（ACM）为表彰辛顿、杨立昆、本吉奥在深度神经网络、深度学习概念和工程上的突破，将2018年图灵奖授予他们三人。

本吉奥是"三巨头"中年纪最小、资历最浅、表现也最为低调的一位，他一开始一直不愿意从学术界投身到工业界，不过经过 2012 年和 2013 年两年的酝酿，各个大型的互联网和 IT 企业都已经把人工智能视为必须进行战略布局的领域，本吉奥作为"三巨头"中最后一位尚未被企业聘用的成员，自然是炙手可热的宝贵资源。经过微软全球副总裁沈向洋长达数月的游说，本吉奥终于在 2014 年答应加盟微软研究院（Microsoft Research，MSR），担任微软研究院的人工智能战略顾问，为此微软还在很多网站和杂志上发表文章并接受采访，高调地宣告本吉奥的加盟。

说起微软研究院，它曾是人工智能领域的领导者，20 世纪 90 年代，微软研究院聚集了许多计算机科学、物理学、数学领域受到高度认可的专家及著名科学奖项得主，其中就包括语音识别和计算机视觉的顶尖学者，他们在语音识别等领域做出了很多当时领先的成果，但是受到 20 世纪 90 年代第二次人工智能寒冬的外部环境和微软内部决策等因素的影响，微软误判了人工智能的前景，在后来的十几年里在人工智能领域并未再投入资源，从此微软研究院在这一领域就停滞不前了。当第二次人工智能寒冬过去之后，微软重新要在这个领域发力追赶时，起点已经落后于谷歌、Facebook 和 IBM 不少了。不过幸好微软在人工智能时代只是起步落后一些，依靠自身的巨额资金和极为深厚的技术底蕴，在人工智能方面重新投入资源后，还是很快就做出了一系列优秀成果。在技术方面值得一提的是其推出的"认知计算服务○"（Cognitive Services），它在文字、语音、语言理解等方面确实有很多创新和可取之处，现在是微软 Azure 云的一个重要组成部分，也是 ChatGPT 模型诞生前 Windows 10 系统的智能助手 Cortana 的背后支撑。而在投资方面则更称得上硕果累累，雄厚的资本与眼光毒辣的投资部门，使得微软在 OpenAI 上的投资获得极高的价值回报，令其快速重新回到人工智能的第一梯队中。

上述辛顿、杨立昆和本吉奥三位机器学习"巨头"从实验室走到企业的经历，还有谷歌、Facebook 和微软等企业竞相追逐人工智能的行为，可以看作这十年来在人工智能这个方向上，学术界和工业界相互促进的一个缩影。在当前这次神经网络掀起的人工智能热潮里面，只要能够招聘到一名优秀的神经网络学者，用于人工智能研究的百万级经费就会拨到大学之中。传统的高校学术机

○ https://azure.microsoft.com/cn-us/services/cognitive-services。

构获得了大量的资源，也比之前有了更多可以自由调配的研究资金。这些都是学术界和工业界双赢的良性互动，与此同时，必须警惕前面两次人工智能寒冬的教训，避免过度夸大人工智能的能力和发展程度。目前确实有一部分企业和研究者似乎又一次陷入了盲目追逐的潮流之中，针对这种现象，辛顿说道：

> "如今神经网络理论开始奏效，因而工业界及政府也开始将神经网络当作人工智能。以前整天嘲笑神经网络的人工智能研究者也乐在其中，并计划从中分一杯羹。"

这句话带有浓厚的警示味道，从历史上看，无数的事例证明了如果某一项事物发展到所有人都在追逐，不论相关的还是不相关的人都在吹捧它，那很可能就意味着该事物已经处于顶峰，后面最需要做的并非继续盲目加大投入，而是更加清醒地认识到未来的挑战，并审慎地反思当下的策略。

7.8 挑战与反思

深度学习在近几年已经获得了数不尽的成功与荣耀，但是这项伟大的技术距离完美还有很长的路途，同样面临着一系列复杂的困难与挑战，它们仿佛是一个层层嵌套关联的解谜游戏，产生出一层层迷雾，套在深度学习和神经网络身上。本节我们来一同看一下今天的深度学习还有哪些不足。

1. 效率

目前深度神经网络的效率其实非常低下，很无奈地说，之所以神经网络和深度学习大行其道，可能是因为目前我们并没有更好的解决手段。

深度学习就是一种数据驱动的算法，大量的数据是建立精确模型的前提和保证。就像人类需要从经历中总结经验、学习和提取信息一样，人工神经网络也需要大量的数据来分析、提取和训练。越复杂、越强大的模型就需要越多的参数，同时也意味着需要更多的数据来支撑。如果我们要训练一个语音识别程序，势必就需要不同方言、不同长度的语音数据以及人口数据，并将这数以亿万计的数据送到深度神经网络中，经过漫长的训练和调优后才能得到实用化、有商业价值的语音识别程序。这是一个十分漫长的过程并且需要巨大的算法处理能力,无论谷歌、Facebook还是微软等,都是由一群业界精英经过了好几年的技术积累才达到了今天这样的高度。今时今日,可以说利用深度学习解决某一个问题就是一个如何充分利用巨量数据的问题。

要处理大量数据,机器就必须拥有处理庞大数据的能力。为了缩短训练时间、提高效率,现在训练深度神经网络时通常会使用多卡高性能GPU来配合工作,甚至使用超算中心来完成。这些设备除了价值不菲外还会带来很高的能耗,这种计算能力的需求在一定程度上限制了深度学习的应用范围,现在连智能手机、无人机和可穿戴设备等都开始需要小型的高效神经网络处理单元,更加需要平衡效率、能耗、成本及可用性的关系。

深度学习对数据量和运算能力的依赖是显而易见的,这一点已经被人们普遍接受。可是,我们无法忽视的事实是,一贯以处理海量数据、高效高速计算这些特点为傲的电子计算机在这个领域其实是极不适应、效率非常低下的。神经网络确实是在模仿人脑从经验中总结、学习和提取信息,但人类的认知过程所需要的数据量比深度学习要少好多个数量级。仅需要课堂上老师一两分钟的讲解和模仿,人类就可以辨认字母或者单词的不同印刷和手写字体;人类要分辨雪狼和萨摩耶,只要看过几张它们的图片就可以轻易做到,根本不需要把YouTube上数以千万计的影像图片翻个遍。我们人类大脑的神经元数量十分庞大,但是细胞之间依靠神经递质来传导信号,这是一种化学信号传递,比起计算机的电信号传递,速度上要慢好几个数量级○,但即使在这样大的速度差距下,目前人脑的认知能力也可以轻易碾压计算机。此外,能效上的差距也同样巨大,如果把人类大脑的活动转换成电能的话,仅相当于一只20瓦灯泡的功率,而谷歌大脑在运作时,甚至需要配备专用的电厂来支撑。这些事实似乎从侧面向我们诉说着深度学习虽然由模拟人脑而来,但是远未找到人脑生物结构中的精髓,还处于非常初级的阶段。

2. 理论基础

人们模仿鸟儿飞行创造出飞机,飞行方式与鸟类扇动翅膀获得上升力并

○ 神经元内部的神经信号也是一种电信号,但是细胞体之间是靠着释放化学物质令其他细胞的神经元产生刺激来传递神经信息的,这个过程的速度只有每秒数米。

不相同，飞机之所以能飞得比所有鸟类更高更快，关键是因为人类已经掌握了空气动力学的理论。计算机向人脑学习智能，要有跨越式的突破，关键点大概也不会在于模仿得多么接近人脑结构，而是最终能够发现其中的理论基础。目前，神经网络效率不高就是没有理论基础去指导优化的一种外在表象。但是寻找到产生智能的理论谈何容易，针对这个问题，科学界已经经过了大半个世纪的努力，目前还是迷雾重重。

图灵在提出"学习机器"概念的论文里表达的观点十分明确，可以简单归纳为一句话："计算机可以思考却不需要和人类一样地思考，计算机能够学习却不需要和人类一样地学习。"图灵认为计算机应该凭借它的快速、精确、可复制等特点，扬长避短地找到通向智能的道路，而不必受生物结构的牵绊。随后兴起并长期占据人工智能研究主流的符号主义学派的观点直接继承自图灵。最初，整个科学界都很认可这种观点，导致了符号主义学派的快速崛起，但是，事实证明了哪怕是当时最保守的学者都严重低估了机器通过逻辑演绎去实现人工智能的难度，经过一系列尝试与挫败之后，人们终于不得不承认基于符号和规则的机器学习所能处理的实体和规则数量，距离现实世界所存在的几乎无穷无尽的自然规律和它们相互作用的组合，有不止十万八千里的差距，要由此获得智能简直无异于塞人升天、水中揽月。

由于符号主义的研究不断遭受挫折，进展缓慢甚至停滞，科学界才不得不退而求其次，把研究的主要方向转到模仿大脑的神经元结构和探求生物拥有学习能力的本质上，这条道路也很难，但最起码是有可仿照之物作为参考的。基于仿生和连接主义来获得学习能力，其中最主要的不足是现在人类自己都没搞清楚自己的大脑是如何思考和学习的，所以让计算机去模拟人类大脑思考这件事情的基础本身就不太牢靠，如果说连接主义在算法实现这类微观层面还有一些严谨的推理过程的话，那它在宏观层面是没有太严密的理论支撑的，譬如现在许多应用案例中，用神经网络来做自动驾驶或者人机对弈，这些应用各需要多少层的网络、初始连接权重值如何配置、模型如何训练、模型或者网络拓扑结构应该如何设计等都没有一个最优准则，还处于主要凭经验和试错来实现效果的原始摸索阶段。所以说这种仿生的机器学习，现在依赖的不是现实世界的本质规律，而是大量数据样本中体现出来的规律和特征。

3. 不可解释性

没有足够牢固的理论基础，所带来的直接后果是神经网络"只能知其然，而无法知其所以然"的尴尬。对于神经网络，我们知道了模型的参数，也知道了输入的数据以及如何将这些连接成网络的方式，但还是无法知道它是如何实现这一过程的。神经网络就像一个神秘的"黑箱"，它有十分神奇的功能，但是我们对它如何工作、如何推演的过程却无从知晓，这就是常说的神经网络的"不可解释性"。神经网络的不可解释性阻碍了这一技术的抽象和总结，限制了高水平认知智能的研究和发展。同时神经网络的操作对于人类来说太过抽象，我们无法很好地验证它的工作过程是否合理，但是有一点可以肯定，现在的神经网络并不符合人类一贯的科学直觉。

目前人类发现的诸多科学真理，普遍都带有简洁明了的性质，复杂如物理上的质量和能量之间的关系，可以用一个简单的质能方程 $E = mc^2$ 来表达，电场、磁场之间的关系可以用简洁的麦克斯韦方程组来描述清楚，数学上简单的欧拉公式 $e^{\pi i} + 1 = 0$ 就把三角函数和指数函数之间的关系桥接起来。类似的例子还有很多，即使是统计学和概率学这种同样面向大量数据的科学，最终也可以使用严谨简洁的方法去表达数据的内在联系。根据之前探索世界的经验，人类总是更愿意相信世界的本质应该是可以被数学所描述的，但是神经网络无疑不具备这样的性质，我们愿意相信神经网络是寻找智能道路上迈出的一大步，但如果说神经网络本身就是最终解决问题的钥匙，那确实是有违科学直觉的。

早在皮茨那个时代，神经网络概念才刚刚提出，他就已经注意到并试图解决不可解释性的问题了（指皮茨那篇被自己烧毁的试图通过概率论解决神经网络不可解释性问题的博士论文）。时至今日，这个问题依然是神经网络的前沿课题，是深度学习"任务清单"里重要程度最高的几项之一，目前学术界提出的一种思路，是希望将神经网络这一连接主义的代表性技术与符号主义相结合，因为可解释性正是符号主义的强项之一。伦敦帝国理工学院教授、DeepMind 公司科学家默里·沙纳汉（Murray Shanahan）及其团队还发表了一篇讨论深度符号强化学习的论文，试图寻找解决这一问题的方法。

4. 灵活性和适应性

深度学习模型一旦训练完成，往往就可以十分精确地处理特定的问题，然而目前的神经网络具有高度分化的专一性，只能在特定的问题上具有良好的表现。如果需要解决其他问题，就必须从头开始训练一个全新的神经网络。DeepMind 公司科学家雷亚·哈德塞尔（Raia Hadsell）曾就目前这种状况给出了一句通俗的总结语："这个世界上没有哪个神经网络可以同时完成物体识别、音乐识别和玩《星际争霸》游戏这些任务！"

神经网络的这个表现当然是符合"没有免费的午餐定理"（见第 6 章）的，但是并不符合"经济规律"——它非常不划算。所有的算法，甚至包括我们人类解决问题的方法，都受"没有免费的午餐定理"的约束，我们不可能去追求某种能解决一切问题的方法或者机制。可是，人类在解决新问题，尤其是相似问题的时候，也并不是完全从零开始构思的，而是建立在以前的经验基础之上。神经网络在这一方面又是一大弱势，它很难利用之前的已有成果，只要任务稍微改变一点，哪怕是相似的任务，它也需要重新进行训练和评估，这个缺陷是其不可解释性的直接后遗症之一，不可解释，自然就难以总结，难以重复利用。华盛顿大学计算机科学教授、《终极算法：机器学习和人工智能如何重塑世界》（*The Master Algorithm：How the Quest for the Ultimate Learning Machine Will Remake Our World*）一书的作者佩德罗·多明戈斯（Pedro Domingos，1965—）调侃道："机器人可以学会拿起瓶子，但如果你想要它拿起一个杯子，就得从头开始训练。"

如何使神经网络具备灵活性和适应性，可以说是这个领域最终要解决的问题之一，这个问题潜藏着神经网络被共享、复用和构建更大规模架构的可能性。要在大尺度上彻底解决这个问题极为困难，可是一旦突破了这个障碍，神经网络将很可能取得今天所有人都难以想象的成就，甚至有可能是弱人工智能走向强人工智能的里程碑。

现在，解决深度神经网络灵活性和适应性问题主要有两个突破方向：一个是深度学习中以利用已经学会的知识为目标的"预训练和微调"（Pre-training and Fine-tuning）方法。辛顿在论文中明确指出了基于预训练的基础模型微调参数要比直接使用参数完全随机地初始化模型有效得多。因此，在有逻辑关联性的前置、后置任务间就有可能利用此前的学习成果来更好地完成后置任务。譬如通过预训练好的能识别语言、语法和词频概率的基础语言模型，配合中小学语文和数学知识的微调来辅导学生功课，配合企业财务知识的微调来学会做公司财务会计，等等。另一个突破方向是"迁移学习"（Transfer Learning）方法。广义上预训练和微调也属于迁移学习的范畴，但现在大家讲得更多的还是两个独立神经网络模型之间的狭义迁移学习。譬如已经有了一个使用卷积网络训练的能够区分雪狼和萨摩耶的模型，模型中较浅的卷积层用于分辨像素和较为初级的几何特征，如第一个卷积层中进行边缘检测，第二个卷积层中聚类了相似的几何形状，等等。随着卷积层越来越深，所表达的内容也越来越具体，如到第十个卷积层中就能判断物体到底是狼还是狗了。这里很容易想到这个模型的前几层做轮廓识别的部分是可以被其他任务复用的，日后要训练一个识别鸡还是鸭的模型时，就可以迁移过去。

另外，当下同时面向多个输入源头的"多模态学习"（Multi-modal Learning）与同时面向多个输出目标的"多任务学习"（Multi-task Learning）方法正在兴起。2020 年来自谷歌大脑项目团队和多伦多大学的研究人员发表了一篇关于多模型学习的新论文，通过综合视觉、语言和语音神经网络的优势可以实现同时解决多种不同任务的深度学习模型，包括图像识别、翻译和语音识别等方面，致力于创造出一种可以适应多种任务的神经网络架构。

7.9 本章小结

人工智能发展至今已经经历了两次低谷，对于某个依赖人工智能这门学科生存的研究人员和从业人员个体而言，人工智能的寒冬可能会带来很严重的打击，甚至可能令人从此一蹶不振。但是对于人工智能整个学科而言，寒冬其实并没有那么可怕。物理学家马克斯·普朗克（Max Planck，1858—1947）曾说过："科学每经历一次葬礼就前进一步（Science advances one funeral at a time）⊖。"即使在人工智能的冰河时期，尽管主角更迭，但机器学习这个领域

⊖ 原意是指持有旧观念的科学家死亡或退出并非坏事，因为它会给新一代持有新观念的科学家让出舞台从而推动科学的进步。

的发展也仍然在继续前行。

在神经网络沉寂低迷的几十年时间里，机器学习领域先后出现过以支持向量机为代表的统计学习理论，出现了以 Boost 算法为代表的可学习性理论——哈佛大学教授莱斯利·瓦利安特（Leslie Valiant，1949—）以此理论获得 2010 年图灵奖，还出现了以图模型为代表的基于概率推断的学习方法——加州大学洛杉矶分校教授朱迪亚·珀尔（Judea Pearl，1936—）以概率图模型获得 2011 年图灵奖。这些都是机器学习领域不可忽视的重要进步，其中任何一项都足够在书中作为主角单独列出章节来书写一番，不过它们的故事与今天的神经网络比起来，仍然少了一丝曲折跌宕的传奇色彩。

辛顿在神经网络方面努力了 40 年，在 2006 年之前长期没有获得多少关注，直到发表了一系列关于深度学习的突破性的论文，迎来神经网络的复兴，才算是苦尽甘来。随后，研究者提出了越来越多有效的训练网络的方法和网络模型，令深度学习踏入了许多以前被认为计算机无法涉足的领域，从下棋到作曲、写诗，从辨认文字图像到自动驾驶汽车，深度学习已经创造了许许多多的奇迹，这一切共同引领了今天这场深度学习的热潮。

对于人工智能的从业人员，无论是学术界的研究者还是工业界的开发人员，甚至是还在校园求学，刚刚开始对这个领域萌生兴趣的学生，今天就是最好的时代，愿你我都能不负好时光！

第 8 章

从学习到创造

What I cannot create, I do not understand.

凡是我不能创造之物,即表示我仍然未能领会。

——理查德·费曼(Richard Feynman),"费曼的黑板遗言",1988 年

8.1 概述

人工神经网络的概念最初由皮茨和麦卡洛克在他们的"机械大脑论"中提出,然后被罗森布拉特和他的"感知机"首次带到公众视野之中,再随着明斯基对感知机的学术攻伐与全社会从巨大希望转向巨大失望的反噬,神经网络陷入了长达 30 年的蛰伏期,最后,经过深度学习"三巨头"辛顿、杨立昆、本吉奥为首的一代学者二三十年坐在冷板凳上的潜心研究,终令神经网络得以重返人工智能舞台的中央。这段跨越数十年,几代学者明争暗斗,学术与利益纠葛交织的真实故事比小说、电影情节都更跌宕起伏。然而,大概是最富有想象力的作家编剧也不可能料想到,此时隐匿于人工智能舞台的大幕之后,还有一波比深度学习更加波澜壮阔的高潮在悄然酝酿,传承于辛顿、杨立昆、本吉奥等人的新一代年轻学者,会在"创造能力"的新篇章里创造出比当下"学习能力"更令世界瞩目的成就。

8.2 引言："技术宅"改变世界

2014年春夏之交的一个夜晚，在加拿大蒙特利尔著名的"The Three Brewers"酒吧里，几位来自蒙特利尔大学的高才生正在为他们的师兄举行博士毕业的庆功宴。这群年轻人多是本吉奥的学生，与大多数年轻小伙子一样，在酒吧喝酒，谈论的话题总是离不开漂亮姑娘。而这几位师承本吉奥的高才生与大多数年轻小伙子又不一样，当晚他们谈论的话题是有没有可能利用神经网络，让机器制造出一些美女的照片。

长期以来，机器学习的主流任务是分类和聚类，应用场景主要是做预测或者做决策，用于这些任务场景的模型被称作判别式模型（Discriminative Model）。除此之外，还有一种任务类型是根据已有数据或者给出已知特征，让机器生成具有特定特征的数据，完成这类任务的模型就被称作生成式模型（Generative Model）[⊖]。

生成式模型不是新鲜事物，出现的时间其实非常早，1957年美国作曲家雷贾伦·希勒（Lejaren Hiller，1924—1994）就用同构马尔可夫链来产生有限控制的随机音符，然后通过和声与复调规则来测试音符，最后选择符合规则的素材修改、组合成传统音乐记谱的弦乐四重奏《依利亚克组曲》（*Illiac Suite*），这是人类历史上第一部由计算机生成的音乐作品。1966年，数学家伦纳德·鲍姆（Leonard Baum，1931—2017）提出"隐马尔可夫模型"，这是业界首个被广泛使用的生成式模型（尤其在声音处理领域）。但是，生成式模型的应用场景依然长期处于成果寥寥的窘态，想想也不奇怪，输出相对简单的判别式模型都要到深度学习兴起后，才大量涌现出突破性的应用，输出更为复杂、难度更高的生成式模型自然很难成为人工智能应用的主流。

在酒吧里，年轻人提出可以用神经网络学习图片的特征，尝试对图片中的

⊖ 笔者这种解释判别式模型和生成式模型的方式在逻辑上其实有倒果为因的嫌疑。从学术定义上看，判别式模型是评估条件概率分布的模型，生成式模型是评估联合概率分布的模型，是因为有这两种不同的模型才有对应的不同的任务类型与应用场景，而不是反过来根据它们的任务来定义模型的类别。不过，普通读者并不需要追求严谨的精确逻辑，通过任务类型来区分，反而要比弄清楚什么是条件概率分布、什么是联合概率分布有效得多。

几何特征进行统计分析，建立一个人类照片的概率统计模型，然后让机器根据模型来产生不同的符合概率的几何形状，从中筛选出人类照片。这种想法完全符合当时机器学习应用最正统的研究思路，受到多数参与讨论者的赞同，唯有伊恩·古德费洛（Ian Goodfellow，1987—，见图 8-1）认为这种思路根本行不通，他直言当下机器学习的能力上限最多也就能做到比较准确地分辨出给定的照片是不是人类照片（原理参照第 7 章分辨雪狼和萨摩耶的例子），要凭空生成人类的照片，且要求质量优良的话，已经超出了当下所有已知模型和算法的能力。

图 8-1　伊恩·古德费洛

此时的古德费洛年仅 27 岁[一]，也是一名即将毕业的博士研究生。他的本科和硕士阶段都在斯坦福大学度过，师从斯坦福人工智能实验室主任吴恩达（Andrew Ng，1976— ）。根据他本人的自述[二]，那时候他接触的主要是支持向量机（SVM）、提升算法（Boosting）、最大熵方法这样的传统统计学习算法。当他从朋友伊桑·德雷福斯（Ethan Dreyfuss）那里听到了辛顿关于深度信念网络的演讲后，瞬间就意识到深度学习可以弥补传统方法的诸多缺陷，譬如支持

[一] 网络上的资料对古德费洛的出生年龄有不同的版本，英文维基百科上给出的时间是 1987 年，而一些资料以及 ChatGPT 给出的回答是 1985 年。无论哪一种是准确的，他在当时都不满 30 岁。

[二] 古德费洛的求学经历，以及后面那段犹如受神灵启示一般一个晚上就完成了 GAN 编码的故事，都来源于他的自述：https://medium.com/dsnet/interview-with-deep-learning-researcher-and-the-ganfather-dr-ian-goodfellow-cd300863ecff。

向量机在模型设计上缺乏自由度，以及模型能力上限制较大等问题。简单地讲就是，古德费洛认为即便给支持向量机投入再多的数据，也无法让它变得更智能，而深度神经网络目前还看不到上限，随着算力和数据的增加，它完全可以变得越来越"聪明"。

深度学习的出现让古德费洛的研究方向迅速脱离传统的统计学习算法，他在斯坦福大学的暑假期间，就迫不及待地搭建了一台 CUDA 服务器，并用它学习、训练辛顿的玻尔兹曼机。这件事也间接促使他在 2010 年决定攻读博士学位时，选择从美国来到加拿大，跟随"三巨头"中的本吉奥继续在深度学习领域深造。

古德费洛在酒吧断言当下算法的上限最多只能判别出某张照片是不是人类照片，而无法生成高质量人类照片时，一个念头犹如闪电般划过了他的脑海，他迫不及待地从酒吧赶回了宿舍，借着酒劲打开计算机编写程序。他只花了一个多小时、只测试了一次就成功实现了一个能够工作的图片生成程序。当他将 MNIST 数据集⊖作为训练样例投喂给这个程序时，他那台只有 1.5GB 显存的 GPU 服务器经过几十分钟的训练就成功输出了全新的手写数字图片，接着他将 Toronto 人脸数据集⊖投喂给这个程序，程序就真的凭空生成了此前世界上从未存在过的人脸照片。尽管不论从软件、硬件还是训练集质量来看一切都十分简陋，但这个简陋的实验品下却隐藏着后来被古德费洛命名为"生成式对抗网络"（Generative Adversarial Network，GAN）、被杨立昆评价为"过去 20 年来深度学习中最酷的想法"、被吴恩达评价为"一项重大而根本性的进步"的全新的生成式模型。甚至可以说，在人工智能的世界中，从此刻起诞生了一个崭新的研究方向："人工智能生成内容"（Artificial Intelligence Generated Content，AIGC）。

8.3 生成式对抗网络

那个划过古德费洛脑海的念头大致是这样的：判别式模型与生成式模型也

⊖ 这是一个手写数字图片的数据集，本书第 4 章曾使用这个数据集来演示感知机的工作原理。
⊖ Toronto 人脸数据集：https://www.cs.toronto.edu/~urtasun/courses/CSC411/hw3-411.pdf。

许并不是完全独立、泾渭分明的两种模型,如果人类无法凭自己的能力直接训练出性能足够出色的生成式模型,那么一个足够精确的判别式模型能否代替人类去训练出一个同样优秀的生成式模型呢?

为了便于读者理解,笔者借助一个虚构示例来解释古德费洛的设计思路。以印假钞为例,干这种买卖最大的竞争对手并非同行,而是警察。如果假钞能够精致到连警察也无法分辨的程度,那就算完全掌握了"核心竞争力"。而作为警察,职责自然是持续提升自己的装备和业务水平,以便能够准确地分辨出真钞与假钞。在罪犯与警察造假鉴真的对抗游戏里面,就隐藏了生成式模型突破的奥秘。

首先,请读者扮演警察的角色,允许使用任何手段来识别一张图像(譬如图 8-2)是否真钞。目前效果最好的方法自然是使用基于深度学习训练的判别式模型,判别效果能好到什么程度呢?我们可以参考第 7 章中 ImageNet 大规模视觉识别挑战赛的结论,把 ILSVRC 数据集交由人类来判别的平均错误率是 5.1%,而 2015 年的冠军——残差网络(ResNet)的判别错误率已经达到了 3.57%,已超越了人类平均水平。换言之,此时的技术水平已经可以让计算机扮演一个判别能力和人类平均水平大致相当的警察了。

图 8-2 尝试训练一个判别模型,判断此图是否真钞

接下来,请读者扮演罪犯的角色。一开始你印假钞的手段生疏拙劣,生成的图像几乎与完全随机的噪声无异,警察一眼就能看出真假。不过,只要警

察将判别的结果告知你，你就有了强化学习的依据，知道了改进造假手段的方向。得到来自警察的反馈，你痛定思痛并经过长期练习，手法逐渐成熟，生成的结果逐渐从随机变得有序，也逐渐有了一些能以假乱真逃过警察法眼的高质量图像。

随着这个过程不断继续，警察会想出越来越复杂的技术来鉴别假币，罪犯也会想出越来越复杂的技术来伪造货币，这就是生成式对抗网络中"对抗"（Adversarial）的基本理念，这个场景中警察的角色就是判别器（Discriminator），罪犯的角色就是生成器（Generator），它们其实都是在同一个过程中训练出来的，整个生成式对抗网络的基本结构如图 8-3 所示。

图 8-3　生成式对抗网络的基本结构

古德费洛只花了两周时间就将当晚酒吧中迸发的奇思妙想写成了生成式对抗网络的同名论文《生成式对抗网络》，并放到预印本网站 Arxiv[一] 上，这个结构精妙的模型很快成为人工智能领域的热门话题。论文中古德费洛用数学技巧严格地证明了警察与罪犯对抗的游戏是一种零和博弈，当充分训练后，判别器与生成器的博弈结果将逼近纳什均衡点。根据博弈论中的最大最小值定理（Minimax Theorem）[二]，此时判别器甄别训练样例图像与生成图像的准确概率趋于等同，无限接近于 1/2，生成图片与真实图片均有一半概率被判定为真，一半概率被判定为假。换言之，造假者此刻已经成功制造出警察难以有效判别、能够以假乱真的图片了。

实事求是地讲，古德费洛花费一个晚上写出来的照片生成程序，输出的人

[一]　https://arxiv.org/abs/1406.2661。

[二]　最大最小值定理是计算机结构体系与博弈论的奠基者冯·诺依曼在 1926 年提出的。在此语境中的含义是对于零和博弈中的两个玩家而言，最小最大策略与纳什均衡是一样的。

类照片效果远远称不上以假乱真。编码的时间、训练的算力和数据集的质量都限制了训练出来的模型的输出结果顶多达到"看起来勉强像个人"的程度。如图 8-4 所示，最右侧 4 个方框里面就是原始 GAN 的生成结果，没有方框标识的是 Toronto 人脸数据集中的训练样例，这些图片都是长宽均只有 90 像素的灰度正面人脸，笔者认为即便采用酒吧里其他几位同学的传统思路，也完全能够达到类似程度的生成效果。

图 8-4　原始 GAN 的生成效果

然而，只要是稍微具有人工智能学术素养的人，就能看出生成式对抗网络与此前其他生成式模型之间的差异：这是一个不依赖人工参与特征统计、不受人类能力限制的模型。这个特点如同辛顿提出深度学习的本质是无监督特征学习一样，只有机器能不依赖人类的特征描述和选取过程，才能突破人类在特征定义上的局限性。生成式对抗网络依靠机器而不是人工扮演判别器来完成类似于强化学习中奖励信号的反馈，如同桥梁一般将深度学习在判别式模型中的已有成果引导转化到生成式模型中，为发展陷入长期停滞的生成式模型领域打开了突破的新方向。随后几年的发展也证实了这个方向。GAN 的演进过程如图 8-5 所示。

2015 年，亚历克·拉德福德（Alec Radford）使用卷积隐层替换原来的全连接隐层，提出"深度卷积生成式对抗网络"（Deep Convolutional GAN，

DCGAN），显著提高了生成图片的分辨率和质量，证明了 GAN 完全具备生成高质量图片的潜力。

2014 原始 GAN　2015 DCGAN　2016 CGAN　2017 PGGAN　2018 StyleGAN

图 8-5　GAN 的演进过程

2016 年，英伟达研究副总裁刘洺堉（Ming-Yu Liu）提出"耦合生成式对抗网络"（Coupled GAN，CGAN），它可以通过共享部分生成器和判别器的参数来同时生成两个相关域中具备一致性的数据，这使得生成式对抗网络的输出结果从完全随机变为在一定程度上可被输入图像所影响，可实现诸如将夏天的景象转换为冬天的景象、将漫画风格的照片转化为真实风格的照片等应用。

2017 年，同样来自英伟达公司的研究员泰罗·卡拉斯（Tero Karras）发明了"渐增生成式对抗网络"（Progressive Growing GAN，PGGAN），提出可将多个 GAN 堆叠在一起，前一个 GAN 的输出作为下一个 GAN 的输入，达到从低分辨率（譬如 4×4 像素）的图像开始，逐渐提升到更高的分辨率（譬如 8×8 像素、16×16 像素，最终到 1024×1024 像素）的目的。同年，谷歌将这项技术包装成"像素递归超分辨率"（Pixel Recursive Super Resolution）服务，号称可以去除栅格化的像素马赛克，还原（实际是迭代生成）成为肉眼可辨识的人物图像，效果如图 8-6 所示。

对于了解生成式对抗网络技术发展脉络的人来说，谷歌提供的这个服务并没有什么神奇之处，然而那时候（2017 年）GAN 尤其是 PGGAN 只在学术界的一定范围内流传，在工业界尚未广为人知，所以谷歌的"去马赛克服务"在当年拉满了话题热度。从传统信息学的角度来看，这个效果简直违背了香农定律，如同可以无中生有的魔法一般神奇，就像有人宣称他能够不通过下载，直接就从一个 BitTorrent 种子的哈希信息里面还原出整部电影那样令人惊诧。

图 8-6　压缩成 8×8 像素的图像（左）、通过压缩图像还原的图像（中）和原来的图像（右）

2018 年，英伟达把过去几年在生成式对抗网络上的研究成果进行整合，发布了 GAN 领域的集大成者——StyleGAN 模型（包括后来分别在 2019 年、2020 年改进的 StyleGAN2 和 StyleGAN3）。StyleGAN 不仅能够生成高质量、高分辨率的图片，还能够改变图片风格、对生成的结果进行精细化控制，譬如通过参数调整人物的动作、形态、肤色、表情、发型等各种特征。

8.4　学者与荣耀

2014 年，经过学术界和工业界几年时间的消化与酝酿，来到了深度学习在生成式领域迸发的临界点。生成式对抗网络诞生的所有前置条件都已经成熟，笔者认为即便没有那天晚上酒吧里古德费洛的灵光一现，生成式对抗网络也一定会在不久的将来换个作者、换个名字登上历史舞台。此观点可以通过现今最成功的三种图像生成式模型都是在 2014 年这个时间点前后同时被发现获得证明。除了生成式对抗网络以外，另外两种模型是 2013 年由迪德利克·金马（Diederik Kingma）提出的变分自编码器（Variational Auto Encoder，VAE）以及 2015 年由雅沙·索尔迪克斯坦（Jascha Sohl-Dickstein）提出的扩散模型（Diffusion Model）[一]。

生成式对抗网络无疑是一项将来能写进人工智能教科书的经典工作，它虽然是深度学习向生成式领域拓展过程中"必然"会被发明的技术，但对于个人而言，能否在 2014 年这个时间点率先提出生成式对抗网络、名字是否叫作生成式对抗网络、作者能否被学术界认可为生成式对抗网络的发明人依然是无比重要的。学术也是一座江湖，仅本书写过的历史故事中就有纽厄尔和司马贺、明斯基和麦卡锡的人工智能发明人之争，明斯基与罗森布拉特的感知机前途之争，等等。在生成式对抗网络诞生的过程中，也出现了一场把学术界的明争暗斗展露于明面之上的争吵。

2016 年，古德费洛决定将生成式对抗网络的论文投稿到"神经信息处理系统大会"（Conference on Neural Information Processing Systems，NIPS[二]），没想到论文居然被拒稿了，而且拒稿的审稿人还是大名鼎鼎的于尔根·施密德胡伯（Jürgen Schmidhuber，1963—）。这位德国学者是瑞士人工智能实验室的科学主管、长短期记忆网络（介绍见 7.6.2 节）的发明人、当年（2016 年）的 IEEE 神经网络先锋奖（Neural Network Pioneer Award）得主。

拒稿的原因并非施密德胡伯看不到生成式对抗网络的巨大价值，根据他本人给出的评审意见[三]，他认为 1992 年由他本人提出的"可预测性最小化"（Predictability Minimization，PM）模型才是"第一个对抗网络"，而古德费洛

[一] 现在应用最广泛的图片生成工具，不论是商业的 Midjourney 还是开源的 Stable Diffusion，都是基于扩散模型的，从某种意义上说，相比另外两种生成式模型，扩散模型在研究热度上拥有压倒性优势，它优于 GAN 之处是非常善于生成并不存在的图像，通俗地说就是更具有创造性。扩散模型虽然在 2015 年被提出，但直到 2020 年 Jonathan Ho 发表了论文"Denoising Diffusion Probabilistic Models"（DDPM）才开始被广泛应用起来。

[二] NIPS 是一个由贝尔实验室在 1987 年发起的机器学习和计算神经科学领域的学术会议，每年 12 月举行。这个名字似乎还残留着当年纽厄尔和司马贺主张以"Information Processing"替代"Artificial Intelligence"来命名人工智能的痕迹。另外，前面提到古德费洛将论文放到预印本网站 Arxiv 上并不是一稿多投，Arxiv 是不需要审稿的，网站不为文章提供任何背书，只是用来确认论文中内容最早的提出人与发表时间。

[三] 评审意见地址：https://media.nips.cc/nipsbooks/nipspapers/paper_files/nips27/reviews/1384.html。

只是将 PM 模型中编码器和解码器的方向倒置过来应用在图像生成领域，充其量就是一个 PM 模型的变种，要求古德费洛将模型名字改为"inverse PM"，作为 PM 模型的一种应用来发表。

古德费洛当然不会同意改名，但为了论文能够通过审稿，他还是修改了投稿给 NIPS 的论文，在最后部分专门提及了 PM 模型，增加了 GAN 模型与 PM 模型的差异对比的内容。然而施密德胡伯依然不接受这些说法，私下里又通过邮件跟古德费洛进行了一番争论，以至于古德费洛写信给 NIPS 的组织者询问是否能够投诉声名赫赫的施密德胡伯。还好，要比名气背景的话，古德费洛的老师本吉奥也是有名的业界大拿，NIPS 最终采纳了论文另外两名审稿人的审核意见，让论文得以被接收。

古德费洛也没想到故事的高潮还在后面，在 2016 年 12 月的 NIPS 大会现场，他正在台上向听众介绍 GAN 的论文，一位神秘人物站起来打断演讲，在台下自顾自地向听众讲起 1992 年的 PM 模型[一]，此人就是施密德胡伯。古德费洛等待了几分钟，最后忍无可忍地怒斥施密德胡伯是将邮件来往中的个人争吵升级为几百人会场上的公开对峙，完全是浪费听众的时间。确实，一位 50 多岁成名已久的江湖名宿公开刁难一名刚刚出道的年轻人，在大众认知中无论如何也算不得是光彩的事情，古德费洛的驳斥反而比讲解论文时获得了全场听众的更多掌声。

虽然这场学术闹剧的中文信息寥寥，但在英文网络上的热度却不小，既有八卦也有严肃的学术讨论。古德费洛自己在推特上回应道："点子一文不值，做出成果的人才有话语权。自己想到 GAN 的点子只花了 30 秒，做出来第一个可运行的 GAN 程序只花了一个多小时，撰写 GAN 论文只花了两个星期时间。"笔者理解这个回应的言外之意就是，施密德胡伯 1992 年提出 PM 模型的论文至今只有 190 多个引用量，对比他高达 13 万的个人论文总引用量来说，这个成果几乎没有被任何人注意到。既然生成式对抗网络就只有这么一点工作量，为啥你 20 多年时间都没有把它做出来，任它埋没在历史之中呢？

施密德胡伯"堂吉诃德"式的行事风格本就如此激烈，他跟辛顿、杨立

[一] 视频片段地址：https://www.bilibili.com/video/av10431990/。

昆、本吉奥等人之前都有过隔空论战的历史⊖，在 NIPS 2016 上与后辈公开争夺"生成式对抗网络之父"的头衔也显得有失风度。但中立地讲，无论是古德费洛灵光一现的念头还是一个多小时就成功生成照片的程序，都是建立在 2014 年已经有了相对成熟的深度学习理论，有了比 1992 年算力提高千百倍能运行 CUDA 程序的 GPU 服务器，有了 Theano（2007 年）、Torch（2011 年）和 Caffe（2014 年）等一系列神经网络计算框架的基础上的。要苛求当年的施密德胡伯将论文中的想法像古德费洛一样立刻做出来，显然并不公平，充其量只能说施密德胡伯提出的 PM 模型是超前于那个时代的，在论文发表后的 20 多年里，恐怕连他自己也将当年的想法置于脑后了，没有再想过要将它落地，直至它被一位年轻人重新发现。这个故事和当年物理学中洛伦兹比爱因斯坦更早发现相对论速度合成的数学公式，但受限于当时绝对时空观的思维局限，没能将其应用到相对时空观上，终被爱因斯坦摘得"相对论之父"的头衔异曲同工。

关于学术，我们不应过于"势利"，只盯着最新、最前沿的成果，而忽视了这些技术、方法是如何被发现的，前人有过怎样的思考和争议，犯过哪些错，走过哪些弯路，这些都是很宝贵的财富。也许还有很多像 PM 模型这样古老但有趣的想法被人们忽视了，有的是因为当年提出时思想太过超前，有的是因为落地缺少扎实的前置基础理论，或者硬件计算能力撑不起来而无人问津。这些工作不应该被埋没，如果能够重新挖掘出来的话，可能会给今天的研究带来很多新的启发。

关于学者，像发表广义相对论那样由一位天才学者单枪匹马就能震古烁今的爽文故事毕竟只是极少数，大多数学术理论类似于狭义相对论⊖，先由牛顿、迈克尔逊、麦克斯韦、洛伦兹等人在经典力学、电磁理论以及实验物理上进行前置的铺垫和积累，再由爱因斯坦集大成于一身而形成。也许人们谈起"相对

⊖ 譬如在 2015 年辛顿、杨立昆、本吉奥联名在《自然》杂志上发表深度学习综述文章后，施密德胡伯发文指责他们三位行文偏颇，认为他们没有重视自己做出的诸多贡献。在 2018 年图灵奖颁授给"三巨头"后，施密德胡伯发表公开信，引用了 200 多篇论文来怒斥 ACM，认为 ACM 将图灵奖"张冠李戴"，将许多自己实验室的成果归功到他们三位身上。

⊖ 爱因斯坦的原话：狭义相对论出现的时机已经成熟，如果我不发现，5 年之内肯定会有人发现；但广义相对论不一样，如果我不发现，50 年之内也不会有人发现。

论之父"时只会想到爱因斯坦，但科学的发展主要还是由群体的协作和积累来推动的。作为普通社会公众，科学进步的荣耀往往只能归功于发明者一人，而作为同在学术江湖的一员，对细节理解越多，便越会对荣耀背后的群体致以同样的敬意。

8.5 语言奇点

第 7 章曾讲到辛顿与两名学生苏茨克维和亚历克斯组队赢得 ILSVRC 2012 挑战赛冠军后，谷歌花费 5000 万美元收购了刚刚成立、没有任何实际产品或服务，就只有他们三名员工的"空壳公司"DNNResearch。当时这个新闻出来后，业界纷纷感慨谷歌重视学术的态度，称赞谷歌目光长远的人才战略。殊不知，这并非布局未来的战略，而是一笔实实在在的商业投资，真正体现了谷歌投资部门老辣独到的技术视野，等大家在短短三五年后重新审视这笔投资时，不得不承认无论从技术价值还是从商誉价值来衡量，仅投入 5000 万美元就能催生出一系列注定会载于人工智能甚至人类科技发展历史的发明，着实是惊人的回报。

8.5.1 序列到序列模型

伊尔亚·苏茨克维（Ilya Sutskever，1986—，见图 8-7）是辛顿的学生，而且是真正意义上的"嫡传弟子"，他的本科、硕士研究生和博士研究生学位都是在辛顿的指导下获得的。要成为辛顿的学生并不是一件容易的事情，毕竟辛顿连本吉奥和吴恩达的老师迈克尔·乔丹（Micheal Jordan）的博士后申请都拒绝过。当时要作为辛顿的学生也不像是一个明智的选择，深度学习爆发之前，多伦多大学一直就流传着一句话："不要去辛顿的实验室，那是没有前途的地方。"更多关于辛顿的内容可参见前面第 7 章。

图 8-7　伊尔亚·苏茨克维

2003 年，刚考入多伦多大学的苏茨克维来到了辛顿的办公室，他并没有提前预约，却理直气壮地直接提出希望加入辛顿的实验室㊀。大概习惯了老派英式严谨作风的辛顿很久都没有遇到过这样的愣头青了，一时也不知该如何打发苏茨克维。后来辛顿从抽屉中拿出两篇论文让苏茨克维阅读，叫他读懂后再来谈加入实验室的事情。苏茨克维当然没有知难而退，一周后，辛顿看完他交回的解读报告，既惊讶又惊喜，评价道："苏茨克维对抓住文章关键结论有一种异常敏锐的能力，这是即使有经验的研究人员也需要花费数年时间才可能找到的能力㊁。"不过，苏茨克维接着向辛顿补充道，尽管他能够完全理解这两篇论文，但对论文的结论并不认可："训练神经网络只能用来解决特定问题，当人们想解决不同问题时，就得用另外的神经网络重新开始训练。我认为应该有一个能够解决所有问题的神经网络存在。"相信辛顿肯定知道这种今天被称为"通用人工智能"（Artificial General Intelligence，AGI）的想法在当时只是异想天开，但辛顿也如同他自己的老师希金斯那样，虽然并不认可神经网络却尽最大力量支持弟子研究神经网络那般，欣然接受了苏茨克维。就这样，未满 18 岁的苏茨克维如愿收到了辛顿实验室的邀请，跟随在辛顿身边学习人工智能。

十年光阴转瞬即逝，2012 年，刚刚从辛顿手上获得博士学位的苏茨克维随 DNNResearch 收购案进入谷歌人工智能团队。在分配出售 DNNResearch 的收益时，苏茨克维和亚历克斯都认为他们的老师辛顿理所应当占大头，但辛顿断然拒绝，坚持认为 5000 万美元的收益应该由三人平分。所以苏茨克维虽然才刚刚毕业，但已经是身价千万美元的富翁了。经济上的宽裕并没有让苏茨克维选择"躺平"，只是给予了他不用为研究经费奔波、自由选择研究方向的权利。

苏茨克维决定将他的主要研究方向从原本的计算机图形学调整到自然语言处理（Natural Language Processing，NLP）。几年后苏茨克维本人在采访中解释过更换研究方向的原因，他认为："图像是人类知识的源头，而语言是人类知识的压缩。"想办法让计算机理解人类自然语言也许是机器通往智能的一条捷径，因为对比视觉和声音，语言的信息压缩比例要高得多。我们不妨想象一

㊀ 这段苏茨克维与辛顿初次相见的故事，以及后面他们分配 DNNResearch 被收购的收益的故事都记载在 Journey Matters 上：https://journeymatters.ai/ilya-the-brain-behind-chatgpt/。

㊁ 原话为：Sutskever's unique ability to arrive at conclusions that even experienced researchers took years to find。

下，人工智能像是一位初到陌生城市的旅者，最开始，这位旅者可能只懂得几个最基本的词汇和短语，类似于旅游手册里的内容。随着时间的推移，他开始学习当地的语言，在过程中也会了解当地的历史、文化和习俗，以便能更深入地理解这座城市，甚至能够与当地人进行深层次的交流。最后，这位旅者不仅学会了如何使用语言，也理解了当地人的想法、情感和行为方式。语言就像是一座桥梁，帮助一个陌生人逐渐融入新的城市，人工智能通过学习语言，也许会逐渐理解并参与到人类的世界中来。

苏茨克维最开始的研究是用神经网络处理不同类型的序列数据（如字符、单词、句子、声音等都是典型的序列数据）之间的转换。自然语言处理的应用几乎都是围绕着序列展开的，譬如：从一种语言的序列转换成另外一种语言的序列，这是机器翻译的场景；从一种含义的序列内容转换成有内容顺承关系的序列，这是自然语言对话的场景；等等。

以机器翻译为例，2012年以前的主流方法是统计机器翻译（Statistical Machine Translation，SMT），希望能从大量相互对照的语料数据中学习，得到一个从源语言映射到目标语言的统计概率模型。进行翻译时，只要找到概率最大的目标语言映射结果便认为是对源语言的最佳翻译结果了。这种思想模仿了人类对语言学的研究方法论，譬如人类语言学家通过研究罗塞塔石碑（Rosetta Stone，见图8-8）上三种不同语言铭刻的古埃及法老托勒密五世诏书，利用映射关系成功解读出已经失传千余年的埃及象形文字，成为研究古埃及历史的重要里程碑。

但是统计机器翻译依靠映射概率的方法存在十分明显的局限性，且不说两种或两种以上语言描述同一内容可以相互映射的语料十分难得，只占所有语料数据很少的一部分，仅说建立两种语言之间相同含义的序列映射就很困难，这样的映射有可能是一对一、一对多、多对一或者多对多的，有一些词汇甚至找不到映射关系。譬如笔者曾数次提到了"江湖"这个词，读者不妨想想它应该如何翻译为英文。类似的困难还有许多，这些困难大多并非无法解决，但问题是解决方案往往只能针对特定的源和目标语言来处理，不可避免地涉及大量的特征工程以及语言学专家知识，需要庞大的人力才能维护，这就导致了在很长时间内，只有几种主流语言之间的机器翻译能够给出差强人意的结果，其他小语种的机器翻译结果几乎无法被实际使用。

图 8-8　罗塞塔石碑

引用上一节的生成式对抗网络作为对比，我们可以评价统计机器翻译是一种"深度依赖人工参与、深受人类能力限制的模型"。针对统计机器翻译的缺陷，2014 年，苏茨克维在发表的论文"Sequence to Sequence Learning with Neural Networks"中提出了"神经机器翻译"（Neural Machine Translation，NMT）的概念。神经机器翻译的基本结构由一套名为"序列到序列"（Sequence to Sequence，一般简写为 Seq2Seq）的两层循环神经网络构成，这两层循环神经网络分别称为"编码器"（Encoder）和"解码器"（Decoder），如图 8-9 所示。

在编码器一侧的任务是对输入序列的上下文语义进行向量化，这个任务的通俗解释就是把含义相近的语言序列转换为向量空间（本书 6.5.2 节中有关于向量表示与向量空间的介绍）中距离相近的向量，含义差距较大的序列对应的向量距离较远。进行"词向量化"（Word Vector）的过程被称为"词嵌入"（Word Embedding），该技术一揽子地解决了不同语言、语法中诸多充满不确定性的歧义问题。以中文为例，单独来看"胜"和"败"的向量距离很远，但"中国队大胜美国队"和"中国队大败美国队"的向量距离却很近；"How are you？"和"吃了没？",虽然直译的结果看起来完全不相干,但它们的向量距离在大多数上下文中都是十分接近的。早在 2000 年,本吉奥在论文"Neural Probabilistic Language Models"中就提到了使用词嵌入技术产生词向量来表示语义远近关系的思想。在神经机器翻译提出的前一年（2013 年）,苏茨克维当时的同事、谷歌研究员托马斯·米科洛夫（Tomas Mikolov,1982—）发表了两篇论文[⊖],又提出了"Word2Vec"技术,使得词向量的训练过程的效率和效果显著提升,让词向量这项技术变得更加实用化。

图 8-9 Seq2Seq 模型基本结构

在解码器一侧的任务是对输出序列中下一个词的最大概率进行预测,这个任务同时接收两个输入,一个是编码器给出的上下文向量（Context Vector）,另一个是上一轮解码器刚刚输出的结果（否则就谈不上是"下一个"词了）。刚刚开始时,首个输入词固定为起始标志"<Start>"。笔者举个例子来说明解码器是如何工作的:假设当前进行的是机器翻译任务,上一阶段编码器已经对输入序列"好好学习"产生了上下文向量,这个上下文向量在论文中被称为"隐藏状态"（Hidden Status,HS）。当解码器接到隐藏状态 HS1 和第一个词"<Start>"后,产生的输出是"good",每轮产生输出词的同时也会修正隐藏状态的内容,如将隐藏状态 HS1 修正成 HS2。接下来,把上一轮输出的词"good"和 HS2 作为输入,本轮产生的输出同样是"good"并修改隐藏状态为 HS3,然后第三轮根据第二个"good"产生了"study",最后产生结束标记"<End>",由此就生成了完整的翻译结果"<Start>""good"

⊖ "Efficient Estimation of Word Representations in Vector Space"和"Distributed Representations of Words and Phrases and their Compositionality",苏茨克维本人参与了相关工作,是论文的第二作者。

"good""study""<End>"。训练不同的解码器,便能够满足不同的应用需要,假设当前的应用场景是自然语言对话,那各轮次产生的输出序列可能依次是"<Start>""天""天""向""上""<End>"。

序列到序列模型的强大之处有两点,其一在于它彻底跳出了传统统计方法"从一种语言映射到另一种语言"的藩篱,可以使用单一语言的语料来训练出该语言的编码器和解码器,而不需要刻意地寻找两种语言相互对照的数据来训练出专门针对这两种语言的翻译任务的模型。其二是它完全摆脱了序列受映射关系对齐约束而导致的长度受限问题,序列到序列模型的输入和输出长度没有强制的关联关系,完全取决于编码器和解码器(主要是解码器)是如何设计的,因此输出序列长度可以做到与输入序列差异极大,即使用户只输入了一个十分简短的问题,解码器也可以生成洋洋洒洒上千字的回答。以上两个特点为使用序列到序列模型解决自然语言处理领域的众多经典问题带来了全新的可能性,无论是机器翻译、对话还是摘要等任务,均可胜任。

序列到序列模型的发明完全可视为语言爆发的奇点,自此以后,机器对人类语言的理解和处理能力,再延伸到机器对语言背后的知识汲取速度,都一改此前几十年平缓演进的曲线,以普通人难以想象的速度快速提升。

8.5.2 注意力机制与 Transformer 架构

序列到序列模型的发明,就像生成式对抗网络给图像处理领域带来的震动一样,在自然语言里开辟了一条崭新大道,吸引了几乎该领域所有的研究者竞相参与。尽管如此,对序列到序列模型最重要的两项改进依然还是由谷歌人工智能团队做出的,这两项改进奠定了后续的主流大语言模型研究路线的共同基础。

第一项改进现在被称作"注意力机制"(Attention Mechanism),是由谷歌研究员德米特里·巴赫达瑙(Dzmitry Bahdanau)在 2014 年提出的。苏茨克维的序列到序列模型最初采用传统的长短期记忆网络(就是施密德胡伯的 LSTM)来处理序列中的长距离信息依赖,尽管长短期记忆网络本来就是为了这个目的而设计的,但它毕竟仍是一种循环神经网络,随着序列长度的增加,长短期记忆网络依然面临梯度消失或梯度爆炸的问题,这使它在捕捉长距离信息依赖时变得愈发困难，尤其是要处理的序列长度达到整个文档甚至成套的书籍时，传统的长短期记忆网络几乎就变得完全无法使用了。

巴赫达瑙发明的注意力机制的核心思想是：在处理长序列数据时，并不是所有输入的信息都同等重要，模型应该根据本轮任务，自动和动态地决定在处理每个输出序列时应当重点关注哪部分输入。模型如何知道输入的哪些部分与任务的相关性更高呢？解决这个问题的不同方法就形成了不同的注意力机制。譬如巴赫达瑙给出的方法是首先将输入序列中的每一项元素都赋予一个注意力权重，用来表示当前任务中模型对输入序列中每个元素的关注程度，然后训练一个小型的前馈神经网络（通常只有一个隐层）来预测这个权重值[一]，这种方法被称为"巴赫达瑙注意力"（Bahdanau Attention）或者"加性注意力"（Additive Attention）。

当下更为流行的是在 Transformer 架构中广泛使用的"点积注意力"（Dot-Product Attention），它将注意力机制的工作过程分解为"Query""Key"和"Value"三部分，通过点积计算得到权重值。要从数学角度严谨地理解 Query、Key 和 Value 进行点积计算的含义非常烦琐枯燥，笔者举个生活中的例子来加以说明：请想象一位女士去婚介所购买相亲服务的场景，婚介所中有成千上万份候选档案，当然不可能让顾客逐一阅读每份材料来找出要相亲的对象，通常是先让女士描述一下她心中理想丈夫的特征，譬如身高、体重、工作、收入、房车状况、教育、家庭等，这些条件就是 Query。接着婚介所拿着理想条件（Query）去和所有候选人的现实条件（Key）进行匹配，匹配程度越高，女士应投入的注意力权重就越大，然后根据注意力大小来决定要花多大精力去阅读候选人的档案材料（Value）。

依靠计算输入序列中每个元素的注意力权重，后续的神经网络层次得以直接访问和利用输入序列中最有价值的信息，因此注意力机制下的记忆访问是无视距离长短的，如此便能绕过处理长序列时的梯度消失或梯度爆炸问题。现在注意力机制的应用已经不限于序列到序列模型了，它已成为现代深度学习模型中的一个重要技巧，显著提高了各种自然语言处理任务的性能。

第二项改进是 2017 年谷歌著名论文"Attention is All You Need"里首次

[一] 巴赫达瑙在论文中先设定了一个注意力分数，用神经网络预测分数值，然后将分数转换为概率分布得到权重值。由于本书的目的主要是科普，因此这里对论文的逻辑进行了简化。

提出的 Transformer 架构，如图 8-10 所示。从这篇文章直白的标题"你只需要注意力"就能一窥究竟：既然已经使用注意力机制来解决长期记忆和输入序列利用效率这些问题了，那何不索性直接将序列到序列模型中的循环神经网络完全替换掉，用更加简单的前馈神经网络⊖（Feed-forward Neural Network，FFN）配合注意力机制来实现序列到序列模型呢？

图 8-10　Transformer 架构

⊖ 在绝大多数语境中，FFN 就等同于多层感知机（MLP），在第 4 章讲解感知机时笔者已介绍过这种最基础的神经网络结构。

为何循环神经网络会如此不受欢迎呢？这是因为循环神经网络的原生设计就是依靠循环把前一次的输出作为下一次的输入来体现序列中的顺序关系，它天生就只能串行训练，在顺序的特性约束下它无法成批次地并行计算。因此，尽管在自然语言处理任务中序列到序列模型比传统统计学习的效果要好得多，只需要无标注的单一语言语料即可完成训练，也不会过分依赖专家知识，解除了模型训练中数据样本的限制和专家人力的限制，但是算力的限制仍没有解除，串行训练无法有效地利用现代计算机多核并行系统的优势，且训练时间的局限约束了语言模型的规模上限，直接影响了应用的最终效果。

为了解决这个问题，Transformer 架构引入了"位置编码"（Positional Encoding）的概念。位置编码是一种添加到输入序列词嵌入过程中的位置信息，将元素在序列中出现的不同位置视为词语语义之外的一项扩展信息。这些编码随着元素在序列中位置的变化而变化，使得不同位置具有唯一的表示。位置编码与输入的词向量叠加后，模型就能在理解语义的同时，感知序列中元素的相对位置，这样，所有输入序列中的元素都可以被同时处理。

Transformer 架构的设计革新终于突破了经典序列到序列模型的并行度限制，只要拥有足够的算力，就有可能在短时间内处理大批量的语料，通过投入大量语料和算力资源便可以训练出参数规模极大的语言模型。

从此刻起，"大语言模型"（Large Language Model，LLM）出现所需的最后一项前置技术宣告完备，自然语言处理马上就要引领一场人工智能历史上最壮阔的高潮了。也是从此刻起，原来调侃人工智能"有多少人工就有多少智能"的话语变成了"有多少算力就有多少智能"。规模定律（Scaling Law）成为赢得人工智能竞争的一项核心因素，所有巨头都将被卷入一场史无前例的"算力军备竞赛"当中。

8.6　OpenAI 与 GPT 模型

2015 年底，苏茨克维宣布离开谷歌人工智能团队开始创业。说"创业"或许未必准确，因为他要创立的不是一家以盈利为目的的企业（至少创立之初的目的不是盈利)。深度学习出现后，人工智能在多个领域展现了巨大的潜力，同时也引起社会精英对人工智能在伦理和安全方面可能出现的威胁的担忧。大家意识到需要建立一家致力于人工智能公共开发和担负安全责任的技术机构，以确保人工智能的潜力能被高效利用，且是用来造福全人类而不是带来风险的。

在这个背景下，2015年12月，一家募集到高达10亿美元㊀的捐款作为启动资金的名为"OpenAI"的人工智能技术组织在美国加利福尼亚州旧金山成立。成立之时该组织有如下六名联合创始人（除了马斯克外，其余均是85后年轻人）：

- 埃隆·马斯克（Elon Musk，1971—）：特斯拉、SpaceX等多家知名企业的CEO，五年后的世界首富（2021年成为首富）。马斯克和萨姆·奥特曼是OpenAI在2019年接受微软百亿美元投资计划之前的两位重要的初始投资人。
- 萨姆·奥特曼（Sam Altman，1985—）：著名企业家、投资人，Y Combinator的总裁。2019年之后，奥特曼在OpenAI出任CEO。
- 格雷格·布罗克曼（Greg Brockman，1987—）：著名企业家、投资人，同时也是一名软件研发专家和Stripe公司的CTO。布罗克曼在2019年后出任OpenAI的CTO，后又改任总裁，主要负责算法和模型的工程化工作。
- 伊尔亚·苏茨克维：本节故事的主角，出任OpenAI的首席科学家，是OpenAI算法和模型的领导者以及核心贡献者。
- 沃伊切赫·扎伦巴（Wojciech Zaremba，1988—）和约翰·舒尔曼（John Schulman）：在OpenAI担任研究员。

Transformer架构出现以前，OpenAI是完全按照组织创立时的愿景来运作的，专注于人工智能公共平台技术的研发与安全研究。仅用了两年时间，它就发布了用于强化学习算法开发的工具包OpenAI Gym和拥有多种高质量的强化

㊀ 实际到账金额约为1亿3500万美元，其中4500万美元来自埃隆·马斯克，其余来自其他捐献者，OpenAI曾发文公开这些数据。

学习算法实现的算法库 OpenAI Baselines，并且做了一个使用这些工具包开发的样例项目 OpenAI Five。

OpenAI Five 是一个 *Dota*2 游戏㊀的对战机器人程序，在 *Dota*2 比赛中成功击败了一众职业和半职业选手，展示了强化学习在复杂策略游戏中的应用。不过相比 Transformer 架构出现后所取得的突破性成绩，前两年的 OpenAI 击败几位职业选手的成绩充其量只能算牛刀小试。

作为序列到序列模型的创始人，苏茨克维看到 Transformer 架构的论文后，果断终止了 OpenAI Five 的后续研发，把 OpenAI 能够调动的资源都投向了基于 Transformer 架构的语言模型上。2018 年，OpenAI 发布了第一款命名为"生成式预训练 Transformer"（Generative Pre-trained Transformer，GPT-1）的语言模型。

2018 年其实同时诞生了两个基于 Transformer 架构的优秀语言模型，一个是 OpenAI 的 GPT-1，另一个是谷歌的"双向 Transformer 编码器表示"（Bidirectional Encoder Representations from Transformers，BERT），GPT-1 要比 BERT 早发布几个月。这两个模型在基础理论（都是对 Transformer 架构的衍生）和主创人员的渊源（苏茨克维就是从谷歌人工智能团队出来的）上有着一定的联系，不过并不构成直接的竞争关系。BERT 是 Encoder-Only 架构，专注于 Transformer 的编码器部分，擅长理解和分析输入数据的内容，而 GPT-1 是 Decoder-Only 架构，专注于 Transformer 的解码器部分，擅长预测语言模式，生成输出内容。限于本章叙事脉络的连续性，也考虑到几年后基于 GPT 的产品 ChatGPT 在公众认可度上占据了绝对优势，后续笔者就只讨论 GPT 模型的演进。

GPT-1 模型诞生之前，几乎所有的自然语言处理模型都是针对特定任务进行训练的，需要一个模型既能翻译又能对话，还能做总结摘要和编写代码，这种想法在当年就是不切实际地好高骛远，绝大多数语言模型训练者都坚信针对特定任务进行监督学习是毋庸置疑的铁律。如果读者还记得前文中提到的那个名字有些滑稽的"没有免费的午餐定理"（No Free Lunch Theorem，NFLT）的

㊀ *Dota*2 是一款 5 人对 5 人的著名竞技 MOBA 游戏，每年都有高达上亿美元奖金的国际挑战赛（TI 挑战赛）。

话，其实也应该赞同模型要"术业有专攻"的观点。那 GPT-1 真的是一个突破了 NFLT，"既能翻译又能对话，还能做总结摘要和编写代码"的模型吗？先别受以后 ChatGPT "无所不能"的影响，真实答案其实并非如此。

GPT-1 是一种不设定下游目标任务的生成式语言模型，是使用未标记的样本数据进行无监督学习训练出来的，没有具体的目标任务，自然就谈不上什么做标记和监督学习了。请注意，"不设定下游目标任务"不等同于"所有目标任务它都能胜任"，未经额外训练的 GPT-1 模型几乎不能直接处理任何 NLP 任务。OpenAI 在 GPT-1 的名字上已经特别强调了它仅是一款"Pre-trained"的模型，使用者需要在 GPT-1 模型的基础上针对特定任务进行微调（Fine-tuning）。微调阶段进行的训练就是使用有标记样例数据的监督学习训练，样例的标记结果是与具体任务直接相关的，所以微调后的模型才能适用于对应的下游任务。

这里可以用个不太严谨的比喻来帮助读者理解 GPT-1 模型的潜在价值：假设你要培养两名智力相当的孩子从事软件开发工作，其中一名孩子生活在与世隔绝的原始部落中，对世界的认知犹如白纸般一片空白；另一名孩子成长在现代都市中，理解生活中的各种常识且接受过语文、数学等基础教育。尽管这两名孩子都没有接触过编程，生活常识和语文、数学这些基础知识也的确不会令人直接就能从事软件开发工作，但显然没人质疑通识教育将对后续的编程培训有巨大的帮助，培养他们两人的开发技能在成本、效率、效果上都有不言而喻的差别。

GPT-1 基于 BookCorpus 数据集[一]进行训练。BookCorpus 数据集中收集了大约 7000 本未出版的各类图书，这些图书中包含了大量的连续文本，有助于模型学习各种难以通过语言精确描述的语法规则，有着大范围依赖关系的文本中还潜藏着各种实体和实体之间的关系，为模型理解世界的基本常识提供了途径。从模型结构与规格来看，GPT-1 与标准 Transformer 架构的解码器部分的结构高度一致，如图 8-11 所示，GPT-1 有 12 层编码解码器和 1.17 亿个参数。

[一] BookCorpus 数据集：https://paperswithcode.com/dataset/bookcorpus。

图 8-11　GPT-1 的网络结构（读者不妨与图 8-10 的解码器部分对照一下）

GPT-1 在学术界、工业界的反馈都很不错，展示了预训练语言模型经过微调后在各种 NLP 任务上的优秀泛化能力。不过，GPT-1 在公众影响力上相对一般。想想也是，语言模型要能够广泛传播，构筑起公众影响力，除了要有优秀的输出质量，最好还要能够下载下来开箱即用，必须经过监督微调后才能使用的语言模型，对公众来说门槛还是太高了。

2019 年，OpenAI 发布了 GPT-2 模型，第二代 GPT 模型的最大变化点是针对"零样本学习性能"（Zero-Shot Learning Performance）和"少样本学习性能"（Few-Shot Learning Performance）进行改进。零样本、少样本学习的性能指标体现了模型面对从未见过的任务或问题时，能否凭借预训练过程中学到的通用知识和推理能力提供合理的回答或解决方案。具备这种能力的 GPT-2 模型只需要很少量的微调，甚至几乎不需要微调就能执行各种 NLP 任务。

为了在多种 NLP 任务下都达到优秀的性能而不受到 NFLT 的打击，OpenAI 在 GPT-2 的训练阶段就引入了多任务学习的方法，多任务学习并不是说要打破 NFLT，找到一种万能算法来解决所有问题，而是将任务类型也作为训练的一部分，让不同的任务类型对应不同的算法，具有不同的输出。

为达到此目的，GPT-2 的训练目标里除了输入、输出外，还加入了"任务类型"的参数，如果将原来 GPT-1 的训练目标表示为"优化 P(Input|Output)"的话，那 GPT-2 的目标就变成了"优化 P(Input|Output，Task)"。原来只关注给定输入下模型输出与实际值的差异，现在模型会为不同任务的相同输入产生不同的输出，关注的是在特定任务中给定输入下模型输出与实际值的差异。

按设计，GPT-2 模型网络架构前端的几个层次将先对用户的意图进行识别，根据意图自动进行任务调节，再选择合适的任务输出。譬如在自然语言对话任务中，使用者可通过提示词（Prompt）驱动模型完成翻译任务，向模型输入"请将'How are you？'翻译为中文"，对话模型回复"你好吗？"，即可认为它并不仅仅在对话，同时也在从事机器翻译工作。

GPT-2 的多任务目标是如此复杂，超过了当时所有的语言模型，BookCorpus 数据集很难再支撑起这种规模的训练，因此 OpenAI 决定动用互联网这个人类历史上最为庞大的知识库来进行训练。它从 Reddit[⊖] 网站上根据点赞数自动抓取了 800 万份共计 40GB 的高质量文章作为训练数据，这些数据后来被称为 WebText 数据集。

为了承载 WebText 众多文章中蕴含的知识，GPT-2 模型的规模也有了大幅度的膨胀，仅词向量的维度就达到了 1600 维，在维度如此之高的向量空间里，即使把地球上的所有语言、所有词汇的含义组合塞进去也会显得十分稀疏。GPT-2 的解码器层数从 GPT-1 的 12 层扩充到 48 层，模型参数数量也增加了 10 多倍，从 1.17 亿个增加到了 15 亿个。

根据 OpenAI 官方给出的测试用例，GPT-2 以零样本不进行微调的状态，使用八种不同的数据集作为测试集，在阅读、理解、总结、翻译、问答等 NLP

⊖ Reddit 是一个娱乐、社交及新闻网站。

任务上与当时执行这些任务效果最好的经典语言模型进行对比，结果是 GPT-2 在大多数测试中都取得了优于传统模型的结果，仅在文本摘要任务上落后于经典模型。结果表明，在更大的数据集和更多参数上训练出能够处理多种任务的语言模型是完全可行的。

在 GPT-2 获得巨大成功的同时，OpenAI 团队内部及其投资人对语言模型后续的发展开始出现分歧。主要的分歧点有两个：GPT 模型要不要作为公共模型继续开源供全社会使用，以及 OpenAI 要不要开始进行商业化运作。

从某种意义上说，OpenAI 愿景中的"安全"和"公开"是一对矛盾体，如果所有企业都能平等地取得最先进的人工智能技术，对全人类来说到底是好事还是坏事？由于技术上的巨大成功，这些问题当时仅仅是潜藏于暗处的隐患。经过几个月确保模型安全、不被滥用的内部讨论后，GPT-2 的完整模型和全部代码最终还是在 2019 年 11 月开源，不过当时大概没人想到这是 GPT 系列模型的最后一次开源了，"OpenAI"这个名字仿佛成了对 GPT 模型的讽刺，OpenAI 行进的路线与"致力于人工智能公共开发"的理想渐行渐远，也许就在此时，分裂的种子已被悄然种下。

2020 年，OpenAI 仍维持着每年一个大版本的节奏，发布了 GPT-3 模型。作为 GPT-2 的继任者，GPT-3 的目标是让模型能够执行更为复杂的任务，譬如编写 SQL 语句、解读文章背后的中心思想、根据用户要求撰写说明公文，等等。OpenAI 希望能够进一步增强 GPT-3 模型的零样本学习性能，对于上述不太依赖专业领域知识的任务，以便不施加额外的处理模型就能直接为普通用户提供服务。

从模型架构来看，GPT-3 的解码器层数从 GPT-2 的 48 层膨胀到 96 层，词向量的维度从 1600 维扩展到 12888 维，模型参数数量更是膨胀了 100 多倍，从 15 亿一下子到了 1750 亿[⊖]，这种规模的模型即使不说训练，只考虑推理计算

⊖ 这里可以插入一个额外知识说明为何 1750 亿（175B）规模的模型已脱离群众了：模型的空间大小基本上等同于参数数量乘以参数进度，以 16 位半精度浮点数（Half-Percision Floating Point, FP16, 占 2 字节存储空间）为例，一个 70 亿（7B）参数量的模型大概需要占用 14GB 显存。当前（2024 年）许多大模型都会提供 7B、30B 的参数量版本，其最主要目的就是方便个人用户在主流规格的消费级显卡（具有 16GB 显存，如 RTX 4080）和专业级计算卡（具有 64GB 显存，如昇腾 910B）中运行模型。

也已经超过了民用硬件的上限，基本与大众无缘了。为了训练 GPT-3，OpenAI 同时使用了五个数据集：Common Crawl[一]、WebText2（Reddit）、Wikipedia、Books1、Books2（其中 Books1 和 Books2 的数据来源未公开）。

GPT-3 的项目目标就决定了它的规模相对 GPT-2 必将大幅膨胀，OpenAI 似乎也乐得如此，因为在使用多任务学习算法对 GPT-2 模型进行训练时，科学家初步观察到了一个十分神奇的现象：当训练规模（包括参数数量、训练数据量、训练时间）达到某个临界点后，模型似乎能够自发地学会一些原本并不在多任务学习清单中的额外能力。譬如在自然语言对话任务中，模型能够进行一些两位数的简单算术运算，尽管这些新的技能大多还十分稚嫩，时常出错，甚至连 "9.11 和 9.8 哪个更大" 这种问题都不能正确回答，但这些算术能力的确是在训练中自发学会的，完全不在设计者的预期当中。学术界借用了复杂系统科学中的 "涌现"（Emergence）一词来描述该现象。

此外，人们还发现只要将任务步骤稍微拆解一下，按照思维链[二]（Chain of Thought，CoT）的方式输入模型后，模型就能够更好地利用预训练与自发涌现的能力，在提示词的引导下顺利完成原本根本无法处理的复杂工作。GPT-3 的生成任务是高度依赖提示词的，除了用思维链拆解复杂任务引导模型外，约束模型输出的表达格式、添加示例提升模型表现等都要通过提示词来进行，高质量的输出结果与用户能否设计出合适的提示词引导执行特定的任务密切相关。为此，从 GPT-3 开始逐渐流行起一个新的名词——"提示词工程"（Prompt Engineering），原本 GPT-2 中出现的 "提示词" 是指引导预训练语言模型，使其能够准确识别出用户的任务意图，准确调节到执行特定任务上，现在加上 "工程" 二字，成了一种在编程之外的人类驱使计算机执行任务的全新方法。提示词工程与训练模型、编写代码相比没有太高的专业或学术门槛，却又需要一定的经验，更容易被大众所接受，后来发展成为公众参与到人工智能热潮中的一门显学，人工智能准入门槛的下降也显著提升了它从社会获得资源的速度。

GPT-3 发布后，OpenAI 既看到了模型规模膨胀对计算资源的巨大压

[一] 地址为 https://www.commoncrawl.org/，一个从 2008 年起就通过爬虫对互联网进行爬取，并向公众免费提供其档案的互联网数据集。

[二] 这个方法旨在模拟人类的思考方式，分步解释问题的逻辑，类似于解数学问题时逐步计算的过程。CoT 使得模型能够更好地理解复杂问题并产生更准确的回答。

力，也看到了 GPT-3 在与人机协作共同执行复杂任务背后的巨大潜力。为此，OpenAI 以 GPT-3 的代码为基线建立了两个分支：一个分支以提升计算性能和降低资源消耗为目标，代号为"GPT-Turbo"，这部分属于工程改进，笔者就不细表了；另一个分支的代号为"InstructGPT"，从名字上就清晰地传达了这个分支的目标是专注于改善模型对用户指令的理解和执行能力。

从模型架构层面来看，InstructGPT 与 GPT-3 是高度雷同的，均是 96 层解码器和 1750 亿参数量，但从训练层面来看，InstructGPT 采用的训练方法与数据集都与 GPT-3 有显著区别。InstructGPT 使用"人类反馈强化学习"（Reinforcement Learning from Human Feedback，RLHF）进行训练，RLHF 使模型能够在人类的指引下更好地理解复杂的指令并生成符合用户期望的输出，提高了模型对用户意图的捕捉能力。后来，InstructGPT 训练相对成熟后再与 GPT-Turbo 分支融合，最终形成了代号为"GPT-Turbo-Instruct"的分支，这四个分支（GPT、GPT-Turbo、Instruct GPT、GPT-Turbo-Instruct）便构成了当前 GPT-3.5 模型的四种主要版本。

实际上，GPT-3.5 模型从来没有像 GPT-1、GPT-2 那样单独发布过，却是截至笔者落笔之时（2024 年年中）最为公众所熟知的语言模型，原因相信大家都清楚，OpenAI 在 2022 年 11 月发布了划时代的 ChatGPT 产品[一]，其背后所依赖的语言模型便是 GPT-3.5 四个版本中的"GPT-3.5-Turbo"。

ChatGPT 的诞生所带来的影响比历史上任何一次人工智能事件的影响都要更加广泛，它不再是实验室里的科研突破，也不再是哪项比赛上赢了某位世界冠军的"少数人事件"，而是已经来到你我面前，普通人也能够看得见、摸得着的公开产品。ChatGPT 在短短五天内就发展了 100 万用户，展示出来的效果彻底颠覆了过去人们对人工智能助手的呆板印象。关于 ChatGPT 的故事与新闻在各大传统或网络媒体上已汗牛充栋，笔者不再重复。反正自此以后，就没有什么人再敢讥讽人工智能助手为"人工智障"了。对于普通大众来说，他们在切身感受到人工智能发展的同时，对人工智能带来威胁的忧虑情绪也积聚更

⊖ 传言 OpenAI 本没有打算在此时发布 ChatGPT，但听到 Anthropic（一家由几位参与了 GPT-2、GPT-3 开发的研究人员离职后创立的人工智能公司，这家公司的 Claude 机器人也相当有名）要发布一款聊天机器人后，就把内部用的相对完善的 ChatGPT 包装后率先发布出去，结果率先发布的 ChatGPT 一炮而红。

深。而对于企业尤其是互联网巨头来说，则是既兴奋无比又无可奈何地进一步陷入大语言模型和大规模算力的军备竞赛当中，毕竟谁也不敢对一场大概率会比 30 年前互联网革命影响更加深远的技术变革掉以轻心。譬如谷歌在 2022 年发布用来对标 ChatGPT 的对话产品 Bard，其核心的"路径语言模型"（Pathways Language Model，PaLM）的参数数量达到离谱的 5400 亿，即便谷歌动用了专用的发电站和专门为其调整的大型 GPU/TPU（Tensor Processing Units）集群，训练一次也需要耗费数月时间和数千万美元的费用，而背后那群全球顶尖科学家的人力资源成本更是不可估量。

笔者认为在"规模定律"（Scaling Law）的驱使下，模型参数规模和算力规模上的竞争仍然会持续一段时间，但是参数规模与算力规模不会是决定模型性能的唯一因素，甚至不会成为最本质的根因。现在有一种越来越主流的观点认为，在模型结构确定的情况下，学习率、训练批次大小、序列长度、优化算法、正则化系数、Dropout 率等超参数（Hyperparameter）对最终性能的影响更大。大模型的时间和资源成本限制了它往往只能被训练一次，而一锤子买卖导致无法用反复试错和比较的方法获得最优的超参数集，这样的训练既要靠经验也要靠运气，能训练出什么结果只有训练完才能揭晓，体验真的跟"炼丹"差不了多少。

也许是受到类似的观点影响，2023 年发布的 GPT-4 模型的规模终于止住了前几代 GPT 模型以每年十倍、百倍膨胀的势头，尽管 GPT-2 之后版本的代码、模型和具体技术细节没有再公开过，但 OpenAI 关键成员的公开演讲透露了 GPT-4 的规模仅略大于 GPT-3[⊖]，不过表现出来的能力仍然有明显飞跃，这要归功于 GPT-Turbo 对降低成本、提升资源利用效率的工程贡献。

GPT-4 的项目目标也发生了较大的变化，一改前几代专注于文本生成领域，开始从单纯的文本走向多模态（Multimodal），每种模态代表一种不同类型的数据，譬如文本、图像、视频、声音、手势，等等。因此，GPT-4 不仅能接

⊖ 在 GPT-4 发布之前，网传 GPT-4 的参数数量将膨胀 1000 倍，从 1750 亿膨胀到 100 万亿。为了使这个对当前硬件和训练规模缺乏基本常识的谣言看起来可信，造谣者还伪造了一张 OpenAI 的推特消息截图。后来 OpenAI 多次辟谣，明确说 GPT-4 的规模仅比 GPT-3.5 略大。

收用户的文字内容，还能接收用户上传的语音与图片，听懂音频中的语气和语调，理解图片中的表情和物体间关系；它不仅能用文本回答用户的问题，还能根据用户的要求，绘制图片、生成语音、作曲、绘画等。

为了训练好 GPT-4，OpenAI 足足动用了 2.5PB 数据，这些数据包括代表人类互联网信息的 Common Crawl 和 WebText2 数据集、代表人类百科知识的 Wikipedia 数据集、代表人类书籍的 BooksCorpus 数据集、开放的图片数据集 Open Images[一]、开放语音数据集 LibriSpeech[二]，以及 YouTube 上十几 TB 的视频。如此大规模的训练，让 GPT-4 进化成多模态模型，进一步超越了 GPT-3.5 的性能，维持住了 OpenAI 世界上最先进的人工智能组织地位，也消耗了大量 OpenAI 的资金与人力资源。此时此刻，OpenAI 内部涌动了很长时间的暗潮终于浮上水面，让表面光鲜无限的 OpenAI 一下子陷入风雨飘摇的境地。

8.7　现实与理想

将时间稍微回退到 2017 年 3 月，这是 OpenAI 创立的第 15 个月，它撰写了一篇名为《OpenAI 宪章》[三]（OpenAI Charter，以下简称《宪章》）的文章，向世界陈述 OpenAI 这个组织的使命。《宪章》中明确提到了几项原则：非盈利——OpenAI 承诺不会与它的干系人产生任何利益冲突；安全——OpenAI 承诺会采取一切措施保证人工智能造福人类而非给人类带来威胁；开放——OpenAI 承诺要公开提供研究所得的产品以协助全社会走向智能化道路。

作为一个愿景是推动人工智能造福人类的组织，以上每条原则都透露着它的雄心壮志与崇高品格，不过，这家拥有全世界顶尖人工智能技术的公司要在现实社会中生存下来，仅凭理想与品格恐怕是办不到的，《宪章》中的这些原则将对 OpenAI 的发展产生怎样的影响呢？

[一] https://github.com/openimages/dataset。

[二] https://www.openslr.org/12。

[三] 《OpenAI 宪章》（https://openai.com/charter）对外公开其实是在 2018 年 4 月，但资料显示，在 2017 年 3 月，OpenAI 内部就已经有这篇文章了。

1. 非盈利

哪怕在 2023 年经历了一轮快速扩张，人员翻倍后的 OpenAI 也仅有 700 多名员工，这与动辄以 10 万人计的其他人工智能巨头相比是相当精简的组织。在这个组织里，CEO 奥特曼分文不取，CTO 布罗克曼也只领取 17.5 万美元的非盈利机构年薪[一]。按正常初创企业来估算，无论是高达 10 亿美元的启动资金，还是后来微软追加的 130 亿美元投资，都应该够 OpenAI 持续运作很长一段时间才对。但是现实情况恰恰相反，资金一直是困扰 OpenAI 的首要问题。早在 2017 年，OpenAI 的董事会就已经意识到如果未来不能获得每年数十亿美元的稳定资金，OpenAI 就不可能发展成世界顶级的人工智能研究机构。这个数字远远超过了作为非盈利组织可能筹集到的资金上限。后来的事实证明了商业和技术天才的眼光之准确，根据资料显示[二]，2024 年 OpenAI 的总运营成本达到了 85 亿美元，其中推理和训练的算力费用占主要部分，分别耗费 40 亿美元和 30 亿美元。

2018 年 2 月，马斯克向苏茨克维和奥特曼发了一封电子邮件，提议将 OpenAI 并入特斯拉公司，只有特斯拉这种体量且需要人工智能的企业才可能为 OpenAI 提供持续的资金支持。马斯克在邮件中写道："特斯拉是唯一有希望令 OpenAI 与谷歌比肩的公司。即便有特斯拉支持，OpenAI 与谷歌抗衡的可能性也依然很小，但它至少不再是零。"

并入特斯拉意味着 OpenAI 将从此变成一个商业组织，特斯拉提供大量资金支持也意味着马斯克将获得 OpenAI 的绝对控制权。该提议遭到 OpenAI 董事会里多数成员的反对，合并的交易最终未能达成，马斯克也为此愤然退出了 OpenAI 董事会，从此与 OpenAI 交恶。

马斯克离开了，资金的困局仍在，OpenAI 技术方面的进展一日千里，但经济方面的泥潭却越陷越深，在最困难的时刻，原本只担任兼职董事的奥特曼决定辞去 YC Combinator 的总裁职务，全职参与 OpenAI 工作来挽救危局，布罗克曼随即为他让出 CEO 的职位，自己退居 CTO 一职。

[一] 数据来源是 OpenAI 公开的报税表。
[二] https://wallstreetcn.com/articles/3721008。

拒绝马斯克和特斯拉的并购后，奥特曼请来的"救世主"是微软公司，微软同意在未来五年时间内向 OpenAI 注入 130 亿美元，当然，不可能是捐款，只能是投资。为了能够给予微软投资回报，同时也守住 OpenAI 非盈利的性质，双方最终想出了一个办法⊖：OpenAI 设立一家有利润上限（Capped-Profit）的盈利性子公司"OpenAI LP"来推进商业计划，将 OpenAI 的所有产品和大多数员工转入其中。不得不说西方确实擅长金融和商业创新，能想出这样的办法把使命驱动型研究和商业实用主义有机地结合起来。

"有利润上限"是指当利润额超过投资额的一定比例以后，超额的利润将归属母公司 OpenAI 用于人工智能的研究。这听起来很合理，但如果细读 OpenAI LP 的招商文件，你会发现这个比例居然是投资额的 100 倍。根据协议，微软第一阶段将获得 OpenAI LP 利润总额的 75%，直到其 130 亿美元投资得到全额偿还，之后继续获得 OpenAI LP 的 49% 利润，直至达到 100 倍的理论上限。笔者对 OpenAI 这种马上就能实现盈利而且达到世界 500 强级别的盈利能力（2024 年世界 500 强企业的平均年利润约 54 亿美元），也要给微软打工几百年才能完成投资协议的做法感到难以理解⊖。无论如何，这样的商业化对 OpenAI 来说大概未必算是好事，可是对 OpenAI 的员工来说倒不见得是坏事，OpenAI LP 给员工预留了股份，且允许员工通过出售股份获得有限额的财务回报——限额为每位员工 1000 万美元。因而，便可以理解为什么微软对 OpenAI 的投资没有像特斯拉那样遭到抵制，反而扮演了救世主的角色了。

2. 开放

马斯克出走 OpenAI 后自己成立了一家名为"xAI"的人工智能公司，推出了与 ChatGPT 竞争的智能机器人 Grok，还向旧金山高等法院提起诉讼，理由是奥特曼违背了 OpenAI 成立时承诺的为造福人类而不是追求利润的约定，要求禁止 OpenAI 和微软公司从人工智能技术中获利，还要求 OpenAI 恢复开

⊖ 事实上，创建盈利性子公司这个想法最早是马斯克自己提出的，只是没能用在特斯拉身上，而被微软得利了。OpenAI 甚至还把马斯克相关邮件放到其官网上用作证明。
⊖ 业界传闻微软与 OpenAI 专门协商过，不可能真的按 100 倍利润上限让 OpenAI 给微软打工几百年，微软获取的利润上限应该在 10 倍至 15 倍投资额，不过 OpenAI 和微软都没有公开这方面的资料。

源。马斯克在推特上宣称只要奥特曼愿意把 OpenAI 的名字改为 ClosedAI，他就立刻撤销诉讼，毫无疑问这是在讽刺 OpenAI 的不开放行为。

作为反击，OpenAI 把此前马斯克同意闭源、同意成立商业化子公司的邮件赤裸裸地贴到了官网上[一]。不论如何解释，OpenAI 最初肯定是想走开源路线的，它的名字还有《宪章》中的开放条款都相当清晰地传达了开放共享的理念，早期 GPT-1 和 GPT-2 的模型以及代码也都是完全公开的，然而随着技术上取得越来越大的领先优势，OpenAI 既担忧开源可能产生人工智能被滥用的问题，也有成立盈利性组织 OpenAI LP 后希望将技术优势转化成商业优势的考虑，对开源的态度逐渐从开放转向封闭。

至于人工智能到底是开源还是闭源对人类更有利这件事情，不同的人有不同的见解。支持开源的一派认为开源代码可以提高透明度并有助于推动技术的发展，世界各地的相关方可以帮助识别开发团队未能发现的代码中的潜在陷阱，有助于降低代码可能执行有害操作的风险。而反对开源的一派认为，开源的人工智能很容易被不良行为者操纵。麻省理工学院和剑桥大学的科学家曾专门发表论文，通过实验来验证公开技术细节是否会帮助恶意者利用人工智能来造成大规模伤害，结论是开源大模型的确可能存在风险。

目前以 OpenAI 的 GPT 为代表的闭源模型和以 Meta 公司的 Llama 为代表的开源模型正在激烈竞争，这也是在给"人工智能应该开源还是闭源"这个问题做一场大规模的社会实验，最终结果如何我们拭目以待。不过 OpenAI 一边以"Open"为名，一边却成为闭源模型的代表，这确实丢掉了不少它在成立时积累的粉丝好感。是否闭源在 OpenAI 内部曾经有过长时间的争论，苏茨克维曾在内部邮件中写道："随着我们越来越接近人工智能，'开放'开始变得不那么有意义了。OpenAI 的'开放'只意味着每个人都应该从人工智能的成果中受益，不意味着必须分享其中的技术细节。"苏茨克维是一位理想主义者，他的个人品格即使是与 OpenAI 交恶后的马斯克也认为无可指摘[二]，笔者愿意相信他完全是从安全角度出发的，但很难说参与闭源决定的每一位 OpenAI 成员都没有商业利益方面的考虑。

[一] https://openai.com/index/openai-elon-musk/。

[二] 马斯克曾在推特中公开评价苏茨克维："苏茨克维内心有良好的道德准绳，不唯权力至上。"

3. 安全

即使将讨论范围限制在"如何安全地发展人工智能技术"这种看起来似乎不应有什么争议的范畴内，分歧也依然存在，而且最终成为导致 OpenAI 创始团队彻底分裂的导火索。

在 OpenAI 内部，对于"安全发展"人工智能的看法分为两派：以奥特曼为代表的"激进派"认为应以人工智能的发展优先，尤其是要保证技术领先优势；而以苏茨克维为代表的"保守派"则认为应以人工智能的安全优先，必须先有严谨的理论和工程技术来确保人工智能对人类来说是安全的，再来谈产品的发展。

当 OpenAI 还是一家怀揣梦想以谷歌为假想敌的初创公司时，外部矛盾占主要地位，这两派的内部矛盾还能够协调。GPT-3 模型以及 ChatGPT 产品取得举世瞩目的成功以后，OpenAI 站上了全世界人工智能技术研究的巅峰，此时它的前方是一眼看不到边际的无人区，后方有谷歌和 Meta 等传统巨头的呼啸追赶，作为组织的领导者，压力之大可想而知。

在 2023 年接受《麻省理工科技评论》的专访[一]时，苏茨克维公开表达了当前 OpenAI 的最优先事项不是构建下一个 GPT 版本，而是应该找出阻止超级人工智能"失控"的方法。他甚至认为 ChatGPT 可能是有意识的，现在的 GPT 模型已经被观察到具有智能涌现的现象，ChatGPT 已经能够自己完成包括编写代码在内的很多事情，有什么办法能够百分百保证它只会用代码来解决用户提出的问题，而不是用代码来实现它自己忽然涌现出的奇思妙想呢？

2023 年 7 月，苏茨克维和研究员简·雷克（Jan Leike，1986— ）一起在 OpenAI 内部牵头成立了一个名叫"超级对齐"（Superalignment）的独立组织，这个内部组织的权限非常高，而且允许独占全公司 20% 的算力资源（此前笔者曾提过 2024 年 OpenAI 的算力成本高达 70 亿美元，20% 也是一笔天文数字的费用），它的使命是确保人工智能系统在人类需求和优先事项范围内工作。事实上，"Superalignment"这个英文单词本身就是为此目的而构造出来的，它特指当机器智能超出人类水平时，如何保证机器仍能听从人类的指令在特定范围

[一] 信息来源：https://www.mittrchina.com/news/detail/12676。

内工作，如图 8-12 所示。

传统机器学习　　　　超级对齐　　　　我们的类比

人类水平

监督者　学习者　　监督者　学习者　　监督者　学习者

图 8-12 "超级对齐"的含义

2023 年 11 月 6 日，OpenAI 在旧金山举办了首届开发者大会（OpenAI DevDay），会上奥特曼用短短 45 分钟的演讲点燃了广大开发者的热情，他向开发者承诺他们未来可以定制并改进 GPT 服务，为 GPT 创造出更多的新能力，并把自己的成果上架到 GPT 商店中。苏茨克维认为奥特曼的这一行为严重忽视了 OpenAI 在技术安全方面准备不足的问题，连 OpenAI 自己对如何安全地发展 ChatGPT 都没想明白，此时把全世界的开发者引进来，如果发生什么事，谁来保证？谁能保证？谁敢保证？

2023 年 11 月 16 日，代表 OpenAI 参加全球最重要的峰会之一——APEC CEO 峰会的奥特曼刚刚发表完演讲，正在与几位朋友畅谈人工智能，忽然收到苏茨克维的信息，通知他明天中午 12 点参加董事会的视频会议。

2023 年 11 月 17 日，奥特曼准时接入视频会议，他一脸惊愕地听到苏茨克维宣布讨论已经结束，董事会以 4:2 的票数决定罢免奥特曼的 CEO 职位，并将他解雇。另一位缺席的董事布罗克曼在会议最后也收到了快速通话邀请，布罗克曼虽然没有被解雇，但也被告知将从董事会中除名。OpenAI 的董事会一共 6 人，分为 3 名内部董事和 3 名外部董事，内部董事是 CEO 奥特曼、CTO 布罗克曼和首席科学家苏茨克维，外部董事是 Quora 首席执行官亚当·迪安杰罗（Adam D'Angelo）、Fellow Robots 联合创始人塔莎·麦考利（Tasha McCauley）

以及乔治城大学安全与新兴技术中心的海伦·托纳（Helen Toner）。当天下午，OpenAI 就在官网上迅速向外界公开了奥特曼被解雇的消息。

2023 年 11 月 19 日，在被解雇两天后，奥特曼戴着访客证重返 OpenAI 总部大楼。过去两天里，"谋权篡位"式的剧本让 OpenAI 的大多数员工感到十分不满，许多人表示如果奥特曼真的被解雇，那他们将与奥特曼一同退出 OpenAI，另起炉灶重新开始，其中自然包括布罗克曼。奥特曼在员工中的声望与影响力是他与董事会谈判的底气，在这次谈判中，他不仅要求董事会撤销解雇他的决定，还要求四名反对他的董事全部退出董事会。谈判最终没有达成任何结果，当天晚上，苏茨克维代表董事会宣布奥特曼将不会回到 OpenAI。

2023 年 11 月 20 日，推特上发起了一场声势浩大的"没有员工，OpenAI 将一无是处"（OpenAI is nothing without its people）的接力转发活动。同时，OpenAI 的员工开始签署联名信，给董事会下最后通牒，威胁如果不恢复奥特曼和布罗克曼的职务，他们就集体辞职加入微软。微软 CEO 萨提亚·纳德拉（Satya Nadella）马上发推文说欢迎奥特曼加入，微软愿意为所有从 OpenAI 离职的员工提供相同的职位，并兑现价值 1000 万美元的 OpenAI 股权作为签约奖金，这听起来是一笔不菲的巨款，可比起当时估值达到 900 亿美元的 OpenAI 来说，哪怕雇佣其全部 770 名员工并支付签约奖金也只需不到 80 亿美元，立省 90% 的买卖可太划算了。在联名信的签署人数到达 650 人后，一切迹象表明 OpenAI 董事会大势已去，到最后，甚至连苏茨克维本人也签署了联名信，并发推文向奥特曼道歉，表示他对自己在董事会上的行为感到后悔。

2023 年 11 月 21 日，OpenAI 原有董事会就地解散，被罢免了 100 多个小时的奥特曼强势回归，重新担任 CEO，一场现代逼宫剧宣告落幕。随后的半年内，布罗克曼宣布暂时退出公司事务，将至少休假一年时间；苏茨克维则从他联合创建并工作了 10 年的 OpenAI 彻底离开，关注人工智能安全却不产生任何经济效益的"超级对齐"团队自然毫不意外地被解散了。成王败寇，破镜难圆，苏茨克维的退出也只是给 OpenAI 的理想主义举办了个葬礼罢了。

至此，OpenAI 的 6 位联合创始人，乃至扩大到最初的 11 位员工[一]，就仅剩

[一] OpenAI 最初 11 位员工的去向：https://wallstreetcn.com/articles/3723566。

下奥特曼和沃伊切赫·扎伦巴（Wojciech Zaremba）两人仍留在 OpenAI 工作。囿于书籍出版的时效性，笔者只能写到 2024 年为止，OpenAI 后续的沉浮兴衰，就留待读者来见证了。

8.8 本章小结

本章的主角不仅有古德费洛和苏茨克维，笔者还花费了大量笔墨去写 OpenAI 这家企业的发展故事，与之前香农、图灵、皮茨、辛顿等个人作为主角的故事相比，OpenAI 毫不缺乏拟人化的传奇色彩。当然，笔者的本意不是用一些商业八卦来博取读者的眼球，OpenAI 这家企业的兴衰充其量只是人工智能在近 10 年发展的缩影，而是想借此说明当下已不再是六七十年前香农、图灵的年代，人工智能处于一片混沌中，凭过人的头脑、超前的思维就能推动人工智能的发展；也不是二三十年前辛顿等三巨头的年代，那是人工智能大厦的根基彻底夯实之前，凭着个人英雄主义和坚定的意志推动人工智能发展的最后一次机会。今天人工智能的主流方向决定了它必须依赖规模定律，庞大且复杂，昂贵且现实，个体的智慧灵光依然十分重要，但决定性的改进必须依靠群体协作才可能完成，在此背景下，智慧的传承将是比算力、数据等一切资源更加坚实的竞争壁垒。

古德费洛、苏茨克维等新一代学者将辛顿和本吉奥等人开创的深度学习延伸至生成式领域，这是传承；OpenAI、DeepMind 等独角兽企业在谷歌和微软等行业巨头的平台设施与孵化投资下创造出震惊世界的产品，这是传承；甚至连 OpenAI 公司的 ChatGPT、Anthropic 公司的 Claude、xAI 公司的 Grok、谷歌公司的 Gemini、Meta 公司的 Llama 等互为竞争关系的产品，其主创人员和技术体系间也存在千丝万缕的联系，这些都是传承。

人工智能技术虽然起源于西方，但这项技术注定是人类未来科技的关键组成部分，上至国家下至企业都一定会在这个领域长期相互竞争，我们不仅要关注算力芯片的生产制造，关注智能技术如何转化成商业产品，还必须在更基础的理论研究与人才传承上不断投入，补全短板，以便在这个领域的未来竞争中取得优势。

Part 4

第四部分

人机共生

第 9 章

与机器共生

Now this is not the end. It is not even the beginning of the end. But it is, perhaps, the end of the beginning.

现在并不是结束，结束甚至还没有开始，现在仅仅是序幕的尾声。

——温斯顿·丘吉尔（Winston Churchill），《阿拉曼战役胜利演说》，1942 年

9.1 概述

在本书的最后，笔者计划用一整章的篇幅、用十多个人工智能的实际案例来尝试回答几个问题：经过 70 年的发展，当下的人工智能到底发展到什么程度了？现在距离我们设想的目标还有多遥远？会对我们有什么影响？

要说距离目标有多远，既取决于发展的速度，也取决于所定目标本身的高度和难度。人工智能追求的目标应该是什么，自 1980 年开始学术界便很明显地分裂出两种不同的理念[一]：一种是希望人工智能借鉴人类解决某一类问题时表现出的智能行为，研制出更好的工具，用来解决特定的智力问题，这种观点现

[一] "强人工智能"和"弱人工智能"的划分和定义，首次出现于 1980 年约翰·希尔勒（John Searle，1932— ）的《行为与脑科学》（*The Behavioral and Brain Sciences*）一书中。

在被称为"专用人工智能"（Artificial Narrow Intelligence，ANI）或者"弱人工智能"（Weak Artificial Intelligence）；另一种理念是模仿人类的思维，希望能够研制出各方面都可以与人类智能比肩的人造智能体，甚至是最终能够超越人类智慧水平的人造物。这种人造智能体可以为人类解决多类问题，甚至可以有自己的心智和意识，能根据自己的意图开展行动，现在一般被称为"通用人工智能"（Artificial General Intelligence，AGI）或者"强人工智能"（Strong Artificial Intelligence）。

科幻小说、电影大多都是以强人工智能作为假想对象，但当下人工智能技术所取得的成就，可以说主要还是源于弱人工智能。对强人工智能的研究才刚刚起步，这部分研究又被细分成两个方向。一个方向是自下而上地探索，旨在创建能够理解、学习和执行任何人类能够完成的任务的智能体。这种智能体不局限于特定领域，而是能够解决跨领域的通用问题，然后再在此基础上去探索人类智能的奥秘。现在人们所说的 AGI 基本都特指这一条技术路线。由于近几年 ChatGPT 等产品的成功，在解决通用问题这个"小目标"上终于算是取得了一些初步成果，但距离找到产生智慧的奥秘，达成强人工智能的"大目标"仍十分遥远。另一个方向是自上而下地探索，先解析或模拟出人类的智慧，再利用它来解决问题。譬如通过对人脑的详细模拟，试图扫描并建模人类大脑的结构和功能，然后在计算机上运行这些模型，复制人类大脑的所有认知能力；又譬如通过对"人工意识"（Artificial Consciousness）的理论研究来创建具备自我意识、能够体验主观感受与情感的人工智能系统。在这个方向上，70 年来基本上没有任何实质性的进展，甚至连稍微严肃一点的学术活动都没有⊖，这不仅是因为人类并不知道智能产生的原因，而且人类并没有什么让机器具备情感、意识方面的实际需求（相关讨论见本书 1.6 节），科学界主流的观点也普遍认为基于人类自身安全考虑，不应该往这方面过多深入。

因此，在稍后将讨论的所有案例里，笔者度量人工智能发展程度时还是主要以弱人工智能为准绳，把人工智能的应用效果与人类的某一种技能或者某一

⊖ 引自国际人工智能联合会前主席、牛津大学计算机科学系主任迈克尔·伍尔德里奇（Michael Wooldrige）教授在 2016 年全球人工智能与机器人峰会（CCF-GAIR）上的发言，此会于 2016 年 8 月 12~13 日在深圳举办。

方面能力单独拿出来进行比较，看看机器在这些单项技能上距离人类水平还有多远，或是机器已经超越人类多远了。我们只关注人工智能解决问题时可观察的外部表现，而不关心机器内部是如何"思考"来解决这些问题的，更不会纠缠机器的意识、情感、意志、性格方面的内容。

9.2　引言："白痴"与"天才"

2017年10月，美国康奈尔大学发表了一篇名为《人工智能的智商评测与智能等级研究》("Intelligence Quotient and Intelligence Grade of Artificial Intelligence")[一]的论文，论文中分析了当时谷歌、微软、百度、苹果等世界知名软件企业的人工智能产品，通过数据统计，总结出一种可同时面向人类和人工智能产品的通用智力模型，为人类和机器的智能水平建立了一个统一的度量标尺，以对人类和人工智能产品的智力进行相对公平的对比测评。

随后，研究团队分别对2014年和2016年世界范围内主要软件公司的人工智能产品，以及三个不同年龄段的人群进行了智力测试，得出如表9-1所示的数据。

表 9-1　人工智能产品与人类智力的对比

年份	地区/人类	国家	产品/年龄	智力值
	人类		18 岁	97
	人类		12 岁	84.5
	人类		6 岁	55.5
2014	北美洲	美国	Google	26.5
2014	亚洲	中国	Baidu	23.5
2014	亚洲	中国	so	23.5
2014	亚洲	中国	Sogou	22
2014	非洲	埃及	yell	20.5
2014	欧洲	俄罗斯	Yandex	19
2014	欧洲	俄罗斯	ramber	18
2014	欧洲	西班牙	His	18

[一]　https://arxiv.org/abs/1709.10242。

(续)

年份	地区/人类	国家	产品/年龄	智力值
2014	欧洲	希腊	seznam	18
2014	欧洲	葡萄牙	clix	16.5
2016	北美洲	美国	Google	47.28
2016	亚洲	中国	duer	37.2
2016	亚洲	中国	Baidu	32.92
2016	亚洲	中国	Sogou	32.25
2016	北美洲	美国	Bing	31.98
2016	北美洲	美国	Microsoft	24.48
2016	北美洲	美国	SIRI	23.94

如表 9-1 所示，在 2017 年 Transformer 架构被发明之前，即便表现最优秀的谷歌公司的人工智能产品，即便采用专门为人工智能产品适配过的智力测试模型，其测得的智力水平相较 6 岁的儿童也还是有相当大的差距，与一个正常成年人的智力相比更是天壤之别。如果以人类的智力水平来度量，当时世界上全部的人工智能产品都可以说是"人工智障"。

2023 年 1 月，ChatGPT 发布两个多月以后，芬兰奥卢大学附属医院的认知心理学家恩卡·罗瓦伊宁（Eka Roivainen）对 ChatGPT 进行了一次智力测试，并将结论发表到《科学美国人》杂志上[一]。这次测试没有再为了降低机器通过测试的难度而专门去调整测试模型，而是直接使用广泛应用于人类智商测试的第 3 版韦氏成人智力量表（The Wechsler Adult Intelligence Scale III，WAIS III）来进行度量。测试前，罗瓦伊宁已经对 ChatGPT 的表现有了非常高的预期，即便如此，测试结果依然出乎他的预料之外。ChatGPT 给出的答案极其详细和全面，甚至超过了测试手册中给出的标准答案。最终 ChatGPT 测得的语言智商[二]为 155，高于 WAIS 标准化样本中 99.9% 的样本[三]，从任何人类标准来看

[一] https://www.scientificamerican.com/article/i-gave-chatgpt-an-iq-test-heres-what-i-discovered/。

[二] 由于 ChatGPT 缺乏必要的眼睛、耳朵和手等器官，所以它无法参加 WAIS 的非语言测试子集的测试。

[三] 在 WAIS 标准化样本中，受过大学教育的美国人的平均语言智商为 113，前 5% 样本的智商为 132。

ChatGPT 都极其聪明。短短 6 年时间，人工智能产品的智力水平就从不如 6 岁儿童，发展成比 99.9% 人类都更加聪明，毫无疑问，我们正在见证一场已经跨过技术奇点、不断向前飞奔的智能革命。

当然，"智商"是不能直接等同于"智慧"的，斯坦福大学心理学家迈克尔·科辛斯基（Michal Kosinski）教授在他的论文《大语言模型可能自发出现的心智理论》（"Theory of Mind May Have Spontaneously Emerged in Large Language Models"）[一]中也明确提到，尽管不能排除大语言模型有自动产生"心智能力"（Theory of Mind，通常指理解他人内心状态的能力，包括推断他人意图、理解他人情绪等）的可能性，但是 ChatGPT 最多与八九岁儿童所具备的心智能力相当。换句话说，即便 ChatGPT 已经具有了超越成年人的智商，但当前仍然不具备成年人的心智。我们（暂时）还能给出如下结论：当前的人工智能系统已经是非常聪明和强大的工具，但它还是在工具的范畴，依然不是人们科幻想象中的那种人造智能体。

9.3 与机器竞技

本节会从"对图像、声音等信息的识别与理解""根据输入信息做出处理和决策""艺术与创作力""工程和运动技能""对抗性竞技游戏"这几个方面寻找当今人工智能中最高水平的案例，作为人与机器的竞技场，去度量人工智能产品与人类从事该项工作的优劣。

9.3.1 信息识别

人工智能系统对信息的识别能力是指机器对图像、视频、声音等天然的外界信息输入能否正确接收与准确解析。能够正确地识别自然界的信息，是任何一种智能体认知世界的前提。

早前我们多次提到的"ImageNet 大规模视觉识别挑战赛"（ImageNet Large

[一] https://arxiv.org/abs/2302.02083v5。

Scale Visual Recognition Challenge，ILSVRC）就是一项机器视觉识别能力的比赛，它是全世界所有先进计算机视觉技术的竞技场。2015 年，来自微软研究院的残差网络（ResNet）达到了 3.57% 的分类错误率，这个成绩首次超过了人类平均水平（5.1%）。2016 年和 2017 年，计算机视觉在图像分类上的错误率分别降至 2.9% 和 2.3%，进一步超过人类平均水平。到了 2017 年，几乎所有进入决赛的模型的识别水平都超过了人类平均水平。

对于人工智能的从业者来说，这是一个令人振奋的消息，不过为了避免像部分新闻媒体那样，仅凭这么一句话就宣告机器在图像识别领域打败人类，落入以偏概全、断章取义的陷阱，我们有必要弄清楚"图像分类"是一个怎样的比赛、过程是怎样的、有哪些细节等问题之后再下结论。

自首届举办以来，每年的 ILSVRC 挑战赛项目都会包括以下三大主题（即使偶尔在各项上有一些细微的调整，三大主题也基本是不变的）：

- **图像分类**（Image Classification）：算法判别出图像中存在的最主要物体对象，由于一张图片可能存在多个物体，允许算法输出最多五个物体对象的名称，只要其中包括正确答案就视为正确。
- **单物体定位**（Single-object Localization）：在图像分类的基础上，进一步产生轴对齐的边框，框出指定物体的位置和比例。
- **物体检测**（Object Detection）：在单物体定位的基础上，进一步支持对图片中的多个物体进行分类和边框定位。

图 9-1 所示的是这三个比赛项目的一个测试用例，这是一名铁匠在打造铁桶的画面，图像分类要求必须根据图片输出"Steel drum"（铁桶）这个词，最多输出五个物体的名称，只要包含"Steel drum"就视为正确的答案。而单物体定位要求必须在图像的铁桶中加上边框指出它的位置和比例，物体检测要求必须将图片上的所有主要物体都识别出来。

ILSVRC 挑战赛要求参赛的算法必须依靠 ImageNet 本身的数据库训练模型来完成识别。截至 2017 年，ImageNet 的数据库中已含有超过 1500 万张由人类手工标注和分类好的图片，这些图片由超过 2.2 万个不同类型的生物和物体构成。例如在图片数据库中搜索"英国猎狐犬"（English Foxhound），搜索结果如图 9-2 所示。正是得益于这样庞大的带标注信息的图片数据库，计算机才能够从中"学会"分辨出各种各样不同的物体对象。

图 9-1　ILSVRC 比赛项目[1]

新闻报道比赛结果时说计算机的图像识别能力超过人类，分别达到了 3.57%、2.9% 和 2.3% 的分类错误率，实际是指计算机在"图像分类"这个单项测试中，输出的五个答案均不包含物体的"TOP 5 错误率"达到了 3.57%、2.9% 和 2.3%。这当然已经是很了不起的结果，但凭此就断定计算机视觉比人类视觉更强大了，依然有些武断。一方面人类的顶尖水平与人类的平均水平差距巨大（不妨想想你与奥运冠军比赛马拉松的情形），超过"人类平均水平"与超过"人类"在逻辑上不能等同；另一方面，在分层认知中，识别出图像中的物体只是认知过程中较初级的环节。分辨物体某个像素的颜色、线条的长度、形状的大小时，人类不如计算机准确；往上，分辨由线条形状构成的物体类型

---

[1]　图片来源：https://ocr.space/blog/2014/10/amazing-progress-of-computer-vision.html。

时，人类与计算机差不多处于同一水平；再往上，对物体功能属性、语境关系、人文历史等的认知，人类现在依然占据优势。

图 9-2　ILSVRC 数据库中的"英国猎狐犬"

在另外两个项目"单物体定位"和"物体检测"中，计算机暂时还是无法与人类相媲美，人类可以轻松地完成复杂环境下多目标精确边界的图像分割，而计算机估计还需要数年乃至更长的时间才能追赶上人类的水平。

图 9-3 是一个使用"Mask R-CNN"算法[一]对图片进行精确边缘分割的例子，这是当前人工智能产品最高水平的精确边界分割，已经接近人类水平，但计算机现在还只能在部分有条件约束的图片上达到这样的效果。微软、Meta 和 Mighty AI 联合发布了一个名为"COCO"的图像数据库，它与 ImageNet 数据库很相似，但其主要目标是面向物体的分割和检测，用于补全计算机这方面的相对弱项。

〇　Mask R-CNN 算法是何恺明（Kaiming He）在 2017 年提出的，通过在 Faster R-CNN 的基础上添加一个分支网络，在实现目标检测的同时把目标像素分割出来。

图 9-3　精确边缘的物体检测

语音识别领域的情况与图像分类接近，Hub5′00 Switchboard 数据集[一]是一个以电话语音为素材的英文听写测试。2017 年，人工智能开始做到在该数据集上的听写错误率低于人类的平均水平，大约是 5.9%。2020 年以后，实验室中的语音识别技术纷纷落地，现代语音识别系统（如 Google Assistant、Amazon Alexa）在特定的环境和任务下表现得非常出色，识别精度在很多情况下超过了人类。譬如在噪声较小的环境中，这些系统能够以极高的准确率将语音转化为文本；又譬如在识别特定的声音事件（如枪声、玻璃破碎声）或特定的动物声音的任务中，机器可以比人类更快速且准确地检测和分类声音。不过，一旦涉及上下文的引申、隐喻、讽刺、情感、语气等高阶的复杂语言现象，机器的表现仍然不及人类。与图像分类识别类似，人类在对高层次的语言现象识别方面仍有较大优势。

可以说语音识别成为继图像分类之后，人工智能另一个在单项细分项目上超越人类的自然信息识别技能。无论是图像分类还是语音识别，笔者始终强调计算机对人类是"单个细分项目"上的超越，尽管计算机在这些细分项目上已经取得了很了不起的成就，但仍然只是认知自然界信息的一个小子集，即

㊀ https://paperswithcode.com/sota/speech-recognition-on-hub500-switchboard。

使计算机在这方面的某些单项分数上超过人类平均水平，要由此得出计算机在信息识别的精度上已经超过人类，仍有偷换概念的嫌疑。相较于人类，计算机最大的优势是"识别效率"与"进化时间"两方面。一方面，虽然机器还不能理解很多信息背后的深刻含义，但它能够在短时间内识别完人类个体穷其一生都看不完的图片、视频和书籍，这是人类无法比拟的效率优势。另一方面，人类是凭借着数以亿万年生物进化所积累的认知能力与机器比赛。从几十年、百年甚至千年的维度来看，可以认为人类群体的生物学平均智力水平是不会变化的，现代人类并不比万年前的尼安德特人更加聪明，但机器的能力却在以越来越快的速度向前飞奔，进化速度是机器独有的另一大优势，时间必然站在机器一边。

9.3.2　信息理解

即便承认计算机现在拥有了接近人类水平的声音、图像"识别"能力，但"理解"能力，如解决图片中不同对象的常识关联这类问题，毫无疑问依然是人类的优势项目。人类对图像的感知远不止"图片上的物体是什么"，而是对图片上各种对象、行为、逻辑关系等的综合认知，这里面有大量信息并不是蕴含在图像中的，而是源于日常生活中建立的常识概念。譬如图 9-4 所示的两张图片，人类看到后可以很轻易地建立"棒球手在准备挥动球棒"和"巴士在一栋很高的建筑物旁边"这样的认知，这里棒球手有挥棒击球的能力，建筑物相对于汽车算高而相对于高山算矮，都不是在图片中能获得的信息。在多模态大模型成熟以前，机器要给这样的图片生成文字描述，就必须有大量与图片对应的常识库支持，再配合上下文相关的学习技巧才能够实现，非常依赖人力资源。

2017 年 7 月，计算机视觉领域的顶级会议"计算机视觉与模式识别大会"（Computer Vision and Pattern Recognition，CVPR）以"超越 ILSVRC"（Beyond ILSVRC）为主题举行研讨会，公布了 2017 年 ILSVRC 的比赛结果。同时，李飞飞宣布由于计算机在图像分类识别上已达到了预期的目标，ILSVRC 的历史使命已经完成，继续举办不会带来更多实质性的新贡献，计算机视觉乃至整个人工智能发展史上的里程碑——历时七年的 ImageNet 大规模视觉识别挑战赛将在 2017 年正式结束。这个完结宣言同时也是新征程的起点，此后，计算机图像识别更专注于目前尚未解决的、偏重于图像理解方面的问题。接替 ILSVRC 的候选之一是苏黎世理工大学和谷歌等联合提出的 WebVision 大赛，该比赛的目标也从图像分类逐步过渡到图像理解上。

图 9-4　机器自动生成图像说明⊖

接下来的几年时间，得益于大语言模型的突破性进展，计算机找到了一个很有效的可以相对准确地理解大段文字背后的实体和关系的途径，广大学者顺理成章地尝试借助"文字"这种已经被充分压缩的人类知识、常识载体来理解图片，这就是今天图像理解中常见的"视觉语言对齐"（Visual Language Alignment），即将图片分类中得到的实体与特定语言的词汇建立映射关系，这样自然语言处理词嵌入等管理语义的技巧就可以迁移应用到图片中了。譬如 OpenAI 提出的"语言－图像对比预训练"（Contrastive Language–Image Pre-training，CLIP）就是一种多模态模型的视觉语言对齐技术，通过对比正负样本将相关的视觉和语言特征对齐，从而实现多模态信息的映射和关联，使得机器能够理解图像或视频的内容，并生成与之对应的文本描述，或者通过文本指令来生成、操控或查询视觉内容。

不过，即使当前最先进的大语言模型，对文字背后实体关系的深层次理解也仅是做到"相对准确"，这一点可以通过严谨的测试数据来说明。2016 年，斯坦福大学的华人学者、助理教授珀西（Percy Liang）建立了"斯坦福问答数

⊖　图片来源：https://www.oreilly.com/learning/caption-this-with-tensorflow。

据集"(Stanford Question Answering Dataset，SQuAD)，这是一个供计算机学习英文阅读理解的训练和测试数据集。测试方法是给定一篇文章，并准备好相应问题，需要算法给出问题的答案。此数据集的数据量超过此前其他同类数据集（例如 WikiQA 和 TrecQA）几十倍之多，其中所有的文章均选自维基百科，一共挑选了 536 篇文章，然后将这些文章切割成 23215 个自然段落，再利用众包的方式，将这两万多个段落分给不同人类，要求每个人对自己负责的每个段落都提出 3～10 个问题，并标注出答案，这样产生了与这些文章相配套的 107785 个问题及答案。为了更好地区分人类与机器，在 SQuAD 2.0 中作者还故意添加了超过 5 万个与正常问题非常相似但根据文章信息无法回答的问题，刻意引入了额外的复杂度。

图 9-5 是 SQuAD 1.0 数据集的一个公开的测试用例，这个用例给出了一小段描述降水类型和成因的片段，然后要求受测者回答配套的几个问题：第一个问题是"什么造成了降雨"，答案是"重力"造成的，这需要从第一句话中推理出来；而第二个问题则需要正确理解文章中"包括"和问句中"其他形式……除了……"的含义，才能依据"include"的各个子项通过排除法得到答案。由此可见，SQuAD 中问题的答案仍然是文章中直接出现过的词语。

图 9-5　SQuAD 1.0 数据集的公开测试用例

对于答案，SQuAD 的评测标准有两个，分别是"F1 分数"和"精确匹配度"（Exact Match）。F1 分数的含义是精确率和召回率的调和平均值，这个概念我们在第 6 章曾经讲过，它代表了模糊匹配度，即要求尽量正确的回答而不要求一字不差的精确回答。顾名思义，精确匹配度要求机器给出的回答和人标注的完全一样才算正确。

SQuAD 在 2016 年发布之后，很快便成长为行业内公认的机器阅读理解领域的权威赛事，吸引了包括谷歌、卡内基梅隆大学、斯坦福大学、微软亚洲研究院、艾伦研究院、IBM、Meta 等知名企业的研究机构和高校的深度参与，当然也包括后来的 ChatGPT。测试结果[⊖]可能出乎不少读者的预料，ChatGPT（使用 GPT-3.5-Turbo 作为基础模型）并不是阅读理解成绩最好的人工智能产品，它不仅比不上人类，连与 LUKE、XLNet 和 SpanBERT 等模型相比也有较大的差距。

导致成绩不佳的原因很快就被定位，即 SQuAD 2.0 添加了 5 万个无法回答的问题，而 ChatGPT 依然对这些问题胡编乱造地虚构出了答案，这种模型自顾自地"胡说八道"的现象在 NLP 任务中被称为"幻觉"（Hallucination）。典型的幻觉有：

- **事实性错误**：模型可能会编造或错误地陈述事实。譬如，模型可能会错误地给出一个不存在的日期、事件或人物信息。
- **虚构的引用或参考**：模型可能会生成不存在的书籍、文章、作者或研究结果，甚至提供虚假的参考文献或数据来源。
- **错误的推理**：模型可能会进行不合逻辑或错误的推理，导致结果不准确。
- **技术性误导**：譬如在技术或科学话题上，模型可能会生成不符合科学原理或技术规范的解释或描述。

尽管幻觉内容看起来合乎逻辑或具有说服力，但其实"一本正经地胡说八道"反而更加危险，尤其在涉及高度专业化、法律、医疗等敏感领域时，可能由于模型的错误回答而导致严重事故。如果读者也经常使用 ChatGPT 处理信息的话，相信肯定已经注意到在输入框下面标注了一句专门的提示："ChatGPT

⊖ 结果引自论文"Evaluating ChatGPT as a Question Answering System"，地址为 https://arxiv.org/pdf/2312.07592。

也可能会犯错，请核查重要信息。"

另一类模型处理效果较差的用例是涉及情感、价值取向等问题时，针对这类问题，其实许多人类也不见得回答有多好。譬如机器不太可能理解朱自清写《背影》所蕴含的深意[一]，不能回答诸如"它早已死了，只是眼里还闪着一丝诡异的光"中"诡异的光[二]"是怎么回事。

但是只限于说明文、科学文献和条款规定这类文字材料的话，SQuAD 的测试成绩显示机器几乎能达到不低于人类的理解水平，这证明了对于特定信息，计算机是完全有可能处理得几乎和人类一样好的。相比从 20 世纪 60 年代的 ELIZA 开始，至今仍有大量人工智能创业公司采用的基于人工编纂语料库实现的自然语言问答系统，计算机能够直接使用面向人类的文字材料来回答问题已经是一项了不起的进步了，它让自然语言处理摆脱了"有多少人工才有多少智能"的窘境，让专家系统摆脱了完全依赖人类专家去建设的困境。

在信息理解这个项目上，一方面，必须承认计算机在对外界信息的理解分析方面已取得了巨大的进步；另一方面，综合来看，人类对自然界信息的阅读理解能力仍然比任何机器学习技术都要强大得多，人类大脑无时无刻不在接收着各种不同类型的信息，并能够把不同类型的信息自动建立起相互的关联，从而形成了知识以及含义更为广泛的常识。在某个特定的封闭领域里，如果机器能够直接从信息输入源获取到解决问题的所有信息，或者能够枚举出解决问题所涉及的其他知识的话，那这类问题现在就可以得到比较妥善的处理。但如果在问题空间完全开放的领域，机器缺少了人类从出生开始无时无刻不在建设进化的"常识库"的支持，许多问题的数据输入源是不具备解决问题的完整信息的，需要知识、常识、推理的配合补充才能解决，机器在处理这些问题时就会显得捉襟见肘，难以应付，甚至可能由于幻觉给出完全错误的答案，这是目前机器在综合信息理解能力上还不如人类的根本局限。

[一] 因为朱自清的《背影》足够出名，如果读者真的去问 ChatGPT 这个问题是有可能得到正确答案的，这应该算是机器将网络上人类的回答记住并复述出来。

[二] 2017 年浙江高考语文阅读理解《一种美味》中的问题，因原文作者巩高峰表示自己也回答不出该问题而在网上引起过一阵热议。

9.3.3 信息决策

外界信息的识别、理解、决策是人类信息处理从低阶到高阶的三个阶段。当前人工智能已有几乎不亚于人类平均水平的语言、图片、声音识别能力，再配合有限范围内可用的常识与理解能力，已经有企业开始在特定的、知识封闭的领域尝试开发人工智能程序，以代替人类来对外界信息自主做出决策和响应。

IBM 在这方面是行业的先行者，不仅花费大量资金去研发、改进自家的沃森系统（Watson），还将沃森的人工智能处理能力开放出来，鼓励其他组织与个人使用。IBM 曾连续数年组织过规模不等的基于沃森系统的人工智能应用比赛，获奖者可以得到 IBM 提供的丰厚的创业资助。ROSS Intelligence 公司研发的人工智能律师程序"ROSS"便是这种比赛中的一个孵化产物。媒体宣传时喜欢把 ROSS 形容为一名"人工智能律师"，还经常配以"ROSS 将导致 90% 的律师失业"这样有侵犯性的标题。实际上 ROSS 并不能取代任何一名律师，它既不会做哪怕是最基本的善恶价值判断，也不可能帮客户找法官协调、安排庭审这些事情。但是 ROSS 确实有它值得称道的价值，被美国最大的律师事务所之一、拥有约 900 名律师的 Baker & Hostetler 签约雇佣，成为律师事务所的一名特殊"员工"。

ROSS 扮演的角色是一个以自然语言为输入和输出形式的先进的法律知识检索系统，官网[①]上对 ROSS 的介绍也是 "Advanced Legal Research Tool"，而非 "Robot Lawyer"。凭借沃森出色的自然语言处理技术，ROSS 能够自行"阅读"成千上万页的法律书籍、庭审记录和判例，从这些原本供人类阅读的非结构化信息中，自动挖掘、整理出文字中蕴含的各个主体之间的联系和规律，自动生成可被计算机检索使用的结构化数据。同时，ROSS 的人机交互界面接受以人类口语的方式进行查询，能够向没有任何法律专业知识的普通公众提供服务。这对于以往任何一个法律信息系统来说都是巨大的改进。早在 1958 年法国法学家卢西恩·梅尔（Lucien Mehl）就提出了法律学科的信息化处理，建立法律文献和案例自动检索模型。20 世纪 90 年代初期，用于处理离婚财产分割

---

① https://rossintelligence.com/。

的断案系统"Slip-Up"在实验室诞生,但该系统没有摆脱依靠人类整理知识的传统专家系统的建设模式,产品的效果在很大程度上取决于背后的人力投入,是典型的"有多少人工就有多少智能"的建设案例。

ROSS Intelligence 公司选择的法律行业是人工智能应用比较容易切入的行业,对于那些知识边界不封闭、常常需要悟性和灵感来解决问题的领域,人工智能目前还难以涉猎。例如让人工智能去做考古之类的工作,大概就很难做出有实用价值的成果了。适合使用人工智能来进行信息处理和决策的行业,一般都积累了较为可观的资料,而且其内容通常具备较高的逻辑性。以法律行业为例,人工智能技术可以将律师从汗牛充栋的法律条文和资料库中解放出来,让他们有更多的时间去关注服务的对象,类似的还有教育、医疗、金融等行业,这些行业近几年来都催生出了一批人工智能的创业公司。

在金融和投资方面,人工智能的价值更加易于评估和量化——直接看人工智能产品带来的利润、损益即可。IBM 全资的金融服务子公司"海岬金融集团"(Promontory Financial Group)曾训练沃森学习了超过 6 万条监管条文和案例,用来帮助专业人员更好、更快地做出金融风险管理和法规合规方面的决策。

更加激进的应用方式是让人工智能直接完成股票、外汇和期货交易的全部过程。计算机程序化交易在金融投资领域应用的历史已经很长了,金融界将其称为"量化交易"(Quantitative Trading)。据统计,现在市场上以量化交易为主要手段的对冲基金,已在全美对冲基金市场占约 9% 的份额,并且还在持续扩大。不少基金公司相信这种由计算机自动执行的交易策略在很多交易场景中能够替代人为的主观判断,获得更稳定的利润。在人工智能进入金融领域以前,被计算机自动执行的交易策略仍然是由资深交易员根据经验制定出来的,现在这部分也有被机器接手的可能,计算机根据历史交易数据的规律和概率,完全有可能提炼出比人类交易员的经验更优的交易模型。IBM 沃森的首席研究员戴维·费吕克奇(David Ferrucci)在 2013 年离开 IBM 公司后,立即就被世界上最大的对冲基金公司"桥水投资"(Bridgewater Associates)收入旗下。这些顶级的基金公司对自己开发的人工智能的投资效果三缄其口,外部很难查询到其应用的细节,更不要说可查证的投资损益数据了,倒是有很多不知名的金融和信息技术公司不时地发布人工智能投资获益不菲的新闻。这一点可以理解,若效果不佳就没有自揭其短的必要，若是这种投资方法确实可以稳定赚钱的话，它就是一部"能合法印钱"的机器，是最宝贵的商业机密。不过，从这些公司近年来不遗余力地招揽人工智能人才，可以窥见它们对人工智能前景的乐观积极态度。

在医疗方面，根据 IBM 提供的资料，沃森也有涉及。在学习过 200 本肿瘤领域的教科书、290 种医学期刊和超过 1500 万份的医学文献后，沃森已在肺癌、乳腺癌、直肠癌、结肠癌、胃癌和宫颈癌等癌症领域为医生提供诊断建议。还有一种应用形式是基于计算机视觉的，让人工智能直接进行诊断。2017 年 2 月的《自然》杂志以封面文章的形式报道了斯坦福大学把人工智能和医学诊断相结合的最新成果，如图 9-6 所示。该研究团队使用卷积神经网络将 129450 张皮肤损伤图片以及对应的文字标注信息作为训练集进行建模，其输出能判别的分类涵盖了 2032 种皮肤病。研究团队利用这种使用人工智能技术建立的皮肤病判别模型与 21 名皮肤病的执业医生和病理学家进行比赛，结果是在多数项目上，人类专家和人工智能判别的准确率几乎是一样的，在部分疾病类型上人工智能的判别结果甚至优于人类专家的判断。

图 9-6　《自然》杂志封面报道

在医学理论和科学仪器输出数据一定的前提下,人类在医学诊断上的准确率主要取决于医生的平均从业经验,它的提升是相当缓慢的。但对人工智能而言,如果能继续扩大训练集的数据量——如本例中约 13 万张图片对 2000 多种结果的分类任务显然还是过少的,计算机的诊断准确率还能够继续提高,哪怕诊断过程中出现错误,也能不断修正算法并进一步获得改进。

要得到最佳的准确率,最好的方法可能是人与机器相互配合。根据一份来自人工智能组织 PathAI 的研究报告,人类病理学家与人工智能模型的判别各有所长,能够形成有效的互补,相互配合工作就可以取得比各自独立做决策好得多的效果,验证的结果如图 9-7 所示,人工智能模型配合病理学家的错误率要明显低于两者单独诊断的错误率。

图 9-7 病理学家与人工智能模型结合[一]

信息处理和决策类型的人工智能应用的前景是非常广阔的,可以试想一下,现在几乎每个人都拥有一部智能手机,如果《自然》杂志中介绍的这项人工智能诊断技术完全成熟,只要安装在手机上,那么每个人就都能对自己的皮肤异物进行拍照、扫描和分析,第一时间知道自己的患病风险,并获得医疗的建议方案。这听起来似乎带有一点科幻的味道,而事实上斯坦福大学的研究团队正在研发这样的自助医疗的手机应用。

[一] 图片来源:https://www.pathai.com/。

在 20 世纪 80 年代，专家系统的建设热潮是人工智能正式开始商业化的起点，信息处理和辅助决策理所当然地成为人工智能最早发展的应用形式之一。当下，如果让人工智能去做"辅助决策"，给人类专家提供建议，配合人类解决问题的话，得益于近几年机器学习、计算机视觉、自然语言处理等技术的快速发展，其最大的瓶颈——"缺乏专家来整理足够数量且格式标准的高质量数据"已经找到了突破的方向，随着计算机对人类历史积累的知识材料的利用越来越有效，在面向诸多专业领域时，人工智能都可以给出有价值的建议，反而在人类完全没有困难的常识问题上，由于缺乏逻辑性和训练材料，人工智能还是会遇到很大的障碍。

不过如果让人工智能独立去做"自主决策"的话，这件事就另当别论了。如前面提到的金融投资和医疗诊断的例子，有多少患者能够完全信任人工智能产品、愿意相信人工智能诊断结果、遵循人工智能治疗计划就是很大的疑问。除非人工智能可以做到 100% 的诊断准确率，否则患者和监管方很难克服怀疑心理。只要无法清晰、明确地解释计算机是如何做出诊疗决定的，就不能冒做出错误决策伤害病人的风险。这并不是技术障碍，而是法律法规和伦理上的问题，即使最强大的人工智能已经在特定疾病的诊断上比人类临床医生更不容易犯错误，情况也不会改变。这听起来像是因噎废食，但是这切切实实地发生着。2018 年 3 月，优步（Uber）的一辆由人工智能驾驶的无人汽车撞死了一名行人，该事件导致优步全球的自动驾驶汽车都被暂停接受调查，此时没有人会去听人工智能自动驾驶的事故概率与致死概率比人类驾驶的要低得多这样的解释，因为在人类的认知里，犯了致命的错误，就必须找到对其负责的一方来承担责任。类似地，如果日后出现了人工智能的独立医疗诊断，无论是将有病的患者诊断为健康导致错过了治疗时机，还是将健康的人诊断为病患导致错误用药治疗，都将会是人工智能犯下的无法原谅的错误，尽管这些错误在人类医生身上也有发生的概率，而且可能犯错的概率更高。

9.3.4　艺术创作

比较了人类与机器对既有信息的识别、理解和决策能力，我们再来谈一个颇有争议的话题：艺术与创造性。2022年以前，任何人都不会相信人工智能竟会以如此快的速度侵入艺术创作这种感性重于理性的领域。最乐观的学者也不可能预料到短短两三年时间，人工智能就意图在人类引以为傲的艺术创作上取代人类，自行创作音乐、影片、绘画、诗歌、小说。同时，人类也在快速适应和依赖这种使用机器进行艺术创作的新的艺术形式，现在有一些大学的艺术传媒系已经开设了诸如"人工智能与艺术""智能交互设计"这样使用人工智能工具进行艺术创作的专业课程。

有一个颇具代表性的案例正好揭示了使用人工智能进行艺术创作与人类对机器的固有认知不匹配所呈现出来的撕裂感。2022年，美国科罗拉多州博览会（Colorado State Fair）将年度美术最高奖授予一幅名为《太空歌剧院》（*Théâtre D'opéra Spatial*）的作品[一]，如图9-8所示。这幅作品是杰森·艾伦（Jason Allen）使用了多达624个提示词，通过Midjourney（一种使用扩散模型的图像生成工具）由计算机自动产生基础图像，然后再用Gigapixel AI工具对基础图像进行超分辨率放大而完成的。

图9-8 由Midjourney生成的作品《太空歌剧院》

[一] https://en.wikipedia.org/wiki/Théâtre_D'opéra_Spatial。

比赛的评委、艺术家达格尼·麦金利（Dagny McKinley）在颁奖后说道：评委们评审时并不知道《太空歌剧院》是由人工智能生成的，但是这幅数码画作让他们联想到文艺复兴时期古斯塔夫·莫罗（Gustave Moreau）的作画风格，一致认为它值得被授予艺术最高奖项。当艾伦公开该作品是由人工智能创作的之后，在艺术界引起了很大争议，CNN 以《AI 赢得比赛，艺术家们怒不可遏》为题进行过跟踪报道[○]。部分艺术家认为给人工智能的作品颁奖是对艺术的不尊重，就跟找个机器人去奥运会比赛拿金牌没有什么两样。而且这种观点在主流社会有相当高的认可度，譬如美国版权局直至终审裁决都坚持拒绝艾伦对该画作的版权注册申请，理由是只会接收作者是人类的作品申请版权。

关于人工智能能否创造出真正的艺术，是一个颇具争议性的话题，涉及艺术的定义和创造过程的本质。一方面，人工智能已能创作音乐、影片、绘画、诗歌、小说等，它们在结构和技巧上可与人类艺术家的创作相媲美，能够引起观众的情感反应，满足艺术的基本标准。另一方面，艺术创作通常被视为深度个人化和情感驱动的，涉及创作者的主观体验、情感表达和文化背景。人工智能目前被认为缺乏自我意识和情感体验，因此总有人认为尽管人工智能可以创造出看似技艺精湛的作品，但这些作品缺乏真正艺术所需的深度和情感寓意。

这样的争议其实自人工智能被发明以来就未停歇过，几乎人工智能每在一个领域超越了人类，就必定伴随着一次类似的争吵，每一次类似的争吵，其实都是在给图灵那篇《计算机器和智能》论文增添一分含金量[○]，70 多年后的今天，情形仍与当年图灵对斐逊教授的反驳（遗忘了这段剧情的读者请参见 1.7 节）如出一辙。

不过，只要不去纠结"艺术"二字，只谈"创作"的话，人与机器其实有着非常广阔的合作空间。今天大量的商业创作和新闻资讯都是由人工智能在人

○ https://edition.cnn.com/2022/09/03/tech/ai-art-fair-winner-controversy/index.html。
○ 笔者在本书的 1.6 节和 1.7 节介绍过图灵这篇论文。还有乔姆斯基那句"潜艇能够游泳吗"都是对这类争吵很有预见性的回应。

类的提示下自动生成的。譬如淘宝就推出过名为"鲁班"[1]的人工智能图片设计工具，只要用户提供文案和必要的图片素材（如商标、产品外观等），"鲁班"就可以一键生成不同风格、不同尺寸的宣传海报。现在的淘宝页面上，相当大比例的图片都是由"鲁班"自动生成的。早在2016年的"双十一"，"鲁班"就设计了超过1.7亿张海报，到2017年的"双十一"，这个数字进一步上升到了4亿张，为淘宝和第三方商家节省了大量设计师的人工成本。"鲁班"生成的海报效果具备相当不错的水准，如图9-9所示，根据用户提供的衣物照片，它自动选择了合适的、风格相近的背景，并根据用户提供的文字数量、海报尺寸进行了恰当的排版。2018年，阿里继"鲁班"之后还发布了能够自动生成短视频的人工智能产品"Allwood"，该产品可以通过整合图文内容自动生成20秒的短视频，并自动附带配乐。

图9-9 "鲁班"设计的海报

在新闻创作方面，人工智能的应用就更广泛了，今天公众读到由人工智能撰写的作品的比例可能高到令人难以置信的程度。大约在10年前（2014年），国外各大报社不约而同地推出了一系列撰稿机器人，如洛杉矶时报的"Quake"、美联社的"Word Smith"、纽约时报的"Blossom"等。时效性和节约人工成本是机器的强项，所以很快我国就出现了如腾讯财经的"Dream Writer"、新华社的"快笔小新"、第一财经的"DT稿王"等中文撰稿机器人。这些第一代的撰稿机器人是通过文本抽取、模板替换填充的方式来输出稿件

---

[1] 在2018年4月的UCAN用户体验设计论坛上，阿里把"鲁班"改名为"鹿班"。

的，譬如事先准备一个体育运动的报道模板，往里面填充运动员名字和比分，这种应用很容易做，但效果不佳，产生的稿件几乎千篇一律，而且语气生硬，内容空洞枯燥。第二代撰稿机器人则是基于自然语言处理、机器学习和视觉图像处理技术来设计的，能通过语法合成与排序来生成新闻。以今日头条的体育新闻撰稿机器人"机器人记者小明"（Xiaomingbot）为例，该项目团队发表在ACL2016 的论文《从实时的文本评论中构建体育新闻》（"Towards Constructing Sports News from Live Text Commentary"）[⊖]中介绍，这种新闻生成过程其实是解决一个"抽取式摘要"（Extractive Summarization）的问题，机器人从体育赛事的文字直播中选取重要的句子组合成一篇针对该场比赛的新闻报道。这里涉及对评论语句相似内容的去重，根据比赛选手的排名、赛前预测与实际比赛结果的差异、比分悬殊程度来自动调整生成新闻的语气，截取直播画面自动给文字内容配图，生成必要的比赛描述总结，等等。如图 9-10 所示是一篇由"机器人记者小明"撰写的足球报道，整篇新闻看起来行文流畅，图文并茂，如果不专门署名由机器人供稿，普通人大概很难注意到它与人工稿件之间的差别。

时间来到 2022 年，伴随着大语言模型的技术革命，撰稿机器人也发展到第三代，这时候的撰稿机器人已经不需要依赖直播时人类产生的语音、文本信息，完全可以做到"开局一张图或一句话，内容全靠编"的程度，甚至能自动产生以假乱真的图片甚至视频片段。可想而知，这种机器人的流行也为不实信息或刻意制造的谣言提供了便利，所以今天许多新闻网站和视频自媒体应用反而要倒过来专门开发检测稿件是否由机器人自动生成的功能，譬如抖音就会在可疑的视频上自动标注上"内容可能由人工智能生成，请注意识别"的字眼。

计算机在信息处理能力方面的优势，再加上不断迭代的自然语言处理和深度学习技术，使得达到更高、更快、更准的新闻报道效率成为可能。可以预见的是，未来的撰稿机器人将具备更高的判断力、理解能力和写作能力，驾驭更多领域的内容生产工作。尤其在新闻、财经等领域，撰稿机器人代替人类将

⊖ 论文地址：http://aclweb.org/anthology/P16-1129。

成为主流，因为对这种内容，机器人只需要知道数据和结果即可完成报道。但文字创作不仅仅是报道数据和陈述新近发生的事情，还有很多评论分析、情感表达、人文关怀之类的工作要做，如果让人工智能撰写一部跌宕起伏的长篇小说，现在还为时过早，这类工作暂时仍是由人类来做更合适，未来人类作者会逐渐转向小说作家、新闻评论员等方向。

图 9-10　由人工智能撰写的体育新闻截图

9.3.5　自动驾驶

人工智能在工业产品上的应用也是当前的一大热点。这个领域当前最大的热点便是无人驾驶汽车。人工智能代替人类驾驶的研究可以追溯到1979年，起源于美国这个"车轮上的国家"。斯坦福大学教授汉斯·莫拉维克（Hans Moravec）建造的世界上第一台由计算机控制的可以自动行驶的小车如图9-11

所示。这辆小车并不能在真正的公路上行驶，但在实验中成功地绕行斯坦福大学人工智能研究中心大楼一圈，也算达到实验的目的了。

图 9-11　汉斯·莫拉维克的自动行驶小车

无人驾驶真正有广泛影响力的商业化应用，可以追溯到 1995 年举行的一场名为"不用手穿越美国"（No Hands Across America）的人车合作驾驶活动，如图 9-12 所示。参加这个活动的汽车都经过了改装，由计算机控制方向，由人类控制油门和刹车。活动的目标是完成从美国东海岸到西海岸的穿越，其中绝大多数路程（总路程 4585 公里中的 4501 公里）里都以这种"计算机用手、人类用脚"的人车合作方式来完成。

图 9-12　"不用手穿越美国"的宣传稿

美国国防高级研究计划局（Defense Advanced Research Projects Agency，DARPA）长期以官方资助和组织活动的形式，大力倡导民间组织研究人工智能驾驶。自 2004 年起，美国国防高级研究计划局举办了五届"DARPA 无人驾驶机器人挑战赛"（DARPA Grand Challenge），以大额奖金鼓励各企业、大学和科研机构研发自动驾驶技术和无人驾驶的汽车。

第一届无人驾驶挑战赛由斯坦福大学人工智能研究中心研发的"斯坦利"（Stanley，见图 9-13）自动驾驶汽车获得冠军，它成功越野行驶 212 公里，第一个穿过终点，赢得 200 万美元大奖。在这种既有市场需求又有政府的大力鼓励的环境下，各大汽车厂商，还有许多以前根本不做汽车的计算机软硬件企业都争相研究自动驾驶。今天开始逐步进入普通民众生活的智能驾驶技术，可以说早在十多年前就已经埋下了伏笔。

图 9-13 "斯坦利"自动驾驶汽车

2016 年，国际汽车工程师协会（Society of Automotive Engineers International，SAE International）制定了国际统一的汽车智能化分级标准[⊖]，将完全人工驾驶到完全自动驾驶的过程划分为 6 个等级，如表 9-2 所示。

⊖ 美国交通部下属的国家高速路安全管理局在此之前也制定了与 SAE 类似的 L0～L5 级分类标准，在 2016 年 9 月以后，美国国家高速路安全管理局同意统一采用 SAE 的分类标准。

表 9-2　汽车智能化的分级标准

等级	名称	转向和加速	环境观察	激烈驾驶应对	汽车工况
L0	人工驾驶	驾驶员	驾驶员	驾驶员	无
L1	辅助驾驶	驾驶员+系统	驾驶员	驾驶员	部分
L2	半自动驾驶	系统	驾驶员	驾驶员	部分
L3	高度自动驾驶	系统	系统	驾驶员	部分
L4	超高度自动驾驶	系统	系统	系统	部分
L5	全自动驾驶	系统	系统	系统	全部

有了统一的自动驾驶分级标准，各个车企的自动驾驶就有了量化的比较标准。现在大多数车企的中高端汽车都配有具有一定智能化能力的驾驶辅助系统，如自适应定速巡航、车道保持辅助系统等，大家买车时，在汽车功能介绍中看到的各种英文缩写，或多或少都属于国际汽车工程师协会规定的 L1 级别。

要达到 L2 级别，就需要自动驾驶系统能够完全自主地处理好汽车的横向（转向、变道）和纵向（油门、刹车）的控制。这个级别的典型代表是特斯拉（Tesla）的 AutoPilot 系统，它可以实现在有标线的车道上自动加减速、转弯乃至变道操作。尽管系统仍把对环境观察的需求和决定权交给人来处理，需要驾驶员在必要时随时接管控制，但 L2 级别的智能驾驶能大幅提升长途驾驶时的舒适性。

是否需要人类进行环境观察是 L2 级别与 L3 级别的关键差别，搭载特斯拉的"全自动驾驶"（Full Self-Driving，FSD）系统的汽车是 L3 级别的代表，FSD 可以在当地法律允许的情况下完全接管驾驶操作，在汽车接管驾驶的过程中，不需要驾驶员实时监控当前路况，譬如 FSD 的宣传视频中就有驾驶员在汽车自动驾驶时肆意扭转身体与后座乘客交谈玩耍等场景，直到系统通知用户再次接管为止。不过，当前国内的交通法规是不允许用户脱离路面观察的（全球大部分国家都是如此），所以国内暂时不存在可以合法上路的 L3 级别自动驾驶系统，即使搭载了 FSD 系统，只要超过一段时间没有接触方向盘，特斯拉也会以声音、震动等方式提醒用户注意。只有达到了 L3 级别，自动驾驶系统才算真正代替人类成为汽车的驾驶者，人类变为乘客。L3 级别也是目前全球范围内，在实现量产的车型中拥有的最高级别的自动驾驶能力。

L3 级别是有条件的自动驾驶，譬如"时速 120 公里以下""有明确的道路标线""位于特定区域的公共道路"等限制条件，当条件不满足的时候系统仍然需要提醒人类接管介入，而 L4 级别的目标就是完全不需要人类驾驶员。2024年 5 月，百度公司在武汉投放了一批名为"萝卜快跑"的无人驾驶出租车，号称搭载了全球首个支持 L4 级别的无人驾驶系统。从表面上看，驾驶座上确实没有驾驶员，不存在人类接管的可能，但实际上，不论是法规的约束还是技术的约束，这些汽车背后远程连接的数据中心里仍然有一群驾驶员在时刻准备远程接管以应对突发状况，而且"萝卜快跑"只被允许在特定区域运营，因此严格意义上它还不算是 L4 级别的智能汽车。

有观点认为既然人类能够仅凭眼睛观察路况驾驶汽车，那无人车也应当能够仅靠图像传感器实现 L3、L4 级别的无人驾驶，特斯拉就是坚持纯视觉的技术路线的代表。但也有观点认为要达到 L4 级别的智能驾驶，不能只依靠视觉传感器提供的图像信息，还需要由激光雷达提供周围带有深度数据的环境信息，包括视觉盲区的高精度的感知数据，这样才能使得自动驾驶车自动处理极端工况成为可能。智能汽车应当全面使用激光雷达、视觉摄像头，再加上车上各种功能冗余的传感器及高精度电子地图，提供高冗余度的安全保障。可以设想未来 L4 级别的无人车技术成熟后，我们只需要在导航上设置好目的地，就能像坐人类司机驾驶的出租车那样直接到达终点，这时候很多枯燥的工作，如出租车司机、货车司机都会被人工智能取代。

至于纯视觉路线支持者所诟病的激光雷达的成本居高不下等问题，笔者倒是比较乐观，成本问题随着时间的推移是相对容易解决的，L4 级别的无人车终将会到来。不过 L5 级别的无人车会不会出现就很难说了。L5 级别的自动驾驶系统要求在所有突发场景下都可以正确地工作，有着超越人类的驾驶能力和应变准确度，是永远都不需要人类干预的自动驾驶汽车。这是一种非常理想化的交通工具，可是交通工具智能化到这个程度，还会不会再保留汽车的形态本身就存在疑问。100 多年前，福特公司的创始人亨利·福特（Henry Ford，1863—1947）去问客户："您需要一个什么样的更好的交通工具？"几乎所有人的答案都是："我要一匹更快、更舒适的马。"后来的结果是汽车代替了马匹。当汽车发展到 L5 级别自动驾驶的时候，大概我们的交通工具也会迎来一场类似的革命了。

　　现在人工智能在自动驾驶领域的应用，已经没有不可逾越的技术障碍了，只要给予时间，成本和细节性的技术问题应当都能够妥善解决。在可预见的将来，汽车自动驾驶的水平和安全程度超越人类平均水平是大概率事件，哪怕是在人流和路面状况复杂的路段，自动驾驶也可以像在围棋棋盘上战胜人类高手一样，超越人类中最优秀的驾驶员。如果要说这个领域的最大障碍，则仍然是法律与伦理的问题。如果自动驾驶出了车祸，如何追责？自动驾驶的用户是否愿意将自己的生命安全托付给计算机控制？如果交通全部交由计算机控制，一旦出现了病毒或者黑客，是不是可能出现全面危害公众安全的可怕情况？这些都是自动驾驶汽车推广的隐忧。虽然前路障碍重重，但各方参与者都已经开始行动起来，大量的企业加大了对自动驾驶技术的研究，政府部门开始推行部分区域自动驾驶测试和示范区，保险公司和法律相关人士也开始研究责任划分问题，自动驾驶的前景还是非常美好的。

9.3.6　游戏竞技

　　行文至此，笔者列举的全部"比赛项目"中，机器依然没有彻底胜过人类，最好的成绩也就是达到"与人类差不多"的水平，然后凭借成本优势来威胁人类的饭碗。机器与人类竞技多年，是否有了已经彻底击败人类的项目呢？答案是有的，在第 2 章我们曾介绍了人工智能在早期的完全信息对抗游戏上的一些成果，不知读者是否注意到，近年来在棋类、牌类运动和电子竞技中"人机大战"的新闻已经渐渐消失，不再报道。原因很简单，过去几十年来，人类在绝大部分游戏竞技中都可以不费吹灰之力地打败计算机，忽然在短短数年间就跨过了人类与机器持平拉锯的阶段，发展到好像在所有类型的比赛中都是以机器大胜人类选手而告终。

　　20 世纪 80 年代，李开复和桑乔伊·马汉贾恩（Sanjoy Mahajan，1969—）共同设计了一款基于贝叶斯学习的系统"BILL"，BILL 能够学习如何玩一种名为"奥塞罗"（Othello）的牌类游戏。1989 年，该系统以 56 比 8 击败了当时位列得分榜首的美国玩家。

1994 年，加拿大阿尔伯塔大学设计的跳棋程序"Chinook"第二次挑战⊖已退役跳棋世界冠军马里恩·廷斯利（Marion Tinsley），激战六场皆和局后，廷斯利因健康因素退出比赛，七个月后因胰腺癌过世。比赛由当时世界排名第二的多恩·拉夫尔提（Don Lafferty）接替进行，后 Chinook 成功打败拉夫尔提（比赛 32 场，1 胜 31 和），赢得全美跳棋锦标赛冠军。

人机对弈历史上里程碑式的事件发生在 1997 年，IBM 国际象棋程序"深蓝"（Deep Blue）战胜了国际象棋世界冠军加里·卡斯帕罗夫（Garry Kasparov，1963—），引起了公众舆论的轩然大波，图 9-14 所示是当时比赛现场的直播画面。国际象棋的影响力远远高于跳棋和奥赛罗这些小众游戏，有着以此为生的职业棋手、完善的训练体系和比赛。

图 9-14　国际象棋人机大战

在深蓝战胜卡斯帕罗夫后的十年时间里，日本将棋、中国象棋等棋类职业运动也被人工智能相继攻克，甚至最后发展到不需要出动超级计算机，仅靠一部普通智能手机的运算能力就可以战胜这些棋类的国际大师。此时，围棋成为人工智能在完全信息对抗游戏中唯一无法打败人类的智力比赛。

曾经很多人都认为围棋是计算机不可能攻克的棋类运动，它牢不可破

⊖　Chinook 的第一次挑战以 2∶4 负于廷斯利。

的壁垒源于无比庞大的变化可能性，围棋的问题搜索空间大约是国际象棋的 20000000000000000000 倍（约 2^{64}）。在 2015 年传出 DeepMind 的人工智能程序 AlphaGo 以 5 比 0 的成绩战胜了欧洲冠军樊麾的消息之后，围棋界主流的看法仍然是对计算机的围棋水平不屑一顾，类似于"这是樊麾收钱配合的新闻炒作""欧洲围棋完全是业余水平"的声音此起彼伏。直到 2016 年 AlphaGo 与世界冠军韩国棋手李世石比赛之前，普遍预测均认为计算机不可能战胜人类，但结果是 AlphaGo 以 4 比 1 的比分获胜，这个结果一下子打蒙了整个围棋界，但大家当时仍然没有联想到一个更可怕的事实：这场比赛，就是棋类运动中人类对战顶尖人工智能程序所取得的最后一盘胜利。

2017 年，AlphaGo 再次以 3 比 0 战胜了当时围棋等级分世界第一的中国棋手柯洁（图 9-15 是当时比赛的画面），同时在网上挑战全世界的顶级棋手，最后以 60 比 0 的战绩碾压了所有参战的围棋职业棋手。至此，人类完全信息智力游戏的最后一块阵地宣告被人工智能彻底攻克。

图 9-15　围棋人机大战

完全信息对抗的运动彻底打败人类之后，人工智能的下一个目标是攻克那些非完全信息的涉及心理博弈、情绪和战术的项目。卡内基梅隆大学的教授托马斯·桑德霍姆（Tuomas Sandholm）开发的德州扑克人工智能程序"Libratus"在 2017 年挑战了四名人类职业德州扑克高手，在冷冰冰的机器面前，四名高手以往行之有效的战术和心理策略大多失效，比赛结束时，共计被 Libratus 赢走了 177 万美元，在这类涉及心理博弈的比赛上，人工智能的进攻也是势如破竹，所向披靡。

人工智能还同时向人类的游戏发起挑战，让计算机自己去学习如何玩电子游戏并打出人类难以企及的高分。Maluuba 团队设计了一款人工智能系统，该系统可以在雅达利游戏机（Atari 2600）上学习玩 Pac-Man（就是我们小时候玩的《吃豆人》）游戏，并达到这个游戏的最高分 999900。DeepMind 团队也在攻克围棋之后更进一步，在 AlphaGo 的基础上训练了一个基于强化学习的人工智能 AlphaZero。通过不同类型的训练，AlphaZero 可以学会下围棋、象棋、将棋等不同棋牌游戏，也可以学会玩电子游戏。它曾同时挑战 Atari 2600 游戏机上的 49 款电子游戏，并在大部分游戏中达到或超过了人类玩家的水平。

在比游戏更严肃一点的电子竞技方面，趁着著名竞技游戏 *Dota2* 的 2017 国际邀请赛（The International 2017，这是一项每年举办一次、比赛总奖金超过 1.55 亿元、冠军单项奖金超过 6700 万元的超级电子竞技比赛）举办之际，OpenAI 发布了一款能够参加单对单对战（*Dota2* 一般是 5 人组队对战的比赛）的 *Dota2* 机器人"OpenAI Five"，在邀请赛中作为表演项目挑战前世界冠军中单选手 Dendi，尽管单人对战等同于屏蔽了诸多需要互相配合的复杂战术成分，操作成为最主要的胜负因素，但即使如此，看到以往人类新手可以随意欺负的计算机忽然间以 3 比 0 的比分战胜了世界冠军，这个结果也非常令人类选手沮丧。

2017 年，DeepMind 公司宣布与暴雪娱乐合作，将 AlphoZero 训练用于暴雪著名的游戏《星际争霸 2》（StarCraft 2）。《星际争霸》系列是人类历史上最成功的即时战略游戏，也是人类游戏史上战术最复杂的电子竞技项目，在全世界（尤其是韩国）吸引了一大批职业玩家参与。当时韩国作为围棋大国，刚刚经历了 AlphaZero 在围棋上的挑战，对人工智能已不敢小觑，事前《星际争霸》的职业选手也专门训练，准备应对 AlphaZero 的挑战。但最终结果出乎所有人的预料，训练一年多时间的 AlphaZero 居然连游戏中自带的最简单的计算机都无法战胜，更不用说人类职业选手了。出道以来所向披靡的 AlphaZero 在《星际争霸》上首次遭遇滑铁卢。

《星际争霸》与围棋的差别在于，尽管围棋有极其庞大的搜索空间，但起码它的规则是完全明确的，在棋盘上有 361 个位置可以落子，每一步落子对最终结果的影响都可以找出一个合适的评估函数权衡胜率来表示。围棋的问题尽管很难解决，但至少将问题描述成机器学习的逻辑语言是清晰的。《星际争霸》甚至谈不上问题解决困不困难，而是无法提出问题来让机器去解决。《星际争霸》最基本的策略表达在难度上远远超过了围棋：什么时候应该发展经济、什么时候应该进攻、建筑建造在哪里、研发哪条科技线等基本策略，与游戏目标的关系并不是固定的，而是动态的，不仅随着时间变、地图变，还随着对手变；策略与游戏的基础操作的关系也是动态的，如何将一个待执行的策略分解到在某个时刻向屏幕的某个像素位置单击鼠标、按动键盘才是最优的，也难以衡量。因此，《星际争霸》的问题很难有效分解成机器学习的逻辑，这些困难最终迫使 DeepMind 公司放弃了最初使用 AlphaZero 打遍天下游戏的狂妄想法[一]，不得不训练了专门用于《星际争霸》的 AlphaStar，通过多个独立的智能体模仿不同的人类职业选手操作，并在游戏中学习人类的有效决策。2019 年，AlphaStar 与数位顶级《星际争霸》职业选手进行了多场比赛，在与所有职业选手的对局中均取得 5 比 0 的胜利。AlphaStar 不仅在微观层面展示了极其精确的微操作，在宏观层面也能够有效应对职业选手的多样战术，人类在游戏竞技方面的最后一块阵地终于宣告失陷，在棋牌和竞技游戏这个领域，人工智能经过六七十年的发展，终于彻底征服了人类。

　　人工智能在棋牌和电子竞技上的研究，绝不只是为了娱乐和吸引眼球，也不是单纯为了验证技术，而是有着潜在的巨大现实价值。设想一下，如果人工智能能够在《星际争霸》这样模拟人类战争且规则足够开放的战略游戏上有真正的突破，那未来真实战争是不是能够理解成一场"更加复杂的、影响因素更多的游戏"？其决策权是否有可能交给计算机去完成？不仅仅战争，各种国家、商业、个人事项的决策，计算机是不是都可以介入其中，代替人类做出最有效、最正确的安排？

　　[一] 在 AlphaGo 赢得人类围棋棋手后，DeepMind 曾宣布不会再发展专门用于某项运动的智能应用（Go 是围棋的英文，AlphaGo 就属于专门用于围棋的应用），而是转向研究能够自己学会所有竞技游戏的 AlphaZero。

9.4 与机器共舞

过去几十年，人类与人工智能竞技的故事是一部英雄或者说是恶魔崛起的故事。1997 年，人工智能在国际象棋上击败了卡斯帕罗夫；2011 年，人工智能在智力竞赛上击败了人类冠军；2015 年，人工智能识别图片上物体的单项能力已经超过了人类；2016 年，人工智能在围棋上战胜了李世石；2017 年，人工智能在 Dota2 游戏对战中完胜世界冠军；2018 年，人工智能在特定疾病的诊断判别上超越医学专家……现在，很多人害怕人工智能会取代自己的工作，甚至取代人类本身。人工智能的崛起，让人类不得不去慎重思考现在以及未来如何与我们的创造物共处。

美国《纽约时报》的著名记者约翰·马尔科夫（John Markoff，1949—）在 2015 年出版了一部名为《与机器共舞：人工智能时代的大未来》（*Machines of Loving Grace：The Quest for Common Ground Between Humans and Robots*）的书籍，深入分析并预言了现在、未来人与机器的关系，可以用一句话来总结该书的观点：人类与人工智能不应该是互相竞争的关系，而是互补共生的关系。为了强调人工智能与人类的共生关系，马尔科夫在该书中反复使用"增强智能"（Intelligence Augmentation，IA）这个词语来诠释他认为的人工智能。"增强智能"原本是由图形用户界面的先驱者道格拉斯·恩格尔巴特（Douglas Engelbart，1925—2013）在 1968 年创造的、用来定义新型人机交互关系的名词。在马尔科夫的视角里，"增强智能"所提倡的就是"人机共生"，并不是用人工智能取代人的人类智能，而是用机器来增强人的智力，在特定的背景下将人工智能应用于特定的领域，与行业结合，解决行业问题。

9.4.1 人工智能的威胁

人类与人工智能即使都能够从事智力活动，也必然是各有所长的，机器能在算术、计算、记忆、逻辑、数学等事情上比许多人类做得更好，这些即便用你的手机也能做得更好、更快。同样，也有很多人类能轻易做到但对机器来说很困难的事情。哪怕是年龄很小的孩子，都具有直觉、类推、创意、同理心、社交等技能，但无论是能在棋盘、牌桌上打败国际大师的人工智能，还是能够准确诊断疾病的人工智能，甚至是大语言模型取得革命性进步后，专门设计用于模拟人类语言对话的人工智能，都无法在不加任何限制条件的情况下通过图灵测试⊖。这些事实和道理我们都懂，人与机器各自的优劣势不言自明，这也是目前对人工智能略有了解的普通人就能够达成的共识，但我们如果再深入一些去思考，双方有这样的优劣势意味着什么？又决定了什么？

这意味着，未来随着以机器学习为代表的人工智能技术的不断迭代，机器肯定会变得越来越善于解决一个又一个问题，不过，无论人工智能的技术和理论方法如何改进，只要没有改变当前人工智能的目标和方向，只要还没有触及"人工意识"这类强人工智能的高级阶段，哪怕机器再擅长解决问题，也只有人类才会提出问题，这决定了人机共生关系中，人类始终是主导，机器始终是助手，是辅助的工具。

这样的解释也许仍然不能平复人类心中的担忧，不断进化发展的人工智能，真的会心甘情愿地一直充当辅助工具的角色吗？不止科幻小说作者，连霍金这样的科学家都警示过这种风险。其实，如果机器确实意识到了自己是"辅助工具"，会有"是否心甘情愿"的心理活动，那说明机器已经产生了自己的思想，这样的机器已经可以作为一种全新的物种来看待，即使它还未曾反对人类，威胁也已切实发生了。但是机器产生心智意识这件事情会因为我们现在的人工智能研究而出现吗？笔者认为不会，我们虽然不知道心智意识是如何产生的，却可以相当肯定地说，弱人工智能无论如何发展，都很难产生心智意识。

弱人工智能和强人工智能的名字虽然接近，但两者的理论方法并没有什么顺承关系，弱人工智能不是通往强人工智能的前期基础，甚至两者可能毫无共通之处。因此，即使弱人工智能的技术理论发展的时间再长，也不会对强人工智能的实现有多少实质性的促进，相比弱人工智能的进步，反而是脑科学、神经生理学、认知科学等的发展更容易触及心灵和意识的奥秘。机器学习中的"没有免费的午餐定理"也从侧面强调着"智能必须有专长"这项约束。正因如此，笔者与别人谈起人工智能时，从来不会主动讨论"人工智能继续发展，

⊖ 在加州大学圣迭戈分校发表的论文"Does GPT-4 pass the Turing test"中，GPT-4 取得了迄今为止所有智能模型最高的置信度（41%），但距离通过图灵测试依然遥远。

未来是不是有可能毁灭人类？"之类的问题，而会跟对方说，在恐惧、害怕未来的人工智能会不会具备跟人类一样的目标和价值观之前，应该先想明白人工智能发展下去，怎样才会出现"价值观"的概念。

霍金等科学家的警告，更多是对我们应该慎重涉及强人工智能的警示，我们在完全搞明白心智意识的成因，能够确保人类族群自身的安全之前，对强人工智能的探索应该慎之又慎。但这种谨慎并不是对现在正在蓬勃发展的弱人工智能添加束缚。

抛开人工智能威胁人类族群安全这样目前还很空泛的幻想讨论后，反而可以看到有两种其他意义上的"人工智能的威胁"是可以预期会发生的。

第一种是社会分工的竞争。哪怕人工智能只是会变成人类的助手，也会由于人工智能技术的普及而导致许多原本从事这些辅助工作的人类失业。如果未来的社会只需要"会提问题的人"的话，那从传统制造业工人到办公室里处理日常事务的大量企业员工的工作都要受威胁，人类最终只留下那些从事创造和监督工作的人，这听起来是一件颇为令人难以接受的事情。

人工智能对重复性、事务性工作的侵入确实正在发生，如图9-16所示，这是东莞富士康工厂里的生产线，图中空无一人的工厂画面与我们心中对工厂中生产的印象大相径庭，倒是与维纳曾经在《控制论》中预言的情形相差无几。

图 9-16 东莞富士康工厂里的生产线

维纳预言的世界确实已逐渐来临，不过，这又如何？工业革命之前，世界各国有八九成的人口都要从事农业生产才能保证社会的正常运作，那时候的人无法想象有朝一日如果绝大部分人都不种地了，这个世界会变成怎样的情境。而今天的美国农业人口占比已经不足 1% 了，既没有因此发生失业潮，也没有发生世界大乱。说到底，对"人工智能会革掉非创造性职业的命"的担忧，本质上还是如何看待人与机器的关系的问题，如果把人与机器的合作关系看作一场工作职位上的零和博弈，一方多占了一些领地，另一方就要失去一些的话，那人工智能就是许多职业切实的威胁。可是笔者认为更可能出现的不是零和博弈，而是双方共赢的合作，人工智能作为人类有力的工具，它的出现不仅仅让某些事情变得更容易、更快捷，还会解锁某些新的、之前不可能实现的思考、生活及存在方式。只要不是一蹴而就地把全部职位都立刻替换掉，那人工智能就是推动社会分工进步的动力。

第二种"人工智能的威胁"更为隐蔽，但是也已经不可逆转地发生了——来自人工智能对信息垄断控制的威胁。我们已经习惯了打开搜索引擎，找想要的信息；打开新闻客户端，看看每天的新闻资讯；打开微信朋友圈，了解朋友和同事的最新动态。我们的生活方式已经深度依赖上互联网这个人类历史上绝无仅有的信息平台。而现在，互联网上越来越多的信息是被人工智能所控制甚至是直接由人工智能创造的：你看到的那些搜索内容，是人工智能决定让你看到的，尽管搜索引擎可能为你提供了 1000000000 条结果，但你最多只会使用前面的 50 条或者 100 条，这是人工智能决定的搜索结果顺序；你上美团、饿了么 App 点外卖，上京东、淘宝 App 购买商品，也是人工智能根据你的消费习惯和个人喜好为你推荐的。这里面人工智能对庞大信息的筛选过滤确实提升了我们的工作、生活的效率，可是我们在享受数据的便利的同时，也渐渐失去了意外收获的机会。你上网易云音乐去听歌，如果平时喜欢摇滚乐，人工智能搞明白后，可能就听不到其他的音乐风格了，会错失跟它们邂逅的机会。如果没有意外的便捷生活就是我们想要的，那笔者摘录一段在网上㊀看到的描绘"智能乌托邦"的画面给读者看看：

㊀ https://www.zhihu.com/question/45090211。

> "我们一出生，人工智能系统就会根据我们的基因选择最优的成长路径。我们会阅读最合适的读物、观看最合适的娱乐作品。衣食住行也都不用操心，全被安排妥当。到了适婚的年龄，智能系统会推荐最匹配的情侣，无论怎么算，我们的性格和其他个人条件都跟对方最搭。智能系统知道怎样让每个人开心，它会定时定量地给我们一些刺激。有时候是直接吃药，有时候是看一段有趣的视频，有时候是给我们推荐几个好玩的朋友。所有的痛苦都被抹杀。在这个乌托邦里我们只享受快乐。总之，每个人的一生都会高高兴兴地度过。根据智能系统的测算，这个时代的人类，在整个历史上都是最幸福的……"

这样的未来并不全是凭空臆想出来的，在《必然》（The Inevitable）里，凯文·凯利（Kevin Kelly，1952—）提到，所有的集体智能和机器都会融合为一个被他命名为"Holos"的整体，Holos包括了所有人的集体心智、所有机器的集体行为、自然界的智能相结合形成的整体，以及出现在这个整体中的任何行为。这个整体目前尚属不完美的初级阶段，以互联网的形态覆盖着510亿公顷的土地，触及150亿台计算机，占据40亿人类的心智，消耗地球5%的电能，它就是未来智能乌托邦的载体。

不知道会不会有人真的向往这样的生活，但是在笔者脑海中闪现出来的画面是图9-17这样的，即在电影《机器人总动员》中被人工智能和机器人抚养得极为妥帖的人类。笔者没有从画面中感受到幸福，反而有一种隐隐的不安。

图 9-17　电影《机器人总动员》里被抚养得妥帖的人类

令人感到更不安的是当前已存在的直接风险，即人工智能控制我们看到的数据，本身是没有目的性的，但其背后的人是有目的性的：你随手点了一家看似不错的餐厅的外卖时，也许不会意识到它是花了钱后才被系统推送到你的面前的；当你津津有味地阅读新闻客户端的推荐文章时，也不知道有些文章其实是软文或者公关文章。由于信息的垄断控制，商品和信息流转过程中增加了额外的隐性环节和成本，轻则会损害最终用户利益，这些成本最终都要转嫁到用户身上；重则会干扰最终用户的判断。在信息社会，人控制了人工智能作恶，比人工智能自己学会作恶的可能性要大得多。这种威胁与原始社会的火、封建社会的刀、现代社会的核能并无不同，它确实会给我们带来伤害，但也是机遇所在，具体取决于我们如何使用这项工具。

9.4.2 人工智能的机遇

说到机遇所在，我们不必去看多么遥远的将来，现在就能观察到无数人工智能带来的价值和机遇。"英伟达"（Nvidia）公司肯定是近十年最突出的人工智能带来商业价值的落地的代表，从这家公司身上可以看到整个硬件产业被人工智能带动前行的缩影。

根据这家全球领先的显卡制造商最新披露的财务数据（截至 2024 年 6 月），它已经超越了微软和苹果公司，成为全球市值最高的企业，如图 9-18 所示。本书第 1 版（2018 年出版）曾经写到"英伟达公司的股价已经比 2012 年深度学习爆发前夕增长了 20 多倍"。比起这个 10 年翻 20 多倍的成绩，英伟达的市值在 2023 至 2024 财年只用了一年的时间就猛增了 7 倍之多。

英伟达毫不讳言自己市值快速增长的秘诀，这家以生产游戏显卡和显示芯片闻名的公司，早已把自己官网主页的标题改成了"英伟达，一家人工智能计算公司"。

2007 年，英伟达非常有预见性地提出了"统一计算设备架构"（Compute Unified Device Architecture，CUDA）的概念，并将其实现在以代号 G80 为核心芯片的 NVIDIA GeForce 8 系列显卡上，第一次让显卡上的"图形处理单元"（Graphics Processing Units，GPU）具备了可编程的能力，使得 GPU 的核心"流式处理器"（Streaming Processor，SP）既具有处理像素、顶点和图形等渲染能力，又具有通用的单精度浮点运算能力。英伟达将采用了 CUDA 架构的 GPU 称为"通用图形处理单元"（General Purpose GPU），"通用"的目的很明确，就是想"染指"游戏图形之外的科学运算市场，让 GPU 既能做游戏和渲染，也能做并行度很高的通用计算任务。

图 9-18　英伟达成为全球市值最高的企业（数据截至 2024 年 6 月）

英伟达提出 CUDA 架构开辟新的战场，既是自身发展的战略规划决定的，也有很大一部分原因是外部市场环境压力所迫。当时英特尔（Intel）公司已经把在计算机中央处理器（CPU）中集成的 GPU 单元的性能提升到能完全满足低端用户需求的程度，而超微半导体公司（Advanced Micro Devices，AMD）在竞争激烈的高端游戏显卡市场推出了游戏性能更强大并且功耗和散热更优的产品与英伟达直接竞争。一时间，行业龙头英伟达被围追堵截，颇有些四面楚歌的感觉。从 2007 年初起，短短一年多时间，英伟达的股价就从最高 37 美元跌落到最低不足 6 美元。

而 CUDA 架构的及时出现，不仅拯救了在游戏领域陷入竞争泥潭的英伟达，还正好击中了人工智能尤其是深度神经网络的痛点。可以说，整个深度神经网络技术在过去几年的崛起，除了得益于辛顿提出的深度学习理论、ImageNet 大规模视觉识别挑战赛之外，CUDA 架构提供的并行运算能力也功不可没。谷歌大脑训练神经网络在 YouTube 上识别猫，原本需要同时使用超过 2000 片 CPU，后来只使用了 12 片 GPU 就完成了相同的任务。辛顿拿去参加 ImageNet 挑战赛的 AlexNet，也是采用了两片 GeForce 显卡代替 CPU 来完成训练，后续参赛的残差网络（ResNet）等作品，全部都基于 CUDA 平台运行。如果没有英伟达的 CUDA，科学界验证深度学习巨大潜力的时间不知道还要推迟多久。CUDA 技术使得在普通个人计算机上进行高并行度、高性能运算的成本大幅降低，以至于一个普通科研人员的台式计算机都有可能部署上万个并行处理内核。这促使深度学习技术在科技界迅速地发展和普及开来。如果没有 GPGPU 和 CUDA，也许坚持研究了 30 多年神经网络算法的辛顿，还得继续在学术界被埋没好些年。不仅仅人工智能、机器学习的崛起造就了英伟达，英伟达和它的 CUDA 架构也同样加速了人工智能和机器学习的发展进程，这也算是一个人类与人工智能共生双赢的代表案例。

由于深度学习的潮流日益鼎盛，现在各个传统的芯片厂商，还有以前并不涉及芯片的信息业巨头，都看好面向人工智能的专用处理器，认为这将是继 CPU、GPU 之后下一代的硬件核心，并不约而同地推出自己专门面向人工智能的处理器，意图抢占制高点。一时间"张量处理器"（Tensor Processing Unit，TPU）、"神经网络处理器"（Neural network Processing Unit，NPU）、"类脑处理器"（Brain Processing Unit，BPU）、"深度学习处理器"（Deep learning Processing Unit，DPU）等形成群雄乱战的场面。

可以说英伟达是硬件行业被人工智能推动的一个缩影，硬件行业又是整个社会经济在人工智能影响下的一个缩影。随着人工智能理论和技术的日渐成熟，应用范围的不断扩大，潜在需求和商业模式的逐渐明确，人工智能核心产业的边界与范围将逐步扩展。通过人工智能核心产业发展所形成的辐射和扩散效应，获得新提升、新增长的国民经济其他行业集合，均可视为人工智能带动的相关产业。根据普华永道的研究预测，至 2030 年，人工智能将为世界经济贡献 15.7 万亿美元，这个数字甚至超过了我国 2020 年的 GDP 经济总量[一]。

人工智能推动的不仅仅是经济发展，生产力决定生产关系，生产关系一

[一] 数据来源：https://www.pwccn.com/en/consulting/ai-sizing-the-prize-report.pdf。

定要适应生产力，这是人类社会运行的最基本规律之一。看看历史就知道：农业革命，铁器牛耕的出现，让封建地主战胜了奴隶主，地主阶级取代了奴隶阶级；工业革命，机器大规模生产的出现，让资本主义战胜了封建主义；信息革命，计算机、互联网和人工智能的出现，也将是下一次社会秩序变革的导火索。长期来看，人工智能会导致相同价值的经济生产所需的人力愈来愈少，资本主义社会的本质是劳动创造价值，价值用金钱来表现，金钱的交换就是劳动与劳动之间的交换，但是空前规模的生产效率提升，将促使社会资源从按劳分配转变为按需分配，因此必须建立与之配套的新的社会秩序，这是人工智能为人类带来的最大机遇，是生产力变革带来的社会秩序的变革。

9.5 本章小结

本章最后我们再来回顾开篇提出的问题：现在人工智能已经发展到什么程度了？读过众多应用案例，了解过人工智能取得的成就之后，各位读者心中是否已有了自己的答案？

人工智能是人类最复杂精巧的创造物，它带来机遇，也带来危险，但它肯定不会是"人类最后的发明"，相反，我们创造出来的东西让自己成为更好的人，这便是开始。本书结束的这一刻，笔者心中想起了英国首相温斯顿·丘吉尔（Winston Churchill，1874—1965）在1942年阿拉曼战役胜利时讲的一句话："现在并不是结束，结束甚至还没有开始，现在仅仅是序幕的尾声。"这也是笔者对现在人工智能发展的回答。

· *Chapter* ·
附录

人工智能历史大事记

在本附录中，笔者整理了从人类开始严肃思考人工智能实现的可能性以来，所做出的各种尝试和成果，以历史时间为线索将它们罗列出来，供读者参考阅读。

1913年 伯特兰·罗素（Bertrand Russell）和阿弗烈·怀特海（Alfred Whitehead）出版了彻底改变逻辑的著作《数学原理》(*Principia Mathematica*)。

1915年 莱昂纳多·克韦多（Leonardo Quevedo）建造了一台名为"El Ajedrecista"的国际象棋机器，人类开始追求机器自动推理、思考的理想。

1923 年 卡雷尔·艾派克（Karel Čapek）的话剧小品《罗萨姆的万能机器人》（*Rossum's Universal Robots*）在伦敦上演，这是"Robot"这个单词首次出现在英语中。

1928 年 普林斯顿大学教授阿隆佐·邱奇（Alonzo Church，1903—1995）提出 Lambda 演算，这是"计算性理论"（Computability Theory）这个学术分支的早期成果，激发了图灵设计图灵机的灵感。

$$\lambda$$

1931 年 库尔特·哥德尔（Kurt Gödel）提出了著名的哥德尔不完备定理，证明了如果一个形式系统是不含矛盾的，那就不可能在该系统内部证明系统的不矛盾性。这个定理对机械智能的限制是它决定了无论人类造出多么复杂的机器，只要它是机器，就将对应一个形式系统，就能找到一个在该系统内不可证的公式而使之受到哥德尔不完备定理的打击，机器不能把这个公式作为定理推导出来，但是人却能看出公式是真的。因此这台机器不可能是承载思维的一个恰当模型。

1936 年　图灵在他的论文《论可计算数及其在判定性问题上的应用》("On Computable Numbers, with an Application to the Entscheidungs Problem")中提出了图灵机的概念。图灵机是图灵一生中最重要的成就之一，这种计算机器实际上是一种理想的计算模型，它的基本思想是用机械操作来模拟人们用纸笔进行数学运算的过程。

1941 年 康拉德·楚泽（Konrad Zuse）设计了世界上第一台可以编程控制的机械计算器。

1943 年 心理学家沃伦·麦卡洛克（Warren McCulloch）和沃尔特·皮茨（Walter Pitts）在《数学生物物理学通报》上发表论文《神经活动中内在思想的逻辑演算》（"A Logical Calculus of Ideas Immanent in Nervous Activity"），文中讨论了理想化、极简化的人工神经元网络，以及它们如何形成简单的逻辑功能，首次提到了人工神经元网络的概念及数学模型，从而开创了通过人工神经网络模拟人类大脑的研究时代。后来人们将这种最基础的神经元模型命名为"M-P 神经元模型"。

1944 年　冯·诺依曼（Von Neumann）发表了著作《博弈论与经济行为》（*Theory of Games and Economic Behavior*），开创了博弈论。博弈论对后来人工智能的提出有非常大的价值。

1945 年　冯·诺依曼在离散变量自动电子计算机（Electronic Discrete Variable Automatic Computer，EDVAC）的设计草稿中提出了现代计算机体系结构的奠基性"存储程序"（Stored Program）架构，即今天所称的"冯·诺依曼"架构。

1946 年　世界上第一台电子计算机埃尼阿克（ENIAC）在美国宾夕法尼亚大学诞生，并实际应用于陆军火炮弹道和火力计算工作，这个事件标志了通用的计算机技术不仅理论已成熟，而且已经有了初步的工业化成果。

1948 年 诺伯特·维纳（Norbert Wiener）和克劳德·香农（Claude Shannon）分别发表了开创性的著作，创立了控制论和信息论。

1949 年 心理学家唐纳德·赫布（Donald Hebb）在《行为组织学》（*The Organization of Behavior*）这部著作中提出了基于神经元构建学习模型的法则，他认为神经网络的学习过程最终发生在神经元之间的突触部位，突触的联结强度随着突触前后神经元的活动而变化，变化的量与两个神经元的活性之和成正比，该方法被称为"Hebb 法则"（Hebb's Law）。

1949 年　剑桥大学的神经生理学家威廉·华特（William Walter，1910—1977）制作的机器乌龟"艾玛"（Elmer）和"埃尔西"（Elsie），能够自动寻找光源、调整方向，使头部朝向光亮运动或者远离光线运动，并通过转向或者推动来避免障碍，代表了机器人学萌芽时期的机器人雏形。

1950 年　阿兰·图灵（Alan Turing）提出度量机器智能的"图灵测试"：如果人类由于无法分辨一台机器是否具备与人类相似的智能，导致无法分辨与之对话的到底是人类还是机器，那即可认定机器存在智能。

1950 年　香农在《科学美国人》杂志上发表关于计算机下棋搜索算法的论文《为计算机下棋编程》（"Programming a Computer for Playing Chess"）。

1950 年 著名科幻小说家艾萨克·阿西莫夫（Isaac Asimov）发布了"机器人三定律"：

第一定律：机器人不得伤害人类，或因不作为使人类受到伤害。
第二定律：除非违背第一定律，机器人必须服从人类的命令。
第三定律：在不违背第一及第二定律下，机器人必须保护自己。

1951 年 IBM 的程序员阿瑟·塞缪尔（Arthur Samuel）在 IBM 700 系列计算机上开发了一款西洋跳棋程序。

1951 年　统计学家贺伯特·罗宾（Herbert Robbins）发明了日后在机器学习中非常重要的优化算法——"随机梯度下降算法"（Stochastic Gradient Descent）。

1954 年　美国乔治城大学和 IBM 公司联合发布了一款在 IBM 700 系列机器上实现的机器翻译系统——701 Translator，这是世界上第一款不是用于数值计算的计算机。

1954 年 韦斯利·克拉克（Wesley Clark）和贝尔蒙特·法利（Belmont Farley）使用计算机模拟自组织系统（Self-Organizing System），这是首次使用计算机而不是建造专门的硬件机器去实现神经网络。

1956 年 在"人工智能夏季研讨会"（Summer Research Project on Artificial Intelligence）上，"人工智能"一词被首次提出，标志着人工智能成为一个严肃学科。后世称这次研讨会为"达特茅斯会议"。

1956 年 艾伦·纽厄尔（Allen Newell）和司马贺（Herbert Simon）发布了"逻辑理论家"（Logic Theorist）这个可以自动证明《数学原理》第 2 章 52 条定理中的 38 条的人工智能程序。今天学术界普遍认为这是第一个有实用意义的人工智能程序（尽管之前已经有塞缪尔的跳棋程序了）。

1957年 在"逻辑理论家"公布之后不久,纽厄尔和司马贺发布了一款更具有普适性的问题解决程序,称为"一般问题解决器"(General Problem Solver,GPS),希望所有任何已形式化的、具备完全信息的问题都可以用这个程序去解决,他们给 GPS 设定的适用范围涉及逻辑推理、定理证明、国际象棋对抗等多个领域。

```
REPORT ON A GENERAL PROBLEM-SOLVING PROGRAM

A. Newell and J. C. Shaw, The RAND Corporation

H. A. Simon, Carnegie Institute of Technology

United States of America

        This paper deals with the theory of problem solving. It describes
a program for a digital computer, called General Problem Solver I (GPS),
which is part of an investigation into the extremely complex processes that
are involved in intelligent, adaptive, and creative behavior. Our principal
means of investigation is synthesis: programming large digital computers to
exhibit intelligent behavior, studying the structure of these computer programs,
and examining the problem-solving and other adaptive behaviors that the programs
produce.
        A problem exists whenever a problem solver desires some outcome or
state of affairs that he does not immediately know how to attain. Imperfect
knowledge about how to proceed is at the core of the genuinely problematic.
Of course, some initial information is always available. A genuine problem-
solving process involves the repeated use of available information to initiate
exploration, which discloses, in turn, more information until a way to attain
the solution is finally discovered.
        Many kinds of information can aid in solving problems: information may
suggest the order in which possible solutions should be examined; it may rule
out a whole class of solutions previously thought possible; it may provide a
cheap test to distinguish likely from unlikely possibilities; and so on. All
these kinds of information are heuristics—things that aid discovery. Heuristics
seldom provide infallible guidance; they give practical knowledge, possessing
only empirical validity. Often they "work," but the results are variable and
success is seldom guaranteed.
        The theory of problem solving is concerned with discovering and under-
standing systems of heuristics. What kinds are there? How do very general
injunctions ("Draw a figure" or "Simplify") exert their effects? What heuristics
do humans actually use? How are new heuristics discovered? And so on. GPS,
the program described in this paper, contributes to the theory of problem solving
by embodying two very general systems of heuristics—means-ends analysis and
planning — within an organization that allows them to be applied to varying subject
matters.
```

1957 年　心理学家弗兰克·罗森布拉特（Frank Rosenblatt）第一个将 Hebb 法则用于模拟人类感知能力，并提出了"感知机"（Perceptron）的概念模型，希望这个模型能够作为承载智能的基础模型。罗森布拉特在康奈尔大学航空实验室的 IBM 704 计算机上完成了感知机的仿真后，成功申请到了美国海军的资助，并于两年后成功制造出一台能够识别英文字母的基于感知机的神经计算机——Mark-1，并在 1960 年 6 月 23 日向美国公众展示。

1958 年　约翰·麦卡锡（John McCarthy）在麻省理工学院发明了 LISP 语言，这是历史上第二门编程语言、第一门函数式编程语言，也是时至今日还被广泛使用的专门面向人工智能符号推理的编程语言。

1958 年　在英国国家物理实验室召开了"思维过程机器化"（Mechanization of Thought Process）讨论会议，达特茅斯会议的参会人中麦卡锡、明斯基、塞弗里奇三位参加了该会议，此外还有致力于神经网络研究的麦卡洛克，以及英国的控制论代表人物艾什比等也参加了此次会议，会上麦卡锡发表了符号主义的奠基性论文《常识编程》("Programs with Common Sense")。

> PROGRAMS WITH COMMON SENSE
> by
> JOHN McCARTHY
>
> SUMMARY
>
> INTERESTING work is being done in programming computers to solve problems which require a high degree of intelligence in humans. However, certain elementary verbal reasoning processes so simple that they can be carried out by any non-feeble-minded human have yet to be simulated by machine programs.
>   This paper will discuss programs to manipulate in a suitable formal language (most likely a part of the predicate calculus) common instrumental statements. The basic program will draw immediate conclusions from a list of premises. These conclusions will be either declarative or imperative sentences. When an imperative sentence is deduced the program takes a corresponding action. These actions may include printing sentences, moving sentences on lists, and reinitiating the basic deduction process on these lists.
>   Facilities will be provided for communication with humans in the system via manual intervention and display devices connected to the computer.
>
> THE *advice taker* is a proposed program for solving problems by manipulating sentences in formal languages. The main difference between it and other programs or proposed programs for manipulating formal languages (the *Logic Theory Machine* of Newell, Simon and Shaw and the Geometry Program of Gelernter) is that in the previous programs the formal system was the subject matter but the heuristics were all embodied in the program. In this program the procedures will be described as much as possible in the language itself and, in particular, the heuristics are all so described.
>   The main advantages we expect the *advice taker* to have is that its behaviour will be improvable merely by making statements to it, telling it about its symbolic environment and what is wanted from it. To make these statements will require little if any knowledge of the program or the

1959 年 麦卡锡和明斯基在麻省理工学院成立了"麻省理工人工智能实验室"(MIT AI Lab),这个实验室是著名的"MAC 计划"的一部分。从此麻省理工学院成为世界人工智能的四大研究中心之一。

1960 年　社会心理学家利克里德（J. C. R. Licklider）提出"人机共生理论"（Man-Computer Symbiosis），认为不久的将来，人类的一部分思维活动将由机器代替，引起了公众的广泛争议和讨论。

1961 年　明斯基的学生詹姆斯·斯拉格尔（James Slagle）使用 LISP 语言编写了第一个符号推理程序"SAINT"，它可以自动解决大学新生常见的微积分问题。

1961 年　英国哲学家约翰·卢卡斯（John Lucas）出版《心灵、机器和哥德尔》（Minds，Machines and Gödel）一书，根据哥德尔不完备定理，从逻辑上断定不存在智能机器的可能性。

MINDS, MACHINES AND GÖDEL[1]

J. R. LUCAS

GÖDEL'S Theorem seems to me to prove that Mechanism is false, that is, that minds cannot be explained as machines. So also has it seemed to many other people: almost every mathematical logician I have put the matter to has confessed to similar thoughts, but has felt reluctant to commit himself definitely until he could see the whole argument set out, with all objections fully stated and properly met.[2] This I attempt to do.

Gödel's theorem states that in any consistent system which is strong enough to produce simple arithmetic there are formulae which cannot be proved-in-the-system, but which we can see to be true. Essentially, we consider the formula which says, in effect, "This formula is unprovable-in-the-system". If this formula were provable-in-the-system, we should have a contradiction: for if it were provable-in-the-system, then it would not be unprovable-in-the-system, so that "This formula is unprovable-in-the-system" would be false: equally, if it were provable-in-the-system, then it would not be false, but would be true, since in any consistent system nothing false can be proved-in-the-system, but only truths. So the formula "This formula is unprovable-in-the-system" is not provable-in-the-system, but unprovable-in-the-system. Further, if the formula "This formula is unprovable-in-the-system" is unprovable-in-the-system, then it is true that that formula is unprovable-in-the-system, that is, "This formula is unprovable-in-the-system" is true.

The foregoing argument is very fiddling, and difficult to grasp fully: it is helpful to put the argument the other way round, consider the possibility that "This formula is unprovable-in-the-system" might be false, show that that is impossible, and thus that the formula is true; whence it follows that it is unprovable. Even so, the argument remains persistently unconvincing: we feel that there must be a catch in it somewhere. The whole labour of Gödel's theorem is to show that there is no catch anywhere, and that the result can

---
[1] A paper read to the Oxford Philosophical Society on October 30, 1959.
[2] See A. M. Turing: "Computing Machinery and Intelligence": *Mind*, 1950, pp. 433–60, reprinted in *The World of Mathematics*, edited by James R. Newman, pp. 2099-123; and K. R. Popper: "Indeterminism in Quantum Physics and Classical Physics"; *British Journal for Philosophy of Science*, Vol. I (1951), pp. 179–88. The question is touched upon by Paul Rosenbloom; *Elements of Mathematical Logic*; pp. 207-8; Ernest Nagel and James R. Newman; *Gödel's proof*, pp. 100—2; and by Hartley Rogers; *Theory of Recursive Functions and Effective Computability* (mimeographed), 1957, Vol. I, pp. 152 ff.

1961年　Unimation公司生产了世界上首部工业机器人"Unimate",应用于通用汽车总装线上。

1962 年　IBM 在西雅图世界博览会上发布了一款名为"Shoebox"的语音识别机器，这部机器可理解 16 个英文单词，分别是 0 到 9 这 10 个数字的英文，以及 6 个操作指令（Minus、Plus、Subtotal、Total、False、Off），操作者说出想要计算的内容，机器便会打印出计算结果，Shoebox 可能是最早具有实用价值的模式识别成果。

1963 年　麦卡锡从麻省理工学院跳槽到斯坦福大学，创建斯坦福大学人工智能实验室（Stanford Artificial Intelligence Laboratory，SAIL），SAIL 成为世界人工智能的四大研究中心之一。

1963 年　弗拉基米尔·万普尼克（Vladimir Vapnik）发明支持向量机（Support Vector Machine），这是统计学习方法中运用最广泛的模型。

1963 年　知识工程之父、图灵奖得主爱德华·费根鲍姆（Edward Feigenbaum）出版世界首部关于人工智能的论文集《计算机与思想》(*Computers* and Thought）。

1965 年 约瑟夫·维森鲍姆（Joseph Weizenbaum）设计了自然语言对话程序"ELIZA"，该程序可以模仿人类用英语进行对话。由于媒体对 ELIZA 的广泛渲染，后来在人工智能领域还出现了一个名词，叫作"伊莉莎效应"（ELIZA Effect），意思是说人可以过度解读机器的结果，读出原来根本不具有的意义。

1965 年 爱德华·费根鲍姆开始世界上第一个专家系统"DENDRAL"的研发，这是世界上第一个成功应用的基于知识的科学推理程序，此系统运作了整整十年时间，用科学仪器输出的数据推断有机化合物的分子结构。

1966 年 罗斯·奎利恩（Ross Quillian）提出一种称为"语义网"的心理学模型，用来描述概念之间的联系，后来成为符号主义中知识表示的一种形式。

1966 年　伦纳德·包姆（Leonard Baum）发明隐马尔可夫模型（Hidden Markov Model）。

$$p(y_t|x_t) \qquad 观测概率 \qquad SONAR\ 噪声$$

$$p(x_t|x_{t-1}) \qquad 转移概率 \qquad 潜艇运动$$

$$p(X, Y) = p(x_1) \prod_{t=1}^{T-1} p(x_{t+1}|x_t) \prod_{t'=1}^{T} p(y_{t'}|x_{t'})$$

1966 年　大量关于机器翻译的负面新闻报道从这一年开始涌现，许多自然语言处理方向的研究开始受到质疑和打击，也为日后的人工智能寒冬埋下了伏笔。其中典型的如 ALPAC 报告，由美国政府委托 7 位学者耗时两年完成，这些学者在报告中严厉地批评了机器翻译的语言学基础并不牢靠，导致美国政府大幅削减对该主题的资助。

LANGUAGE AND MACHINES

COMPUTERS IN TRANSLATION AND LINGUISTICS

A Report by the
Automatic Language Processing Advisory Committee

John R. Pierce, Bell Telephone Laboratories, Chairman
John B. Carroll, Harvard University
Eric P. Hamp, University of Chicago*
David G. Hays, The RAND Corporation
Charles F. Hockett, Cornell University †
Anthony G. Oettinger, Harvard University
Alan Perlis, Carnegie Institute of Technology

Publication 1416

National Academy of Sciences　National Research Council
Washington, D. C.　1966

1968 年　明斯基的学生霍埃尔·摩西（Joel Moses）研发了第一个在数学领域成功应用的基于知识的自动推理程序，这是符号主义获得的又一个成就。

1968 年 理查德·格林布拉特（Richard Greenblatt）研发了第一个可以在比赛中战胜人类（C 级选手）的国际象棋程序"Mac Hack"。

1969 年 斯坦福大学人工智能研究中心（Artificial Intelligence Center at SRI，AIC@SRI）的尼尔斯·尼尔森（Nils Nilssen，1953—）教授研发了一款名为"Shakey"的车型机器人，这是世界上第一个可以自主移动的机器人，它被赋予了有限的自主观察和环境建模能力，控制它的计算机甚至需要填满整个房间。制造 Shakey 的目的是证实机器可以模拟生物的运动、感知和障碍规避。

1969 年　国际人工智能联合会（International Joint Conference on Artificial Intelligence）在斯坦福大学成立，并举行第一次会议。

1969 年　明斯基与麻省理工学院的教授西摩尔·派普特（Seymour Papert）共同编写了人工智能历史上影响巨大的、"是也非也"的传奇书籍《感知机：计算几何学导论》(*Perceptrons: An Introduction to Computational Geometry*)，对连接主义和神经网络的研究，甚至是对整个人工智能学科都造成了非常沉重的打击，成为第一次人工智能寒冬的导火索之一。

1970 年　汤姆·马丁（Tom Martin）创办了 Threshold Technology 公司，这是语音识别领域的第一家商业公司。

1972 年　阿兰·科尔默劳尔（Alain Colmerauer）设计了 Prolog 语言（Programming by Logic 的缩写），这是一种逻辑编程语言。它创建在逻辑学的理论基础之上，最初被用于自然语言等研究领域。现在它已广泛地应用在人工智能的研究中，可以用来建造专家系统、智能知识库等。

Prolog = Programming by Logic
- Prolog is different from all languages you've learned
  - Prolog is a Logic Programming (LP) Language
    - you only need to specify the goals (what)
      - but not the strategy to reach this goal (how)
      - Prolog figures it out for you automatically!
  - this is called "declarative programming"
    (alone with functional programming, FP)
  - C/C++/Java/Python are Imperative (IP) Languages
    - you specify how to reach some goal (instructions)
      - but leaving the real goal implicit (in comments)
  - LP/FP is cleaner, safer, prettier, while IP is dirtier but faster

1973 年　英国爱丁堡大学研发了名为"Freddy"的装配机器人，Freddy 可以通过机器视觉自动识别和定位要装配的模块。

1973 年　吉姆·巴克克（Jim Baker）将隐马尔可夫模型应用于语音识别领域，发表了论文《机器辅助语音标注》（"Machine-aided Labeling of Connected Speech"），隐马尔可夫模型从此开始被广泛应用于语音识别领域。

所有内外边缘

1973 年　英国数学家詹姆士·莱特希尔（James Lighthill）针对英国人工智能研究状况，发表了业界赫赫有名的《莱特希尔报告》，这份报告是第一份真正具有广泛影响力的、直接刺破人工智能乐观思潮泡沫的调查文件。它严厉地批判了人工智能领域的许多基础性研究，特别是机器人和自然语言处理等几个最热门子领域，并给出了明确的结论："人工智能领域的任何一部分都没有能产出符合当初向人们承诺的、具有主要影响力的成果。"这份报告直接导致了英国人工智能研究的全面低潮，并且其影响很快扩散到了美国及其他人工智能的研究之中，到了 1974 年，政府的资助预算清单上已经很难再找到对人工智能项目的资助了。

1974 年　斯坦福大学的爱德华·肖特利夫（Ted Shortliffe）博士研发了帮助医生对住院的血液感染患者进行诊断和使用抗生素类药物进行治疗的专家

系统"MYCIN",该系统基于 LISP 语言开发,采用了可信度表示技术,不仅可以做确定性的判断,还可以进行不确定性的推理,并对推理结果的各种可能性进行解释。MYCIN 系统是知识工程的一个标杆式的实践样板,它基本解决了知识表示、知识获取、搜索策略、不确定性推理和结构设计等知识工程中的重要问题。MYCIN 对日后专家系统的设计产生了很大的影响,以 MYCIN 专家系统作为基础平台,人们开发出了更多其他专业领域的专家系统,如 EMYCIN 等。

1975 年　明斯基提出了框架理论(Frames Theory),这是一种新的知识表示方式。框架理论参考了以前语义连接等方式的优点,对符号主义的发展有很大影响。

1975 年　专家系统 DENDRAL 通过质谱分析发现了一种全新的化学现象，这是计算机第一次做出了能在科学杂志上发表的科学发现。

1976 年　汤姆·米切尔（Tom Mitchell）提出了"版本空间"（Version Space）的概念，这在日后成为机器学习的基础之一。

1978 年　司马贺凭借他提出的经济学和决策论中著名的"有限理性模型"（Bounded Rationality Model）获得诺贝尔经济学奖。有限理性模型与司马贺在人工智能领域所主张的启发式搜索假说有很直接的相关性。

1979 年　汉斯·莫拉维克（Hans Moravec）在斯坦福大学建造了世界上第一台由计算机控制的自行驾驶的小车，成功环绕斯坦福大学人工智能实验室大楼走了一圈。

1980 年　福岛邦彦（Kunihiko Fukushima）受到休伯尔和威泽尔的"小猫视觉实验"的启发，提出了"新认知机"（Neocognitron）的设想，其中包含了很多现代卷积神经网络的要素，如卷积、池化等。

1980 年　美国人工智能协会（American Association for Artificial Intelligence，AAAI）在斯坦福大学成立，AAAI 是第一个国家性质的人工智能协会，也是迄今为止最有影响力的人工智能协会。

1981 年　丹尼·希利斯（Danny Hillis）发明连接机（Connection Machine），这是一种专门面向人工智能和符号处理的大规模并行超级计算机。

1982 年　在知识工程之父费根鲍姆的建议下，由日本国际贸易和工业部一手建立的"第五代计算机计划"（The Fifth Generation Computer Systems Project）正式开始。日本定义的第五代计算机实质上是一种软硬件结合的面向知识和信息的人工智能系统，这个项目承载着日本信息技术超越西方的希望，倾全国之力打造，但是最终以失败告终。

1982 年　约翰·霍普菲尔德（John Hopfield）发明了 Hopfield 神经网络，这被视为近代神经网络的开端。近代的贝叶斯网络（Bayesian Network）、自组织映射（Self-Organized Map）也是在这一年被提出的。

1983 年　纽厄尔在卡内基梅隆大学发布了认知架构"Soar"（State, Operator And Result），Soar 源于纽厄尔和司马贺的通用问题求解程序 GPS。它以知识块理论为基础，利用基于规则的记忆，获取搜索控制知识和操作符，即能从经验中学习，能记住自己是如何解决问题的，并把这种经验和知识用于以后的问题求解过程中，实现通用问题求解。

1983 年　杰弗里·辛顿（Geoffrey Hinton）发明了玻尔兹曼机（Boltzmann Machine）。波尔兹曼机是一种随机神经网络。在这种网络中神经元只有两种输出状态，即二进制的 0 或 1。状态的取值由概率统计法则决定，由于这种概率统计法则的表达形式与著名统计力学家路德维希·玻尔兹曼（Ludwig Boltzmann，1844—1906）提出的玻尔兹曼分布类似，故将这种网络取名为玻尔兹曼机。

1986 年　辛顿发明了误差反向传播算法。虽然这个算法之前已经被反复发明过几次，但其价值并未得到应有的重视，直到辛顿在《自然》杂志上发表论文清晰地描述了该算法，才开始被学术界广泛关注，神经网络也由此踏出了它的漫长复兴之路的第一步。

简单神经网络的反向传播

1986 年　慕尼黑联邦国防军大学的恩斯特·迪克曼斯（Ernst Dickmanns）教授制造了世界上第一台在真实街道上自动行驶的汽车，并且在一条没有行人和其他车辆的空旷公路上行驶到了 55 英里/小时的速度。

1987 年 明斯基公开出版了《心智社会》(The Society of Mind)一书，在书中明斯基不再只追求智能的单一来源，而是将心智视为由一系列各自负责不同领域的"智能体"（Agent）共同协作的结果，大脑中不具备思维的微小单元可以组成各种思维——意识、精神活动、常识、智能、自我，最终形成"统一的智慧"。这种智能组合就是"心智社会"，这是人工智能学者在认知理论的又一次新的尝试。

1989 年 杨立昆（Yann LeCun）发明了卷积神经网络（Convolutional Neural Network，CNN）。

Handwritten Digit Recognition with a Back-Propagation Network

Y. Le Cun, B. Boser, J. S. Denker, D. Henderson,
R. E. Howard, W. Hubbard, and L. D. Jackel
AT&T Bell Laboratories, Holmdel, N. J. 07733

ADVANCES IN NEURAL INFORMATION PROCESSING SYSTEMS 1989

1991 年 在第一次海湾战争中，美军在实战中应用了人工智能程序"DART"来调度和优化物质运输的线路和顺序，收到了良好的效果。

1994 年 加拿大阿尔伯塔大学设计的跳棋程序"Chinook"第二次挑战1991年退役的世界冠军马里恩·廷斯利（Marion Tinsley，第一次以 2∶4 负于廷斯利），激战六局皆和局后，廷斯利因健康因素退出比赛，七个月后因胰腺癌过世。比赛由当时世界排名第二的多恩·拉夫尔提（Don Lafferty）接替进行，后来 Chinook 成功打败拉夫尔提，赢得全美跳棋锦标赛冠军。

1995 年 戴维·沃尔伯特（David Wolpert）证明"没有免费的午餐定理"，

表明世界上不存在通用的最优学习算法。

The Lack of A Priori Distinctions Between Learning Algorithms

David H. Wolpert
The Santa Fe Institute, 1399 Hyde Park Rd.,
Santa Fe, NM, 87501, USA

March 1996

Neural Computation 8, 1341-1390 (1996) © 1996 Massachusetts Institute of Technology

No Free Lunch Theorems for Search

David H. Wolpert (dhw@santafe.edu)
William G. Macready (wgm@santafe.edu)
The Santa Fe Institute
1399 Hyde Park Rd.
Santa Fe, NM, 87501, USA
February 6, 1995

No Free Lunch Theorems for Optimization

David H. Wolpert
IBM Almaden Research Center
William G. Macready
Santa Fe Institute
December 31, 1996

1995 年　一场 "不用手穿越美国" （No Hands Across America）的人车合作驾驶活动成功举行，由计算机控制方向，由人类控制油门和刹车，完成从美国东海岸到西海岸的穿越，其中绝大多数路程（总路程 4585 公里中的 4501 公里）都成功地以这种方式完成。这场比赛被视为自动驾驶发展的里程碑之一。

1997 年　IBM 国际象棋程序 "深蓝" （Deep Blue）战胜了国际象棋世界冠军加里·卡斯帕罗夫（Garry Kasparov），引起了公众舆论的轩然大波。此后十年之内，日本将棋、中国象棋等棋类也被计算机相继攻克，围棋成为计算机在完全信息对抗游戏中唯一还无法打败人类的智力比赛。

1997 年 世界上第一场全部由机器人参加的桌面足球比赛"RoboCup"在日本成功举办,一共有 40 支由机器人组成的队伍参加,有 5000 名观众观看了比赛。该比赛到目前为止仍然每年都会举行,已吸引了多个国家组队参加。

1997 年 于尔根·施密德胡伯(Jeurgen Schmidhuber)和赛普·霍克赖特(Sepp Hochreiter)发明长短期记忆网络(Long Short Term Memory,LSTM)。

1998 年　由美国 Electronic Robotic 公司推出的世界上第一款人工智能机器宠物 Furby 面世。这是一款毛茸茸的类蝙蝠机器人，一推出就成为当时年底购物旺季最抢手的玩具，这款定价 30 美元的玩具会随着时间的推移而"进化"，它一开始只能胡言乱语，但很快就能学会使用预编程的英语短句。在 12 个月之内，Furby 娃娃售出了 2700 多万件。次年索尼公司也推出了功能更加强大的电子宠物机器狗 AIBO。

2000 年　麻省理工学院辛西娅·布雷泽尔（Cynthia Breazeal）教授发布了一款模拟人类交际心理，并能展现出表情的机器人"Kismet"。

2000 年　由人类远程操控的机器人"Nomad Rover"被用于在南极探寻陨石样本。

2001 年　约书亚·本吉奥（Yoshua Bengio）提出了"神经概率语言模型"（Neural Probabilistic Language Model）。

2004 年　美国国防高级研究计划局（Defense Advanced Research Projects Agency，DARPA）举办了"DARPA 无人驾驶机器人挑战赛"（DARPA Grand Challenge），以大额奖金鼓励自动驾驶和无人车的研发。斯坦利自动驾驶汽车（Stanley，由斯坦福大学人工智能中心研发）成功越野行驶 212 公里，第一个穿过终点，赢得 200 万美元大奖。

2004 年 美国国家航空航天局（National Aeronautics and Space Administration，NASA）相继发射的勇气号（Spirit）和好奇号（Opportunity）机器人开始了各自的火星探索。

2005 年 日本本田公司研发的类人形人工智能机器人 ASIMO 发布，它可以在餐厅中为顾客递送餐盘。

2005 年 "蓝脑"（Blue Brain）工程在瑞士启动，目标是通过逆向工程分析哺乳类动物的大脑结构，并通过超级计算机进行数字重建。

2005年　波士顿动力（Boston Dynamics）公司发布具有强大负重和越野能力的机器狗"BigDog"。

2006年　在达特茅斯学院再次举行了一个名为"AI@50"的会议⊖（全名是"达特茅斯人工智能讨论会：未来50年"，Dartmouth Artificial Intelligence Conference: The Next Fifty Years）。此时，10位当年参加达特茅斯会议的参会者已有5位去世，剩下的5位在达特茅斯学院重聚。

⊖ AI@50是DARPA、AAAI和ACM共同赞助的，会议主页为https://www.dartmouth.edu/~ai50/homepage.html。

2006 年　辛顿开创了深度学习，并提出深度信念网络。

2009 年　谷歌开始建造无人驾驶汽车。

2009 年　斯坦福大学教授李飞飞（Fei-fei Li）创办 ImageNet 图像数据库，并在 2010 年举办了首届计算机图像识别竞赛。

2011 年　IBM 的基于自然语言的智能问答系统 Watson 参加美国著名的电视智力秀"危险边缘"（Jeopardy！），打败了两位往届冠军。在比赛中 Watson 表现出了极高的自然语言理解、信息检索和逻辑推理能力，令观众难以相信这些开放性的问题是由计算机回答的。IBM Watson 今天广泛应用于医疗、教育、金融等领域，是一款非常出色的专家系统。

2011 年　斯坦福大学人工智能实验室主任吴恩达（Andrew Ng）和谷歌顶尖技术大拿杰夫·迪恩（Jeff Dean）一起建立了"谷歌大脑"项目。谷歌大脑项目开始尝试使用无监督学习来认知世界，通过观看千万数量级的 YouTube 图像和影片，谷歌大脑自发辨识出了"猫"的概念，并且自主地搜索了猫科动物明星的视频。

2011 年　苹果公司推出了人工智能助理 Siri，在随后的两三年里，谷歌推出了 Google Now，微软推出了 Cortana。人工智能助理成为 PC、移动设备操作系统的典型功能。

2012 年　在 ILSVRC 2012 中，辛顿的小组用了与其他参赛者完全不同的方法，并且取得了颠覆性的结果。他们采用基于卷积神经网络的识别方法设计出来的 **AlexNet** 的表现异常出色，准确率超过第二名东京大学团队参赛程序的 10% 以上，在产业界引起轩然大波，极大地推动了深度学习的发展。

2013 年　由美国国防高级研究计划局（DARPA）、美国国家科学基金会（NSF）、美国国家科学技术发展委员会（CNPq）、谷歌、雅虎共同发起，在卡内基梅隆大学开启了一个名为"无止境语言学习"（Never-Ending Language Learning，NELL）的项目，此项目希望仅依赖少量（几百个）预定义的数据（如城市、公司、情感、运动等）学习到语言之间的基本语义关系，并由此出发不停地学习人类总结出来的知识，自动整理这些知识的结构。

2014 年　伊恩·古德费洛（Ian Goodfellow）发表了一篇论文《生成式对抗网络》（"Generative Adversarial Networks"），提出了生成式对抗网络。

(Goodfellow 2016)

2015 年　史蒂芬·霍金（Stephen Hawking）、埃隆·马斯克（Elon Musk）、斯蒂夫·沃兹尼亚克（Steve Wozniak）等超过 3000 名人工智能领域的企业家、科学家、工程师和研究机构共同签署了一封关于无条件禁止将人工智能和机器人用于发展和使用武器的公开信。

2015 年　埃隆·马斯克（Elon Musk）等六人联合创办了致力于人工智能公共开发和安全利用的非营利组织 OpenAI。

2015 年　谷歌收购的人工智能公司 DeepMind 推出了人工智能围棋程序 AlphaGo，在 2015 年以 5 比 0 战胜了欧洲冠军樊麾，在 2016 年以 4 比 1 战胜了世界冠军韩国棋手李世石，在 2017 年以 3 比 0 战胜了当时围棋等级分世界第一、世界冠军中国棋手柯洁，同时在网上挑战所有世界顶级棋手，以 60 比 0 的战绩碾压了所有参加对弈的围棋职业棋手。至此，人类完全信息智力游戏的最后一块阵地宣告被人工智能攻克。

2017 年　卡内基梅隆大学的教授托马斯·桑德霍姆（Tuomas Sandholm）开发的德州扑克人工智能程序"Libratus"战胜了与其对战的四名人类顶级选手，四名人类选手共计被 Libratus 赢了 177 万美元。与之前的围棋、国际象棋不同，德州扑克并不是完全信息的游戏，除了牌技外，还涉及心理博弈、情绪、战术，甚至运气。

2017 年　OpenAI 发布了一款机器人，通过机器学习自动学习对战技巧，在游戏 *Dota 2* 的 TI7（国际邀请赛 2017）与前世界冠军中单选手 Dendi 对战，与之前人类玩计算机游戏中面对的初级计算机对手不同，这次计算机完全碾压了人类。

2017 年　谷歌人工智能团队 7 名研究员联名发表论文"Attention is All You Need"，提出 Transformer 架构，解决了语言模型规模化并行训练的难题，从此进入了大语言模型的快速发展期。

[Transformer 架构示意图]

编码器 / 解码器

输出概率
Softmax
线性
输出层

残差连接与归一化
前馈
残差连接与归一化
多头注意力
残差连接与归一化
掩码多头注意力

残差连接与归一化
前馈
残差连接与归一化
多头注意力

Nx

位置编码

输入嵌入   输出嵌入

输入   输出（右移）

Transformer
Attention Is All You Need

2018 年　OpenAI 发布了第一款基于 Transformer 架构、被命名为"生成式预训练 Transformer"（Generative Pre-trained Transformer，GPT-1）的语言模型。

[GPT-1 架构示意图]

上下文预测　任务分类
归一化
前馈
归一化
掩码多头注意力
上下文与位置嵌入

12x

2022 年　ChatGPT 诞生，短短五天内就发展了 100 万用户，展示出来的效果彻底颠覆了过去人们对人工智能助手的呆板印象。